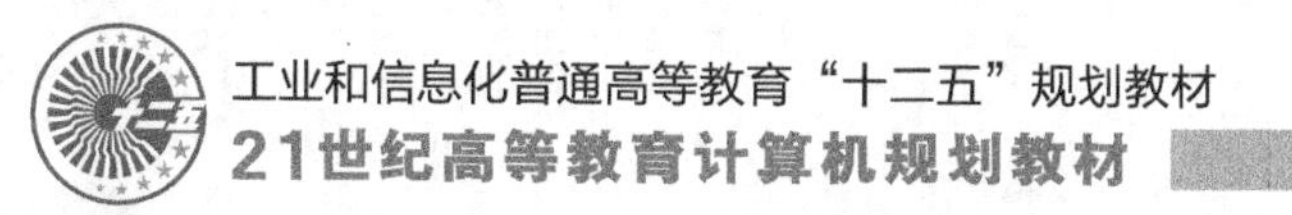

Visual Basic程序设计案例教程

Programming of Visual Basic Case Tutorial

刘红梅 安道星 主编

人民邮电出版社
北京

图书在版编目（CIP）数据

Visual Basic程序设计案例教程 / 刘红梅，安道星主编. -- 北京 : 人民邮电出版社，2015.2（2022.2重印）
21世纪高等教育计算机规划教材
ISBN 978-7-115-38233-7

Ⅰ. ①V… Ⅱ. ①刘… ②安… Ⅲ. ①BASIC语言－程序设计－高等学校－教材 Ⅳ. ①TP312

中国版本图书馆CIP数据核字(2015)第005501号

内 容 提 要

本书是“21 世纪高等教育计算机规划教材”之一，与其配套的教材是《Visual Basic 程序设计实训与习题》。本书针对高等院校计算机教学的特点，结合教学过程中的实际情况，由具有多年丰富教学和实际开发工作经验的教师合作编写而成。

全书共分 11 章，主要内容包括：创建 Visual Basic 应用程序、Visual Basic 基础知识的运用、控制结构在应用程序中的运用、使用基本控件创建应用程序界面、使用常用控件创建应用程序界面、使用复杂控件创建应用程序界面、在程序中运用绘图方法、数组在应用程序中的运用、过程在应用程序中的运用、文件管理、数据控件的应用。本书既精辟地讲解了 Visual Basic 程序设计的基础知识和设计方法，又突出了在实践工作中程序设计的实际应用。全书注重案例引导，选取大量适用的例子，在每章的后面均附有习题和综合训练，供学生自测使用。为了方便教师的教学，本书配有电子教案。

本书可作为高等学校非计算机专业程序设计课程的教材，同时也可作为培训和各类考试的参考用书。

◆ 主　　编　刘红梅　安道星
责任编辑　邹文波
责任印制　彭志环

◆ 人民邮电出版社出版发行　　北京市丰台区成寿寺路 11 号
邮编　100164　　电子邮件　315@ptpress.com.cn
网址　https://www.ptpress.com.cn
固安县铭成印刷有限公司印刷

◆ 开本：787×1092　1/16
印张：21.75　　2015 年 2 月第 1 版
字数：587 千字　　2022 年 2 月河北第 2 次印刷

定价：46.00 元

读者服务热线：(010)81055256　印装质量热线：(010)81055316
反盗版热线：(010)81055315
广告经营许可证：京东市监广登字 20170147 号

前 言

本书针对高等院校的教学特点，根据“基础、实用、新型、能力”八字方针，以“提高学生实践能力，培养学生的编程能力”为宗旨，按照企业对学生的实际要求，根据不同专业的需要，以“案例教学法”来设计例子与训练项目。内容结构上采用提出案例、分析案例、结合案例的相关知识与例子、实现案例、综合训练、本章小结、习题的编排顺序。即先写出案例，并结合实践分析案例，讲解具体的相关知识，并且对每个知识点都列举相关的、经典的例子。最后安排一到两个和实践及所学知识结合紧密的思考练习题。

全书概念清楚、逻辑清晰、内容新颖、实例丰富。本书配有实训指导书，便于理论联系实践，供学生实训时使用。此外，本书将逐步配套立体化的教学资源，包括电子教案、试题库、教学网站等。

本书由刘红梅、安道星担任主编，负责全书的整体结构设计和统稿、定稿，李利平担任副主编。具体编写分工如下：第 1 章由安道星编写，第 2 章～第 7 章由刘红梅编写，第 8 章～第 11 章由李利平编写。

本书建议学时为 48 学时。其中，24 学时理论讲授，24 学时上机实训。具体学时分配见下表。

学时分配表

周	学 时	教学内容
一	2	Visual Basic 6.0 的安装、 Visual Basic 6.0 的集成开发环境、Visual Basic 6.0 中的几个基本概念、创建工程、设计界面、设置控件属性、编写代码、程序运行及调试
二	2	数据类型、常量和变量、运算符和表达式、常用内部函数
三	2	顺序结构、选择结构、循环结构
四	2	窗体、文本框、标签、命令按钮
五	2	图片框、图像框、复选框和单选按钮、列表框
六	2	组合框、框架、水平滚动条和垂直滚动条、计时器
七	2	菜单设计、工具栏设计、对话框设计、多文档界面设计
八	2	坐标系统、绘图属性、图形控件、图形方法
九	2	数组的概念、一维数组、二维数组、动态数组、控件数组
十	2	VB 应用程序的结构、函数过程、参数传递、过程的嵌套与递归调用、过程与变量的作用域
十一	2	文件系统控件、文件概述、文件的基本操作、顺序文件、随机文件
十二	2	数据库概述、可视化数据管理器、数据控件及使用、结构化查询语言、报表制作

由于编者水平有限，书中难免存在不足之处，恳请读者批评指正。

刘红梅

2014 年 11 月

目 录

第 10 章 文件管理 272

第 11 章 数据控件的应用 305

参考文献 339

第1章 创建 Visual Basic 应用程序

学习目标

- 掌握 Visual Basic 6.0 的集成开发环境。
- 掌握创建 Visual Basic 6.0 应用程序的一般过程。

重点和难点

- 重点：熟悉 Visual Basic 6.0 的集成开发环境。
- 难点：理解创建 Visual Basic 6.0 应用程序的一般过程。

课时安排

- 讲授 1 学时，项目训练 1 学时。

本章通过一个简单的 Visual Basic 6.0 应用程序，介绍创建 Visual Basic 6.0 应用程序的一般过程。

1.1 案例：创建简单的 Visual Basic 应用程序

1. 案例

【案例 1】 设计窗体，对 Visual Basic 6.0 进行简单介绍，包括 Visual Basic 6.0 的版本、特点以及创建 Visual Basic 6.0 应用程序的一般过程。

2. 案例分析

将版本、特点以及创建应用程序的一般过程做成命令按钮，单击命令按钮，可以打开一个新的窗体，在窗体的文本框中显示相应的内容。

要创建上面简单的 Visual Basic 应用程序，需要经过下面 5 个步骤。

① 创建工程。

② 设计界面。

③ 设置控件属性。

④ 编写代码。

⑤ 程序运行及调试。

同时，要完成【案例 1】的程序设计，需要熟悉 Visual Basic 6.0 的集成开发环境；需要掌握属性、事件、方法等基本概念；需要知道创建 Visual Basic 应用程序的 5 个步骤是如何实现的。

1.2 Visual Basic 6.0 的安装

1.2.1 Visual Basic 6.0 软、硬件安装环境

1. 软件环境

Windows 95 或 Windows NT 4.0 以上的操作系统。

2. 硬件环境

486/50MHz 以上的处理器；16MB 以上内存；如果是完全安装，则至少需要 50MB 的硬盘空间；VGA 或更高分辨率的监视器。对于网络用户，需要一个与 Windows 兼容的网络和服务器。

1.2.2 Visual Basic 6.0 的安装步骤

（1）启功安装程序

把光盘插入光盘驱动器，系统自动启动安装程序，弹出如图 1-1 所示的“安装向导”对话框。

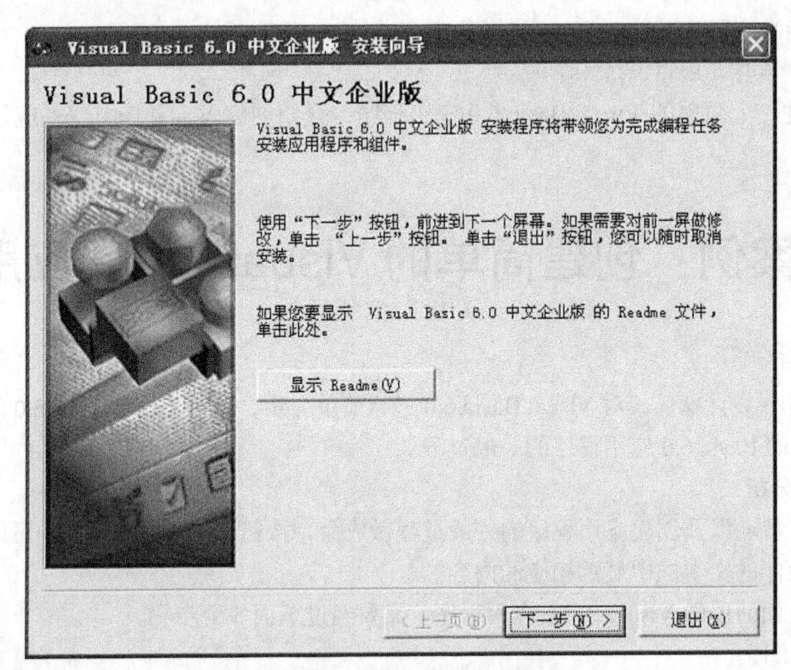

图 1-1 “安装向导”对话框

（2）选择安装文件夹

根据向导提示，当安装程序运行到如图 1-2 所示的对话框时，如果想安装在自己创建的目录下，单击“浏览”按钮，选择一个文件夹或新建一个“VB6”的文件夹。

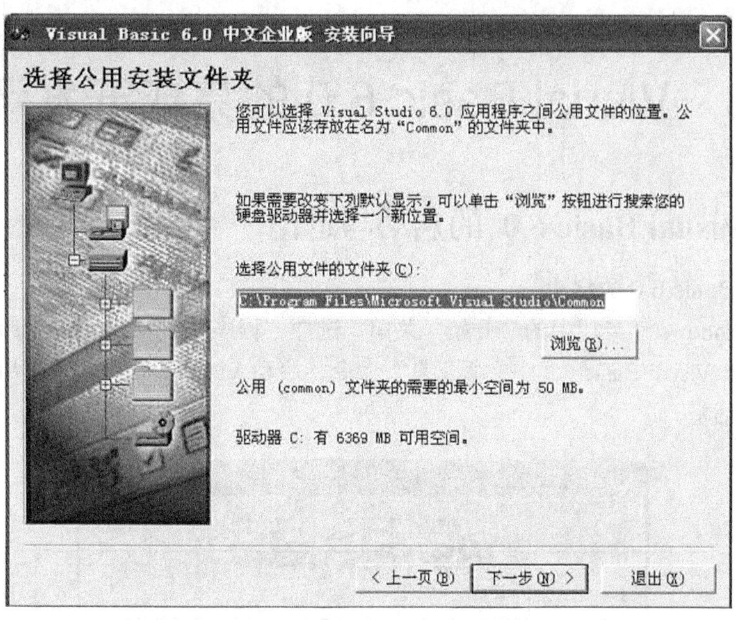

图 1-2　选择文件夹

（3）自定义安装

当安装程序运行到“自定义安装”对话框时，单击“全部选中”按钮。

（4）重新启动

在安装时，Visual Basic 6.0 的一些动态链接库及系统文件会自动复制到 Windows 的 System 文件夹下。安装完毕后，要求重新启动计算机，以更新系统的配置。

Visual Basic 6.0 安装完成后，在“开始”菜单中会出现“Microsoft Visual Basic 6.0 中文版”菜单，如图 1-3 所示。

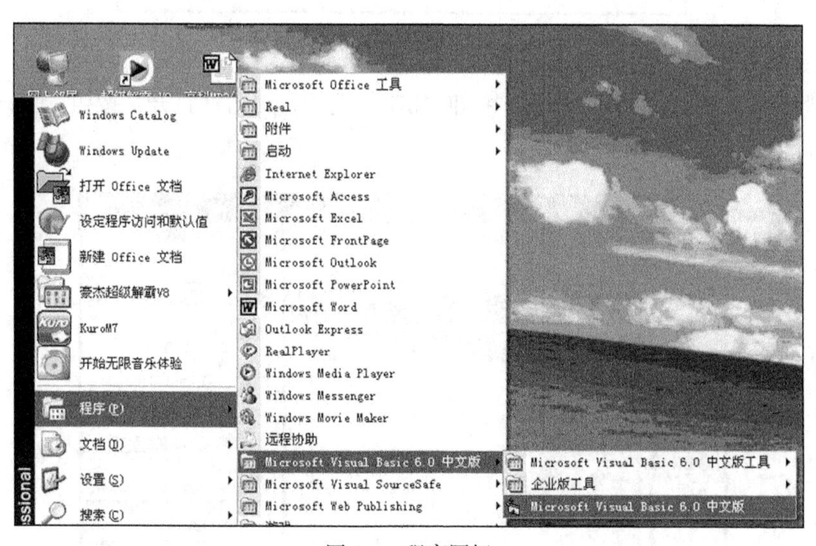

图 1-3　程序图标

1.3 Visual Basic 6.0 的集成开发环境

1.3.1 Visual Basic 6.0 的启动与退出

1. Visual Basic 6.0 的启动

① 打开 Windows 任务栏中的“开始”菜单，选择“程序”|“Microsoft Visual Basic 6.0 中文版”|“Microsoft Visual Basic 6.0 中文版工具”命令，启动 Visual Basic 6.0，弹出如图 1-4 所示的“新建工程”对话框。

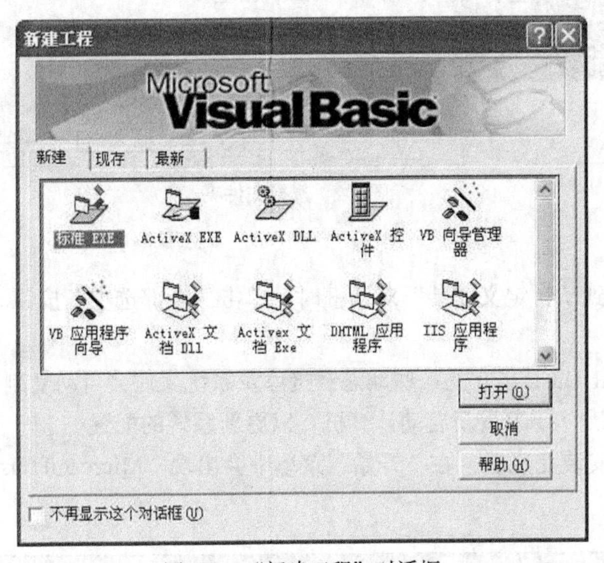

图 1-4 “新建工程”对话框

② 在“新建工程”对话框中选择“标准 EXE”选项，单击“打开”按钮，打开如图 1-5 所示的工程设计窗口。

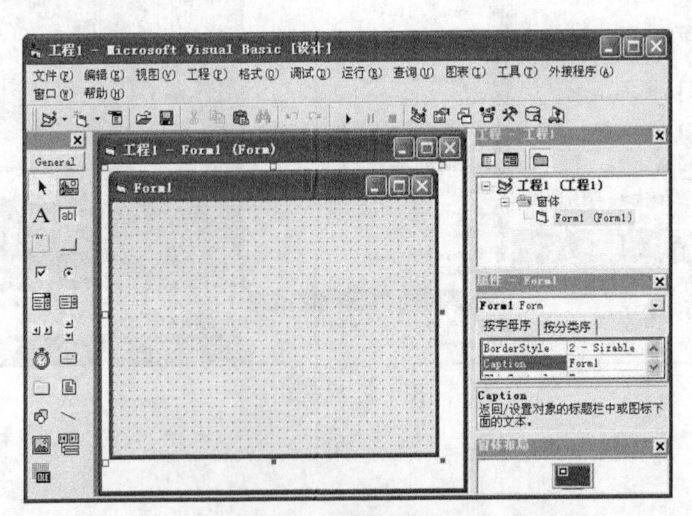

图 1-5 工程设计窗口

2. 退出 Visual Basic 6.0

退出 Visual Basic 6.0 有如下 4 种方法。

① 单击 Visual Basic 6.0 主窗口右上角的“关闭”按钮☒。

② 双击标题栏左上角的控制菜单图标。

③ 选择“文件”|“退出”命令。

④ 按【Alt+F4】组合键。

以上 4 种操作均可关闭 Visual Basic 6.0 打开的各种窗口，退出 Visual Basic 6.0。

1.3.2 Visual Basic 6.0 的集成开发环境概述

Visual Basic 6.0 的集成开发环境如图 1-6 所示。

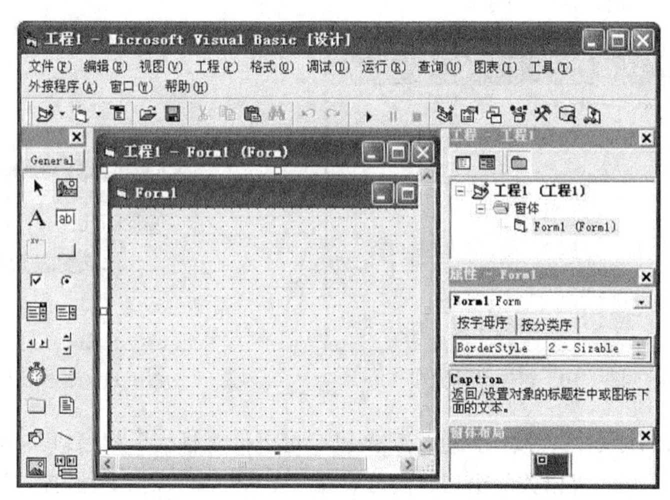

图 1-6　Visual Basic 6.0 的集成开发环境

1. 标题栏

标题栏如图 1-7 所示。标题栏变蓝，表示当前窗口处于活动状态。

图 1-7　标题栏

2. 菜单栏

菜单栏如图 1-8 所示，包括 13 个菜单项。

文件(F) 编辑(E) 视图(V) 工程(P) 格式(O) 调试(D) 运行(R) 查询(U) 图表(I) 工具(T) 外接程序(A) 窗口(W) 帮助(H)

图 1-8　菜单栏

单击菜单项，可以弹出下拉菜单，其中包含了 Visual Basic 6.0 操作的所有命令。还可以通过按键盘上的【Alt】+菜单项名称后带下划线的字母键方式激活菜单。

3. 工具栏

工具栏如图 1-9 所示。单击工具栏上的工具按钮，系统会执行按钮代表的操作。默认情况下，启动 Visual Basic 6.0 后显示标准工具栏。其他的“编辑”“窗体设计”和“调试”等工具栏可以从“视图”菜单上的“工具栏”命令中选择。

图 1-9　工具栏

4. 窗体设计窗口

完成一个应用程序开发所需的大部分工作都是在窗体设计/代码设计窗口中进行的。

窗体设计窗口如图 1-10 所示。设计应用程序时，在窗体上建立 Visual Basic 6.0 应用程序的界面；运行时，窗体就是正在运行的窗口，可以通过与窗体上的控件交互得到结果。

一个应用程序可以有多个窗体，选择“工程”|“添加窗体”命令，可以添加新窗体。

5. 工程资源管理器

工程资源管理器窗口（Project Explorer）也称工程窗口。在该窗口中，可以看到装入的工程以及工程中的项目，如图 1-11 所示。

图 1-10　窗体设计窗口

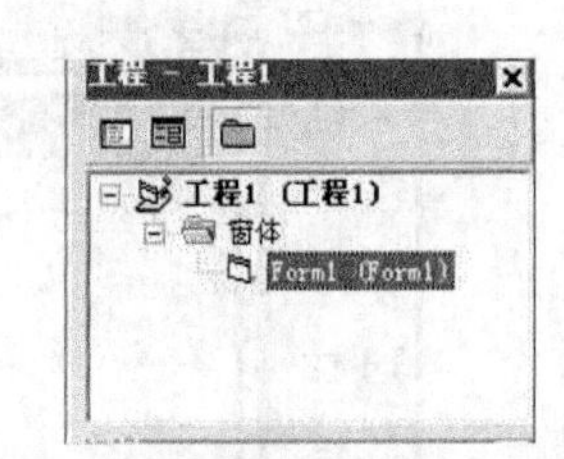

图 1-11　工程窗口

将鼠标指针指向标题栏，按住鼠标左键拖曳，可以任意移动工程窗口。单击“工程”窗口标题栏上的“关闭”按钮，可以关闭窗口，需要查看“工程”窗口时，可选择“视图”|“工程窗口”命令，工程窗口又出现在主窗口的右边。

工程窗口上面有 3 个按钮。

①“查看代码”按钮：单击它，可以切换到代码窗口，显示和编辑代码。

②“查看对象”按钮：单击它，可以切换到窗体窗口，显示和编辑对象。

③“切换文件夹”按钮：单击它，可以切换文件夹的显示方式。

工程中包含的项目可分为 9 种类型，见表 1-1。

表 1-1　工程中包含的项目

项目名称	说　明
工程	工程及其包含的项目
窗体	所有与此工程有关的.frm 文件
标准模块	工程中所有的.bas 模块
类模块	工程中所有的.cls 文件
用户控件	工程中所有的用户控件
用户文档	工程中所有的 ActiveX 文档，即.doc 文件
属性页	工程中所有的属性页，即.Pag 文件
相关文档	列出所有需要的文档，在此存放的是文档的路径，而不是文档本身
资源	列出工程中所有的资源

6. 属性窗口

Visual Basic 6.0 中，窗体及窗体上的每个控件都有不同的属性描述。每个对象的属性可以通过属性窗口中的属性项改变或设置，也可以在程序代码中进行设定。初始化时，每个控件都有一组默认的属性值，即默认值。“属性”窗口如图 1-12 所示。

① 对象框。“属性”窗口最上边的下拉列表框称为对象框，显示当前的对象名和所属的控件类。单击对象框右边的下拉按钮，可以显示本窗体上所有控件的控件名及所属的类。

② 属性列表框。对象框下边是属性列表框，它是属性窗口的主体。其中有两个选项卡，分别是“按字母序”和“按分类序”。由于属性较多，所以可以通过滚动条进行滚动查看。选“按字母序”选项卡或“按分类序”选项卡，属性设置结果是相同的。

图 1-12　属性窗口

③ 属性列表框中左列显示所选对象的全部属性，右列是可以编辑和查看的属性值。

7. 代码窗口

在窗体中双击窗体或其中的控件，或者单击工程窗口中的“查看代码”按钮，均可以打开代码窗口，如图 1-13 所示。在其中，可以编辑程序代码。各种事件过程、用户自定义过程等源代码的编写和修改均在此窗口中进行。

① 对象列表框。代码窗口左边的下拉列表框称为“对象列表框”，显示所选对象的名称。单击其右边的下拉按钮，可以显示此窗体中的对象名。

② 过程列表框。列出所有对应于对象列表框中对象的事件过程名称和用户自定义过程名称。

③ 事件过程模板。选择对象列表框中的对象名，再选择过程列表框中的过程名，就可以生成选定对象的事件过程模板，在其中编写程序代码。

8. 工具箱窗口

单击“视图”|“工具箱”命令，工具箱显示在窗口的左边，如图 1-14 所示。工具箱提供了一组按钮，用于用户界面的设计。默认的工具箱放两列控件，包含 21 个标准控件。如果要隐藏工具箱，可以单击其右上角的“关闭”按钮☒。

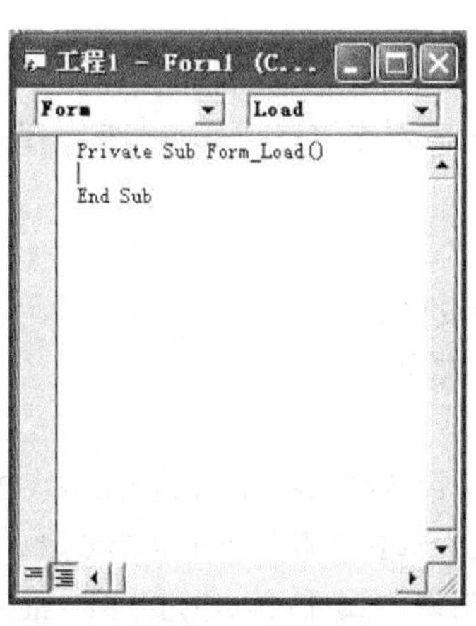

图 1-13　代码窗口

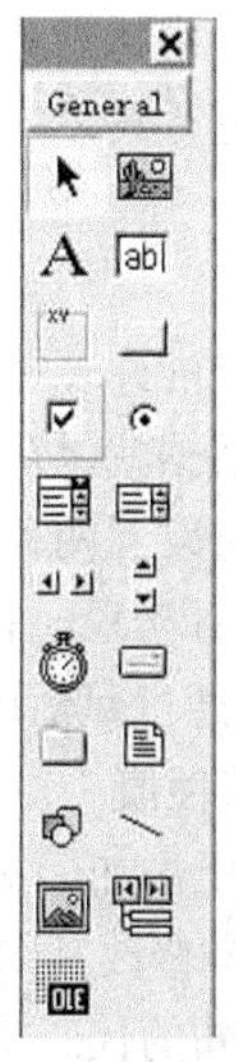

图 1-14　工具箱窗口

9. 调试窗口

选择“视图”|“立即窗口”命令、“本地窗口”命令、“监视窗口”命令等，相应的窗口就可以出现在屏幕中，如图 1-15 所示。调试窗口属于辅助窗口，供调试程序时用。

10. 窗体布局窗口

“窗体布局”窗口如图 1-16 所示，用于显示当前窗体的初始化位置和相关尺寸。对于只有一个窗体的应用程序，似乎没有多大的优越性，但对于多窗体的应用程序而言，就显得十分必要。

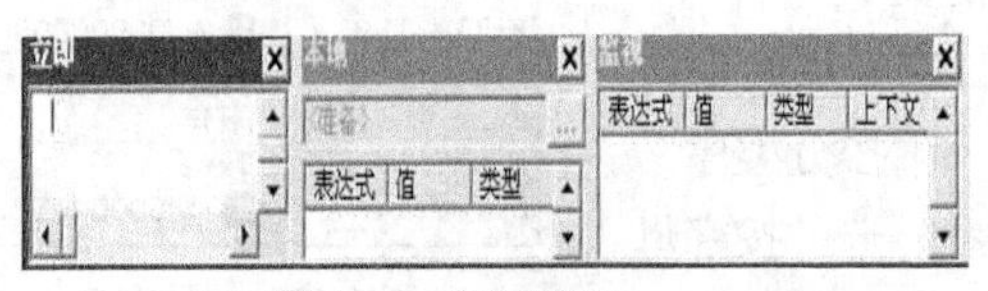

图 1-15 调试窗口

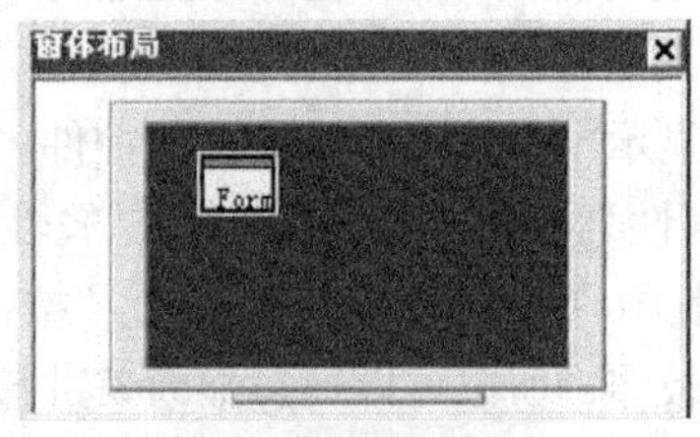

图 1-16 窗体布局窗口

在多窗体情况下，当把鼠标放置到某个窗体上时，鼠标箭头变成一个带 4 个箭头的“十”字形状，按下鼠标左键，可以将窗体拖放到希望的地方，此时，布局窗口中的“小窗体”会随“大窗体”的移动而移动。通过布局窗口，可以确定“大窗体”的位置。

1.4 Visual Basic 6.0 中的几个基本概念

1.4.1 对象和类

对象是指现实世界中无所不在、各种各样的实体，是具有特殊属性和行为的实体。对象是类的一个实例。对象可以是具体的事物，也可以是抽象的事物。例如，一个具体的人、一台计算机等都是对象；一份账单、一张报表等也是一个对象。

在现实世界中，具有相似性质，执行相同操作的对象称为同一类对象。类是对同一种对象的集合与抽象。类是创建对象实例的模板。例如，人类是人的抽象。

在 Visual Basic 6.0 中，工具箱上的图标是标准控件类，如标签类、文本框类等。将控件类拖到窗体上，对其属性进行具体的设置等，即将控件类实例化，控件类就成为控件类对象。

1.4.2 属性

每个对象都有自己的许多特征，用来描述和反映对象这些特征的参数，在 Visual Basic 6.0 中称为属性。对象中的数据就保存在属性中。

设置对象的属性有以下两种方法。

① 在应用程序设计阶段，在“属性”窗口中设置。

② 在程序代码中通过赋值语句实现，一般格式为：

对象名.属性名=属性值

【例 1-1】 在窗体上添加标签控件 Label1、两个命令按钮控件 Command1、Command2，1 个文本框控件 Text1，用语句修改其 Caption 属性值依次为"VB 欢迎你""确定""取消"，Text 属性值为 ""。

图 1-17 为输入语句的代码窗口。窗体中控件对象的属性可以通过下列赋值语句实现。双击窗

体，打开代码窗口，在“Form_Load”事件过程中输入下列语句：

```
Label1.Caption = "VB 欢迎你"
Command1.Caption = "确定"
Command2.Caption = "取消"
Text1.Text = ""
```

单击 VB 工具栏中的“启动”工具按钮 ，运行程序，结果如图 1-18 所示。可以看到，标签控件 Label1、两个命令按钮控件 Command1、Command2，文本框控件 Text1 的属性值依次被修改。

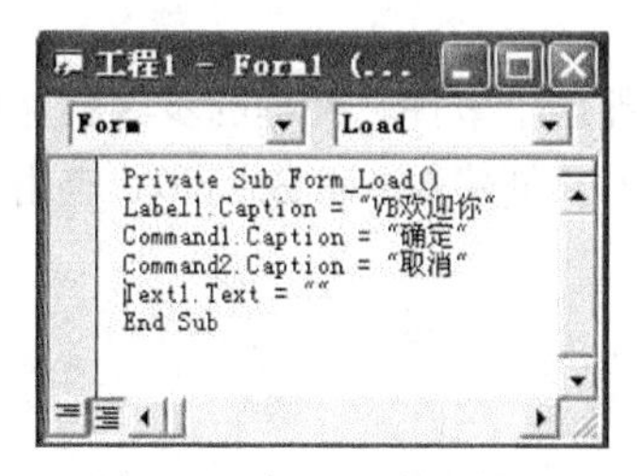

图 1-17　例 1-1 代码窗口

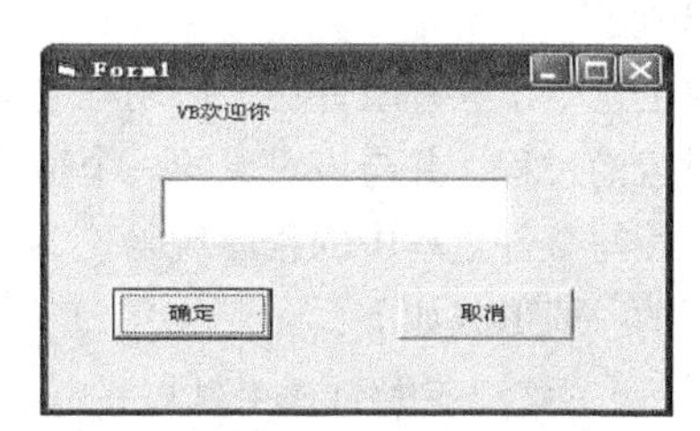

图 1-18　例 1-1 运行结果

1.4.3　方法

方法就是要执行的动作，在 Visual Basic 6.0 中是一种特殊函数或过程，用于完成某种特定的功能，而不能响应某个事件。方法是对象本身内含的程序段，它可能是函数，可能是过程，但怎样实现功能的步骤和细节，用户看不到，也改不了。用户只能了解这个对象的功能和用法，按照约定直接去使用它。

方法只在代码中使用，其调用格式为：

```
[对象名.]方法名[参数列表]
```

其中，省略对象名，表示当前对象，一般指窗体。

【例 1-2】 在窗体中用 Print 方法显示"VB 欢迎你"，用 Clear 方法清除窗体。

双击窗体，打开代码窗口，输入下列代码，如图 1-19 所示。

```
Private Sub Form_Click()
  Form1.Print "VB 欢迎你"
End Sub
Private Sub Form_DblClick()
  Form1.Cls
End Sub
```

单击 VB 工具栏中的“启动”工具按钮 ，运行程序，单击窗体，结果如图 1-20 所示。双击窗体，窗体清空。

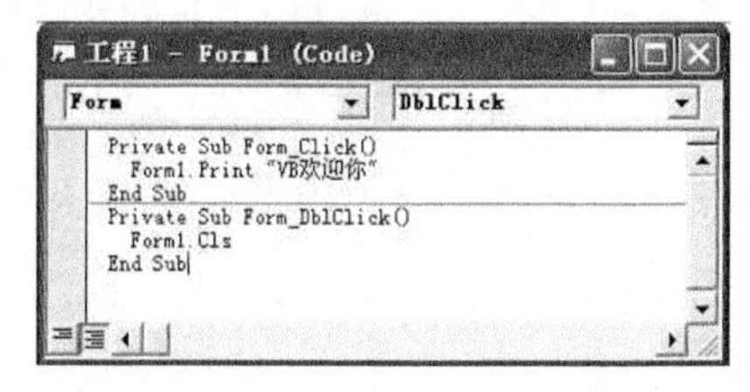

图 1-19　例 1-2 代码窗口

图 1-20　单击窗体运行结果

1.4.4 事件

1. 事件的定义

由 Visual Basic 6.0 预先定义好的，能够被对象识别的动作，即对象所要完成的任务，称为事件。

在 Visual Basic 6.0 中，系统已为每个对象预先定义好了一系列事件。例如，常用的单击（Click）事件、双击（DblClick）事件等。

事件可由用户、系统事件或应用程序代码触发。

2. 事件过程

当在对象上发生了某种事件后，应用程序就要处理这个事件，处理的步骤就是事件过程。它是针对某一对象的过程，并与该对象的一个事件相联系。创建 Visual Basic 6.0 应用程序的主要任务就是为对象编写事件过程中的程序代码。

事件过程的一般形式如下：

```
Private Sub 对象名_事件名([参数列表])
…… '程序代码
End Sub
```

对象名：对象的名称（Name）属性。

事件名：Visual Basic 6.0 预先定义好的赋予该对象的事件。

3. 事件驱动

在 Visual Basic 6.0 中，程序执行后等待某个事件的发生，然后去执行处理此事件的事件过程，待事件过程执行完毕后，系统又处于等待某个事件发生的状态，这就是事件驱动的程序设计方式。

运行上面窗体 Form1 的单击（Click）事件过程后，如果不单击窗体，会看到窗体是空白的；单击窗体，即触发窗体 Form1 的单击事件 Click，窗体上会显示出“VB 欢迎你”的字样。双击窗体，即触发窗体 Form1 的双击事件 DblClick，窗体被清空。

1.5 创建工程

一个应用程序就是一个工程。下面以创建“案例 1”工程为例，介绍如何创建一个 Visual Basic 6.0 应用程序。

① 启动 Visual Basic 6.0，选择“文件”|“新建工程”命令，弹出“新建工程”对话框。选择“标准 EXE”选项，如图 1-21 所示，单击“打开”按钮。

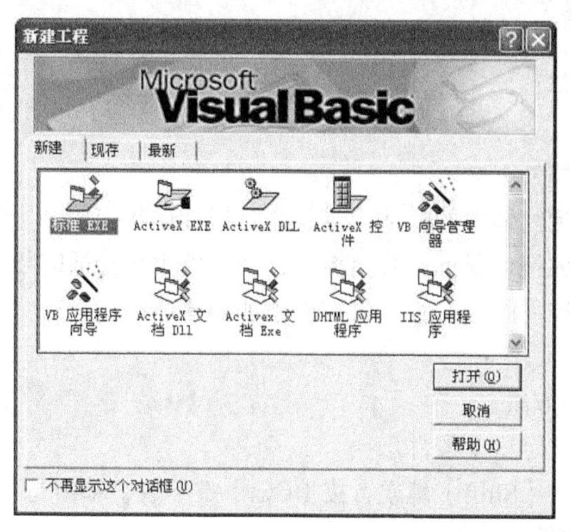

图 1-21　“新建工程”对话框

② 选择“文件”|“保存工程”命令，弹出“文件另存为”对话框。在“文件名”文本框中输入“案例 1 主窗体”，如图 1-22 所示。

③ 单击“保存”按钮，弹出“工程另存为”对话框。在“文件名”文本框中输入工程文件名“案例 1”，如图 1-23 所示，单击“保存”按钮。

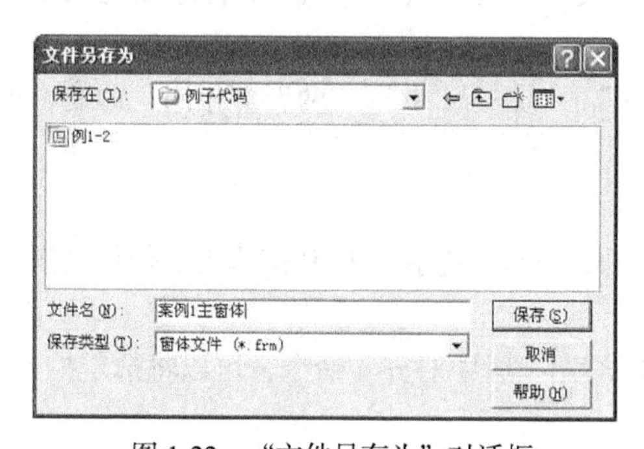

图 1-22　“文件另存为”对话框

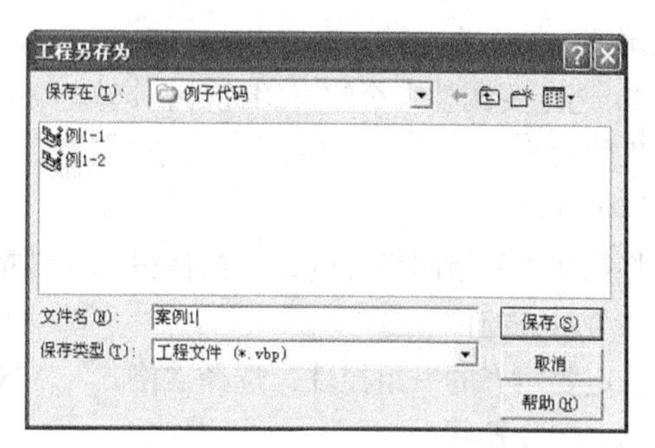

图 1-23　“工程另存为”对话框

新建工程后，就可以在窗体上进行用户界面的设计了。

1.6　设计界面

对于应用程序来说，友好的用户界面非常重要。用户界面的作用主要是向用户提供输入数据以及显示程序运行后的结果。

1. 调整窗体大小

① 启动 Visual Basic 6.0 后，默认窗体“Form1”的周围有 8 个小方块，这些小方块叫做尺寸柄。单击窗体的空白处，也会在窗体周围出现尺寸柄，如图 1-24 所示。

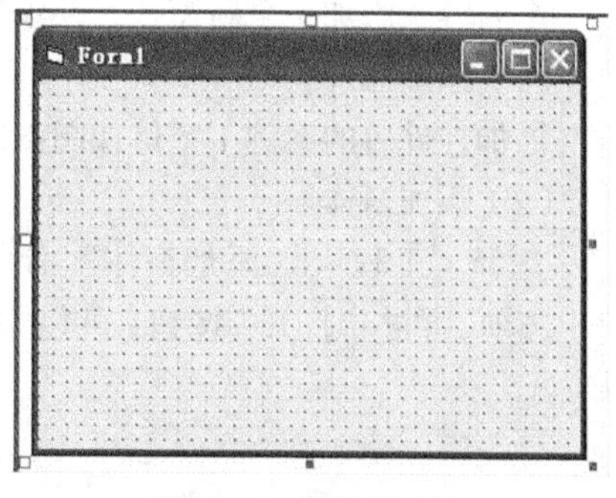

图 1-24　窗体尺寸柄

② 将鼠标指针指向实心小方块，当鼠标指针变成

双向箭头时，拖动鼠标，调整窗体的大小，直到合适为止。

2. 将控件添加到窗体

（1）添加控件

① 单击工具箱中的控件图标。

② 将鼠标指针移动到窗体中的合适位置，这时指针形状变成“十”字形。

③ 按下鼠标左键不放拖动鼠标，画出控件，到控件大小合适时松开鼠标左键。

④ 双击工具箱中的控件图标，直接将控件添加到窗体中。

（2）选定控件

选定控件有以下 3 种方法。

① 单击控件，可以选定一个控件。

② 选定一个控件，按【Shift】键或者按【Ctrl】键不放，单击每个要选定的控件，可以选定多个连续或者不连续的控件。

③ 把鼠标指针移到窗体的空白处，按下鼠标左键拖动，在要选定的控件周围拖出一个虚线矩形框，框内的控件即被选定。

（3）调整控件大小

① 单击选定控件，使其处于活动状态。

② 将鼠标对准某个黑色小方块，当鼠标指针变成双向箭头时，按住鼠标左键拖动鼠标，就可以调整控件大小。

③ 选定要调整大小的一组控件，选择“格式”|“统一尺寸”|“两者都相同”命令，可以统一控件的大小。

（4）移动控件

将鼠标指针指向控件内部，按住鼠标左键拖动，就可以把控件拖到窗体上的任何位置。

（5）对齐控件

选定要对齐的一组控件，选择“格式”|“对齐”|“居中对齐”命令，可以将选定控件对齐。

（6）删除控件

删除控件有以下两种方法。

① 选定要删除的控件，右击，在弹出的快捷菜单中选择“剪切”命令。

② 选定要删除的控件，按【Delete】键。

【例 1-3】 添加案例 1 的界面控件。

案例分析：主窗体上需要添加 1 个标签，用来显示标题“Visual Basic 6.0 简介”；需要添加 5 个命令按钮，分别显示“版本”“特点”“创建应用程序的一般过程”“确定”“取消”；再对应于每一个内容，添加一个新窗体，共添加 3 个窗体。

（1）添加控件

添加控件后的案例 1 窗体如图 1-25 所示。

（2）添加窗体

选择“工程”|“添加窗体”命令，打开“添加窗体”对话框，如图 1-26 所示。选择“窗体”选项，单击“打开”按钮，可以添加“Form2”窗体。用同样的方法，添加“Form3”“Form4”窗体。

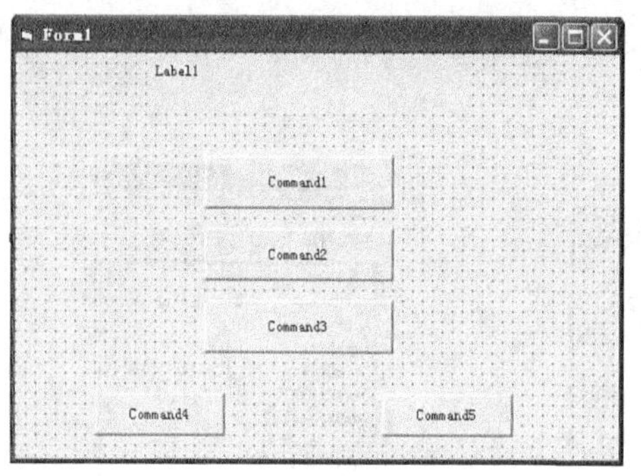

图 1-25　添加控件后的案例 1 窗体

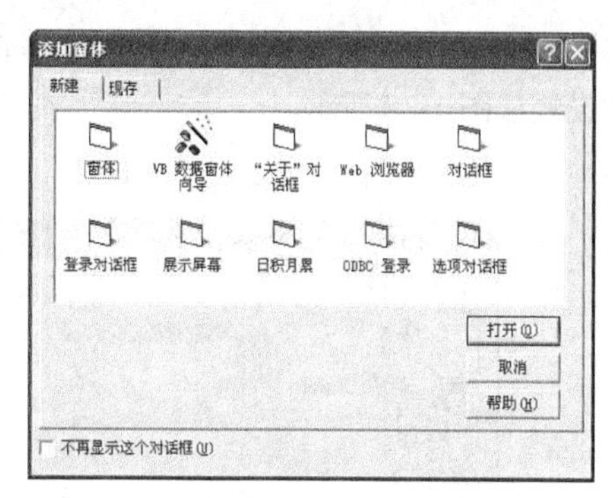

图 1-26　“添加窗体”对话框

1.7　设置控件属性

添加完控件后，需要在标签控件“Label1”中显示“Visual Basic 6.0 简介”，在命令按钮“Command1”上显示“版本”等，将窗体的标题设置为“Visual Basic 6.0 简介”，这些都要通过对控件设置属性来实现。

（1）设置控件属性

设置控件属性是在属性窗口中完成的。当用户在窗体中选择了一个控件后，在属性窗口中就会列出该控件的所有属性和属性值。设置属性时，单击属性列表中的某个属性，在其后对应的属性值框中输入该属性的属性值或者选择属性值列表中的一项，就完成了该属性的设置。

了解了设置属性的过程后，就可以为“Visual Basic 6.0 简介”的界面控件设置属性了。窗体 Forml 中的对象属性设置见表 1-2。

表 1-2　窗体 Form1 中的对象属性设置

控件名（Name）	属性值
Form1	Caption：Visual Basic 6.0 简介
Label1	Alignment：2-Center
	Caption：Visual Basic 6.0 简介
	Font：黑体
Command1	Caption：版本
Command2	Caption：特点
Command3	Caption：创建应用程序的一般过程
Command4	Caption：确定
Command5	Caption：取消

【例 1-4】 为案例 1 窗体控件设置属性。

① 在窗体“Form1”中选定标签控件“Label1”，这时属性窗口中显示出“Label1”的属性列表。在属性列表中选择“Caption”标题属性，在其右边的属性值框中输入“Visual Basic 6.0 简介”；选择“Alignment”对齐属性，在其右边的属性值下拉列表中选择“2-Center”，表示居中对齐方式；选择“Font”字体属性，单击其右边的打开对话框按钮，弹出“字体”对话框，选择其字体为“黑

体”，字号为“三号”，如图 1-27 所示。单击“确定”按钮，返回到“Label1”的属性列表。“Label1”的属性设置如图 1-28 所示。

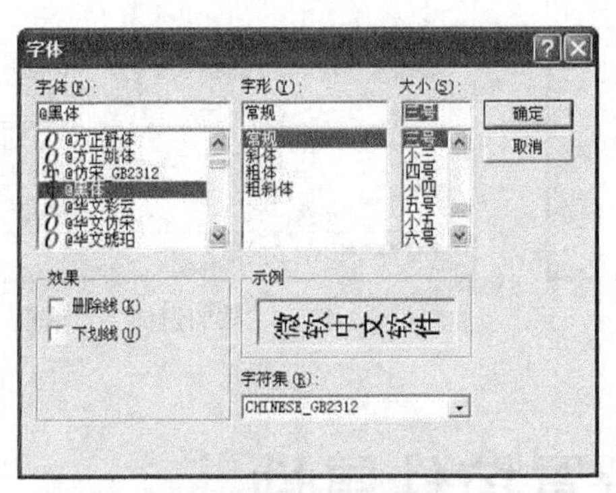

图 1-27 “字体”对话框

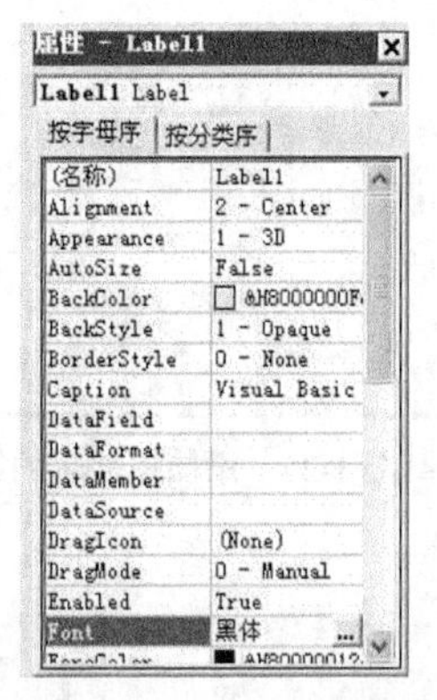

图 1-28 “Label1”的属性设置

② 在窗体“Form1”中选定命令按钮控件“Command1”，这时属性窗口中显示出“Command1”的属性列表。在属性列表中选择“Caption”标题属性，在其右边的属性值框中输入“版本”；用同样方法，设置“Command2”的“Caption”标题属性值为“特点”，设置“Command3”的“Caption”标题属性值为“创建应用程序的一般过程”，设置“Command4”的“Caption”标题属性值为“确定”，设置“Command5”的“Caption”标题属性值为“取消”。

③ 选定窗体“Form1”，这时属性窗口中显示出“Form1”的属性列表。在属性列表中选择“Caption”标题属性，在其右边的属性值框中输入“Visual Basic 6.0 简介”。设置属性后的窗体“Form1”如图 1-29 所示。

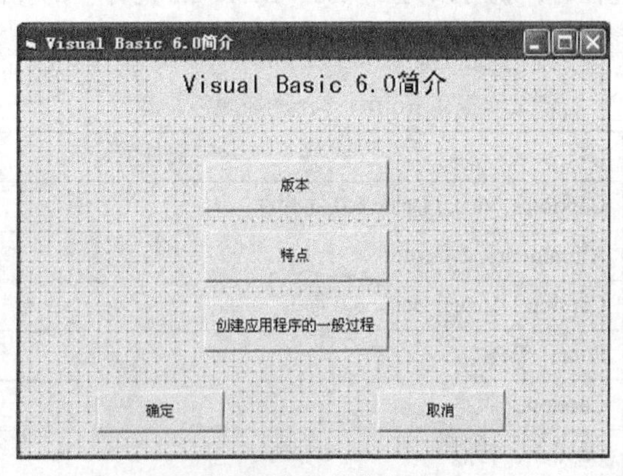

图 1-29 设置属性后的窗体“Form1”

④ 窗体“Form2”中的对象属性设置见表 1-3。设置属性后的窗体“Form2”如图 1-30 所示。

表 1-3 窗体 Form2 中的对象属性设置

控件名（Name）	属性值
Form2	Caption：Visual Basic 6.0 的版本
Label1	Alignment：2-Center
	Caption：Visual Basic 6.0 的版本简介
	Font：黑体

续表

控件名（Name）	属性值
Text1	Multiline：True
	Text：Visual Basic 6.0 的版本有: 1．企业版; 2．专业版; 3．学习版
Command1	Caption：返回

在文本框“Text1”中添加多行文本：首先将多行属性“Multiline”的值设置为“True”，然后单击文本属性“Text”，其右边出现下拉箭头，单击此箭头，弹出列表框，在其中输入多行文本。每输入一行，按下键盘上的“Ctrl+回车”组合键，就可以换行了，输入完之后，按回车键。

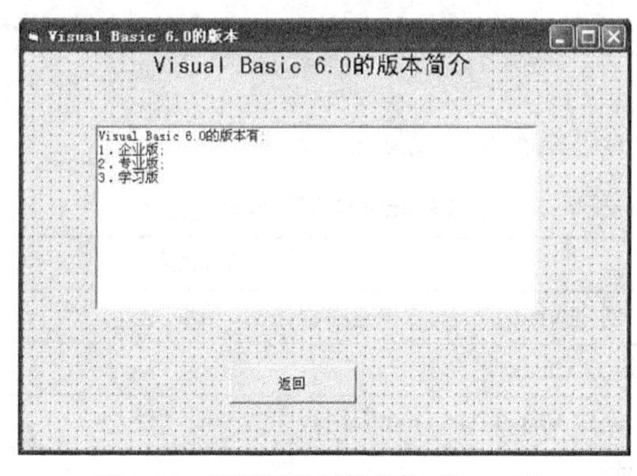

图 1-30　设置属性后的窗体“Form2”

⑤ 窗体“Form3”中的对象属性设置见表 1-4。设置属性后的窗体“Form3”如图 1-31 所示。

表 1-4　　窗体 Form3 中的对象属性设置

控件名（Name）	属性值
Form3	Caption：Visual Basic 6.0 的特点
Label1	Alignment：2-Center
	Caption：Visual Basic 6.0 的特点简介
	Font：黑体
Text1	Multiline：True
	Text：Visual Basic 6.0 的特点如下： 1．具有基于对象的可视化设计工具； 2．事件驱动的编程机制； 3．易学易用的集成开发环境； 4．数据访问特性； 5．通过 ActiveX 技术可使用其他应用程序提供的功能； 6．支持 Internet 的能力强大； 7．已完成的应用程序是真正的*.exe 文件
Command1	Caption：返回

在文本框“Text1”中添加多行文本：也可以将排好版的多行文本复制，单击文本框“Text1”的文本属性“Text”右边的下拉箭头，在拉出的列表中右击鼠标，选择“粘贴”命令，可以看到已换行的多行文本一次性添加到文本框中，复制完后，按回车键。

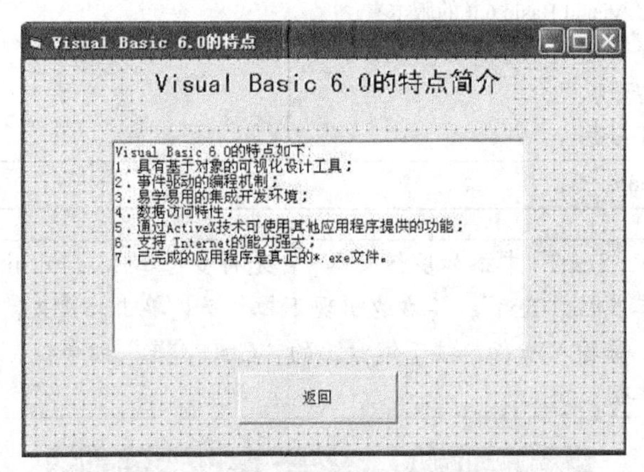

图 1-31　设置属性后的窗体“Form3”

⑥ 窗体“Form4”中的对象属性设置见表 1-5。

表 1-5　　窗体 Form4 中的对象属性设置

控件名（Name）	属性值
Form4	Caption：创建 Visual Basic 6.0 应用程序的一般过程
Label1	Alignment：2-Center
	Caption：创建 Visual Basic 6.0 应用程序的一般过程
	Font：黑体
Text1	Multiline：True
	Text：创建 Visual Basic 6.0 应用程序的一般过程如下: 1. 设计界面； 2. 设置属性； 3. 编写代码； 4. 调试运行
Command1	Caption：返回

设置属性后的窗体“Form4”如图 1-32 所示。

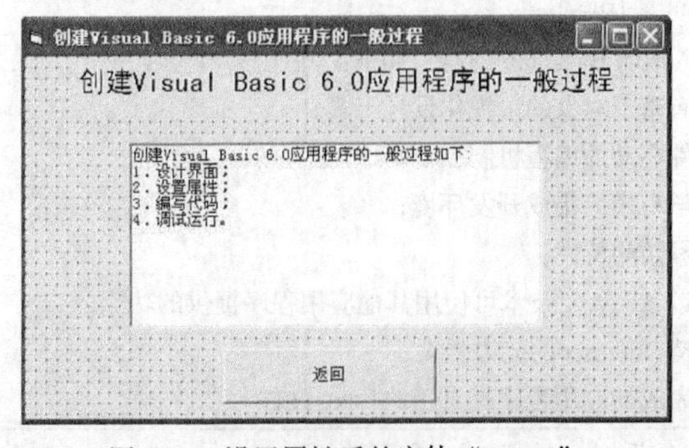

图 1-32　设置属性后的窗体“Form4”

1.8　编写代码

将应用程序界面控件的属性设置完成后，还需要在相应控件的事件过程中编写代码，才能完成相应的功能。

在运用 Visual Basic 6.0 进行编程的过程中，大部分代码都是在控件的事件过程下编写的。事件过程是过程的一种，是为一个对象响应某事件而编写的一段代码。这些代码只有在用户做出某些动作或是在 Windows 系统的某些事件发生时才会被执行。

打开代码窗口的方法有两种：

① 双击相应对象，即可打开其代码窗口。

② 选定要编写代码的对象，单击“工程资源管理器”窗口左上角的“查看代码”按钮▤。

【例 1-5】 为案例 1 编写代码。

1. 在窗体“From1”的 Command1_Click()事件过程中编写代码

① 双击“Command1”，打开代码窗口。

② 在 Command1_Click()事件过程中编写如下代码：

```
Private Sub Command1_Click()
    Form1.Hide    '隐藏窗体
    Form2.Show    '显示窗体
End Sub
```

2. 在窗体“From1”的 Command2_Click()事件过程中编写代码

① 双击窗体“From1”，打开代码窗口。

② 在“对象”下拉列表框中选择对象“Command2”，在事件“过程”下拉列表框中选择“Click”事件过程。

③ 在 Command2_Click()事件过程中编写如下代码：

```
Private Sub Command2_Click()
    Form1.Hide    '隐藏窗体
    Form3.Show    '显示窗体
End Sub
```

3. 在窗体“From1”的 Command3_Click()事件过程中编写代码

① 双击窗体“From1”，打开代码窗口。

② 在“对象”下拉列表框中选择对象“Command3”，在事件“过程”下拉列表框中选择“Click”事件过程。

③ 在 Command3_Click()事件过程中编写如下代码：

```
Private Sub Command2_Click()
    Form1.Hide    '隐藏窗体
    Form4.Show    '显示窗体
End Sub
```

4. 在窗体“From1”的 Command5_Click()事件过程中编写代码

① 双击“Command5”，打开代码窗口。

② 在 Command5_Click()事件过程中编写如下代码：

```
Private Sub Command5_Click()
    End    '结束程序
End Sub
```

添加代码后的代码窗口如图 1-33 所示。

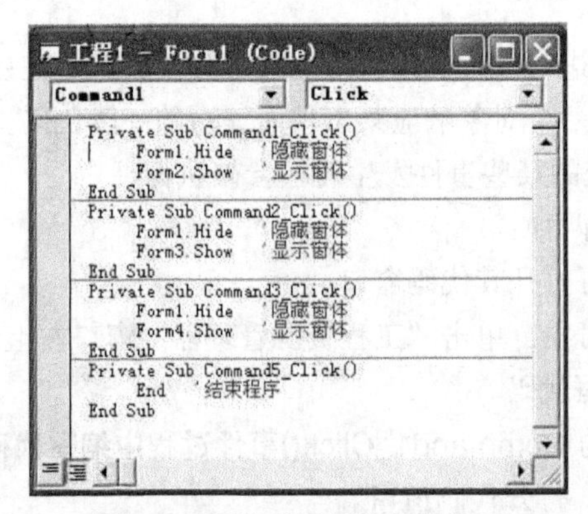

图 1-33　添加代码后的代码窗口

5. 在窗体“From2”的 Command1_Click()事件过程中编写代码

① 双击“Command1”，打开代码窗口。

② 在 Command1_Click()事件过程中编写如下代码：

```
Private Sub Command1_Click()
    Form2.Hide    '隐藏窗体
    Form1.Show    '显示窗体
End Sub
```

6. 在窗体“From3”的 Command1_Click()事件过程中编写代码

① 双击“Command1”，打开代码窗口。

② 在 Command1_Click()事件过程中编写如下代码：

```
Private Sub Command1_Click()
    Form3.Hide    '隐藏窗体
    Form1.Show    '显示窗体
End Sub
```

7. 在窗体“From4”的 Command1_Click()事件过程中编写代码

① 双击“Command1”，打开代码窗口。

② 在 Command1_Click()事件过程中编写如下代码：

```
Private Sub Command1_Click()
    Form4.Hide    '隐藏窗体
    Form1.Show    '显示窗体
End Sub
```

① 在代码窗中，“'”用来注释文本。添加注释是在编写代码时非常重要的步骤，是对程序中的代码做解释，目的是提高程序的可读性。如果是做大型的应用程序，一定要注意编写详细的代码注释，否则软件的维护和升级将会非常困难。

② Visual Basic 6.0 代码中的所有符号，都必须是英文状态下的半角字符。

③ 编写代码时，输入对象名和小圆点“.”后，系统会自动出现该对象的“属性和方法”列表框。例如，输入 Form1.后，系统会弹出关于 Form1 的“属性和方法”列表框，如图 1-34 所示。

④ 继续输入属性或方法的首字母，如“Hide”的首字母“H”，在下拉列表框中选择需要的属性或方法“Hide”即可，如图 1-35 所示。

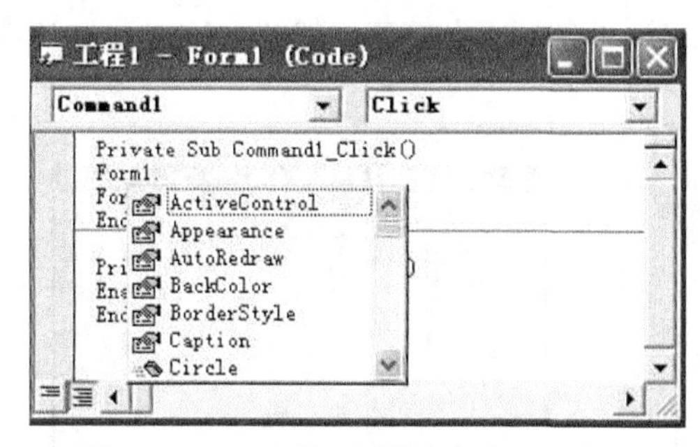

图 1-34 Form1 的“属性和方法”列表框

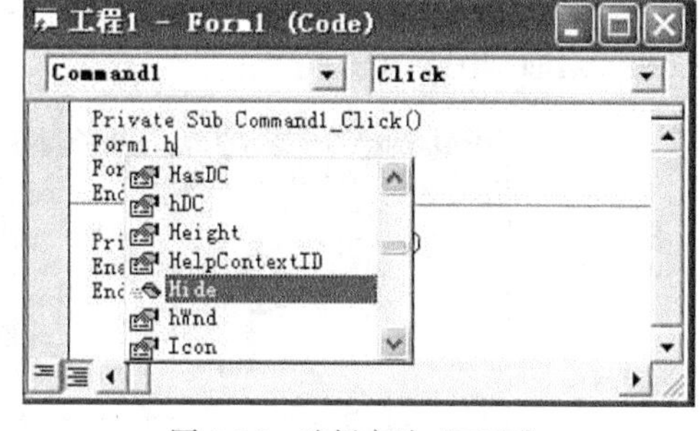

图 1-35 选择方法“Hide”

⑤ 如果在输入完对象名和小圆点后没有出现下拉列表框，表示已经出错。有下面 3 个方面的原因：

- 窗体上没有添加相应的控件；
- 输入的对象名称有错；
- 该列表框没有设置。

设置列表框按照如下方法进行。

选择“工具”|“选项”命令，弹出“选项”对话框，如图 1-36 所示。在“编辑器”选项卡中选中“自动列出成员”复选框。

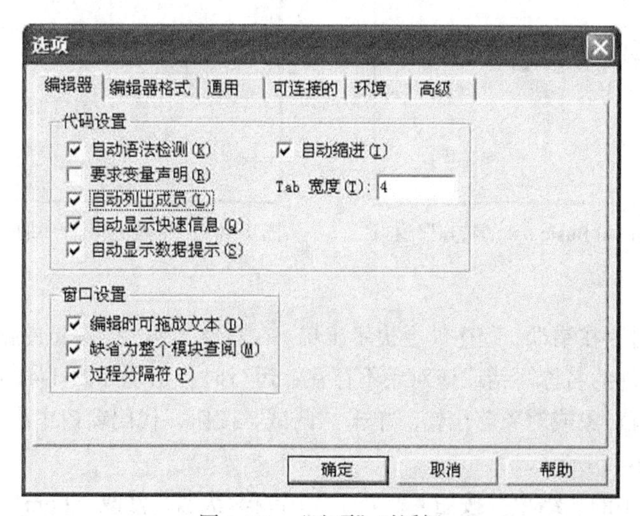

图 1-36 “选项”对话框

1.9 程序运行及调试

1. 运行程序

单击工具栏中的“启动”按钮▶，或者选择“运行”|“启动”命令，或者按【F5】键，都可以运行应用程序。

【例 1-6】 运行案例 1 应用程序。

① 单击工具栏中的“启动”按钮▶，弹出“Visual Basic 6.0 简介”主界面，如图 1-37 所示。

② 单击“版本”按钮，弹出“Visual Basic 6.0 的版本”窗口，如图 1-38 所示，单击“返回”按钮，返回到主界面。

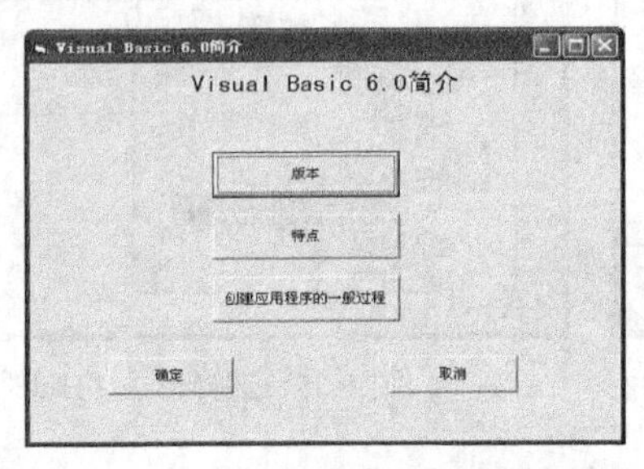

图 1-37 “Visual Basic 6.0 简介”主界面

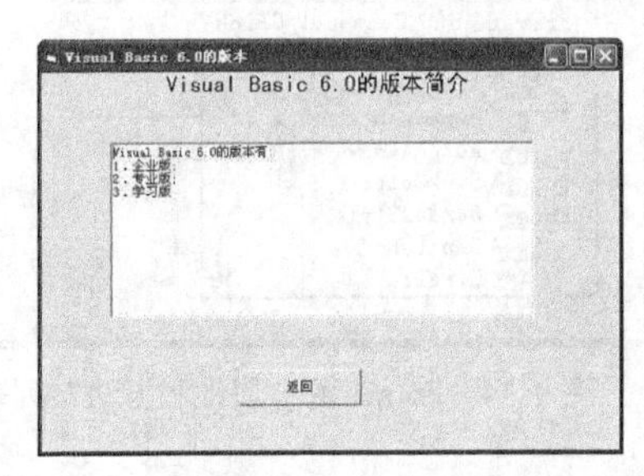

图 1-38 “Visual Basic 6.0 的版本”窗口

③ 单击“特点”按钮，弹出“Visual Basic 6.0 的特点”窗口，如图 1-39 所示。单击“返回”按钮，返回到主界面。

④ 单击“创建应用程序的一般过程”按钮，弹出“创建 Visual Basic 6.0 应用程序的一般过程”窗口，如图 1-40 所示。单击“返回”按钮，返回到主界面。在出现窗体“Form1”的运行结果界面中单击“取消”按钮，程序结束。

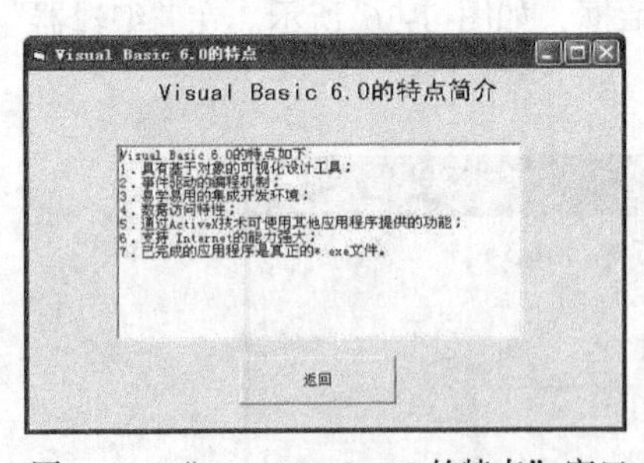

图 1-39 “Visual Basic 6.0 的特点”窗口

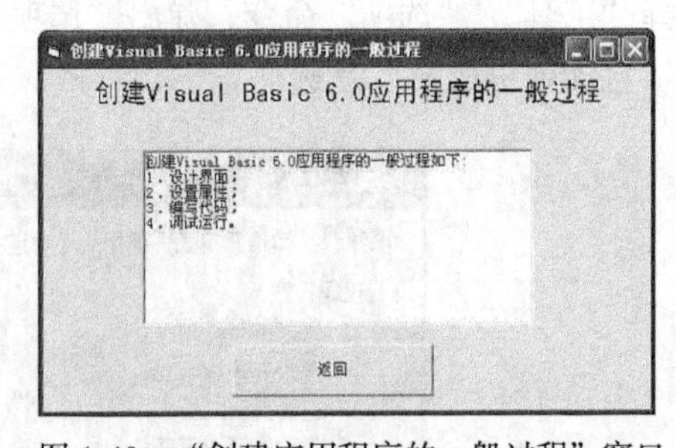

图 1-40 “创建应用程序的一般过程”窗口

2. 调试程序

如果编写程序时存在错误，程序就会提示出错。在本章案例中，常见的错误与调试方法如下。

① 把窗体或控件的名称写错或该对象不存在，运行时会出现如图 1-41 所示的错误提示。这种错误提示表示没有对象或对象名出错。单击“调试”按钮，代码窗口中出现的黄色光带语句就是错误语句，如图 1-42 所示。

② 单击工具栏中的“结束”按钮■，处于代码编辑状态，修改“Fom1”为“Form1”，再运行程序，程序就可以正确运行了。

图 1-41 错误提示

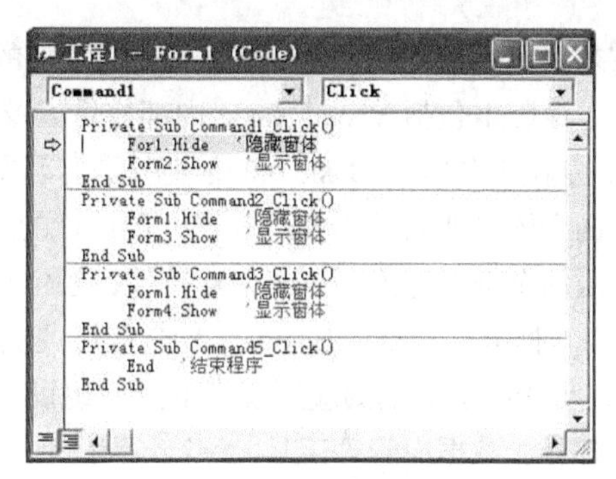

图 1-42 错误语句

1.10 Visual Basic 6.0 概述

1. Visual Basic 6.0 的特点

BASIC（Beginners All-purpose Symbolic Instruction Code，初学者通用符号指令代码）是国际上广泛使用的一种计算机高级语言。BASIC 简单、易学，目前仍是计算机入门的主要学习语言之一。

“Visual”指的是开发图形用户界面（GUI）的方法，它无须编写大量代码去描述界面元素的外观和位置，只要把预先建立的对象拖放到屏幕上一点即可。这是 Visual Basic 最显著的特点。

Visual Basic 6.0 是一个强大的 Windows 平台上的开发工具,从开发个人或小组使用的小工具，到大型企业应用系统，甚至通过 Internet 的遍及全球分布式应用程序，都可以在 Visual Basic 6.0 提供的工具中各取所需。Visual Basic 6.0 之所以有这么广泛的用途，是因为它具有以下特点。

① 具有基于对象的可视化设计工具,使开发人员几乎不用加入太多代码就可以开发 Windows 程序，也加快了系统开发的速度，在维护系统运行时只需修改很少的代码。

② 事件驱动的编程机制。在图形用户界面的应用程序中，用户的动作（事件）控制着程序运行的流向。

③ 提供易学、易用的集成开发环境。在 Visual Basic 6.0 集成开发环境中，可以设计界面、编写代码、调试程序、直接运行、获得结果、生成可执行程序等，为用户提供友好的开发环境。

④ 数据访问特性允许对包括 Microsoft SQL Server 和其他企业数据库在内的大部分数据库格式建立数据库和前端应用程序。

⑤ 通过 ActiveX 技术可使用其他应用程序提供的功能。例如，Microsoft Word 字处理器、Microsoft Excel 电子数据表及其他 Windows 应用程序，甚至可直接使用 Visual Basic 6.0 创建的应用程序和对象。

⑥ 支持 Internet 的能力强大，在应用程序内很容易通过 Internet 访问文档和应用程序。

⑦ 已完成的应用程序是真正的*.exe 文件，提供运行时的可自由发布的动态链接库（Dinary Linked Liberary）。

2. Visual Basic 6.0 的版本

Visual Basic 6.0 中文版包括 3 种版本。

① 学习版。Visual Basic 6.0 学习版不要求事先有编程经验，是为学生、业余爱好者和想更多

地了解基于 Windows 的应用程序是如何开发的人而设计的。利用它可以轻松开发 Windows 的应用程序。该版本包括 Visual Basic 内部控件以及网格控件、表格控件、数据控件等。

② 专业版。Visual Basic 6.0 专业版是为需要创建客户/服务器应用程序或能访问 Internet 的应用程序的个体专业人员或公司开发人员设计的。它包括了一整套进行开发功能完备的工具，包括了学习版的全部功能连同 ActiveX 控件，还包括 Internet 控件、Crystal Report Writer 等。

③ 企业版。Visual Basic 6.0 企业版是为创建分布式、高性能的客户/服务器应用程序或 Internet 及 Intranet 上的应用程序的开发组设计的。它包括专业版的全部功能连同自动化管理器、部件管理器、数据库管理工具、Microsoft Visual Sourcesafe 面向工程版的控制系统等。

综合训练

训练 1　为自己设计一份个人简历。

功能要求：按照图 1-43 所示的界面设计一个个人简历的应用程序。单击“个人爱好”按钮，在文本框中显示自己的兴趣爱好；单击“个人简历”按钮，在文本框中显示自己的简单经历；单击“退出系统”按钮，程序结束。

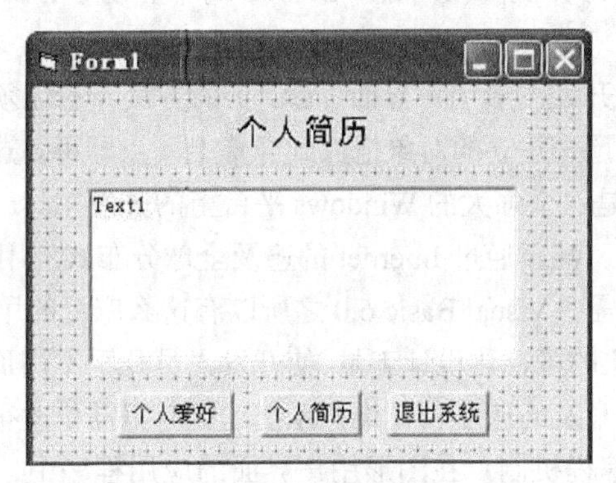

图 1-43　“个人简历”界面

本章小结

本章主要介绍了以下内容。

① Visual Basic 6.0 的安装方法。

② Visual Basic 6.0 的集成开发环境。

③ 创建 Visual Basic 6.0 应用程序的一般过程：创建工程、设计界面、设计控件属性、编写代码、程序运行及调试。

④ Visual Basic 6.0 中的几个基本概念：对象和类、属性、方法、事件。

习　　题

一、选择题

1. Visual Basic 6.0 中工程文件的扩展名是（　　）。
　（A）.vbp　（B）.frm　（C）.vbw　（D）.frx
2. Visual Basic 6.0 中窗体文件的扩展名是（　　）。
　（A）.vbp　（B）.frm　（C）.vbw　（D）.pdm
3. Visual Basic 6.0 共有 3 个版本，分别是（　　）。
　（A）学习版、标准版和个人版　（B）标准版、专业版和企业版
　（C）学习版、标准版和企业版　（D）标准版、专业版和中文版
4. Visual Basic 6.0 的集成开发环境包括（　　）。
　（A）窗体窗口、代码窗口、工程资源管理器窗口、属性窗口
　（B）窗体窗口、代码窗口、工具箱、过程窗口
　（C）设计窗口、代码窗口、工具箱、属性窗口
　（D）设计窗口、代码窗口、工具箱、过程窗口
5. 在界面设计时，双击窗体中的对象后，显示的窗口是（　　）。
　（A）属性窗口　（B）代码窗口　（C）立即窗口　（D）工程窗口
6. Visual Basic 6.0 的程序设计方法是（　　）。
　（A）面向过程、顺序驱动　（B）面向过程、事件驱动
　（C）面向对象、事件驱动　（D）面向对象、顺序驱动
7. 在 Visual Basic 6.0 集成开发环境中，按【F5】键，可以（　　）。
　（A）打开帮助窗口　（B）运行程序
　（C）打开代码窗口　（D）中断程序
8. 在 Visual Basic 6.0 中，所有窗体和控件都具有的一个属性是（　　）。
　（A）Caption　（B）Font　（C）Name　（D）Text
9. 在编写代码的过程中，Visual Basic 6.0 可以自动检测的错误是（　　）。
　（A）编译错误　（B）运行错误　（C）语法错误　（D）逻辑错误
10. 设计 Visual Basic 6.0 应用程序完成的主要任务是（　　）。
　（A）设计算法和编写代码　（B）设计流程和编写代码
　（C）设计程序和编写代码　（D）设计界面和编写代码

二、填空题

1. Visual Basic 6.0 保存窗体文件的快捷键是________。

2. 按组合键________，可关闭 Visual Basic 6.0 打开的各种窗口，退出 Visual Basic 6.0。

3. 将控件类实例化，控件类就成为________。

4. 在 Visual Basic 6.0 中，程序执行后等待某个事件的发生，然后去执行处理此事件的事件过程，待事件过程执行完毕后，系统就处于等待某个事件发生的状态，这就是________。

5. 设置对象的属性有两种方法：在应用程序设计阶段，在________中设置；在程序代码中通过________实现。

三、简答题

1．创建 Visual Basic 6.0 应用程序的一般步骤是什么？

2．对象命名时一般遵守什么规则？

3．保存文件时，如果不改变目录名，系统默认的目录是什么？

4．在保存 Visual Basic 6.0 应用程序时，一般要保存哪些文件？

5．怎样操作可以打开代码窗口？

第 2 章 Visual Basic 基础知识的运用

学习目标

- 掌握 Visual Basic 6.0 的各种数据类型的运用。
- 掌握声明各种变量类型的方法。
- 掌握 Visual Basic 6.0 的各种运算符及表达式。
- 了解 Visual Basic 6.0 常用的内部函数。

重点和难点

- 重点：数据类型的理解运用，声明各种变量类型的方法，各种运算符、表达式及函数的运用。
- 难点：Visual Basic 6.0 常用的内部函数的运用。

课时安排

- 讲授 1 学时，实训 1 学时。

2.1 案例：创建四则运算测试系统

1. 案例

【案例 2】创建小学生四则运算测试系统，要求在窗体中随机产生一道加、减、乘、除的题，用户输入结果，然后判断结果是否正确。如果正确，计数正确题数，并且，做对一道题加 10 分；如果错误，计数错题数，并且做错一道题扣 10 分。

2. 案例分析

要创建四则运算测试系统，首先考虑测试式子的产生：用到随机函数用来产生 0～9 中的任意一个数字，随机产生“+”“-”“*”“/”运算符，并且要考虑如果是除法，除数不能为 0，所以，还要随机产生 1～9 中的任意一个数字作为除数；其次考虑用户输入结果后，判断结果是否正确。如果正确，显示提示框，“恭喜你，答对了，加 10 分”；如果错误，显示提示框，“不好意思，做错了”；第三考虑，对正确题数的计数和错题数的计数，并且加分减分；最后考虑界面的设计：出题需要 2 个文本框 2 个标签，分别用来存放 2 个数和运算符以及等于号，结果需要 1 个文本框；再添加 3 个文本框分别存放正确题数、错误题数、分数；3 个命令按钮，用来出题、打分、结束。

要完成此案例，需要的相关知识点有：Visual Basic 6.0 的基本数据类型、常量、变量、运算符、表达式、内部函数等。

2.2 数据类型

数据和程序控制是程序设计语言的两个重要方面，其中，数据是信息的物理表示形式，是程序处理的对象，并且程序处理的结果也需要用数据来表示或存储。

各种高级程序设计语言都有数据类型。不同的数据类型有不同的操作方式和不同的取值范围。Visual Basic 6.0 的数据类型有标准数据类型和自定义数据类型两种。

2.2.1 标准数据类型

Visual Basic 6.0 提供了系统定义的数据类型，称为标准数据类型，如表 2-1 所示。

表 2-1 标准数据类型

数据类型	关键字	类型符	前 缀	所占字节数	范 围
字节型	Byte	无	byt	1	0 ~ 255
逻辑型	Boolean	无	bln	2	True 与 False
整型	Integer	%	Int	2	−32 768 ~ 32 767
长整型	Long	&	lng	4	−2 147 463 648 ~ 2 147 463 647
单精度型	Single	!	sng	4	1.401 298E−45<|x|<3.402 823 E+38
双精度型	Double	#	dbl	8	−4.940 656 458 412 47D−324<|x|<1.79 769 313 486 232 D+308
货币型	Currency	@	cur	8	−922 337 203 685 477.5808 ~ 922 337 203 685 477.5807
日期型	Date	无	dtm	8	日期范围为：100 年 1 月 1 日~9999 年 12 月 31 日；时间范围为：00:00:00 ~ 23:59:59
字符型	String	$	str	与字符串长度有关	0 ~ 65 535 个字符
对象型	Object	无	obj	4	任何对象引用
变体型	Variant	无	vnt	根据需要分配	

Visual Basic 6.0 提供的基本数据类型有：数值型、字符型、逻辑型、日期型、对象型、变体型等。

1. 数值型

Visual Basic 6.0 中的数值型（Numeric）数据有整型、浮点型、字节型、货币型等。整型根据数据在机器内部所占存储字节长度的不同，分为整型和长整型。浮点数也称实数，是带有小数的数，由符号、指数、尾数 3 部分组成。浮点型数据根据所表示的数的范围和精度的不同分为单精度型和双精度型。

（1）整型（Integer，类型符%）

整型数是不带小数点和指数符号的数，用 2 个字节的二进制码来表示，其取值范围为−32768 ~ +32767，超出这个取值范围，会发生溢出错误。例如，100、−278、3%等都是整型数。

（2）长整型（Long，类型符&）

长整型数用 4 个字节的二进制码表示，其取值范围为−2147483648 ~ +2147483647，超出这个取值范围，也会发生溢出错误。例如，7856234、63789&都是长整型数。

（3）单精度型（Single，类型符！）

单精度型用 4 个字节的二进制码来表示，在计算机内存中占用 32 位存储，其中符号占 1 位，指数占 8 位，其余 23 位表示尾数，最多有 7 位有效数字，其取值范围为 1.401298E−45<|x|<3.402823E+38。例如，7.8415！、0.82415E+1 等都是单精度型。

（4）双精度型（Double，类型符#）

双精度型数用 8 个字节的二进制码表示，在计算机内存中占用 64 位存储，其中符号占 1 位，指数占 11 位，其余 52 位表示尾数，另外还有一个附加的隐含位。双精度型数可以精确到 15 ~ 16 位的十进制数，其取值范围为−4.94065645841247D−324<|x|<1.79769313486232D+308。

（5）字节型（Byte）

字节型数据是在计算机内用 1 个字节表示的无符号整数，其取值范围为 0 ~ 255，用于存储二进制数。

（6）货币型（Currency，类型符@）

货币型数据用来表示货币值，用 8 个字节存储，整数部分最多 15 位。它是专为处理货币而设计的数据类型。货币型是定点数，精确到小数点后面第 4 位，第 5 位四舍五入。其取值范围为−922337203685477.5808 ~ 922337203685 477.5807。

【例 2-1】 编写程序，测试变量的数据类型。

双击窗体，打开代码窗口，输入如下代码：

```
Private Sub Form_Click()
  Dim x As Integer
  Dim y As Byte
  Dim z As Double
  Dim m As Single
  Dim n As Long
  Dim l As Currency
  x = 3: y = 1: z = 3.14
  m = 0.5: n = 5: l = 3
  Print VarType(x), VarType(y),
  Print VarType(z),VarType(m),
  Print VarType(n), VarType(l)
End Sub
```

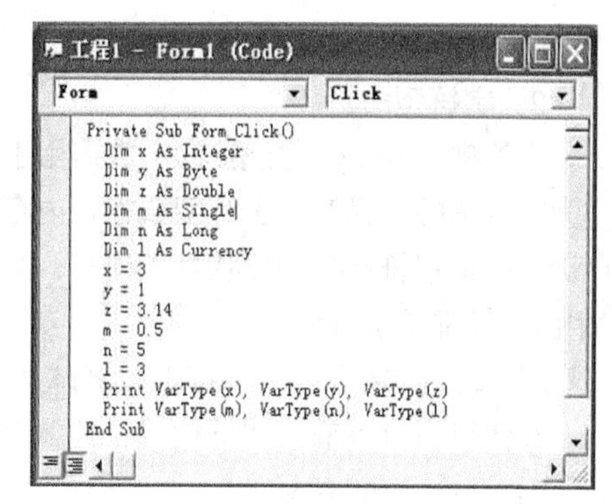

图 2-1 例 2-1 代码窗口

输入代码后的代码窗口如图 2-1 所示。

Visual Basic 6.0 中 VarType 函数的功能及用法：返回一个 Integer，指出变量的数据类型。

语法：VarType(varname)，varname 参数是一个 Variant，包含用户定义类型变量之外的任何变量。

返回值：常数：vbEmpty、vbNull、vbInteger、vbLong、vbSingle、vbDouble、vbCurrency、vbDate、vbString、vbObject、vbError、vbBoolean、vbVariant、vbDataObject、vbDecimal、vbByte、vbUserDefinedType，对应整数值：0、1、2、3、4、5、6、7、8、9、10、11、12、13、14、17、36，对应描述的数据类型是：Empty（未初始化）、Null（无有效数据）、整数、长整数、单精度浮点数、双精度浮点数、货币值、日期、字符串、对象、错误值、布尔值、Variant（只与变体中的数组一起使用）、数据访问对象、十进制值、位值、包含用户定义类型的变量。

单击工具栏中的“启动”按钮，运行程序。单击窗体，运行结果如图 2-2 所示。

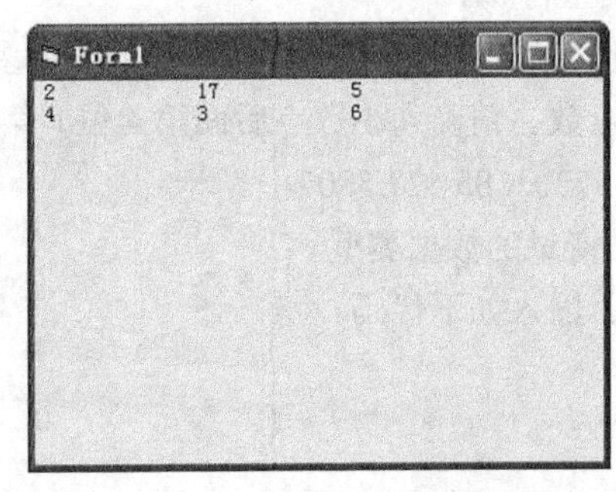

图 2-2　例 2-1 运行结果

2. 字符型

字符型（String，类型符$）数据用于存放除双引号和回车以外可打印的所有字符。双引号可作为字符串的定界符。字符型数据在内存中 1 个字符占 1 个字节的空间。字符型数据在内存中的存储不是将字符本身的形状存入内存，只是将字符的 ASCII 码存入内存。例如，“12345”“abc”“中国”等都是字符型。

【例 2-2】 输入一个字符串，测试其长度。

在代码窗口中输入如下代码：

```
Private Sub Form_Click()
  Dim s$, l%  '定义字符串变量 s 和整型变量 l
  s = InputBox("请输入字符串", "输入框") '在输入框输入字符串
  l = Len(s)  '用函数 len()求字符串长度
  Print "输入字符串的长度为："; l
End Sub
```

输入代码后的代码窗口如图 2-3 所示。运行程序，弹出输入框，输入字符串“visual basic”，如图 2-4 所示。

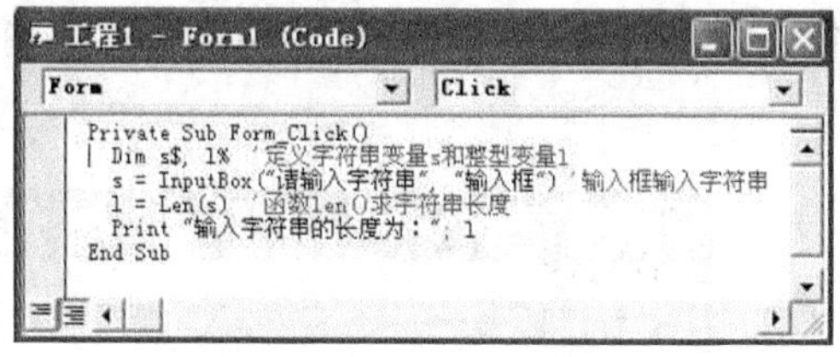

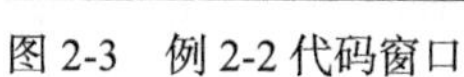
图 2-3　例 2-2 代码窗口

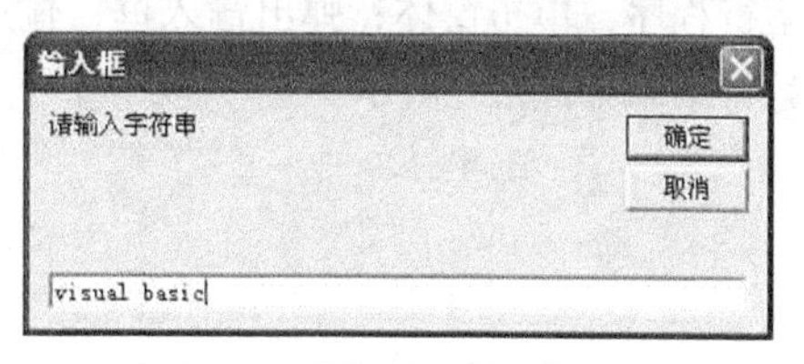

图 2-4　输入框

单击“确定”按钮，运行结果如图 2-5 所示。可以看到，字符串“visual basic”的长度为 12。

图 2-5　例 2-2 运行结果

3. 逻辑型

逻辑型（Boolean）也称布尔型，用 2 个字节存储。逻辑型数据只有两个值：逻辑真 True 和逻辑假 False。在对表达式结果进行判断时，非 0 为 True，0 为 False。当把逻辑值转化为数值型时，False 为 0，True 为−1。

【例 2-3】 输入年份，判断其是否为闰年。

打开代码窗口，输入如下代码：

```
Private Sub Form_Click()
 Dim y As Boolean '声明y为逻辑型变量
 Dim year As Integer
 year = Val(InputBox("请输入年份：", "输入框"))
 y = (year Mod 4 = 0 And year Mod 100! = 0 Or year Mod 400 = 0) '判断输入的年份是否为闰年
 If y = True Then
    Print year & "是闰年"
 Else
    Print year & "不是闰年"
 End If
End Sub
```

输入代码后的代码窗口如图 2-6 所示。

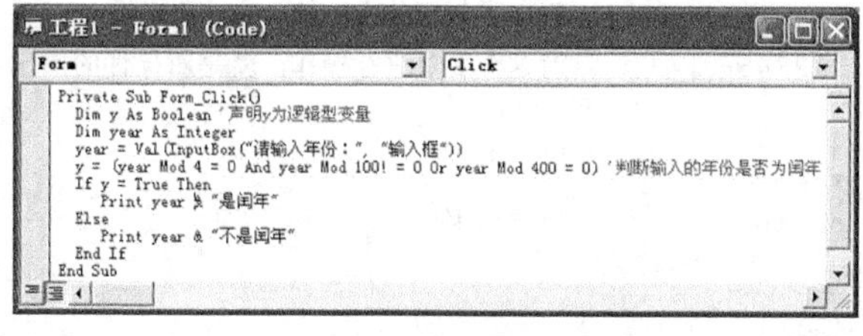

图 2-6　例 2-3 代码窗口

运行程序，单击窗体，弹出输入框，输入年份，如“2014”，如图 2-7 所示，单击“确定”按钮，运行结果如图 2-8 所示。

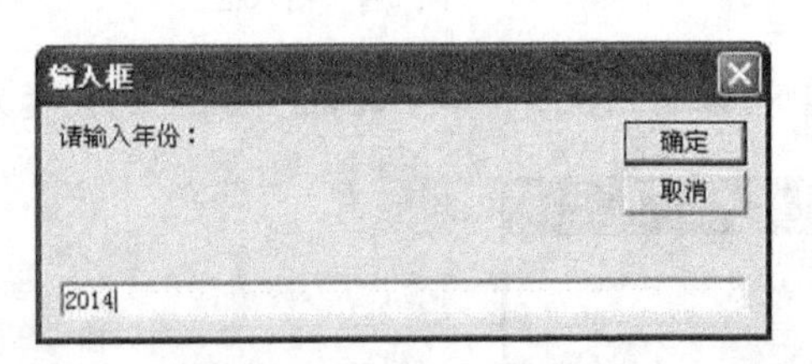

图 2-7　输入年份

图 2-8　例 2-3 运行结果

4. 日期型

日期型（Date）数据用 8 个字节的浮点数存储，日期范围从公元 100 年 1 月 1 日到 9999 年 12 月 31 日，时间从 00:00:00 到 23:59:59。任何可辨认的文本日期都可以赋值给日期变量。用#括起来表示日期和时间，允许用各种表示日期和时间的格式。例如，#2009-11-1 10:25:00PM#、#02/25/09# 等都是有效的日期型数据，在 Visual Basic 6.0 中会自动转换成 mm/dd/yy（月/日/年）的形式。

5. 对象型

对象型（Object）数据用来表示图形、OLE（Object Linking and Embedding，对象链接与嵌入）对象或其他对象，用 32 位地址存储。该地址可以引用应用程序或其他应用程序中的对象。可以通过用 Set 语句创建一个被声明为 Object 的变量，去引用应用程序所识别的任何实际对象。

声明对象型变量的语句格式为：

```
Dim objname As Object
```

说明：objname 为对象变量名。

然后用 set 语句将变量名与具体对象关联，语句格式为：

```
set objname = 对象名
```

【例 2-4】 对象型变量的具体应用。

在窗体中添加文本框控件“text1”和命令按钮控件“command1”，如图 2-9 所示。打开代码窗口，输入如下代码：

```
Private Sub Command1_Click()
  Dim objText As Object          '用 Object 可以引用任何对象
  'Dim objText As TextBox         '这样的定义，只能引用 TextBox 对象
  Set objText = Text1            '将变量与窗体上的控件文本框关联
  objText.Text = "123456"        '对这个变量进行操作，就是对控件的操作
  objText.Top = 0
  objText.Height = 1200
  Set objText = Nothing          '解除引用
End Sub
```

运行程序，单击命令按钮，结果如图 2-9 所示。

图 2-9　例 2-4 运行结果

6. **变体型**

变体型（Variant）也称为可变型，是一种特殊的数据类型。它的类型可以是前面叙述的数值型、日期型、字符型等，完全取决于程序的需要，从而增加了 Visual Basic 6.0 数据处理的灵活性。

变体型数据是可以随着为它所赋的值的类型的改变而改变自身类型的一类特殊的数据类型。系统默认的数据类型是变体型数据。变体型数据有如下 4 个特殊的值。

Empty：表示还没有为变量赋值。

Null：表示未知数据或者丢失的数据。

Error：指出已发生的过程中的错误状态。

Nothing：表示数据还没有指向一个具体对象。

2.2.2　自定义数据类型

在 Visual Basic 6.0 中，除了系统定义的数据类型，还可以根据需要自己定义数据类型。自己定义的数据类型称为自定义数据类型。自定义数据类型是由若干标准类型组合成的某种结构类型。

1. **格式**

在 Visual Basic 6.0 中，用 Type 语句定义自己的数据类型。

格式：

```
[Public | Private]Type 自定义数据类型名
元素名 1  As 类型名
元素名 2  As 类型名
…
元素名 n  As 类型名
End Type
```

① 自定义数据类型名，是用户自己定义的数据类型的名称，其命名规则与变量的命名规则相同。

② 元素名，表示自定义数据类型中的一个成员，也遵守与变量名相同的命名规则。

③ 类型名，可以是任何标准数据类型或已定义过的自定义数据类型。

2. **变量声明**

对于定义好的自定义数据类型，可以在变量声明时使用该类型。

声明自定义数据类型的格式为：

```
Dim 变量名 as 自定义数据类型名
```

3. 变量引用

要引用自定义数据类型变量中的成员，格式为：

```
变量名.元素名
```

使用 Type 时，应注意以下几点。

① 使用自定义类型前，必须用 Type 定义。Type 语句是不可执行的，只能出现在模块的声明部分，在过程中不能使用 Type 语句。默认情况下，在标准模块（.bas）和类模块（.class）中定义的自定义数据类型是公有的 Public，在窗体模块中定义自定义类型时，需要加上 Private 关键字。

② 自定义类型中的元素类型可以是字符串，但必须是定长字符串。

③ 不要将自定义类型名和该类型的变量名混淆，前者表示了如同 Integer、Single 等的类型名，后者则由 Visual Basic 6.0 根据变量的类型分配所需的内存空间、存储数据。

【例 2-5】 一个学生基本信息通常包含有“学号”“姓名”“性别”“年龄”“籍贯”等数据，把这些数据定义成一个新的数据类型 Stuinfo。在窗体中的设计界面输入相关信息，并在新窗口中显示出来。

学生信息数据类型 Stuinfo 的定义为：

```
Type Stuinfo
   sno as String*10
   sname as String*20
   ssex as String*2
   sage as  integer
   sjiguan As String*20
End Type
```

声明自定义数据类型 Stuinfo 的变量 student 的声明语句为：

```
Dim student as Stuinfo
```

引用 student 变量中的成员学生学号和姓名形式如下：

```
student.sno, student.sname
```

（1）设计界面

启动 Visual Basic 6.0，在窗体“Form1”中添加控件：6 个标签，5 个文本框，1 个命令按钮；添加窗体“Form2”，在其中添加控件：1 个标签，1 个文本框，1 个命令按钮。添加控件后的窗体如图 2-10 和图 2-11 所示。

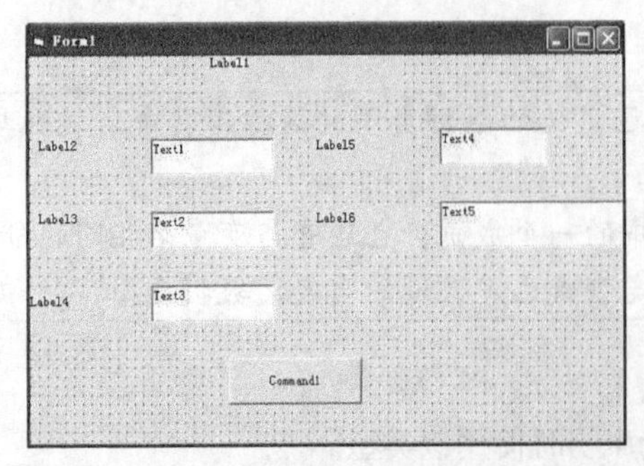

图 2-10　例 2-5 添加控件后的窗体“Form1”

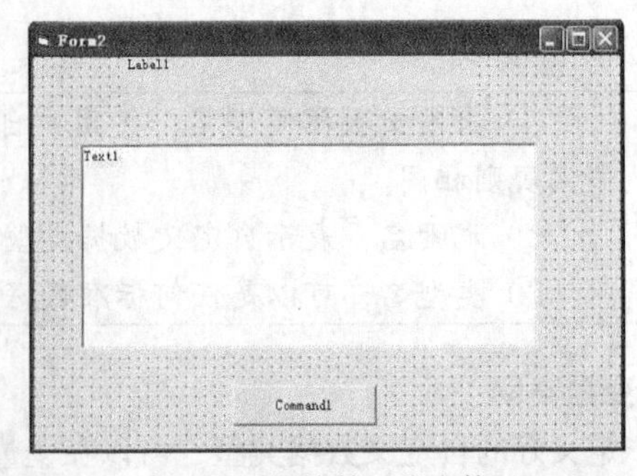

图 2-11　例 2-5 添加控件后的窗体“Form2”

（2）设置属性

控件属性设置见表 2-2。

表 2-2　　例 2-5 控件属性设置

控　件	属性名	属性值
窗体	Name Caption	Form1 学生信息输入窗体
标签	Name Caption Alignment	Label1 学生信息录入界面 center
标签	Name Caption	Label2 学号：
标签	Name Caption	Label3 姓名：
标签	Name Caption	Label4 性别：
标签	Name Caption	Label5 年龄：
标签	Name Caption	Label6 籍贯：
命令按钮	Name Caption	Command1 显示
文本框	Name Text	Text1 “”
文本框	Name Text	Text2 “”
文本框	Name Text	Text3 “”
文本框	Name Text	Text4 “”
文本框	Name Text	Text5 “”
窗体	Name Caption	Form2 学生信息显示窗体
标签	Name Caption Alignment	Label1 学生信息显示界面 center
文本框	Name Text Multiline	Text1 “” True
命令按钮	Name Caption	Command1 返回

设置属性后的界面如图 2-12 和图 2-13 所示。

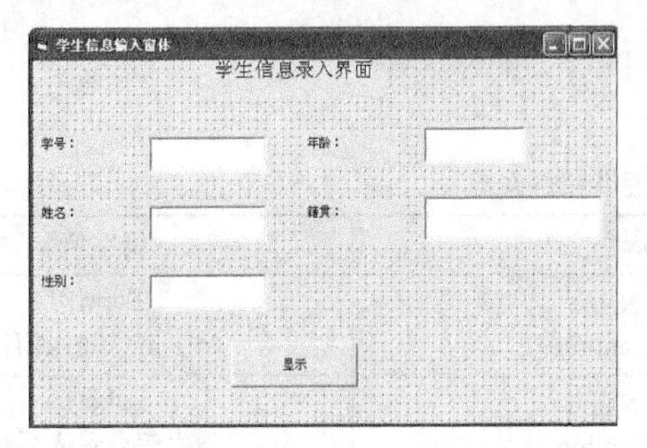

图 2-12　学生信息录入界面

图 2-13　学生信息显示界面

（3）编写代码

双击“学生信息录入界面”中的“显示”按钮，打开代码窗口，输入如下代码：

```
Private Sub Command1_Click()
  Form1.Hide
  Form2.Show
  Form2.Text1.Text = "学生信息显示如下：" & vbCrLf _
                  & "学号：" & Text1.Text & vbCrLf _
                  & "姓名：" & Text2.Text & vbCrLf _
                  & "性别：" & Text1.Text & vbCrLf _
                  & "年龄：" & Text1.Text & vbCrLf _
                  & "籍贯：" & Text1.Text & vbCrLf
```

End Sub“学生信息录入界面”代码窗口如图 2-14 所示。

双击“学生信息显示界面”中的“返回”按钮，打开代码窗口，输入如下代码：

```
Private Sub Command1_Click()
  Form2.Hide
  Form1.Show
End Sub
```

“学生信息显示界面”代码窗口如图 2-15 所示。

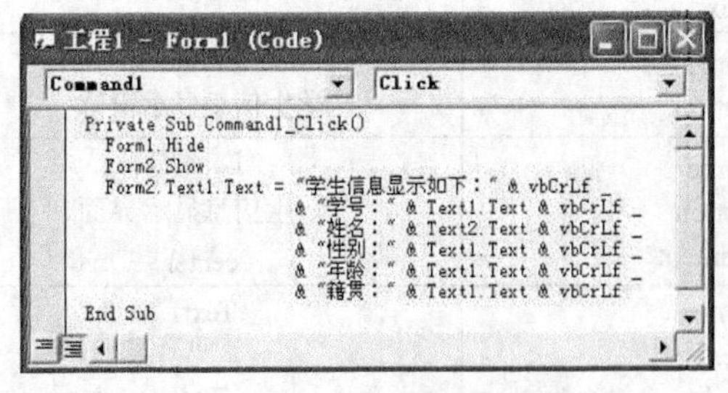

图 2-14　“学生信息录入界面”代码窗口

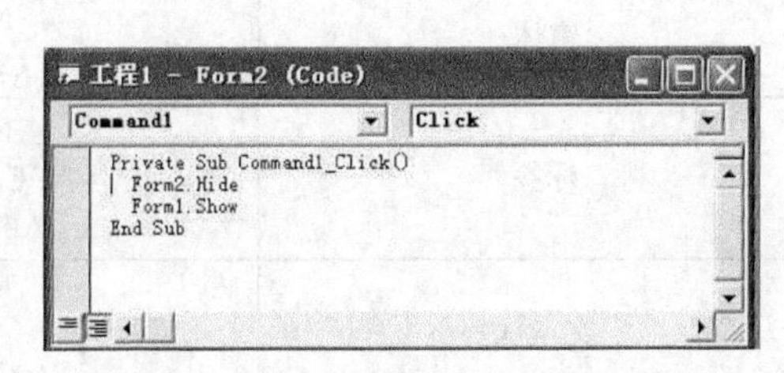

图 2-15　“学生信息显示界面”代码窗口

（4）运行程序

单击“启动”按钮，运行程序，运行结果如图 2-16 所示。在“学生信息录入界面”中录入信息，如图 2-17 所示。

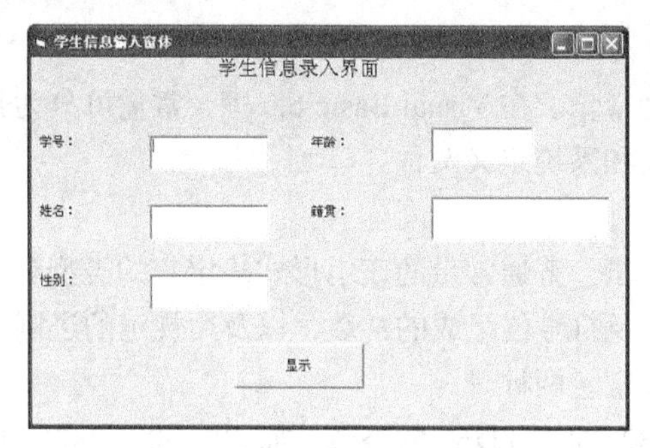

图 2-16　“学生信息录入界面”运行结果

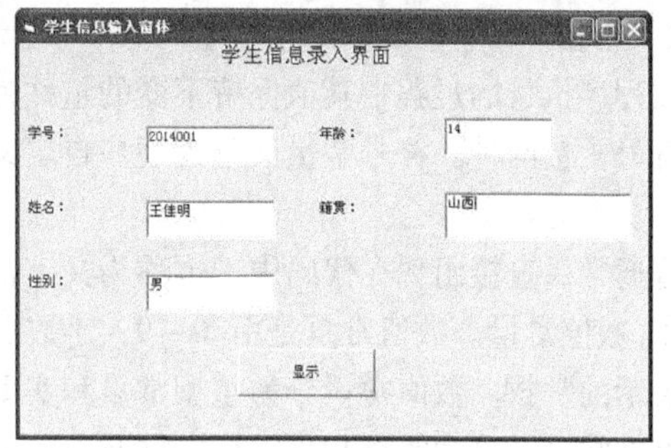

图 2-17　在“学生信息录入界面”中录入信息

单击“显示”按钮，“学生信息显示界面”运行结果如图 2-18 所示。单击“返回”按钮，返回到“学生信息录入界面”。

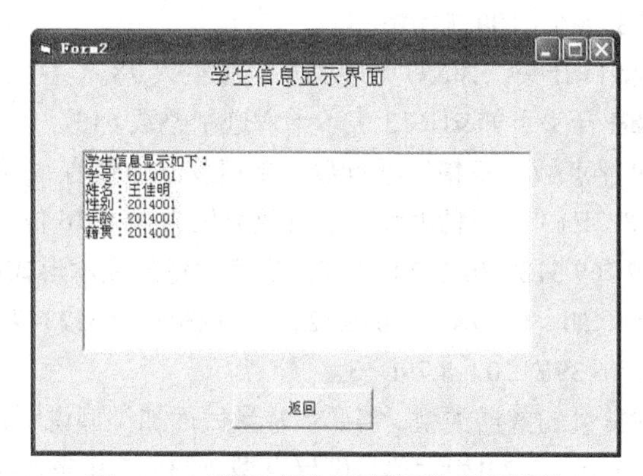

图 2-18　“学生信息显示界面”运行结果

2.3　常量和变量

计算机处理数据时，必须将其装入内存。常用的数据形式有两种：一种是常量；另一种是变量。在机器语言和汇编语言中，借助对内存单元的编号（称为地址）访问内存中的数据。而在高级语言中，需要对存放数据的内存单元命名，通过内存单元名来访问其中的数据。被命名的内存单元就是常量或变量。

1. 标识符

在 Visual Basic 6.0 中，标识符是对常量、变量、控件、函数、过程其他各种用户定义的对象命名。命名要遵循以下规则。

① 标识符由字母、数字或下划线组成，并且只能以字母或汉字开头。

② 标识符的长度不超过 255 个字符。

③ 不能使用 Visual Basic 6.0 中的保留字作为标识符。

④ Visual Basic 6.0 中的标识符不区分大小写。为了便于区分，常量名一般全部用大写字母表示，变量名的首字母一般大写，其余字母小写。

⑤ 为了增加程序的可读性，可在变量名前加一个缩写的前缀来表明该变量的数据类型。例如，strMys、intC 等都是合法的变量名。

2. 常量

在程序执行的过程中其值保持不变的量称为常量。在 Visual Basic 6.0 中，常量可分为普通常量和符号常量两种。符号常量又分为用户自定义和系统定义两种。

（1）普通常量

普通常量直接出现在代码中，也称为文字常量。普通常量的表示形式决定它的类型和值。

① 数值常量。数值常量是由 0~9、小数点及符号位组成的常数，以及用规定的进制、指数形式表示的常数。数值常量分为整型常量和实型常量两种。

整型常量又分为整型和长整型。整型表示−32 768 ~ 32767 的整数，如 30、50、2000。长整型表示−2 147 483 648 ~ 2 147 483 647 的整数，如 67812345&。

在 Visual Basic 6.0 中，整型常量通常指的是十进制整数，但也可以使用八进制和十六进制的整型常数，所以有 3 种表示整型常量的表示形式。

- 十进制整数，如 789、6、100。
- 八进制整数以&或&O 开头，如&O78 表示八进制整数 78。
- 十六进制整数以&H 开头，如&H613 表示十六进制整数 613。

实型常量分为单精度浮点数和双精度浮点数。单精度浮点数有 7 位有效数字，取值范围为 1.401 298E−45<|*x*|<3.402 823E+38。双精度浮点数有效数位为 15 ~ 16 位，其取值范围为−4.940 656 458 412 47D−324<|*x*|<1.79 769 313 486 232 D+308。实型常量的表示形式如下：

- 十进制小数形式。例如，0. 978、95678.123、561234!、561234#。
- 指数形式。例如， 6.39E+10、8.79D+3。

注意：为了明确说明常量的数据类型，需要在常量后面加类型说明符。例如，8%表示整型常量 8，10&表示长整型常量 10，3.23!表示单精度浮点型 3.23，5.365@表示货币型常量 5.365。

② 字符串常量。字符串常量由字符组成，可以由除回车符和双引号以外的任何 ASCII 字符和汉字组成。其内容必须用双引号括起来，如"ebc""623""$321456.00""VB 程序设计" 等。

""表示空字符串，而" "表示有一个空格的字符串。若字符串中有双引号，则用连续的两个双引号表示，如"fbc""myz"。

③ 日期常量。日期型数据用 8 个字节的浮点数来存储，日期范围从公元 100 年 1 月 1 日到 9999 年 12 月 31 日，时间从 00:00:00 到 23:59:59。日期和时间日期型常量要用两个“#”号把表示日期和时间的值括起来。例如，#10/31/14#、#October 31,2014#，#2014-11-01 15:30:00 PM#等都是合法的日期型常量。

④ 逻辑常量。逻辑常量只有两个值，即 True 和 False。将逻辑数据转换成整型时，True 为−1，False 为 0；其他数据转换成逻辑数据时，非 0 为 True，0 为 False。

（2）符号常量

符号常量就是用标识符来表示一个常量。例如，把圆周率 3.1415926 定义为 PI，在程序代码中，就可以在引用圆周率的地方引用 PI。

使用符号常量的好处主要在于可以一改全改，即当要修改该常量时，只需要修改定义该常量的一个语句即可。

定义符号常量的格式：

```
[Public| Private] Const 常量名 [As 类型] = 表达式
```

例如：

```
Const  PI = 3.1415926                           '表示数量
Public Const  conN as Interger=600              '表示数量
Public Const  cName as string="student"         '表示字符串
```

常量名的命名规则与标识符相同。As 类型用以说明常量的数据类型。

使用符号常量时，应注意以下几点。

① 声明符号常量时，可以在常量名后面加上类型说明符。例如，Const PI&=3.14159；Const PI#=3.14159，前者声明为长整型常量，需要 4 个字节；后者声明为双精度常量，需要 8 个字节。如果不使用类型说明符，则根据表达式的求值结果确定常量类型。字符串表达式总是产生字符串常量。对于数值表达式，则按最简单（即占字节数最少）的类型来表示这个常数。例如，如果表达式的值为整数，则该常数作为整型常量处理。

② 如果用逗号分隔，则可以在一行中放置多个常量声明。例如，Public Const conNumber as Interger=500，Pi = 3.1416 conName as String="student"。

③ 声明常量中的表达式一般是数字或字符串，但也可以是结果为数字或字符串的表达式（表达式中不能包含函数调用），甚至可以使用先前定义过的常量声明新常量。

除了自定义常量外，在 Visual Basic 6.0 中，系统定义了一系列常量，可与应用程序的对象、方法或属性一起使用，使程序易于阅读和编写。系统常量的使用方法和自定义常量的使用方法相同。系统定义的常量在对象库中，可以在对象浏览器中通过不同的对象库查找它们的符号及取值。

【例 2-6】 输入圆的半径，分别计算圆的周长、面积、体积。

双击窗体，打开代码窗口，输入如下代码：

```
Private Sub Form_Click()
  Dim r As Single, c As Single
  Dim s As Single, v As Single
  Const PI As Single = 3.1415926
  r = Val(InputBox("请输入圆的半径", "输入框"))
  c = 2 * PI * r
  s = PI * r ^ 2
  v = (4 / 3) * PI * r ^ 3
  Print "圆的周长为："; c
  Print "圆的面积为："; s
  Print "圆的体积为："; v
End Sub
```

输入代码后的代码窗口如图 2-19 所示。运行程序，输入半径为“3”，运行结果如图 2-20 所示。

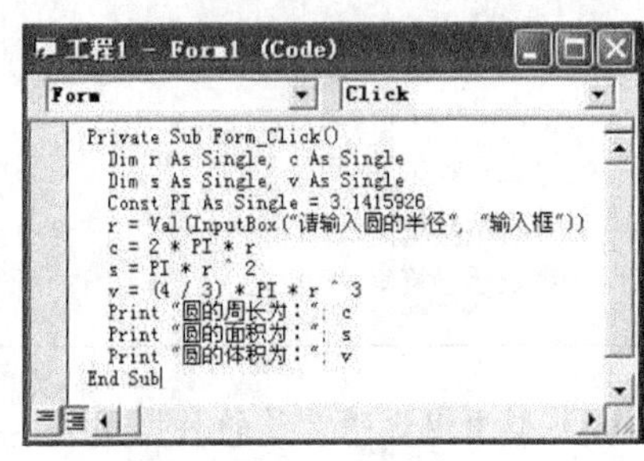

图 2-19　例 2-6 代码窗口

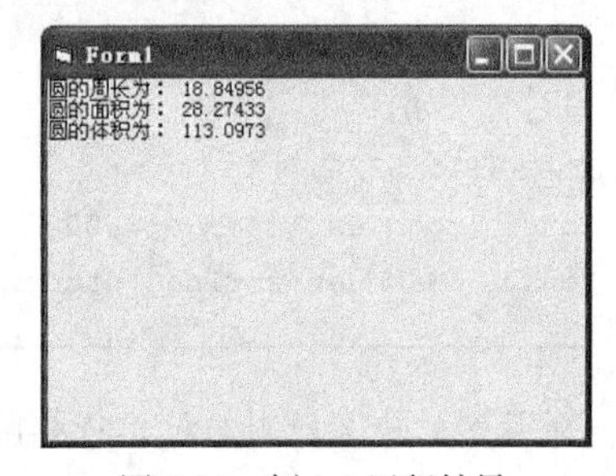

图 2-20　例 2-6 运行结果

3. 变量

在程序运行过程中，其值可以改变的量称为变量。

（1）变量的声明

使用变量前，首先应对变量进行声明，使系统为变量分配相应的内存空间，以存储数据。任何变量都有自己的数据类型和名称，在 Visual Basic 6.0 中，可以用如下几种方式来声明一个变量。

① 用 Dim 语句声明变量。

语法格式：

```
Dim 变量名 [As 数据类型][,变量名 [As 数据类型]]……
```

例如：

```
Dim i As Integer                  '定义了一个整型变量
Dim x As Single,y as double       '定义了一个单精度变量 x 和双精度变量 y
```

说明

- 一个 Dim 语句可以声明多个变量，每个变量都要用 As 子句声明其数据类型。例如，Dim a As Integer，b As Double，s As String。
- As 数据类型：可省略。若省略了该部分，则该变量被看做变体类型。例如，Dim a 相当于定义了一个变体型变量。
- 可以用类型说明符直接定义变量类型。使用变量时，既可以保留类型说明符，也可以省略类型说明符。例如，Dim Var1%，定义了一个整型变量。

除了用 Dim 语句声明变量外，还可以用 Static、Private、Public 声明变量。在用 Static、Private、Public 声明变量时，依然遵循上面说明的特性。

② 用类型说明符声明变量。

用类型说明符可以直接声明变量，即把类型说明符直接放在变量的尾部。

例如：

```
SName$              '声明了一个字符串型变量
A%                  '声明了一个整型变量
f!                  '声明了一个单精度浮点型变量
```

（2）变体型变量

变体型变量的使用十分灵活，可以存放除定长字符串和自定义数据类型外，所有数据类型的数据。当声明语句中使用类型关键字 Variant 定义类型或在声明语句中仅定义变量而不做类型声明时，系统会自动将该变量定义为变体类型。

例如：

```
Dim x As Variant
```

```
Dim a
```

变体型变量还可以包含如下几种特殊的数据。

- Empty（空）：表示未被赋值，在赋值之前，变体型变量具有 Empty 值。
- Null（无效）：表示未知数据或丢失的数据。
- Error（出错）：表示已发生过程中的错误状态。

（3）默认声明

在 Visual Basic 6.0 中，可以不用前面所说的变量定义方式来声明变量，而直接使用变量，系统会自动为这些变量指定数据类型，默认的是变体类型。这种变量的声明方式称为默认声明。默认声明只能声明局部变量，对于窗体和模块级变量、全局变量，必须显式地用变量定义语句声明。

例如，下面语句默认声明了一个变量 *x*：

```
Private Sub form_Click()
  x = 10                      '默认声明了一个变量 x，默认声明的变量默认为变体型变量
  x = "Visual Basic 6.0"      'x 是变体型变量，所以可以存储不同的数据类型，这里的 x 存储了一个字符串
  …
End Sub
```

默认声明的变量不需要使用 Dim 语句定义，因此使用比较方便，但是如果把变量名拼错了，就会导致一个难以查找的错误。例如，有如下代码：

```
stuCJ= 90
stuCJ = siuCJ+20
```

“stuCJ”的最终值为 20。因为在第 2 行把“stuCJ”错拼为“siuCJ”，当 Visual Basic 6.0 遇到新名字“siuCJ”时，“siuCJ”被当做一个默认声明的新变量处理，初始值为 0。所以，“stuCJ”的最终值为 20。

（4）强制显式声明

为避免写错变量名引起麻烦，可规定所有变量都要显式声明。只要遇到一个未经明确声明就当成变量的名字，Visual Basic 6.0 都发出错误警告。强制显式声明变量有以下两种方法。

① 利用语句 Option Explicit。在窗体模块或标准模块的声明部分中加入语句 Option Explicit。Option Explicit 语句的作用范围仅限于语句所在模块。所以，对每个需要强制显式声明变量的窗体模块、标准模块，必须将 Option Explicit 语句放在这些模块的声明部分中。

② 利用菜单。选择“工具”|“选项”命令，在弹出的“选项”对话框中选择“编辑器”选项卡，然后选中“要求变量声明”复选项，如图 2-21 所示。这样就在任何新建的模块中自动插入了 Option Explicit 语句，但不会在工程中已经存在的模块中自动插入了 Option Explicit 语句。

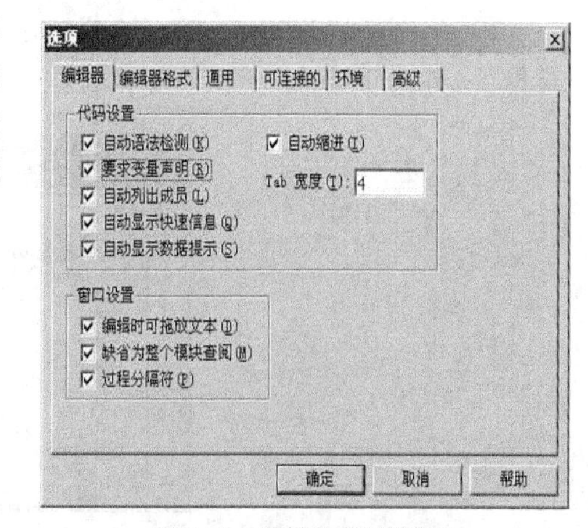

图 2-21　强制显式声明变量

【例 2-7】　Option Explicit 语句的运用。

在代码窗口中输入如下代码：

```
Option Explicit
Private Sub Form_Click()
  x = 2 '给未声明变量类型的变量赋初值
  Dim m As Integer
```

```
    Dim y!
    Print "x="; x
    Print "m="; m
    Print "y="; y
  End Sub
```

运行程序，弹出如图 2-22 所示的错误提示信息："变量未定义"，单击"确定"按钮，返回代码窗口，可以看到，在变量"*x*="处高亮显示，如图 2-23 所示。这是由于前面已经有了语句"Option Explicit"，必须对程序中每一个所涉及到的变量强制声明，而变量"*x*"没有声明，所以出错。修改的方法有两种：

图 2-22　错误提示

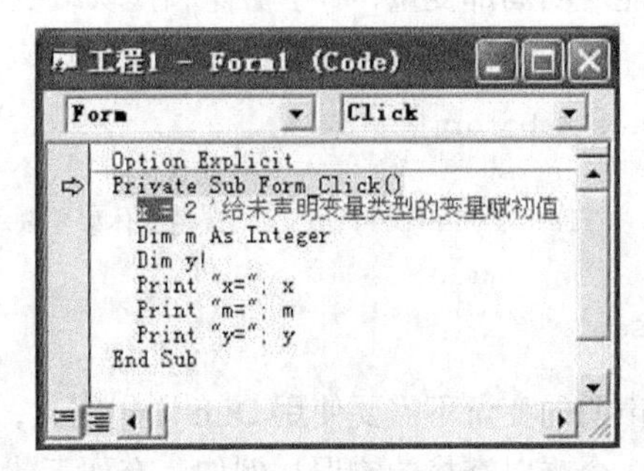

图 2-23　变量"*x*="处高亮

① 去掉语句"Option Explicit"，代码窗口如图 2-24 所示。再次运行程序，运行结果正确，如图 2-25 所示。

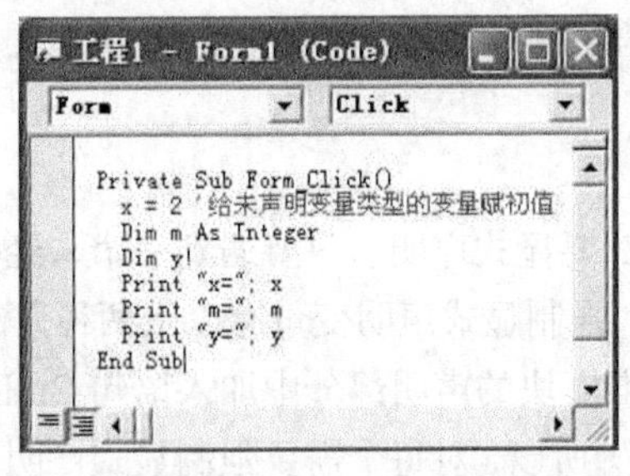

图 2-24　去掉"Option Explicit"

图 2-25　去掉"Option Explicit"后的运行结果

② 不去掉语句"Option Explicit"，对变量"*x*"进行变量声明，代码窗口如图 2-26 所示。运行程序，结果正确。

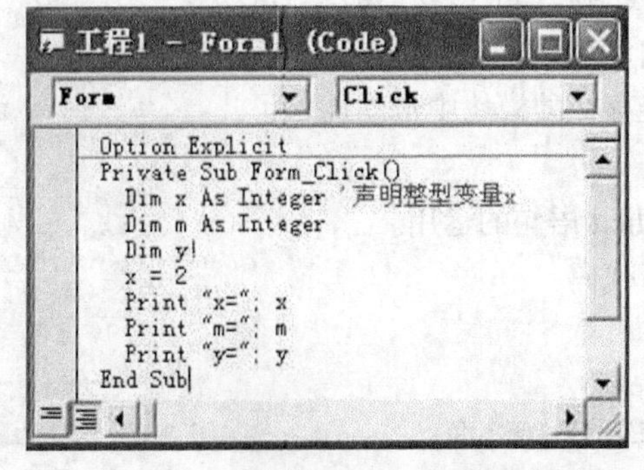

图 2-26　不去掉"Option Explicit"

（5）变量的初始化

一旦显式声明了一个变量，系统就会给变量一个初始值。对于不同类型的数据，变量的初始值如下。

① 所有数值型变量（整型、长整形、单精度浮点型、双精度浮点型、字节型）的初始值都为 0。

② 布尔型变量的初始值为 False。

③ 日期型变量的初始值为 00:00:00。

④ 变长字符串变量的初始值为空串（不含任何字符的字符串，即""），定长字符串的初始值为其长度个空格。

⑤ 变体型变量的初始值为空值（Empty）。

【例 2-8】 测试变量的初始值。

在代码窗口中输入如下代码：

```
Private Sub Form_Click()
  Dim x%, y&, z!, d#, s$ '声明变量 x 为整型、y 为长整型、z 为单精度实型、d 为双精度实型、s 为字符串型
  Dim b As Byte          '声明变量 b 为字节型
  Dim bl As Boolean      '声明变量 bl 为逻辑型
  Dim dd As Date         '声明变量 dd 为日期型
  Dim ob As Object       '声明变量 ob 为对象型
  Dim v As Variant       '声明变量 v 为变体型
  Print "x="; x, "y="; y
  Print "z="; z, "d="; d
  Print "s="; s, "b="; b
  Print "bl="; bl, "dd="; dd
  Print "od="; od, "v="; v
End Sub
```

输入代码后的代码窗口如图 2-27 所示。

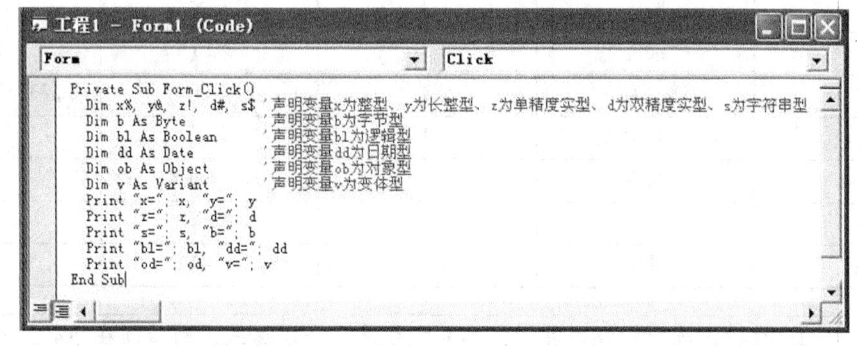

图 2-27　例 2-8 代码窗口

运行程序，结果如图 2-28 所示。

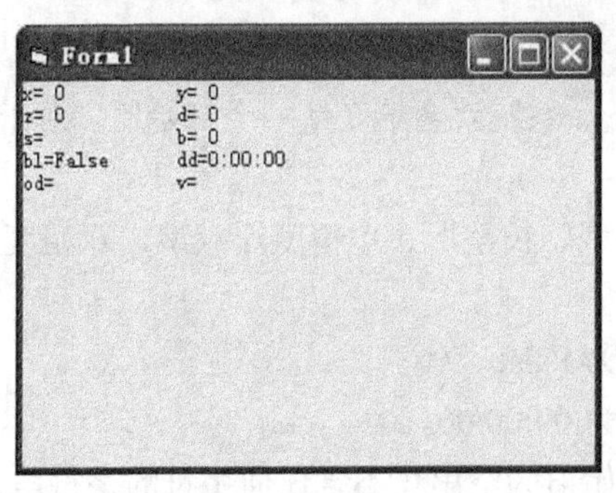

图 2-28　例 2-8 运行结果

从运行结果可以看出各种类型的变量系统默认的初始值。

2.4　运算符和表达式

运算（即操作）是对数据的加工。最基本的运算形式常常可以用一些简洁的符号来描述，这些符号称为运算符或操作符。被运算的对象，即数据，称为运算量或操作数。由运算符和运算量组成的表达式描述了对哪些数据，以何种顺序进行什么样的操作。

1. 算术运算符

Visual Basic 6.0 提供了丰富的运算符，可以构成多种表达式。算术运算符用来连接数值型数据进行简单的算术运算。Visual Basic 6.0 中提供了 7 种算术运算符，见表 2-3。表 2-3 按照运算符优先级的高低列出了 7 种算术运算符。其中，“-”运算符在单目运算中是取负号运算，在双目运算中是做算术减法运算。示例中假设 X＝10，Y＝3，均为整形变量。

表 2-3　　算术运算符

运算符	运　算	优先级	表达式例子	结　果
^	幂	1	X^Y	1000
-	取负	2	-X	-10
*	乘法	3	X*Y	30
/	浮点除法	3	X/Y	3.33333333333333
\	整数除法	4	X\Y	3
Mod	取模	5	X Mod Y	1
+	加法	6	X+Y	13
-	减法	6	X-Y	7

① 对数据进行指数运算时，如果指数是一个表达式，则必须在指数上加上括号。例如，X 的 Y+Z 次方，必须写成 X^(Y+Z)，因为“^”的优先级比“+”高。

② \（整除）和 Mod（取余）运算符。整除运算就是对两数进行除法运算后取商的整数部分。取余运算就是对两数进行除法运算后取商的余数部分。

【例 2-9】 输入 *a*、*b* 值，计算下列表达式的值。

表达式 1：$\frac{b-\sqrt{b^2-4ac}}{2a}$；表达式 2：$\frac{a+b}{a-b}$

表达式 1 写成计算机能够识别的表达式：（b – Sqr（b ^ 2 - 4 * a * c））/（2 * a）

表达式 2 写成计算机能够识别的表达式：（a + b）/（a – b）

在代码窗口中输入如下代码：

```
Private Sub Form_Click()
 Dim a As Integer, b As Integer, c%
 Dim x As Single, y As Single
 a = Val(InputBox("请输入 a 的值：", "输入框"))
 b = Val(InputBox("请输入 b 的值：", "输入框"))
 c = Val(InputBox("请输入 c 的值：", "输入框"))
 x = (b - Sqr(b ^ 2 - 4 * a * c)) / (2 * a)
 y = (a + b) / (a - b)
 Print "表达式 1 的值为："; x
 Print "表达式 2 的值为："; y
End Sub
```

输入代码后的代码窗口如图 2-29 所示。运行程序，在弹出的输入框中分别输入 a、b、c 的值 3、9、2，结果如图 2-30 所示。

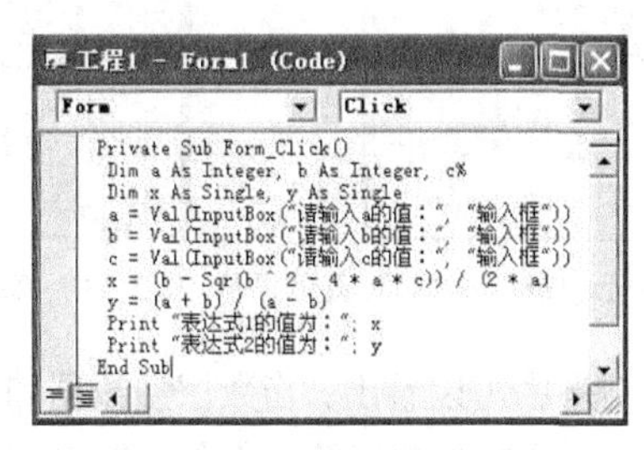

图 2-29　例 2-9 代码窗口

图 2-30　例 2-9 运行结果

2. 字符串运算符

Visual Basic 6.0 提供的字符串运算符有 &、+，它们的功能是对字符串进行连接运算。

当连接符两旁的操作量都为字符串时，上述两个连接符等价。它们的区别如下。

① +（连接运算符）：当数值型数据和数字字符型数据连接时，“+” 先把数字字符转换成数值型然后进行加法运算。如果两个连接数据都是数值型数据，则进行加法运算。

② &（连接运算符）：两个操作数既可为字符型，也可为数值型。当为数值型时，系统自动先将其转换为数字字符型，然后进行连接操作。

使用运算符 “&” 时，变量与运算符 “&” 之间应加一个空格。这是因为符号 “&” 还是长整型的类型定义符，如果变量与符号 “&” 连接在一起，Visual Basic 6.0 系统先把它作为类型定义符处理，因而会出现语法错误。

【例 2-10】 字符串运算符 “&” “+” 的运用。

在代码窗口中输入如下代码：

```
Private Sub Form_Click()
  Print "666" + 334
```

```
    Print "666" + "334"
    Print "abc" + 334
    Print "666" & 334
    Print "666" & "334"
    Print 666 & 334
    Print "abc" & 334
    Print "abc" & "334"
    Print "abc" & "def"
    Print abc & def
End Sub
```

运行程序，可以看到“类型”不匹配的错误提示，如图 2-31 所示。单击“调试”按钮，返回到代码窗口，如图 2-32 所示，可以看到语句“Print "abc" + 334”黄色显示，说明此处有错。错误原因是：如果用“+”连接，连接符两边必须类型一致，要么都是数值，要么都是字符串，否则类型不匹配。所以，修改此错误，只需要给 334 加上双引号。修改后的代码窗口如图 2-33 所示。

图 2-31　错误提示

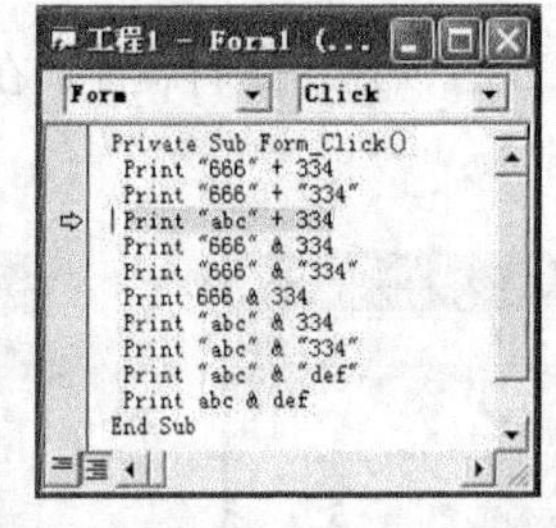

图 2-32　语句“Print "abc" + 334”黄色显示

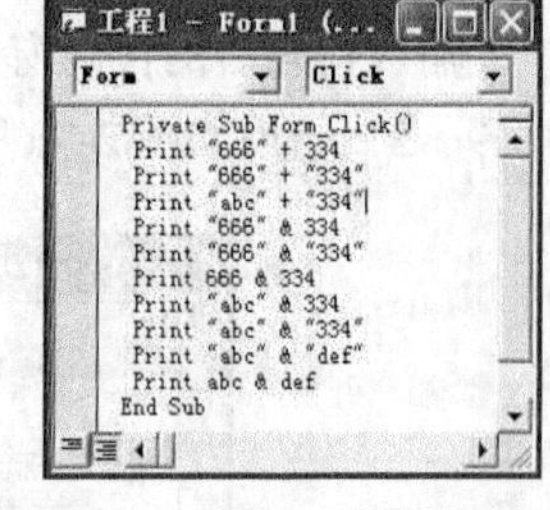

图 2-33　修改后的代码窗口

再次运行程序，运行结果如图 2-34 所示。从结果中可以看出：当数值型数据和数字字符型数据连接时，“+”首先把数字字符转换成数值型，然后进行加法运算。例如，“666”+334，结果为 1000。

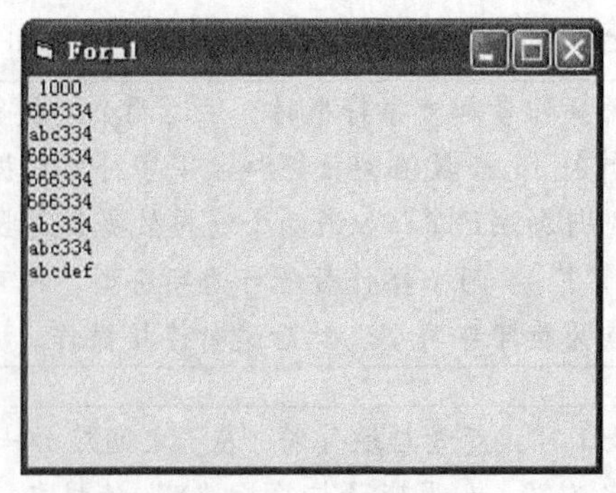

图 2-34　例 2-10 运行结果

3. 关系运算符

关系运算符用作两个数值或字符串的比较，返回值是逻辑值 True 或 False。Visual Basic 6.0 中的关系运算符及使用示例见表 2-4。关系运算符都是双目运算，用来比较两个运算量之间的关系。

表 2-4　　Visual Basic 6.0 中的关系运算符及使用示例

运算符	说　明	示　例	结　果
=	等于	"CDE"="CD"	False
>	大于	"CDE">"CDF"	False
>=	大于等于	"bc">="abcdef"	True
<	小于	76<8	False
<=	小于等于	"34"<"4"	True
<>	不等于	"DEF"<>"def"	True
Like	字符串匹配	"DEFG" Like"DEF"	True
Is	对象引用比较		

① 关系运算用来对两个数据进行比较，运算对象是数值型数据和字符型数据。

② 关系运算的结果是逻辑型的值。当关系成立时，结果为 True；当关系不成立时，结果为 False。

③ 关系运算的规则如下。

- 当两个操作式均为数值型时，按数值大小比较。
- 字符串比较，则从左到右从第一个不相同的字符开始，按照字符的 ASCII 码值一一比较，ASCII 码值大的，字符串就大。

【例 2-11】 测试字符串大小的比较。

在代码窗口中输入如下代码：

```
Private Sub Form_Click()
  Print "CDE" = "CD"
  Print "CDE" > "CDF"
  Print "bc" >= "abcdef"
  Print 76 < 8
  Print "34" < "4"
  Print "DEF" <> "def"
  Print "DEFG" Like "DEF"
End Sub
```

运行程序，结果如图 2-35 所示。从结果可以看出，字符串大小的比较是从第一个不相等的字符开始的，谁的 ASCII 码值大，谁就大。

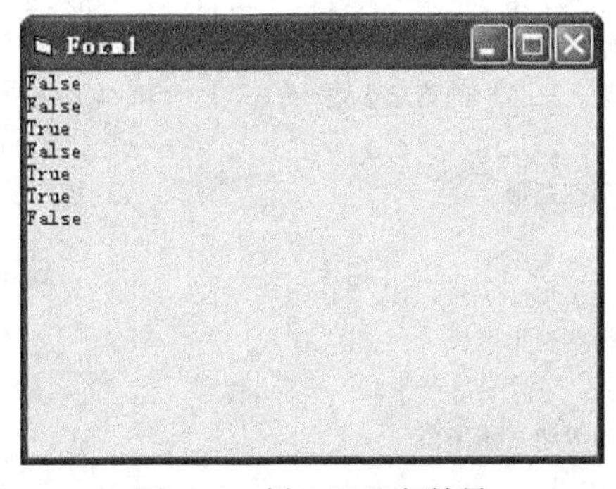

图 2-35　例 2-11 运行结果

4. 逻辑运算符

逻辑运算符是对操作数进行逻辑运算，运行的结果为逻辑型数据。除 Not 外，都是对两个逻辑量运算，结果为逻辑值。当逻辑关系成立时，运算结果为 True；当逻辑关系不成立时，运算结果为 False。表 2-5 所示为 Visual Basic 6.0 中的逻辑运算符。

表 2-5 Visual Basic 6.0 中的逻辑运算符

运算符	说 明	运算结果的说明	优先级	运算规则	结 果
Not	取反	取反，即假取真，真取假	1	Not F Not T	T F
And	与	两操作数均为真时，结果为真，其余为假	2	T and T T and F F and T F and F	T F F F
Or	或	两操作数均为假时，结果为假，其余为真	3	T Or T T Or F F Or T F Or F	T T T F
Xor	异或	两操作数相反时，结果为真，其余为假	3	T Xor T T Xor F F Xor T F Xor F	F T T F
Eqv	等价	两操作数相同时，结果为真，其余为假	4	T Eqv T T Eqv F F Eqv T F Eqv F	T F F T
Imp	蕴含	两操作数左真右假时，结果为假，其余为真	5	T Imp T T Imp F F Imp T F Imp F	T F T T

【例 2-12】 任意输入三角形 3 条边的长度，判断三角形的类型。

三角形的类型有：直角三角形、等腰三角形、等边三角形和其他三角形。

在代码窗口中输入如下代码：

```
Private Sub Form_Click()
  Dim a As Integer, b As Integer, c As Integer
  a = Val(InputBox("请输入三角形的第一条边 a 的长度：", "输入框"))
  b = Val(InputBox("请输入三角形的第二条边 b 的长度：", "输入框"))
  c = Val(InputBox("请输入三角形的第三条边 c 的长度：", "输入框"))
  If (a ^ 2 + b ^ 2 = c ^ 2) Or (b ^ 2 + c ^ 2 = a ^ 2) Or (a ^ 2 + c ^ 2 = b ^ 2) Then
    MsgBox "此三角形为直角三角形"
  Else
    If (a = b) Or (a = c) Or (b = c) Then
      MsgBox "此三角形为等腰三角形"
      If (a = b) And (b = c) Then
        MsgBox "此三角形为等边三角形"
      End If
```

```
    Else
      MsgBox "此三角形为其他三角形"
    End If
  End If
End Sub
```

输入代码后的代码窗口如图 2-36 所示。

```
工程1 - Form1 (Code)
Form                                Click
Private Sub Form_Click()
  Dim a As Integer, b As Integer, c As Integer
  a = Val(InputBox("请输入三角形的第一条边a的长度：", "输入框"))
  b = Val(InputBox("请输入三角形的第二条边b的长度：", "输入框"))
  c = Val(InputBox("请输入三角形的第三条边c的长度：", "输入框"))
  If (a ^ 2 + b ^ 2 = c ^ 2) Or (b ^ 2 + c ^ 2 = a ^ 2) Or (a ^ 2 + c ^ 2 = b ^ 2) Then
    MsgBox "此三角形为直角三角形"
  Else
    If (a = b) Or (a = c) Or (b = c) Then
      MsgBox "此三角形为等腰三角形"
      If (a = b) And (b = c) Then
        MsgBox "此三角形为等边三角形"
      End If
    Else
        MsgBox "此三角形为其他三角形"
    End If
  End If
End Sub
```

图 2-36　例 2-12 代码窗口

运行程序，单击窗体，弹出输入框，在输入框中输入三边 *a*、*b*、*c* 的长度，例如：3、4、5，弹出“此三角形为直角三角形”的消息框，如图 2-37 所示。再单击窗体，输入 3、3、4，弹出“此三角形为等腰三角形”的消息框，如图 2-38 所示。

图 2-37　“直角三角形”的消息框

图 2-38　“等腰三角形”的消息框

5. 表达式

由运算符将变量、常量和函数等按一定规则组成的一个字符序列就是表达式。表达式通过运算后有一个结果，运算结果的类型由数据和运算符共同决定。运算量可以是常量，也可以是变量，还可以是函数。例如，a+10，y+cos(x)等都是表达式，单个变量或常数也可以看成是表达式。

（1）表达式的书写规则

① 运算符不能相邻。例如，a+−b 是错误的。

② 在表达式中只能使用圆括号，可以多重使用，圆括号必须成对出现。

③ 表达式中的乘号“*”不能省略。

（2）数值表达式

由算术运算符连接起来的式子称为算术表达式或数值表达式。例如，20/10，6+8，10^3，5*6 等。

在算术表达式中，如果操作数具有不同的数据精度，则 Visual Basic 6.0 规定运算结果的数据类型以精度高的数据类型为准，即 Integer < Long < Single < Double < Currency。但当 Long 型数据与 Single 型数据运算时，结果为 Double 型数据。

（3）关系表达式和逻辑表达式

当使用关系运算符或逻辑运算符时，表达式又称为关系表达式或逻辑表达式。关系运算一般表示一个简单的条件，如 age>20、score>80、x+y>z 等。逻辑表达式表示较复杂的条件，如数学中的 0<x<5，写成表达式应为 0<x And x<5。

① 逻辑运算符的优先级不相同，Not（逻辑非）最高，但它低于关系运算符，Imp（逻辑蕴含）最低。

② 常用的逻辑运算符是 Not、And 和 Or，它们用于将多个关系表达式进行逻辑判断。例如，数学上表示某个数在某个区域时，用表达式：60≤x＜80，而在 Visual Basic 程序中应写成 x >=60 And x <80。

③ 参与逻辑运算的量一般都应是逻辑型数据，如果参与逻辑运算的两个操作数是数值量，则以数值的二进制值逐位进行逻辑运算（0 当 False，1 当 True）。

关系表达式与逻辑表达式常常用在条件语句与循环语句中，作为条件控制程序的流程走向。

（4）优先级

当表达式中有多个运算符时，此时表达式要按运算符的优先级进行运算，运算按照括号、函数、算术运算、字符串运算、关系运算、逻辑运算的顺序进行。

为保持运算顺序，写表达式时需要适当添加括号( )，若用到库函数，必须按库函数的要求书写。例如，(b-sqr(b*b-4*a*c))/(2*a)*(a+b)/(a-b)。

上面的表达式中出现了多种不同类型的运算符，其运算符优先级如下：

算术运算符 >= 字符运算符 >= 关系运算符 >= 逻辑运算符

① 当一个表达式中出现多种运算符时，首先进行算术运算符，接着处理字符串连接运算符，然后处理比较运算符，最后处理逻辑运算符，在各类运算中再按照相应的优先次序进行。

② 可以用括号改变优先顺序，强令表达式的某些部分优先运行。括号内的运算总是优先于括号外的运算。对于多重括号，总是由内到外。

【例 2-13】 求任意一元二次方程 $ax^2+bx+c=0$ 的根。

从键盘输入一元二次方程的系数，求其实数根。

判别式可以表示为：s=b^2-4*a*c，两个根可以表示为：x1=(-b+sqr(b^2-4*a*c))/(2*a)，x2=(-b-sqr(b^2-4*a*c))/(2*a)

在代码窗口中输入如下代码：

```
Private Sub Form_Click()
  Dim a As Integer, b As Integer, c As Integer
  Dim s As Single, x1 As Single, x2 As Single
  a = Val(InputBox("请输入一元二次方程的二次项系数 a: ", "输入框"))
  b = Val(InputBox("请输入一元二次方程的一次项系数 b: ", "输入框"))
  c = Val(InputBox("请输入一元二次方程的常数项 c: ", "输入框"))
  s = b ^ 2 - 4 * a * c
  x1 = (-b + Sqr(b ^ 2 - 4 * a * c)) / (2 * a)
  x2 = (-b - Sqr(b ^ 2 - 4 * a * c)) / (2 * a)
  Print "一元二次方程的根为: "; "x1="; x1, "x2="; x2
End Sub
```

输入代码后的代码窗口如图 2-39 所示。

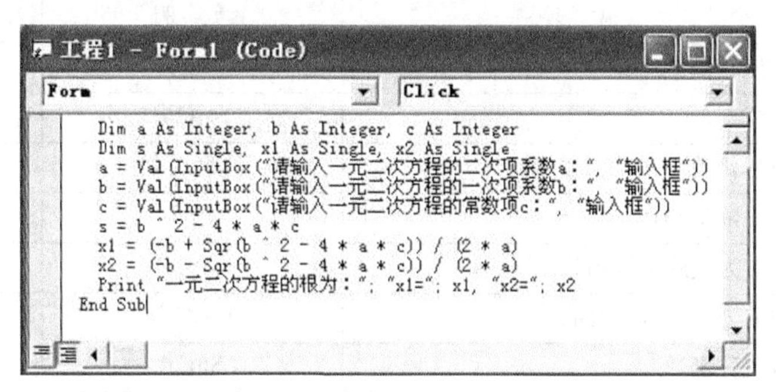

图 2-39　例 2-13 代码窗口

运行程序，单击窗体，弹出输入框，在输入框中输入系数 *a*、*b*、*c* 的值，例如：2、6、1，运行结果如图 2-40 所示。

图 2-40　例 2-13 运行结果

2.5　常用内部函数

Visual Basic 6.0 提供了上百种内部函数（库函数）供用户调用。本小节将介绍这些常用内部函数的功能及使用。

函数的调用方法如下：

函数名（[参数列表] ）

① 使用库函数要注意参数的个数及其参数的数据类型。

② 要注意函数的定义域（自变量或参数的取值范围）。

例如：sqr(x) 要求：x>=0。

又如：exp(23773) 的值就超出实数在计算机中的表示范围。

1. 数学函数

Visual Basic 6.0 提供了大量的数学函数。常用的数学函数有三角函数、算术平方根函数、对数函数、指数函数、绝对值函数等。常用的数学函数见表 2-6。

表 2-6　　常用的数学函数

函数名	说　明	实　例	结　果
Abs(N)	取绝对值	Abs(−6.2)	6.2
Sqr(N)	平方根	Sqr(16)	4
Sgn(N)	符号函数	Sgn(−7.8)	−1
Rnd[(N)	产生随机数	Rnd	0 ~ 1 的随机小数
Exp(N)	以 e 为底的指数函数，即 eN	Exp(3)	20.086
Log(N)	以 e 为底的自然对数	Log(10)	2.3026
Sin(N)	取正弦函数	Sin(0)	0
Cos(N)	取余弦函数	Cos(0)	1
Tan(N)	正切函数	Tan(0)	0

① 三角函数中的自变量 N 必须以弧度为单位。Atn(N)是反正切函数，其中 N 为数值，返回值为角的弧度。

② Sgn(N)函数的功能是求参数 N 的符号值，N 为数值型参数。当 N<0 时，返回的函数值为−1；当 N=0 时，返回的函数值为 0；当 N>0 时，返回的函数值为 1。

③ Rnd[(N)]函数的功能是在区间[0，1]内随机产生一个双精度随机数。

N 为数值类型的参数，函数返回值为数值型数据。使用 Rnd 函数前，要先使用语句 Randomize(timer)初始化随机数发生器，当 N>0 时，每次产生的随机数都不同；当 N=0 时，每次产生的随机数都与上次的相同；当 N<0 时，每次产生的随机数都相同。

【例 2-14】 随机函数的运用。

在代码窗口中输入如下代码：

```
Private Sub Form_Click()
  Dim n As Integer, m As Integer
  Dim a As Integer, b As Integer, c As Integer, c1 As String, c2 As String
  n = Val(InputBox("请输入任意一个整数", "输入框"))
  m = Val(InputBox("请输入任意一个整数", "输入框"))
  a = Int(Rnd * n) '产生 0, 1, …, n 中的一个随机整数
  b = Int(Rnd * n) + 1 '产生 1, …, n 中的一个随机整数
  c = Int(Rnd * (n - m + 1)) + m '产生一个在区间[m, n]的随机整数
  c1 = Chr(Int(Rnd * 26) + 65) '随机产生一个大写英文字母
  c2 = Chr(Int(Rnd * 26) + 97) '随机产生一个小写英文字母
  Print a, b, c
  Print c1, c2
End Sub
```

输入代码后的代码窗口如图 2-41 所示，三次运行程序，单击窗体，在弹出的输入窗口中分别输入 *n* 的值“0”、*m* 的值“100”，输入 *n* 的值“10”、*m* 的值“100”，输入 *n* 的值“50”、*m* 的值“200”，可以看到在窗体上输出的运行结果，如图 2-42 所示。

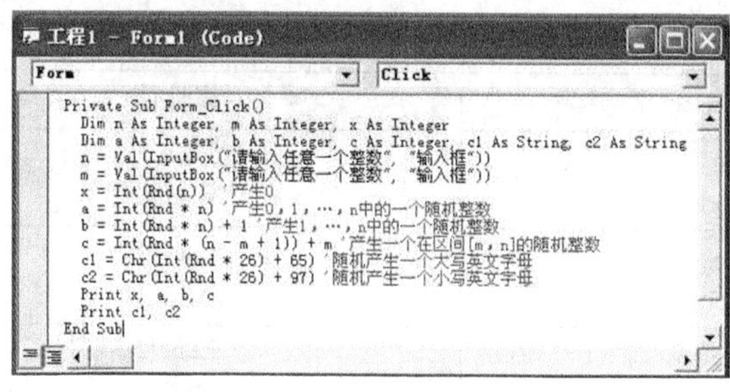

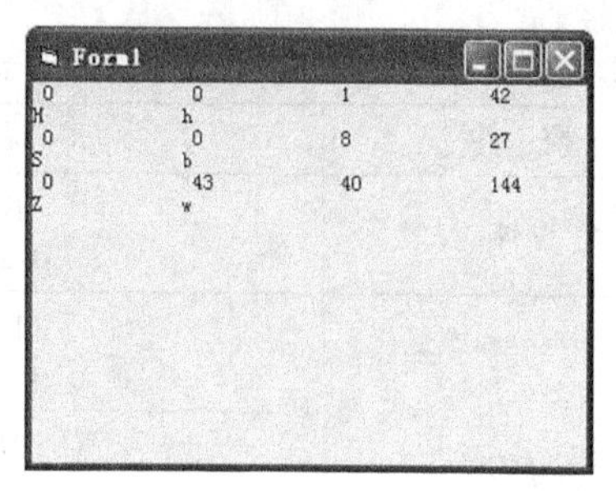

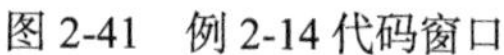
图 2-41　例 2-14 代码窗口　　　图 2-42　例 2-14 运行结果

2. 转换函数

转换函数用于各种类型数据之间的转换。常用的转换函数见表 2-7。

表 2-7　常用的转换函数

函数名	说　明	示　例	结　果
Asc(C)	字符转换成 ASCII 码值	Asc("A")	65
Chr$(N)	ASCII 码值转换成字符	Chr$(65)	"A"
Fix(N)	取整	Fix(−3.5)	−3
Int(N)	正数取整同 Fix，负数取整结果为不大于 N 的最大整数	Int(3.5) Int(−3.5)	3 −4
Oct[$](N)	十进制数转换成八进制数	Oct$(100)	"144"
Hex[$](N)	十进制数转换成十六进制数	Hex(100)	64
Lcase$(C)	大写字母转换成小写字母	Lcase$("ABC")	"abc"
Ucase$(C)	小写字母转换成大写字母	Ucase$("abc")	"ABC"
Str$(N)	数值数据转换为字符串	Str$(123.45)	"123.45"
Val(C)	数字字符串转换为数值数据	Val("123AB")	123

注意

其中 C 表示字符串，N 表示数值型数据；要区别两个取整函数 Int()和 Fix()。Fix(N)为截断取整，即去掉小数点后面的数；Int(N)正数取整同 Fix，负数取整结果为不大于 N 的最大整数，即当 N>0 时，Int(N)=Fix(N)，当 N<0 时，Int(N)=Fix(N)−1。例如，Fix(9.59) = 9，Int(9.59) = 9，Fix(−9.59) =−9，Int(−9.59) =−10。

思考：如何实现四舍五入取整？

Asc("Abcd") 的值为 65 （只取首字母的 ASCII 码值）。

【例 2-15】　输入学生的语文、数学、英语成绩，计算总成绩。

说明

计算中需要用 Val()函数。Val()函数的功能是将数字字符串转换成数值。格式为 Val(C)，C 为字符串类型的参数，函数返回值为数值型数据。Val( )函数只将最前面的数字字符转换为数值。例如，Val("abc456") 值为 0，Val("145sa10") 值为 145。

（1）设计界面

在窗体 Form1 中添加 3 个标签、1 个图片框、3 个文本框、1 个命令按钮控件。

（2）设置属性

窗体中各控件属性设置见表 2-8。设置属性后的窗体如图 2-43 所示。

表 2-8　　　　窗体中各控件属性设置

控　件	属性名	属性值
窗体	Name Caption	Form1 计算总成绩
标签	Name Caption	Label1 语文
	Name Caption	Label2 数学
	Name Caption	Label3 英语
图片框	Name	Picture1
文本框	Name Text	Text1 “”
	Name Text	Text2 “”
	Name Text	Text3 “”
命令按钮	Name Caption	Command1 总成绩

（3）编写代码

在窗体“Form1”的 Command1_Click()事件过程中编写如下代码：

```
Private Sub Command1_Click()
  Dim total As Single
  total = Val(Text1.Text) + Val(Text2.Text) + Val(Text3.Text)
  '将语文、数学、英语文本框中输入的字符型数据转换成数值型数据，相加后赋值给总成绩变量 Total
  Picture1.Print "总成绩为："; total
End Sub
```

运行程序，分别在 3 个文本框中输入语文、数学、英语成绩为：96、98、99，单击“总成绩”按钮，结果如图 2-44 所示。

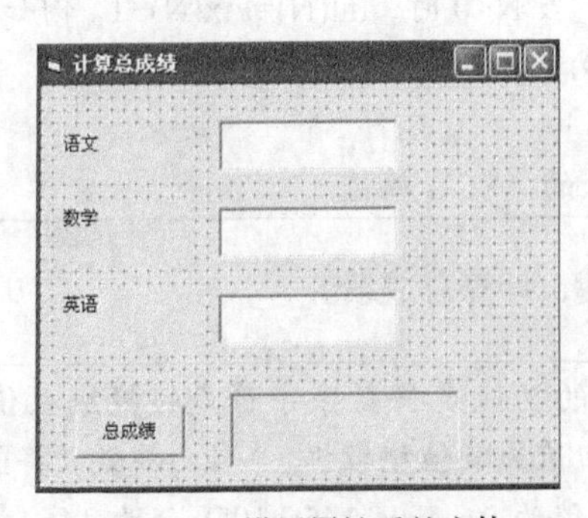

图 2-43　设置属性后的窗体

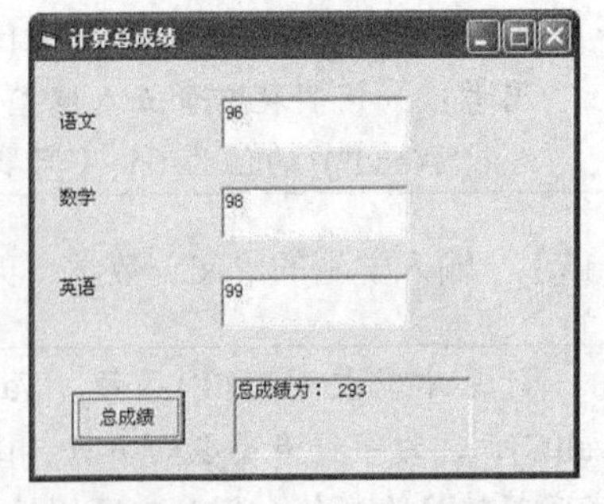

图 2-44　例 2-15 运行结果

3. 字符串函数

Visual Basic 6.0 具有很强的字符串处理能力。常用的字符串函数见表 2-9。

表 2-9　　常用的字符串函数

函数名	说　明	示　例	结　果
InStr([N1]C1,C2[M])	在 C1 中从 N1 开始找 C2，省略 N1 从头开始找，找不到为 0	InStr(2,"ABCDEFG","EF")	5
Left$(C,N)	取出字符串左边 N 个字符	Left$("ABCDEFG",3)	"ABC"
Len(C)	字符串长度	Len("ABCDEFG")	7
Ltrim$(C)	取掉字符串左边空格	Ltrim$("□□□ABCD")	"ABCD"
Mid$(C,N1,N2)	自字符串 N1 位置开始，向右取 N2 个字符	Mid$("ABCDEFG",2,3)	"BCD"
Right$(C,N)	取出字符串右边 N 个字符	Right$("ABCDEF",3)	"DEF"
Rtrim$(C)	取掉字符串右边空格	Rtrim$("ABCD□□□")	"ABCD"
Space$(N)	产生 N 个空格的字符串	Space$(3)	"　　"
String$(N,C)	返回由 C 中首字符组成的 N 个字符串	String$(3, "ABCDEFG")	"AAA"

如果返回是字符型，则函数后有“$”符号。当然，也可以不写，但习惯都写上。

【例 2-16】 测试字符串函数。

在代码窗口中输入如下代码：

```
Private Sub Form_Click()
  Dim l As Integer, s1 As String, s2 As String
  Dim m As Integer, s3 As String, s4 As String
  Dim s5 As String, s6 As String
  l = Len("This is a book!")
  s1 = Left$("ABCDEFG", 3)
  s2 = Mid$("ABCDEFG", 2, 3)
  m = InStr(2, "ABCDEFGEF", "EF")
  s3 = LTrim$("   ABCD")
  s4 = Right$("ABCDEF", 3)
  s5 = RTrim$("ABCD   ")
  s6 = Space$(3)
  Print l, s1, s2
  Print m, s3, s4
  Print s5, s6
End Sub
```

输入代码后的代码窗口如图 2-45 所示。运行结果如图 2-46 所示。

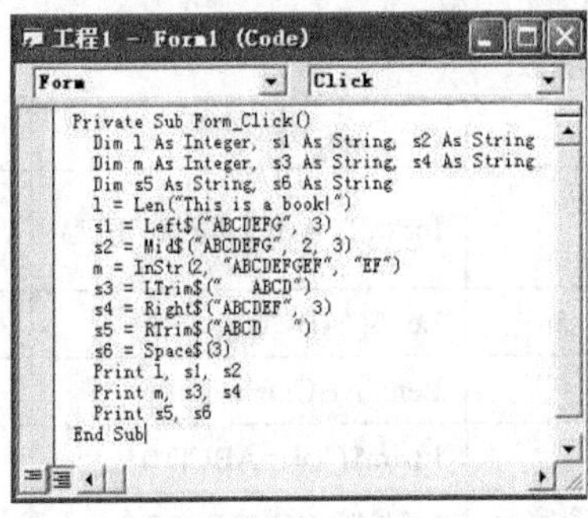

图 2-45　例 2-16 代码窗口

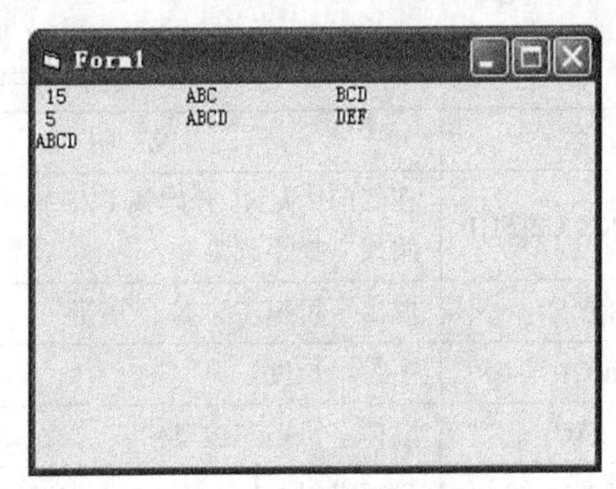

图 2-46　例 2-16 运行结果

4. 日期与时间函数

日期与时间函数提供日期和时间信息。默认的日期格式为“mm/dd/yy”，时间格式为“hh:mm:ss”。常用的日期与时间函数见表 2-10。

表 2-10　常用的日期与时间函数

函数名	说　明	示　例	结　果
Time[$][()]	返回系统时间	Time	15:30:50 PM
Date[$][()]	返回系统日期	Date$（ ）	"2014-10-31"
Now	返回系统日期和时间	Now	14/10/3115:30:53PM
DateSerial（年，月，日）	返回一个日期形式的值	DateSerial(0,1,20)	00—1—20
DateValue(C)	同上，但自变量为字符串	DateValue("0,1,20")	00—1—20
Day(C|N)	返回日期代号（1～31）	Day（"97,05,01"）	1
Month(C|N)	返回月份代号（1～12）	Month（"97,05,01"）	5
Year(C|N)	返回年代号（1753～2078）	Year(365)相对于 1899，12，30 为 0 天后 365 天的年代号	1900
WeekDay(C|N)	返回星期代号（1～7），星期日为 1，星期一为 2	WeekDay("97,05,01")	5（星期四）

日期函数中的自变量“C/N”可以是数值表达式，也可以是字符串表达式，其中“N”表示相对于 1899 年 12 月 31 日前后的天数。

① Time()函数。

格式：Time()或者 Time

功能：返回系统时间。

说明：该函数是无参函数，返回由当前系统时间组成的一个字符串。

② Date()函数。

格式：Date()或者 Date

功能：返回系统日期。

说明：该函数是无参函数，返回由当前系统日期组成的一个字符串。返回日期的格式为“月-日-年”。

③ Year()函数。

格式：Year(d)

功能：返回参数 d 的年号。

说明：d 为日期类型的参数，函数返回值为数值型数据。

④ Month()函数。

格式：Month(d)

功能：返回参数 d 的月份号。

说明：d 为日期类型的参数，函数返回值为数值型数据。

⑤ WeekDay()函数。

格式：WeekDay(d)

功能：返回参数 d 的星期号。

说明：d 为日期类型的参数，函数返回值为数值型数据。

星期日为 1，星期一、星期二……星期六依次为 2、3、…、7。

【例 2-17】 在例 2-15 的基础上，显示成绩计算的时间。

利用 Now 函数可以实现这项功能。

编写代码如下：

```
Private Sub Command1_Click()
  Dim total As Single
  total = Val(Text1.Text) + Val(Text2.Text) + Val(Text3.Text)
  Picture1.Print "总成绩=" & total
  Picture1.Print
  Picture1.Print "计算时间是：" & Now
End Sub
```

单击工具栏中的“启动”按钮运行程序，在运行界面中单击“总成绩”按钮，结果如图 2-47 所示。

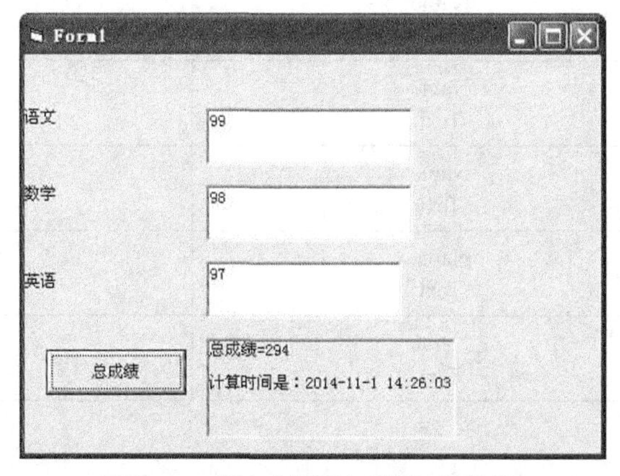

图 2-47　学生成绩评定系统运行结果

除了上述的日期函数外，还有两个函数比较常用，分别是 DateAdd()函数和 DateDiff()函数。

● DateAdd()函数。

格式：DateAdd（要增减的日期形式，增减量，要增减的日期变量）

功能：对要增减的日期按照日期形式做增减。

例如：DateAdd（"ww",3,#3/10/2009#），表示在指定日期 2009 年 3 月 10 日上加上 3 周，结果为#3/31/2009#。

● DateDiff()函数。

格式：DateDiff（要间隔的日期形式，日期 1，日期 2）

功能：两个指定的日期按日期形式相差的日期。

例如：DateDiff("m", #1/10/2010#, #3/8/2010#)，表示两个日期之间相差几个月，结果为 2。

【例 2-18】 在例 2-17 的基础上，通过文本框输入各门功课的成绩，计算总成绩、平均成绩和评定等级。等级评定标准是平均分 91 ~ 100 为“优秀”，平均分 81 ~ 90 为“良好”，平均分 60 ~ 80 为“中等”，平均分 60 以下为“差”。

（1）设计界面

在例 2-17 的基础上，增添 2 个标签控件 Label4、Label5，1 个文本框控件 Text4，1 个命令按钮 Command2。

（2）设置属性

在属性窗口中设置窗体及控件属性。例 12-18 控件属性设置 1 见表 2-11。

表 2-11　　例 2-18 控件属性设置 1

控　件	属性名（Name）	属性值
窗体	Name Caption	Form1 学生成绩评价
标签	Name Caption	Label1 姓名
	Name Caption	Label2 语文
	Name Caption	Label3 数学
	Name Caption	Label4 英语
文本框	Name Text	Text1 “”
	Name Text	Text2 “”
	Name Text	Text3 “”
	Name Text	Text4 “”

续表

控 件	属性名（Name）	属性值
命令按钮	Name Caption	Command1 评价
	Name Caption	Command2 退出
图片框	Name Picture	Picture1 ""

设置属性后的界面如图 2-48 所示。

（3）编写代码

双击命令按钮 CmdAssess，打开代码窗口，输入如下代码：

```
Option Explicit
Dim Total As Single, Aver As Single
Private Sub Command1_Click()
  Total = Val(Text2.Text) + Val(Text3.Text) + Val(Text4.Text)
  Aver = Total / 3
  Select Case Int(Aver / 10)
    Case 9
      Picture1.Print
      Picture1.Print Text1.Text & "的成绩为：" & "优秀"
      Picture1.Print
      Picture1.Print "总成绩为：      " & Total
      Picture1.Print
      Picture1.Print "平均成绩为：" & Aver
    Case 8
      Picture1.Print
      Picture1.Print Text1.Text & "的成绩为：" & "良好"
      Picture1.Print
      Picture1.Print "总成绩为：      " & Total
      Picture1.Print
       Picture1.Print "平均成绩为：" & Aver
    Case 6 To 7
       Picture1.Print
       Picture1.Print Text1.Text & "的成绩为：" & "中等"
       Picture1.Print
       Picture1.Print "总成绩为：      " & Total
       Picture1.Print
       Picture1.Print "平均成绩为：" & Aver
    Case Else
       Picture1.Print
       Picture1.Print Text1.Text & "的成绩为：" & "差"
       Picture1.Print
       Picture1.Print "总成绩为：      " & Total
       Picture1.Print
       Picture1.Print "平均成绩为：" & Aver
```

```
  End Select
     Picture1.Print
     Picture1.Print "评定时间是：" & Now
End Sub
Private Sub Command2_Click()
  End
End Sub
```

（4）运行程序

运行结果如图 2-49 所示。

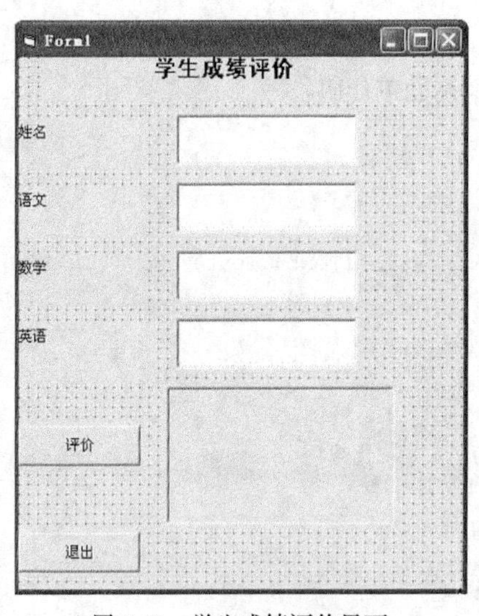

图 2-48　学生成绩评价界面

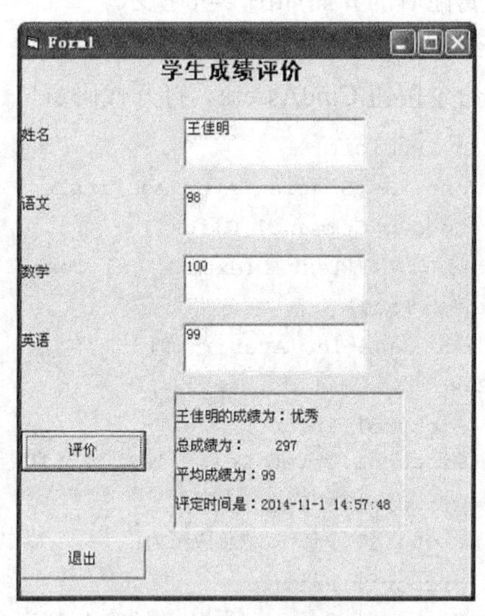

图 2-49　例 2-18 运行结果

5. Shell 函数

Shell 函数用来调用 DOS 下或 Windows 下的各种应用程序，具体格式如下：

Shell(命令字符串[,窗口类型])

函数的返回值为一个任务标识 ID，它是应用程序的唯一标识。

【例 2-19】 用 Shell 函数调用记事本和打开我的文档窗口。

在代码窗口中输入如下代码：

```
Private Sub Form_Click()
  Dim i As Integer, j As Integer
  i = Shell("c:\windows\notepad.exe",4)
  j = Shell("c:\windows\explorer.exe",4)
  Print i, j
End Sub
```

运行程序，单击窗体，可以看到“记事本”和“我的文档”窗口被打开，如图 2-50 和图 2-51 所示。同时，在运行窗体上输出“记事本”和“我的文档”两个应用程序的标识，如图 2-52 所示。

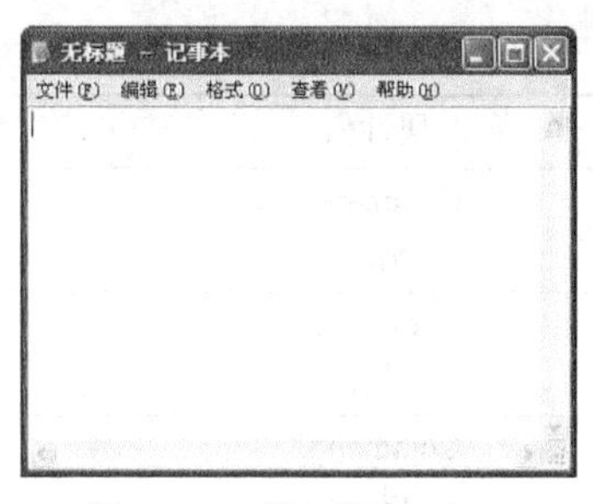

图 2-50　“记事本”窗口

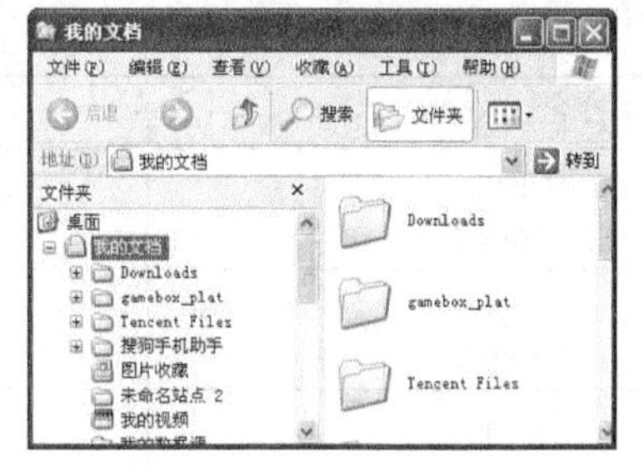

图 2-51　“我的文档”窗口

图 2-52　显示应用程序标识 ID

命令字符串：包含路径的要执行的应用程序名，它是可执行文件，文件扩展名为.exe（可执行文件）、.com（命令文件）、.bat（批处理文件）。

窗口类型：执行应用程序的窗口大小，0~4、6 的整数，一般取 1。

至此，案例 2 的相关知识已全部讲完，最后，我们对案例 2 进行求解。

（1）设计界面

在属性窗口中设置窗体及控件属性。例 2-18 控件属性设置 2 见表 2-12。

表 2-12　　例 2-18 控件属性设置 2

控　件	属性名（Name）	属性值
窗体	Name Caption	Form1 小学生四则运算测试系统
标签	Name Caption	Label1 “”
	Name Caption	Label2 “”
	Name Caption	Label3 小学生四则运算自测系统
	Name Caption	Label4 答对题数
	Name Caption	Label5 错误题数
	Name Caption	Label6 所得分数
文本框	Name Text	Text1 “”
	Name Text	Text2 “”
	Name Text	Text3 “”
	Name Text	Text4 “”
	Name Text	Text5 “”
	Name Text	Text6 “”

续表

控　件	属性名（Name）	属性值
命令按钮	Name Caption	Ccmmand1 出题
	Name Caption	Ccmmand2 打分
	Name Caption	Ccmmand2 退出

设置属性后的界面如图 2-48 所示。

（2）编写代码

在代码窗口中输入如下代码：

```
Option Base 1 '标识数组下标从 1 开始
Dim zq, cw, score As Integer
Private Sub Command1_Click()
  Dim a(4) As String
  Dim b As Integer
  Text1.Text = Int(10 * Rnd + 0) '文本框 1 中随机产生 0~9 中的一个数
  a(1) = "+"
  a(2) = "-"
  a(3) = "*"
  a(4) = "/"
  b = Int(4 * Rnd + 1)
  Label1.Caption = a(b) '标签 1 随机产生"加""减""乘""除"号
  If Label1.Caption = a(4) Then
    Text2.Text = Int(9 * Rnd + 1) '如果标签 1 出现的是"/"号，则文本框 2 随机产生 1 ~ 9 中的一个数
  Else
    Text2.Text = Int(10 * Rnd + 0) '如果不是，则文本框 2 随机产生 0 ~ 9 中的一个数
  End If
  Label2.Caption = "="
  Text3.SetFocus
End Sub

Private Sub Command2_Click()
  Dim jieguo As Single
  If IsNumeric(Text3.Text) = False Then
    MsgBox "请输入数字!", vbOKOnly + vbExclamation, "提示" '如果文本框 3 输入的不是数字或没有
输入，则提示"请输入数字!"
    Text3.Text = ""
    Text3.SetFocus
  Else
    Select Case Label1.Caption
     Case "+"
       jieguo = Val(Text1.Text) + Val(Text2.Text)
     Case "-"
       jieguo = Val(Text1.Text) - Val(Text2.Text)
```

```
      Case "*"
        jieguo = Val(Text1.Text) * Val(Text2.Text)
      Case "/"
        jieguo = Val(Text1.Text) / Val(Text2.Text)
    End Select
    If Text3.Text = jieguo Then
      MsgBox "恭喜你，答对了，加 10 分！", vbOKOnly + vbInformation, "提示"
      zq = zq + 1
      Text4.Text = zq
      score = score + 10
      Text6.Text = score
    Else
      MsgBox "回答错误！" & " " & "正确结果为" & c, vbOKOnly + vbCritical, "提示"
      cw = cw + 1
      Text5.Text = cw
      score = score - 10
      Text6.Text = score
    End If
  End If
End Sub

Private Sub Command3_Click()
 End
End Sub

Private Sub Form_Load()
  Randomize
End Sub

Private Sub Label1_Change()
  Text3.Text = ""
End Sub

Private Sub Text1_Change()
  Text3.Text = ""
End Sub

Private Sub Text2_Change()
  Text3.Text = ""
End Sub
```

输入代码后的代码窗口如图 2-53 所示。

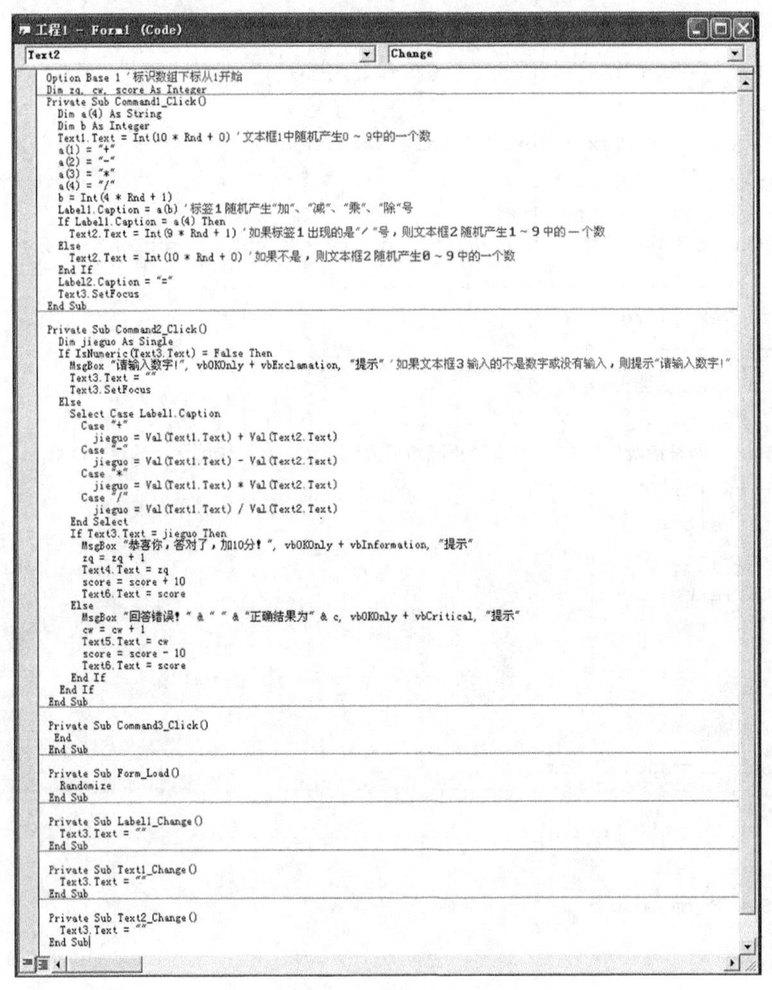

图 2-53　案例 2 代码窗口

（3）运行程序

运行程序，单击“出题”按钮，可以看到出现一道运算题，如图 2-54 所示。

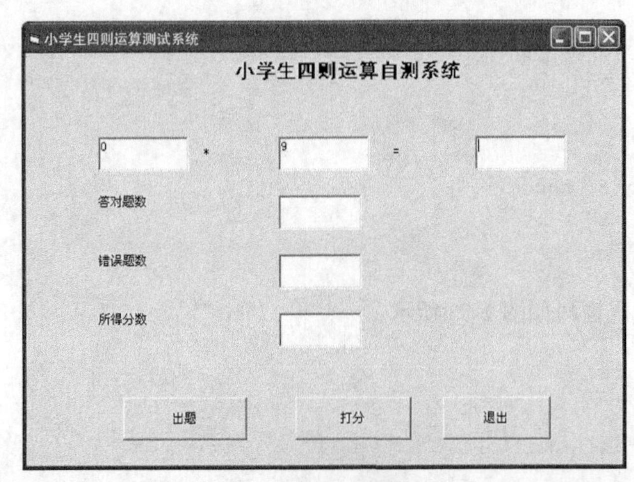

图 2-54　出题

在“=”右边的文本框中输入结果“0”，单击“打分”按钮，弹出消息框，如图 2-55 所示。单击“确定”按钮，可以看到答对题数为“1”，所得分数为“10”，如图 2-56 所示。

图 2-55　答对消息框

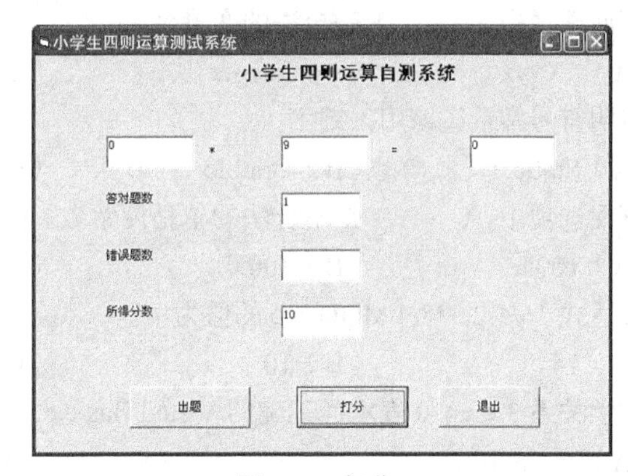

图 2-56　打分

单击“出题”按钮，继续出题，单击“退出”按钮，退出程序。

综合训练

训练 1　根据你所在班级设计一个成绩录入界面，将本学期所学课程成绩录入，并求出你的平均成绩、总成绩。

功能要求：能够在相应文本框中录入各门课成绩，显示出你的各门课成绩、平均成绩、总成绩。

本章小结

本章主要介绍了以下内容。

① Visual Basic 6.0 的标准数据类型。

② Visual Basic 6.0 的常量与变量的声明。

③ Visual Basic 6.0 的运算符与表达式：算术运算符、字符串运算符、关系运算符和逻辑运算符。

④ Visual Basic 6.0 中的常用内部函数：数学函数、字符串函数、转换函数、时间与日期函数。

习　　题

一、选择题

1．数值型数据包括（　　）两种。

（A）整型和长整型　　（B）整型和浮点型

（C）单精度型和双精度型　　（D）整型、实型和货币型

2．货币型数据需（　　）的内存容量。

（A）2　（B）4　（C）6　（D）8

3．下面选项中，（　　）是合法的变量名。

（A） X_yz　（B）integer　（C）123abc　（D）X-Y

4．声明符号常量应该用关键字（　　）。

（A）Static　（B）Double　（C）Private　（D）Const

5．下面选项中，（　　）是不合法的单精度常数。

（A）100!　（B）100.0　（C）1E+2　（D）100.0D+2

6．表达式 16/4-2.5*8/4 MOD 5\2 的值为（　　）。

（A）14　（B）10　（C）20　（D）2

7．数学关系 3≤*x*<10 表示成正确的 Visual Basic 6.0 表达式为（　　）。

（A）3<=*x*<10　（B）3<=*x* AND *x*<10

（C）*x*>=3 OR *x*<10　（D）3<=*x* AND *x* <10

8．\、/、MOD、* 4 个算术运算符中，优先级别最低的是（　　）。

（A）\　（B）/　（C）MOD　（D）*

9．Rnd 函数不可能为下列（　　）值。

（A）0　（B）1　（C）0.1234　（D）0.00005

10．Int(198.555*100+0.5)/100 的值是（　　）。

（A）198　（B）199.6　（C）198.56　（D）200

11．已知 A$="12345678"，则表达式 Val(Left$(A$,4)+Mid$(A$,4,2))的值为（　　）。

（A）123456　（B）123445　（C）8　（D）6

12．若要强制变量，必须先定义才能使用，应该用（　　）语句说明。

（A）Public Const　（B）Option Explict

（C）Type 数据类型名　（D）Def Dbl

二、填空题

1．整型变量 *x* 中存放了一个两位数，要将两位数交换位置，如 23 变成 32，可用表达式________来实现。

2．表示 *x* 是 5 的倍数或是 9 的倍数的逻辑表达式是________。

3. 已知 *a* =3.5 , *b* =5.0 , *c* =2.5 , *d*=True , 则表达式 *a* >=0 AND *a* + *c*>*b* +3 OR NOT *d* 的值是________。

4．表达式 Ucase(Mid("ABCDEFGH",3,4))的值是________。

5．产生从整数 1 到整数 100 之间的随机数，可以使用表达式________。

三、思考题

1．Visual Basic 6.0 提供了哪些标准数据类型？声明类型时，其类型关键字分别是什么？其类型符又是什么？

2．哪些类型的数据可以实行“+”运算？

3．什么是符号常量？使用符号常量有什么好处？

4．用户自定义数据类型的名称与自定义变量名有何区别？

5．什么是运算符的优先级？什么是函数及函数的参数？

6．将数字字符串转换成数值用什么函数？判断是否是数字字符串用什么函数？取字符串中的某几个字符用什么函数？

四、编程题

1．对一些常用的运算符号和函数进行实验。

2．理解大小写转换函数。在文本框中输入英文字母，按“转大写”按钮，文本变为大写，按“转小写”按钮，文本变为小写。

3．输入以秒为单位表示的时间，编写程序，将其换算成几日几时几秒。

第3章 控制结构在应用程序中的运用

学习目标

- 掌握赋值语句、InputBox 函数、MsgBox 函数和 MsgBox 过程的用法。
- 了解结构化程序设计的 3 种基本结构。
- 掌握选择控制结构 if 语句和 Select Case 语句。
- 掌握循环控制结构 For…Next 语句、While…Wend 语句和 Do…Loop 语句。
- 熟悉选择语句和循环语句在典型例子中的应用。
- 能灵活运用上述语句进行程序设计。

重点和难点

- 重点：选择语句和循环语句。
- 难点：选择语句与循环语句的嵌套。

课时安排

- 讲授 3 学时，实训 3 学时。

3.1 案例：百鸡问题程序设计

1. 案例

【案例 3】 今有鸡翁一，值钱伍；鸡母一，值钱三；鸡雏三，值钱一。凡百钱买鸡百只，问鸡翁、母、雏各几何?

2. 案例分析

原题的意思是：公鸡每只值 5 文钱，母鸡每只值 3 文钱，而 3 只小鸡值 1 文钱。现在用 100 文钱买 100 只鸡，问：这 100 只鸡中，公鸡、母鸡和小鸡各有多少只?

这个问题流传很广，解法很多，但从现代数学观点来看，实际上是一个求不定方程整数解的问题。解法如下：

设公鸡、母鸡、小鸡分别为 x、y、z 只，由题意得：

$$\begin{cases} x+y+z=100 & ① \\ 5x+3y+(1/3)z=100 & ② \end{cases}$$

有两个方程，3 个未知量，称为不定方程组，有多种解。可以用穷举法解。

要用 VB 程序来求解此题，需要掌握循环语句、选择分支语句等知识点。

3.2　顺序结构

结构化程序设计的基本思想是：任何程序都可以用 3 种基本结构表示，即顺序结构、选择结构和循环结构。由这 3 种基本结构或 3 种基本结构的复合嵌套构成的程序称为结构化程序。

顺序结构是最简单的一种程序结构，计算机按照各语句出现的先后次序依次执行程序中的每一条语句。下面介绍顺序结构中常出现的几种语句：InputBox 函数、MsgBox 函数、赋值语句、注释语句、Print 方法以及第 2 章介绍的数据类型的声明语句、符号常量声明语句等。

1. 输入对话框 InputBox 函数

InputBox 函数用来供用户输入数据。

（1）函数形式

变量名=InputBox [$] (<提示信息> [,<标题>] [,<默认值>] [,<*x* 坐标>] [，<*y* 坐标>])

（2）执行过程

执行此函数时，产生一个输入对话框，并提示用户在文本框中输入数据，当单击“确定”按钮后，返回包含文本框内容的字符串。

（3）参数说明

① 提示信息：必选参数，字符串表达式，用来在输入对话框中作为输入提示信息。

② 标题：可选参数，字符串表达式，在输入对话框的标题区显示，若省略该参数，则在标题栏中显示应用程序的名称。

③ 默认值：可选参数，输入文本编辑区默认值，可以是数值常量、字符串常量或常量表达式，若省略该参数，则为空串。

④ *x* 坐标，*y* 坐标：可选参数，整型表达式，用来确定输入对话框左上角在屏幕上的位置。

如省略可选参数，前面的逗号不可以省略。

【例 3-1】 利用 InputBox 函数输入学生的基本信息：姓名、学号、年龄、VB 成绩，并在窗体中显示相关信息。

在代码窗口中输入如下代码：

```
Private Sub Form_Click()
  Dim xh As String, xm As String, nl As Integer, cj As Integer
  xh = InputBox("请输入学生学号：", "输入框")
  xm = InputBox("请输入学生姓名：", "输入框")
  nl = Val(InputBox("请输入学生年龄：", "输入框"))
  cj = Val(InputBox("请输入学生成绩：", "输入框"))
  Print xm; "的基本信息："
  Print "学号："; xh
  Print "姓名："; xm
  Print "年龄："; nl
  Print "成绩："; cj
End Sub
```

输入代码后的代码窗口如图 3-1 所示。运行程序，单击窗体，弹出学号输入框，输入学号，如图 3-2 所示。

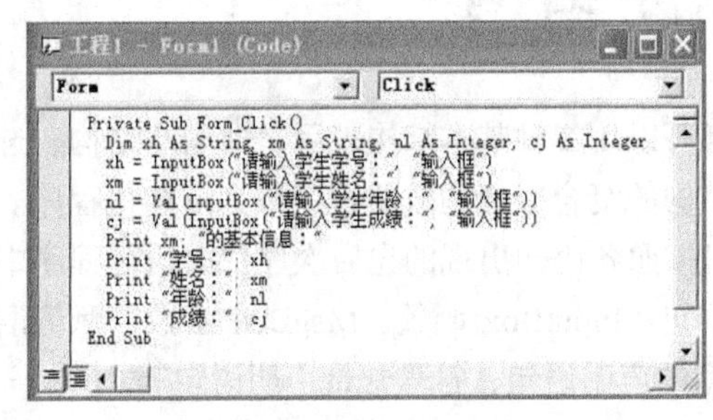

图 3-1　例 3-1 代码窗口

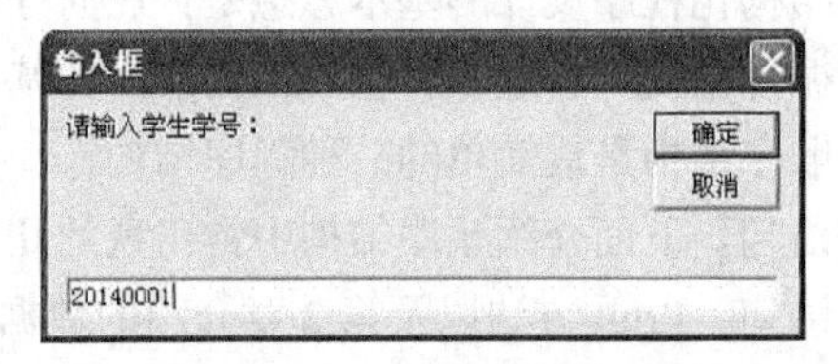

图 3-2　学号输入框

单击“确定”按钮，相继弹出姓名、年龄、成绩输入对话框，分别输入相应数据，单击“确定”按钮，可以看到在窗体中显示出的信息，如图 3-3 所示。

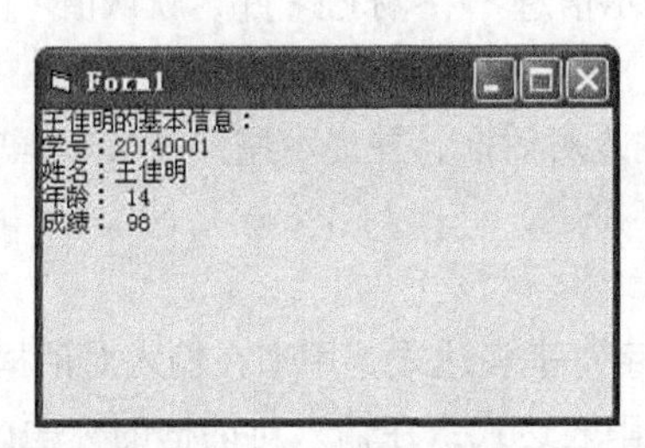

图 3-3　例 3-1 运行结果

InputBox 函数的返回值为字符串类型，需要用值转换函数 Val()将输入的数字型字符串转换成数值。

2. 消息对话框 MsgBox 函数和 MsgBox 过程

MsgBox 用来产生一个消息提示框，用户可以在消息框上选择一个按钮。

（1）语法形式

① 函数形式：变量[%]=MsgBox(<提示信息>［,<对话框样式>］［,<标题>］)

② 过程形式：MsgBox <提示信息>［,<对话框样式>］［,<标题>］

（2）执行过程

执行包含此函数的语句时，产生一个消息对话框，在消息对话框中显示提示信息，等待用户单击一个按钮，并返回一个整型数值，以标明用户单击的是哪一个按钮；MsgBox 过程不返回函数值。

（3）参数说明

① 提示信息：必选参数，字符串表达式，用来显示在对话框中的提示信息。

② 对话框样式：可选参数，整型表达式，用来指定消息框上显示按钮的数目及形式，以及使用的图标样式。按钮类型及其对应值和图标样式及其对应值分别见表 3-1 和表 3-2。

表 3-1　按钮类型及其对应值

内部常数	数 值	说 明
VbOKOnly	0	只显示“确定”按钮
VbOKCancel	1	显示“确定”和“取消”按钮

续表

内部常数	数　值	说　明
VbAboutRetryIgnore	2	显示“终止”“重试”和“忽略”按钮
VbYesNoCancel	3	显示“是”“否”和“取消”按钮
VbYesNo	4	显示“是”和“否”按钮
VbRetryCancel	5	显示“重试”和“取消”按钮

表 3-2　　图标样式及其对应值

内部常数	数　值	说　明
VbCritical	16	显示“×”图标
VbQuestion	32	显示“？”图标
VbExclamation	48	显示“!”图标
VbInformation	64	显示“i”图标

按钮值可以采用“按钮类型对应值+图标样式对应值”的形式，也可以是二者加起来的和作为表达式。

③ 标题：可选参数，字符串表达式，在消息对话框的标题区显示。

（4）MsgBox 函数值

出现消息对话框后，用户选择按钮进行单击，这时函数会返回一个整型数值，单击不同的按钮返回的值不同。具体函数值如表 3-3 所示。

表 3-3　　Msgbox()函数的返回值

内部常数	值	用户单击的按钮
VbOK	1	确定
VbCancel	2	取消
VbAbort	3	放弃
VbRetry	4	重试
VbIgnore	5	忽略
VbYes	6	是
VbNo	7	否

【例 3-2】 猜数游戏。随机产生一个 1~100 的整数，请用户猜。猜对了，弹出消息框“猜对了，恭喜你!”；猜错了，弹出消息框“猜错了，请再猜!”

在代码窗口中输入如下代码：

```
Private Sub Form_Click()
  Dim n As Integer, guess As Integer, i As Integer
  n = Int(Rnd * 100 + 1)  '产生1~100之间的随机数
  guess = Val(InputBox("请输入你猜的1~100之间的整数：", "猜数游戏"))
  If guess = n Then
    i = MsgBox("猜对了，恭喜你！", 3 + 48)
  Else
    i = MsgBox("猜错了，请再猜！", 3 + 48)
    If i = 6 Then
```

```
      guess = Val(InputBox("请输入你猜的 1~100 的整数：", "猜数游戏"))
    Else
      End
    End If
  End If
  Print "你猜的数应该是："; n
End Sub
```

输入代码后的代码窗口如图 3-4 所示，

运行程序，单击窗体，弹出“猜数游戏”对话框，如图 3-5 所示，输入猜的数，如“63”，单击“确定”按钮。

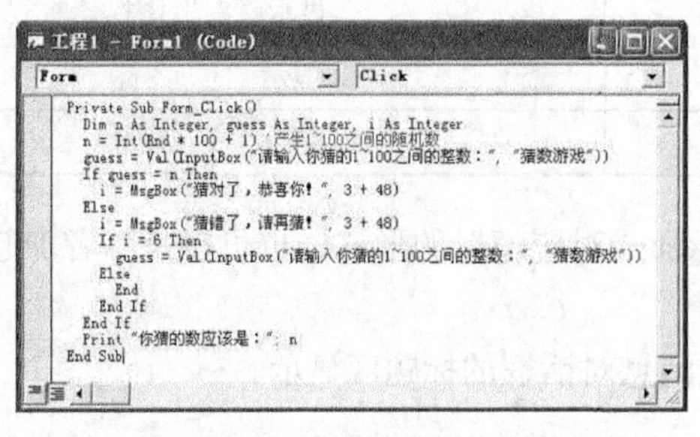

图 3-4　例 3-2 代码窗口

图 3-5　“猜数游戏”输入对话框

弹出“猜错了”的消息框，如图 3-6 所示，单击“是”按钮，再猜一次数，最后弹出答案，如图 3-7 所示。如果在弹出的消息对话框中单击“否”按钮，则在窗体上输出 63。

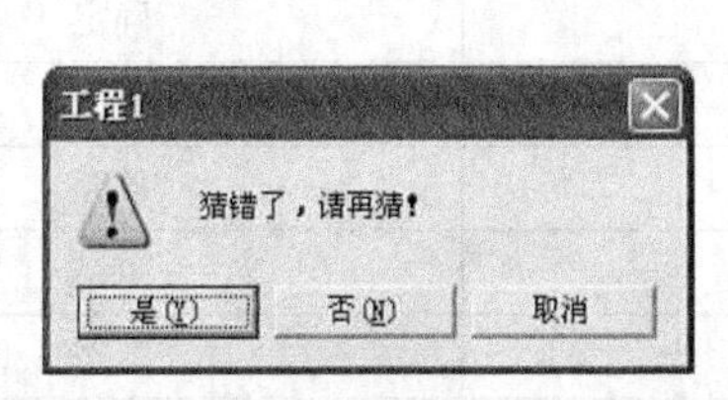

图 3-6　例 3-2 运行结果

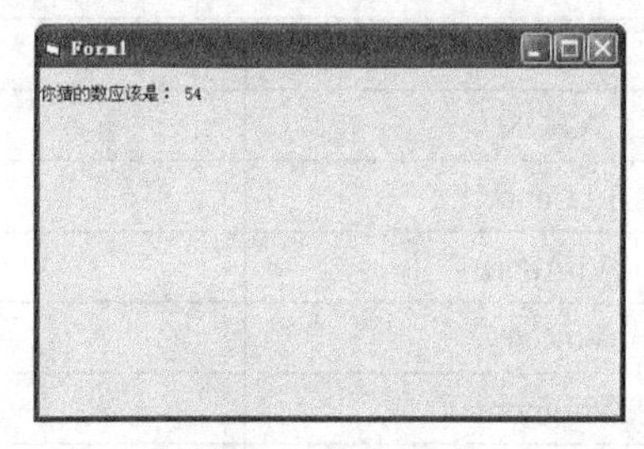

图 3-7　答案显示

i = MsgBox("猜对了，恭喜你！",3 + 48)也可表示为

i = MsgBox("猜对了，恭喜你！",51)

3. 赋值语句

赋值语句的作用是把右边表达式的值赋给左边的某个变量或对象的某个属性。

（1）语句格式

格式一：变量名=表达式

格式二：[对象名].属性名=表达式

（2）执行过程

首先计算赋值号右边表达式的值，然后赋予赋值号左边的变量或对象属性。

（3）语句说明

① 赋值号“=”左边一定只能是变量名或对象的属性引用，不能是常量、符号常量或表达式。

下面的赋值语句都是错误的：

```
6=x              '左边是常量
sin(x)=30        '左边是函数调用，即表达式
```

② 赋值号“=”和关系运算符等于号“=”的功能不一样，系统会根据“=”的位置自动判断是赋值号，还是等于号。

```
m=n                   '"="是赋值号
if m=n then m= m+1    '"="是关系运算符等于号
```

③ 当表达式为数值型而与变量精度不同时，强制转换成左边变量的精度；当表达式是数字字符串，左边变量是数值类型，则自动转换成数值类型再赋值，但当表达式中有非数字字符或空串，则出错；任何非字符类型赋值给字符类型，都会自动转换为字符类型。

【例 3-3】输入长方形的长和宽，计算长方形的周长和面积。

（1）设计界面

界面设计如图 3-8 所示。

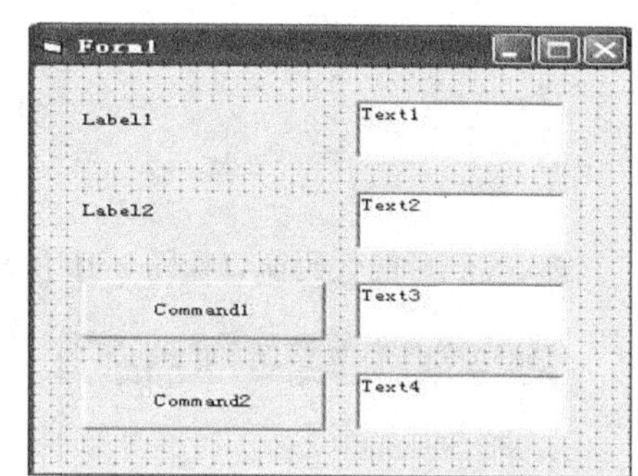

图 3-8　计算长方形的周长和面积的界面设计

（2）设置属性

界面中有 8 个控件，包括 2 个标签、4 个文本框和 2 个命令按钮，每个控件对应的属性设置见表 3-4。例 3-3 设置属性后的界面如图 3-9 所示。

表 3-4　　例 3-3 的属性设置

控　件	属性名	属性值
窗体	Name	Form1
	Caption	计算长方形的周长和面积
标签	Name	Label1
	Caption	请输入长方形的长：
标签	Name	Label2
	Caption	请输入长方形的宽：
文本框	Name	Text1
	Text	“”
文本框	Name	Text2
	Text	“”
文本框	Name	Text3
	Text	“”
文本框	Name	Text4
	Text	“”
命令按钮	Name	Command1
	Caption	计算长方形的周长
命令按钮	Name	Command2
	Caption	计算长方形的面积

（3）编写代码

在代码窗口中输入如下代码：

```
Dim l As Single, w As Single
Private Sub Command1_Click()
  Dim c As Single
  l = Val(Text1.Text) '从文本框中输入长方形的长，并将数值字符串转换为数值型
  w = Val(Text2.Text) '从文本框中输入长方形的宽，并将数值字符串转换为数值型
  c = 2 * (l + w)
  Text3.Text = c
End Sub
Private Sub Command2_Click()
  Dim s As Single
  s = l * w
  Text4.Text = s
End Sub
```

输入代码后的代码窗口如图 3-10 所示。

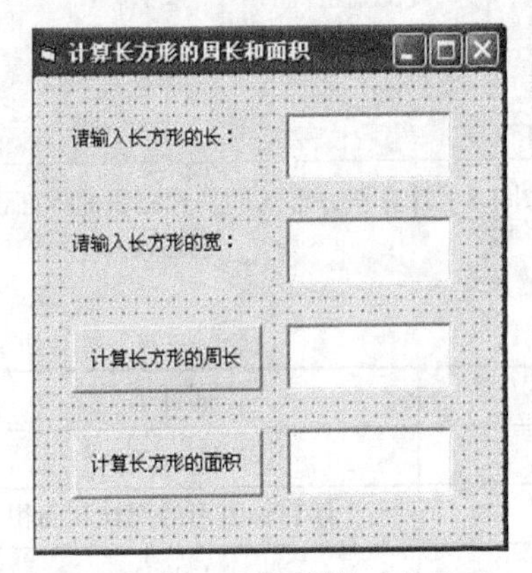

图 3-9　例 3-3 设置属性后的界面

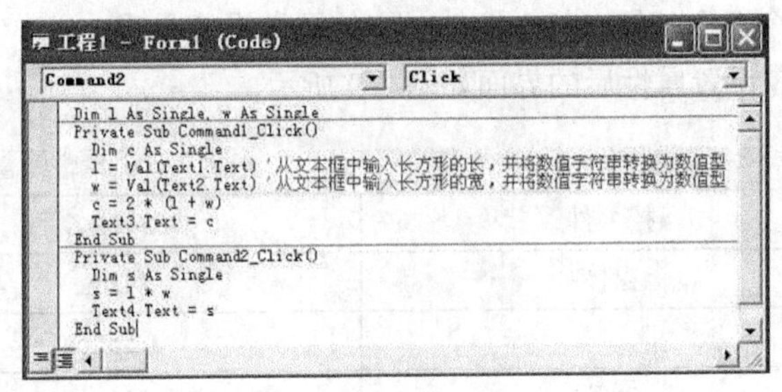

图 3-10　例 3-3 代码窗口

（4）运行程序

在文本框中输入长方形的长（如“6”），长方形的宽（如“4”），单击“计算长方形的周长”按钮和“计算长方形的面积”按钮，结果显示在对应的文本框中，如图 3-11 所示。

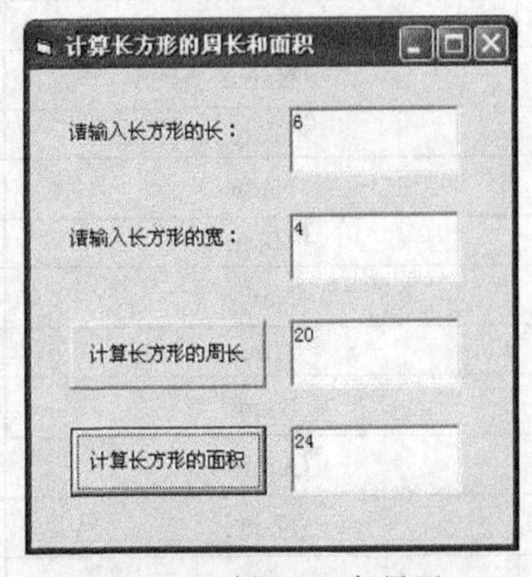

图 3-11　例 3-3 运行界面

4. Print 方法

Print 方法是输出数据的一种重要方法，其作用是在窗体或者图片框或者打印机上输出信息。

（1）格式

[对象名.]Print [定位函数] [表达式列表]

（2）说明

① 对象名：对象可以是窗体、图形框或打印机。若省略对象，则在窗体上输出。

② 表达式列表：可以是一个或多个表达式，也可以是数值表达式或字符串。对于数值表达式，输出表达式的值，对于字符串，则原样输出。如果省略“表达式列表”，则输出一个空行。

如果是多个表达式，表达式之间应插入分隔符“,”或“;”。

“,”分隔符：各项在以 14 个字符位置为单位划分出的区段中输出。

“;”分隔符：各项表达式按紧凑式输出，即各项无间隔输出，但如果是数值，前面就有一个空格。

③ 定位函数。

Tab(*n*)函数：参数 *n* 是整型数值表达式。此函数把显示或打印位置移到由参数 *n* 指定的列数处，从此列开始输出数据，通常最左边的列号为 1。要输出的内容放在 Tab(*n*)函数后面，并用“;”隔开。

Spc(*n*)函数：参数 *n* 是整型数值表达式。此函数用于在显示或打印下一个表达式之前插入由参数 *n* 指定的空格数。Spc(*n*)函数与下一个输出项之间用“;”隔开。

【例 3-4】 Print 方法的运用。在窗体上输出由字符“*”组成的菱形图案。

在代码窗口中输入如下代码：

```
Private Sub Form_Click()
  Print Tab(7), Spc(2); "*"
  Print
  Print Tab(7), Spc(1); "***"
  Print
  Print Tab(7), "*****"
  Print
  Print Tab(7), Spc(1); "***"
  Print
  Print Tab(7), Spc(2); "*"
End Sub
```

运行程序，运行结果如图 3-12 所示。

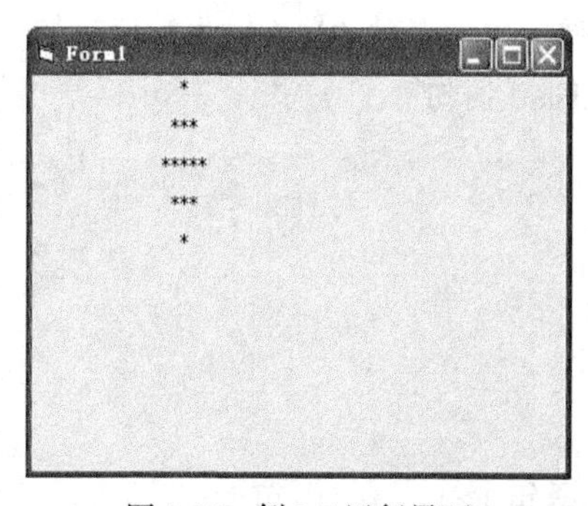

图 3-12 例 3-4 运行界面

3.3 选择结构

Visual Basic 6.0 中的选择结构语句有 If 语句和 Select Case 语句。其中，If 语句又分为单分支结构、双分支结构和多分支结构。

1. 单分支结构 If...Then 语句

（1）语句格式

① If <表达式> Then
　　<语句块>
　End If

② If <表达式> Then <语句>

（2）语句说明

① 表达式：一般为关系表达式、逻辑表达式，也可以是算术表达式。

② 语句块：可以是一条语句，也可以是多条语句。在语句格式②中，如果是多条语句，需要用冒号隔开。

③ 语句格式①中的 If 和 End If 必须成对出现。

（3）执行流程

首先计算表达式的值，如果表达式的值为 True，就执行 Then 后面的语句块（或语句），再执行 If 语句后的下一条语句，否则直接执行 If 语句后的下一条语句。单分支结构流程图如图 3-13 所示。

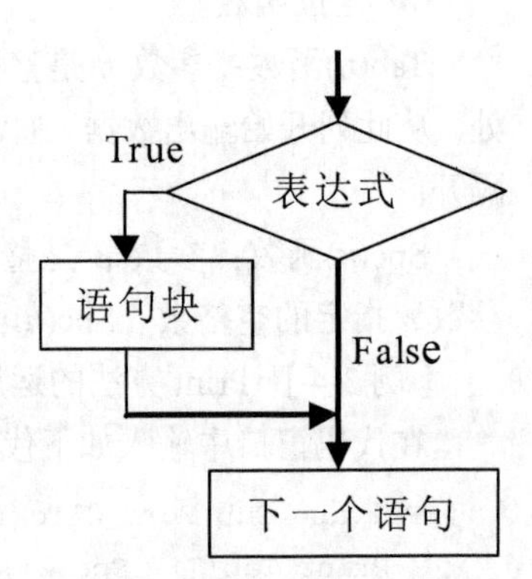

图 3-13　单分支结构流程图

【例 3-5】 已知一个数 x，如果其值大于等于 0，则在窗体上输出“$x\geqslant0$”字符串。

在代码窗口中输入如下代码：

```
Private Sub Form_Click()
  Dim x As Single
  x = Val(InputBox("请输入 x 的值"))
  If x >= 0 Then
   Print "x≥0"
  End If
End Sub
```

运行程序，单击窗体，在弹出的输入对话框中输入数值，如“6”，结果如图 3-14 所示。

2. 双分支结构 If...Then...Else 语句

（1）语句格式

① If　<表达式> Then
　　<语句块 1>
　Else
　　<语句块 2>
　End If

② If　<表达式> Then <语句 1> Else <语句 2>

图 3-14　例 3-5 运行结果

（2）执行流程

首先计算表达式的值，如果表达式的值为 True，就执行 Then 后面的语句块 1（或语句 1），否则，执行语句块 2（或语句 2），执行完语句块 1（或语句 1）或语句块 2（或语句 2）后执行 If 语句后的下一条语句。双分支结构流程图如图 3-15 所示。

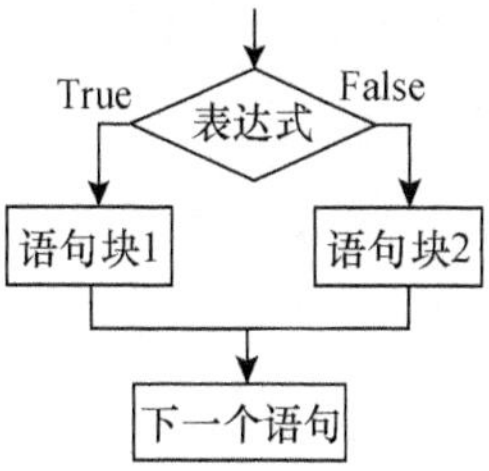

图 3-15　双分支结构流程图

【例 3-6】 求一个数的绝对值。

分析：如果一个数大于等于 0，则绝对值是原数，否则绝对值是原数的相反数。这是一个双分支选择问题。

在代码窗口中输入如下代码：

```
Private Sub Form_Click()
  Dim x As Integer, y As Integer
  x = InputBox("请输入 x 的值")
  If x >= 0 Then
    y = x
  Else
    y = -x
  End If
  Print y
End Sub
```

运行程序，单击窗体，在弹出的输入框中输入正数（如“8”），结果为“8”，再单击窗体，在弹出的输入框中输入负数（如“-8”），结果也为“8”，如图 3-16 所示。

图 3-16　例 3-6 运行结果

3. 多分支结构 If...Then...Else If 语句

（1）语句格式

```
If <表达式 1> Then
  <语句块 1>
Else
  if <表达式 2> Then
    <语句块 2>
    …
  Else
    if <表达式 n> Then
      <语句块 n>
    [Else
      <语句块 n+1>]
    End If
  End If
End If
```

（2）执行流程

首先计算表达式 1 的值，如果表达式 1 的值为 True，执行 Then 后面的语句块 1，否则计算表达式 2 的值，如果表达式 2 的值为 True，执行 Then 后面的语句块 2，否则计算表达式 3 的值……按照这样的规律依次进行，如果前面 n 个表达式的值都为 False，则执行语句块 n+1。如果某个语句块被执行后，则结束 if 语句，执行下一条语句。多分支结构流程图如图 3-17 所示。

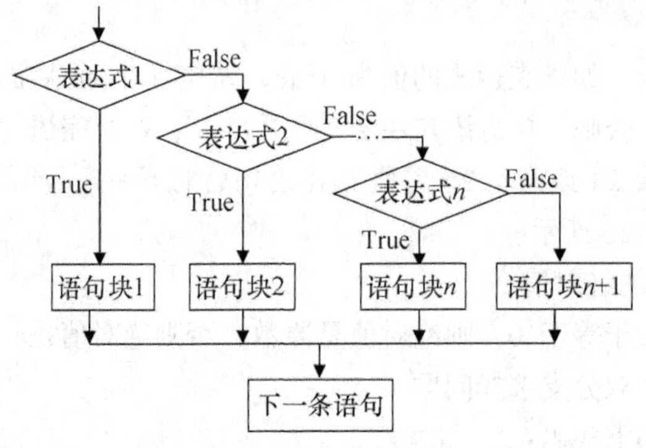

图 3-17　多分支结构流程图

（3）语句说明

① 不管有几个 Else If 子句，程序执行完一个语句块后，其余 Else If 子句不再执行。

② 当多个 Else If 子句中的条件都成立时，只执行第 1 个条件成立的子句中的语句块。因此，使用多分支 If 语句时，一定要注意各判断表达式的前后次序。

【例 3-7】 分段函数求解。

$$\begin{cases} y=x+1 & (x>0) \\ y=x-1 & (x<0) \\ y=0 & (x=0) \end{cases}$$

在代码窗口中输入如下代码：

```
Private Sub Form_Click()
  Dim x%, y%
  x = InputBox("请输入 x 的值：")
  If x > 0 Then
     y = x + 1
  Else
     If x < 0 Then
        y = x - 1
     Else
        y = 0
     End If
  End If
  Print y
End Sub
```

除 If…Then…Else If 语句可以实现多分支选择，If 语句的嵌套也可以实现多分支选择。If 语句的嵌套是指 If 或 Else 后面的语句块中又包含 If 语句。

【例 3-8】 用 If 语句的嵌套实现例 3-7。

在代码窗口中输入如下代码：

```
Dim x%,y%
x=inputbox("请输入 x 的值")
if x>=0 then
    if x>0 then
      y=x+3
```

```
    else
      y=0
    end if
else
    y=x-3
end if
print y
```

在 If x>=0 then 后面的语句块 1 又是一个 If 语句，所以实现了 If 语句的嵌套。

思考：用 If 语句的嵌套还可以写出哪些程序来实现例 3-7?

4. Select Case 语句

Select Case 语句又叫做情况选择语句。该语句也可以实现多分支选择，即根据表达式的不同取值来决定执行该语句中的哪一个分支。

（1）语句格式

```
Select  Case 测试表达式
    Case 表达式列表 1
      语句块 1
    Case 表达式列表 2
      语句块 2
      …
    Case 表达式列表 n
      语句块 n
    [Case Else
      语句块 n+1]
End Select
```

（2）语句说明

① 测试表达式：可以是数值表达式或字符串表达式。

② 表达式列表：与测试表达式的类型应该相同，其形式见表 3-5。

表 3-5　Case 的表达式列表

形　式	示　例	说　明
表达式或值	Case a+b	数值或字符串表达式
一组用逗号分隔的枚举值	Case 1,3,5,7	测试表达式等于 1，3，5，7 之一
表达式 1 to 表达式 2	Case 90 to 100	90≤测试表达式≤100
Is 关系运算符表达式	Case Is>=90	测试表达式>=90

③ End Select 为语句的结束标志，与 Select Case 成对出现，不可缺少。

（3）执行过程

首先计算测试表达式的值，然后将测试表达式的值按顺序与 Case 语句中的表达式列表逐一进行比较，如果与其中的一个值匹配，则执行该语句中的语句块。如果 Case 语句中表达式列表中的值不止一个与测试表达式相匹配，则只对第 1 个匹配的 Case 值执行与之相关联的语句块。如果表达式列表中没有一个值与测试表达式相匹配，则执行 Case Else 子句中的语句。

【例 3-9】 实现两个数的加、减、乘、除运算。

（1）设计界面

在窗体中添加控件（5 个标签、4 个文本框和 2 个命令按钮），如图 3-18 所示。

（2）设置属性

例 3-9 中每个控件对应的属性设置见表 3-6。设置属性后的界面如图 3-19 所示。

表 3-6　　例 3-9 中每个控件对应的属性设置

控　件	属性名	属性值
窗体	Name	Form1
	Caption	例 3-9
标签	Name	Label1
	Caption	实现两个数的加、减、乘、除运算
标签	Name	Label2
	Caption	请输入第一个数：
标签	Name	Label3
	Caption	请输入第二个数：
标签	Name	Label4
	Caption	请输入运算符号：
标签	Name	Label5
	Caption	计算结果：
文本框	Name	Text1
	Text	“”
文本框	Name	Text2
	Text	“”
文本框	Name	Text3
	Text	“”
文本框	Name	Text4
	Text	“”
命令按钮	Name	Command1
	Caption	计算
命令按钮	Name	Command2
	Caption	退出

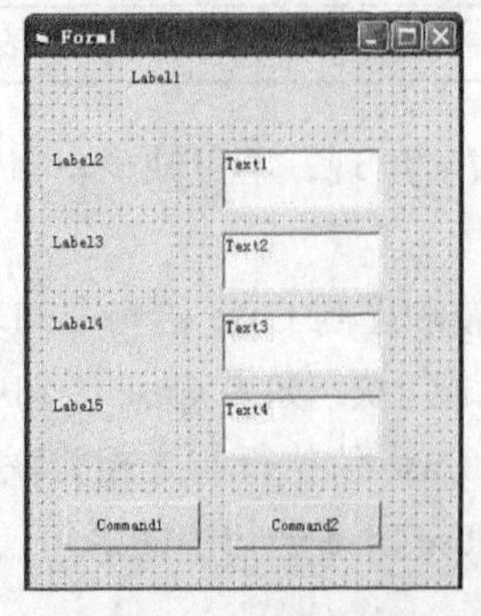

图 3-18　例 3-9 界面

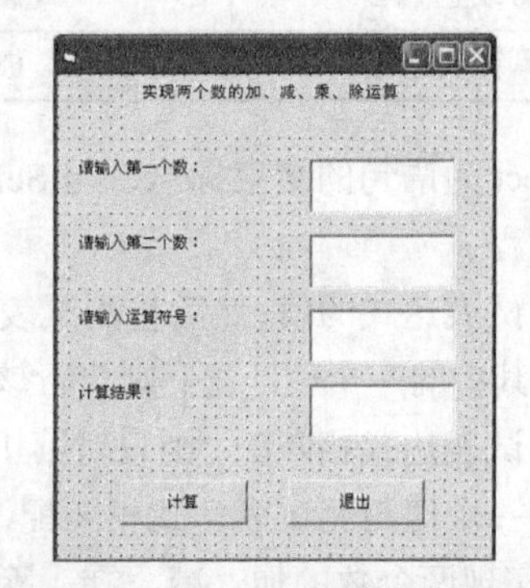

图 3-19　例 3-9 设置属性后的界面

（3）编写代码

在代码窗口中输入如下代码：

```
Private Sub Command1_Click()
   Dim m!, n!, opr$, jg!
   m = Val(Text1.Text)
   n = Val(Text2.Text)
   opr = Text3.Text
   Select Case opr
     Case "+"
       jg = m + n
     Case "-"
       jg = m - n
     Case "×"
       jg = m * n
     Case "÷"
       jg = m / n
   End Select
   Text4.Text = Str(jg)
End Sub
Private Sub Command2_Click()
  End
End Sub
```

上面代码中的"×"和"÷"，可以通过右击输入法，在弹出的快捷菜单中选择“数学符号”命令，打开“数学符号”软键盘，如图 3-20 所示。

输入代码后的代码窗口如图 3-21 所示。

图 3-20　“数学符号”软键盘

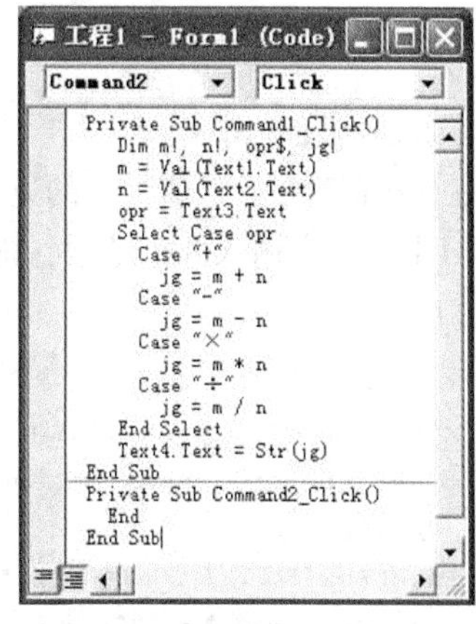

图 3-21　例 3-9 代码窗口

（4）运行程序

运行程序，在相应文本框中分别输入相应数据和符号，单击“计算”按钮，结果如图 3-22 所示。

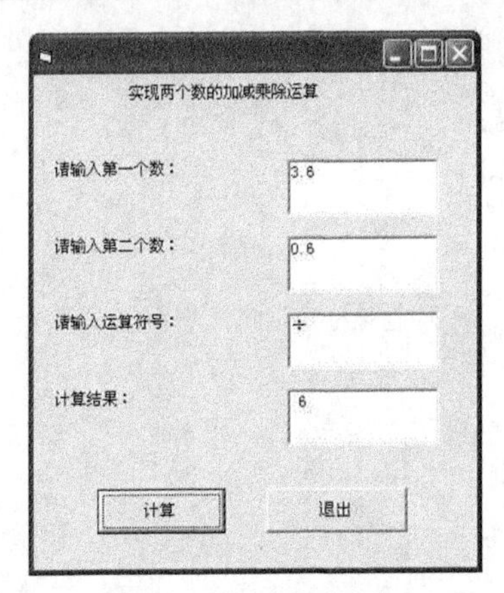

图 3-22　例 3-9 运行界面

5. 条件函数

Visual Basic 6.0 提供了两个条件函数，即 IIF 函数和 Choose 函数，前者代替 IF 语句，后者可代替 Select Case 语句。

（1）IIF 函数形式

IIF（表达式，条件为真的值，条件为假的值）

【例 3-10】　任意输入两个整数，判断其大小。

代码如下：

```
Private Sub Form_Click()
  Dim x As Integer, y As Integer
  Dim s As String
  x = InputBox("请输入 x 的值：", "输入框")
  y = InputBox("请输入 y 的值：", "输入框")
  s = IIf(x >= y, "x≥y", "x<y")
  Print "x="; x, "y="; y
  Print s
End Sub
```

（2）Choose 函数形式

Choose（数值型变量，值为 1 的返回值，值为 2 的返回值，……值为 *n* 的返回值）

【例 3-11】　任意输入两个整数，随机产生加、减、乘、除运算符，求其计算结果。

代码如下：

```
Private Sub Form_Click()
  Dim x As Integer, y As Integer
  Dim m As Integer, jg As Integer
  Dim s As String
  x = InputBox("请输入 x 的值：", "输入框")
  y = InputBox("请输入 y 的值：", "输入框")
  m = Int((Rnd * 4) + 1) '随机产生 1~4 之间的随机整数
  jg = Choose(m, x + y, x - y, x * y, x / y)  '根据 m 的随机值，决定进行的运算
  Print "x="; x, "y="; y
  Print jg
End Sub
```

运行程序，单击窗体，在输入框中输入“8”和“6”，运行结果如图 3-23 所示。

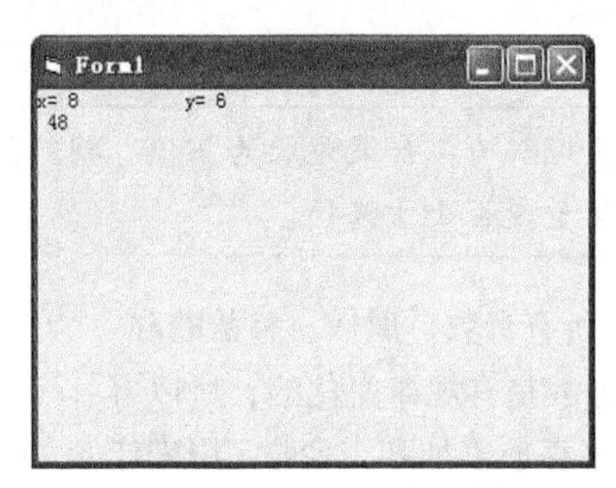

图 3-23　例 3-11 运行结果

从运行结果看出，由于产生的随机数 m 是 3，所以 Choose 函数返回第三个表达式“x * y”的值。

3.4　循环结构

在程序设计中经常有一些语句需要反复被执行，如求几个数中的最大值需要反复进行比较，这种情况就需要循环语句。Visual Basic 6.0 提供了 3 种类型的循环语句。

1. For 循环语句

For 循环语句又称为“计数”型循环语句。它以指定的次数重复执行一组语句，通常用于循环次数已知的情况。

（1）语句格式

```
For 循环变量=初值 to 终值 [Step 步长]
  循环体
Next [循环变量]
```

（2）语句说明

① 循环变量：数值型，在一个循环问题中有规律变化的量，一般用来作为循环变量。For 循环语句就是通过循环变量来控制循环体的执行次数。

② 初值和终值：数值型，用来表示循环变量的初值和终值。

③ 步长：数值型，循环变量的增量。其值可以是正数，这时初值小于终值；也可以是负数，这时初值大于终值；但不能为 0。如果步长值为 1，则可省略“Step 步长”。

④ 循环体：可以是一条语句或多条语句，是根据循环次数反复被执行的语句块。在语句块中可以有 Exit for 语句。Exit for 语句表示当遇到该语句时，强制退出 for 语句。

⑤ 关键字 For 和 Next：两者必须成对出现，For 表示循环语句的开始，Next 表示循环语句的结束。Next 后面的循环变量可以省略。

⑥ 循环次数的计算公式如下：

循环次数=Int((终值−初值)/ 步长+1)

（3）执行流程

① 把初值赋给循环变量。

② 判断循环变量的值是否超过终值，若未超过终值，执行一次循环体；否则，结束循环。

③ 将“循环变量+步长”的值赋予循环变量，转②继续执行。For 语句执行流程图如图 3-24 所示。

这里的“超过”应理解为：如果步长为正值，判断循环变量是否大于终值；如果步长为负值，判断循环变量是否小于终值。

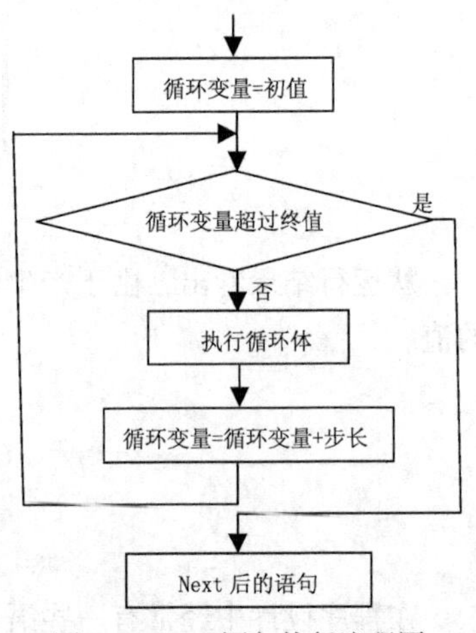

图 3-24　For 语句执行流程图

【例 3-12】 计算 1～100 中所有奇数、偶数、整数的和。

分析：在此问题中，由于加数是有规律变化的，所以可作为循环变量。设变量 sum 用来存放累加和，变量 i 用来作为循环变量存放加数。对于奇数，变量 i 初值为 1，步长为 2；对于偶数，变量 i 初值为 2，步长为 2；对于整数，变量 i 初值为 1，步长为 1。

代码如下：

```
Private Sub Form_Click()
  Dim i%, sum%
  sum = 0
  For i = 1 To 99 Step 2  '计算1～100中所有奇数的和
    sum = sum + i
  Next i
  Print "1～100中所有奇数的和为："; sum
  sum = 0
  For i = 2 To 100 Step 2  '计算1～100中所有偶数的和
    sum = sum + i
  Next i
  Print "1～100中所有偶数的和为："; sum
  sum = 0
  For i = 1 To 100 Step 1  '计算1～100中所有整数的和
    sum = sum + i
  Next i
  Print "1～100中所有整数的和为："; sum
End Sub
```

运行程序，单击窗体，结果如图 3-25 所示。

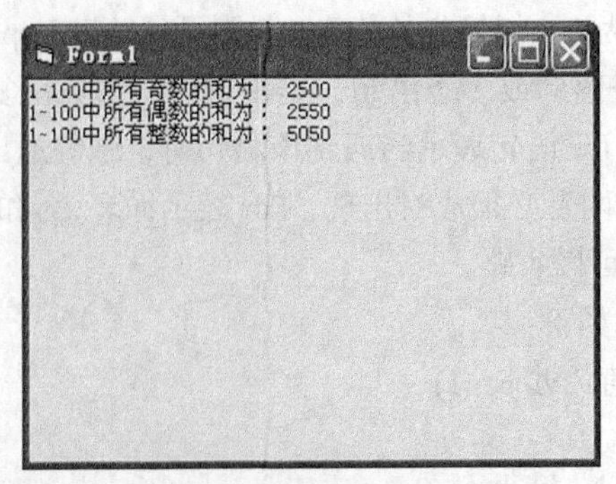

图 3-25　例 3-12 运行结果

【例 3-13】 利用随机函数产生 1000 ~ 2000 范围内的 20 个随机数，显示其中的最大值、最小值和平均值。

分析：

产生随机数可以用 Rnd 函数实现。1000 ~ 2000 范围内的 20 个随机数可以写为：Int(Rnd * 1000 + 1000)，其中，Rnd 产生 0 ~ 1 的随机小数，Rnd * 1000 产生 0 ~ 1000 的随机小数，Rnd * 1000 + 1000 产生 1000 ~ 2000 的随机小数，Int(Rnd * 1000 + 1000) 产生 1000 ~ 2000 的随机整数。产生 20 个随机数，则可以用 For 循环语句实现。

在若干数中求最小值，一般先指定一个最大数为最小值变量的初值，然后将每一个数与最小值比较，若该数小于最小值，就将该数赋予最小值变量，依次逐一进行比较，最后最小值变量存放的就是这些数中的最小值。

在若干数中求最大值，方法类同。

在代码窗口中输入如下代码：

```
Private Sub Form_Click()
   Dim i%, min%, max%, x%
   Dim sum As Integer
   min = 2000
   sum = 0
   Print Tab(3); "1000~2000 之间的 20 个随机数为："
   Print
   For i = 1 To 20
      x = Int(Rnd * 1000) + 1000
      Print x;
      If i = 10 Then Print
      If x > max Then max = x
      If x < min Then min = x
      sum = sum + x
   Next i
   Print
   Print
   Print Tab(3); "最小值="; min
   Print Tab(3); "最大值="; max
   Print Tab(3); "平均值="; sum / 20
End Sub
```

运行程序，单击窗体，结果如图 3-26 所示。

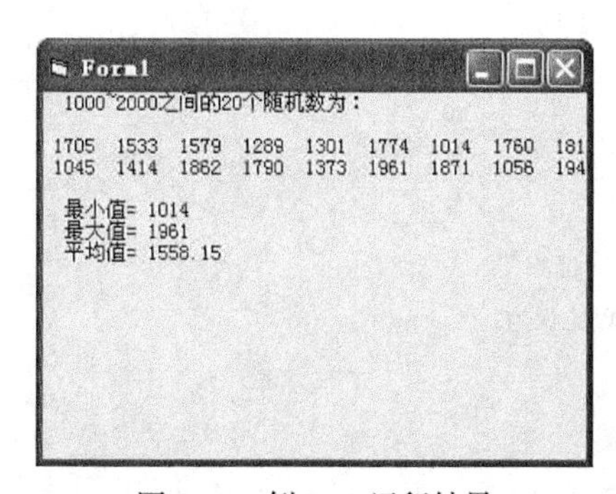

图 3-26　例 3-13 运行结果

2. While 循环语句

在一个循环问题中如果不能指定循环次数时，可以采用 While 当型循环语句。While 循环语句是通过设置条件来决定是否执行循环体或退出。

（1）语句格式

```
While 条件
  循环体
Wend
```

（2）语句说明

① While 和 Wend 必须成对出现，While 表示语句的开始，Wend 表示语句的结束。

② 条件：可以是关系表达式和逻辑表达式。

（3）执行流程

① 计算条件表达式的值。

② 如果条件值为真，执行一次循环体，否则退出循环，执行 Wend 后面的语句。

③ 执行循环体后转到①继续执行。

While 语句执行流程图如图 3-27 所示。

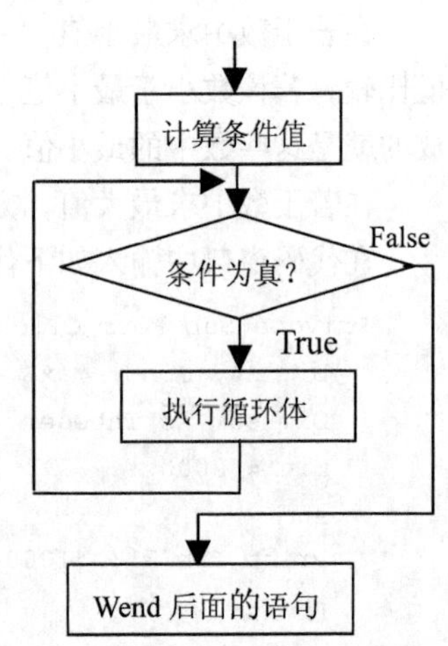

图 3-27　While 语句执行流程图

【例 3-14】 分别计算 1 ~ 100 中所有偶数、奇数、整数的积。

分析：设变量 *s* 用来存放累乘积，变量 *i* 用来作为循环变量存放乘数。与 For 循环语句不同，While 语句本身不能修改循环变量的值，所以在循环体内设置相应的语句修改循环变量 *i* 的值。当 *i* 赋初值 1 时，每次加 2，为奇数；当 *i* 赋初值 2 时，每次加 2，为偶数；当 *i* 赋初值 1 时，每次加 1，为所有整数。*s* 用来存放积，必须定义为双精度，否则会发生溢出。

代码如下：

```
Private Sub Form_Click()
  Dim i As Integer, s As Double 's 用来存放积，必须定义为双精度，否则会发生溢出
  s = 1#
  i = 2
  While i <= 100
    s = s * i
    i = i + 2
  Wend
  Print "1～100 中所有偶数的积为："; s
  s = 1
  i = 1
  While i <= 100
    s = s * i
    i = i + 2
  Wend
  Print "1～100 中所有奇数的积为："; s
  s = 1
  i = 1
  While i <= 100
```

```
    s = s * i
    i = i + 1
  Wend
  Print "1～100 中所有整数的积为："; s
End Sub
```

运行程序，结果如图 3-28 所示。

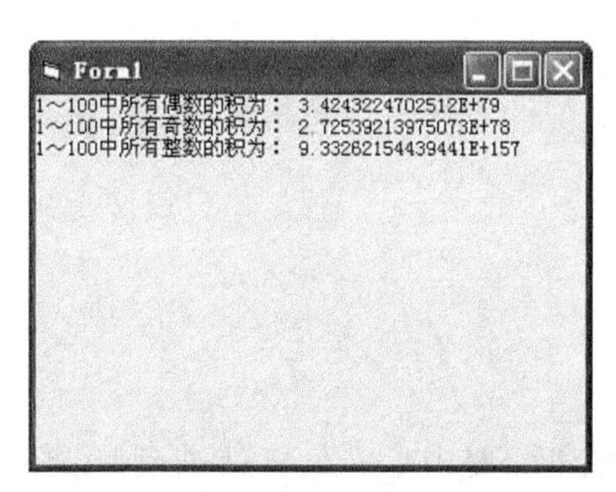

图 3-28　例 3-14 运行结果

【例 3-15】 从键盘输入一个整数 n（$n>=3$），判断其是否为素数。

分析：判断一个数 n 是否为素数，可以将 n 被 2 ~ Sqr(n)间的所有整数除，如果都除不尽，则 n 是素数，否则 n 是非素数。

在代码窗口中输入如下代码：

```
Private Sub Form_Click()
  Dim n As Integer, k As Integer
  Dim f As Boolean
  n = Val(InputBox("请输入任意一个整数：", "输入框"))
  k = Int(Sqr(n)) '对 n 求平方根后取整
  i = 2
  f = 0
  While i <= k And f = 0
    If n Mod i = 0 Then
      f = 1
    Else
      i = i + 1
    End If
  Wend
  If f = 0 Then
     Print n; "是素数"
  Else
     Print n; "不是素数"
  End If
End Sub
```

运行程序，单击窗体，在弹出的输入框中输入整数“29”，结果如图 3-29 所示。

图 3-29　例 3-15 运行结果

3. Do…Loop 循环语句

Do…Loop 循环语句同 While 语句一样，根据条件来控制循环体的执行次数，但它既可以实现当型循环，也可以实现直到型循环。

（1）语句格式

① 格式：

```
Do  While/Until <条件>
    循环体
Loop
```

② 格式：

```
Do
   循环体
Loop  While/Until <条件>
```

（2）语句说明

① 关键字 While/Until 决定循环是当型循环，还是直到型循环。

② While 是条件为真执行循环体，Until 是条件为假执行循环体。

（3）执行流程

① Do While…Loop 语句：首先计算条件表达式的值，如果为 True，执行循环体，遇到 Loop 返回继续计算条件表达式是否为 True，直到条件为 False，退出循环。

② Do Until…Loop 语句：首先计算条件表达式的值，如果为 False，执行循环体，遇到 Loop 返回继续计算条件表达式是否为 False，直到条件为 True，退出循环。

③ Do…Loop While 语句：首先执行循环体，然后计算条件的值，如果为 True，执行循环体，然后再次计算条件的值是否为 True，直到条件为 False，退出循环。

④ Do…Loop Until 语句：首先执行循环体，然后计算条件的值，如果为 False，执行循环体，然后再次计算条件的值是否为 False，直到条件为 True，退出循环。

执行流程如图 3-30 ~ 图 3-33 所示。

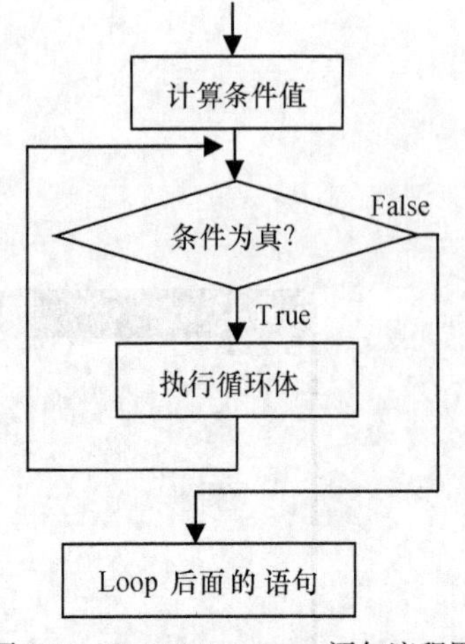

图 3-30　Do While…Loop 语句流程图

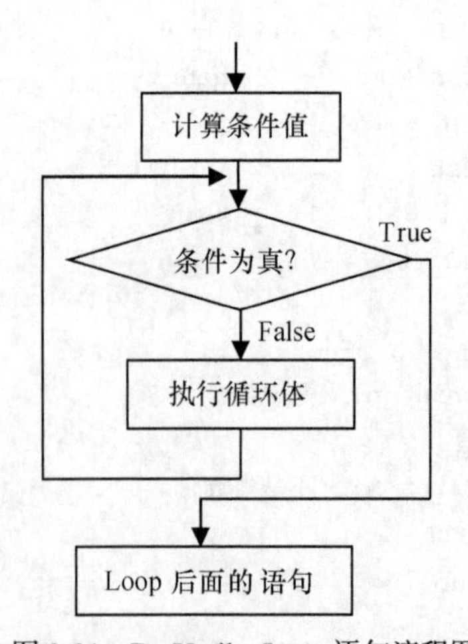

图 3-31　Do Until…Loop 语句流程图

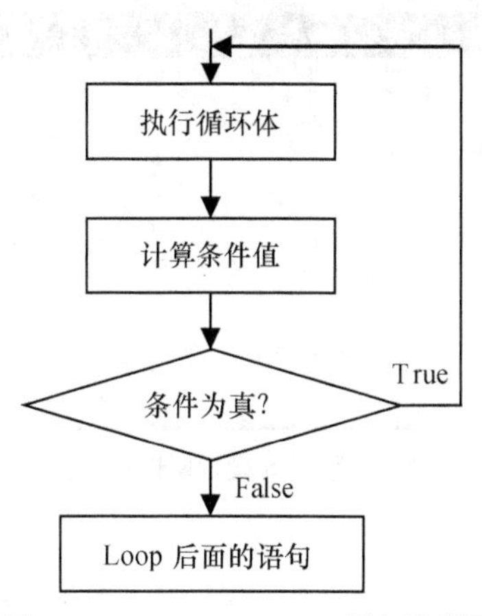

图 3-32　Do…Loop While 语句流程图

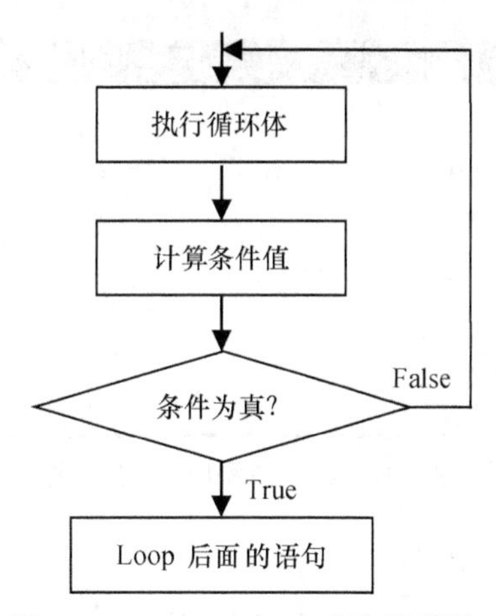

图 3-33　Do…Loop Until 语句流程图

【例 3-16】 用 Do…Loop While 语句求两个正整数 m 和 n 的最大公约数。

分析：求最大公约数最常用的方法称为辗转相除法。

① 假设 m 大于 n。

② 用 n 做除数除 m,得余数 r。

③ 若 $r\neq0$，则令 $m\leftarrow n$，$n\leftarrow r$，继续相除得到新的 r 值，直到 $r=0$ 为止。

④ 最后的 n 即为最大公约数。

（1）设计界面

在窗体中添加 1 个标签、3 个文本框、1 个命令按钮，如图 3-34 所示。

（2）设置属性

每个控件对应的属性设置见表 3-7。设置属性后的界面如图 3-35 所示。

表 3-7　例 3-16 的属性设置

控　件	属性名	属性值
窗体	Name	Form1
	Caption	求两个数的最大公约数
标签	Name	Label1
	Caption	请输入两个整数
文本框	Name	Text1
	Text	“”
文本框	Name	Text2
	Text	“”
文本框	Name	Text3
	Text	“”
命令按钮	Name	Command1
	Caption	求最大公约数

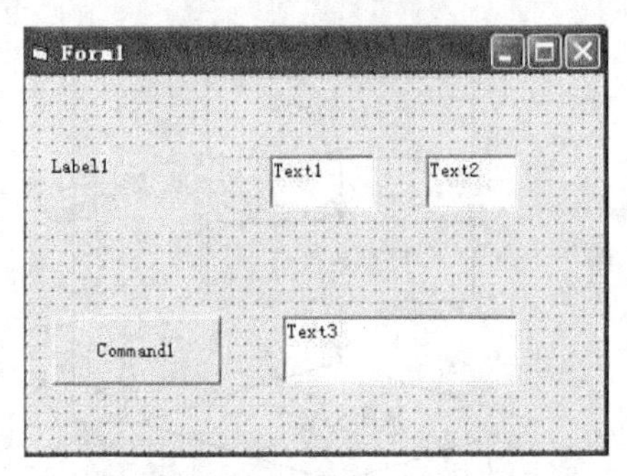

图 3-34　例 3-16 添加控件后的界面

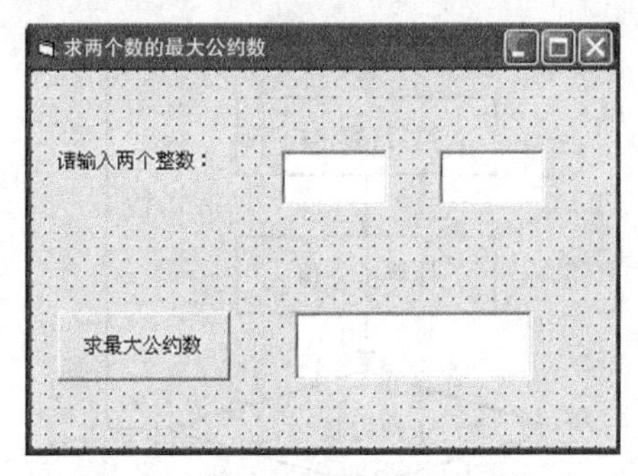

图 3-35　例 3-16 设置属性后的界面

（3）编写代码

```
Private Sub Command1_Click()
   Dim m&, n&, t&
   m = Val(Text1.Text)
   n = Val(Text2.Text)
   If m < n Then
      t = m
      m = n
      n = t
   End If
Do                    '辗转相除法
   r = m Mod n
   m = n
   n = r
   Loop While r <> 0
   Text3.Text = m
End Sub
```

（4）运行程序

运行程序，界面如图 3-36 所示。

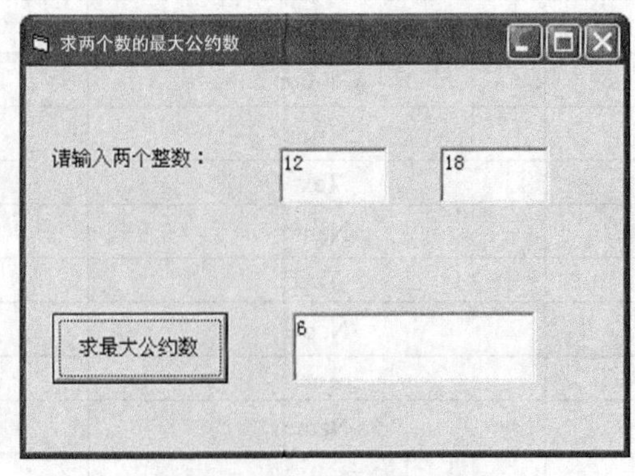

图 3-36　例 3-16 运行界面

4. 循环语句的嵌套

在一个循环体内又出现另外的循环语句称为循环嵌套。包含循环的循环称为外循环，被包含的循环称为内循环。在嵌套结构中，对嵌套的层数没有限制，当嵌套层数较多时，可以称为第 1

层循环，第 2 层循环……第 *n* 层循环。

使用循环嵌套需要注意以下几点。

① 循环嵌套对 For 语句、While 语句、Do 语句都适用。

② 外循环必须完全包含内循环，不能交叉。

③ 各层循环都必须有退出循环的功能，避免形成死循环。

【例 3-17】 编写程序，输出 200 ~ 300 的所有素数。

分析：前面已经介绍过判断一个正整数是否为素数的方法，所以只需对 200 ~ 300 范围内的所有数依次用前面的方法进行判断。可以采用循环的嵌套来实现。

在代码窗口中输入如下代码：

```
Private Sub Form_Click()
Dim n%, d%, k%, i%, f%
For n = 201 To 300 Step 2
   k = Int(Sqr(n))
   i = 2
   f = 0
   While i <= k And f = 0
      If n Mod i = 0 Then
         f = 1
      Else
         i = i + 1
      End If
   Wend
   If f = 0 Then
      d = d + 1
      If d Mod 7 = 0 Then
          Print n;
          Print
      Else
          Print n;
      End If
   End If
Next n
End Sub
```

运行程序，单击窗体，运行结果如图 3-37 所示。

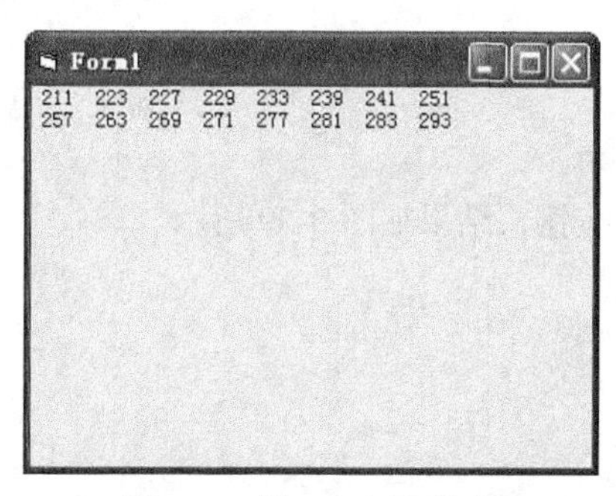

图 3-37 例 3-17 运行结果

至此，案例 3 的相关知识已全部讲完，最后，我们对案例 3 进行求解。

（1）设计界面

在属性窗口中设置窗体及控件属性，控件属性设置见表 3-8。案例 3 界面设置如图 3-38 所示。

表 3-8 案例 3 的属性设置

控　件	属性名	属性值
窗体	Name	Form1
	Caption	百鸡问题
标签	Name	Label1
	Caption	题面
文本框	Name	Text1
	Text	“今有鸡翁一，值钱伍；鸡母一，值钱三；鸡雏三，值钱一。凡百钱买鸡百只，问鸡翁、母、雏各几何？”
	multiline	True
文本框	Name	Text2
	Text	“”
	multiline	True
命令按钮	Name	Command1
	Caption	求解

（2）编写代码

在代码窗口中输入如下代码：

```
Private Sub Command1_Click()
  Dim x As Integer, y As Integer, z As Integer
  Dim s As String
    For x = 0 To 100
      For y = 0 To 100
        For z = 0 To 100
          If (x + y + z = 100) And (5 * x + 3 * y + (1 / 3) * z = 100) Then
            s = "鸡翁:" & x & "只" & "鸡母:" & y & "只" & "鸡雏:" & z & "只" & vbCrLf
            Text2.Text = Text2.Text & s
          End If
        Next z
      Next y
    Next x
End Sub
```

（3）运行程序

运行程序，单击“求解”按钮，结果如图 3-39 所示。

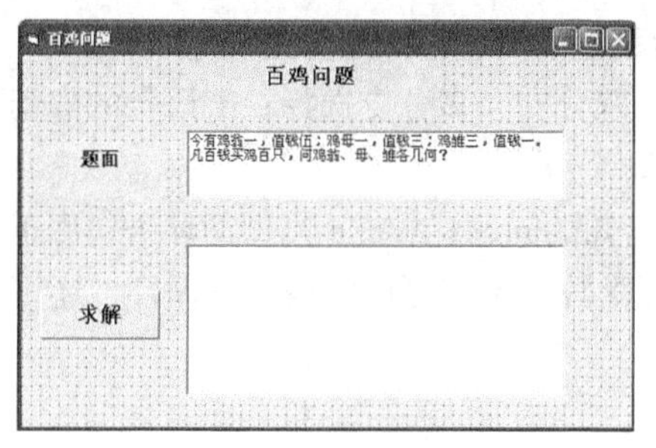

图 3-38　案例 3 界面设置

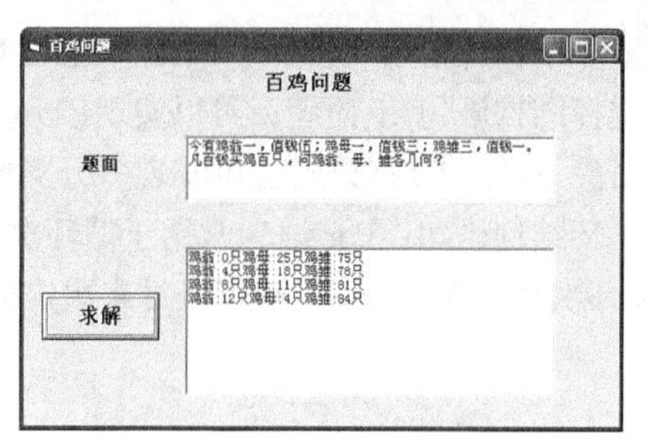

图 3-39　案例 3 运行结果

综合训练

训练 1 编写一个根据学生分数评定等级的程序。

功能要求：界面设计如图 3-40 所示。分数大于等于 90 为“优秀”，分数大于等于 70 小于 90 为“良好”，分数大于等于 60 小于 70 为“及格”，否则为“不及格”。

在第 1 个文本框中输入成绩，单击“评定等级”按钮，在第 2 个文本框中显示“等级”。

图 3-40　评定等级界面设计

训练 2　设计程序，在窗体上输出九九乘法表。“九九乘法表”运行界面如图 3-41 所示。

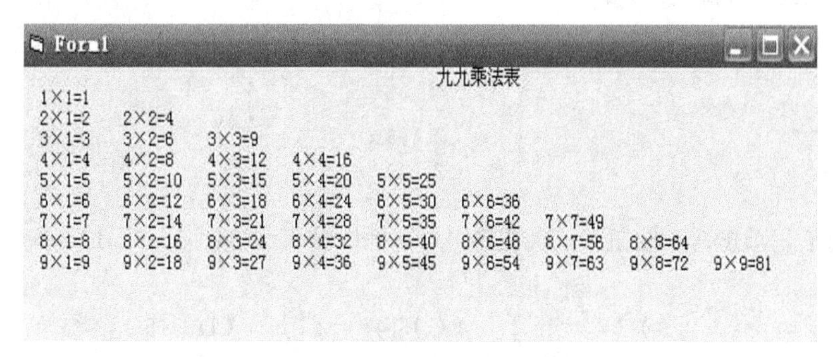

图 3-41　“九九乘法表”运行界面

本章小结

本章主要介绍了以下内容。

① Visual Basic 6.0 程序设计的基本语句，主要介绍了赋值语句，InputBox 和 MsgBox 函数，MsgBox 语句。

② 结构化编程包括顺序结构、选择结构和循环结构。

③ 顺序结构各个语句按顺序执行，主要包括赋值语句和输入/输出语句。

④ 选择结构语句 if 语句，可以实现单分支、双分支、多分支选择；if 语句的嵌套可以实现多分支选择；Select Case 语句也可实现多分支选择。

⑤ 循环结构语句：For 语句常用于循环次数已知的问题；While 当型循环语句用于根据条件来决定循环次数；Do 语句也根据条件来决定循环次数，不仅可以实现当型循环，还可实现直到型循环。

习 题

一、选择题

1．MsgBox 函数返回值的类型是（　　）。

（A）整型　　（B）字符串　　（C）逻辑型　　（D）日期型

2．要退出 For 循环，可使用的语句是（　　）。

（A）Exit　　（B）Exit For　　（C）End Do　　（D）Exit Do

3．在窗体上画一个命令按钮，然后编写如下事件过程:

```
Private Sub Command1_Click()
x = 0
Do Until x = -1
a = InputBox("请输入A的值")
a = Val(a)
b = InputBox("请输入B的值")
b = Val(b)
x = InputBox("请输入x的值")
x = Val(x)
a = a + b + x
Loop
Print a
End Sub
```

程序运行后，单击命令按钮，依次在输入对话框中输入 5、4、3、2、1、−1，则输出结果为（　　）。

（A）2　　（B）3　　（C）14　　（D）15

4．执行下面的程序段后，*x* 的值为（　　）。

```
For i = 1 To 20 Step 2
   x = 5
x = x + i
Next i
```

（A）21　　（B）22　　（C）23　　（D）24

5．有如下程序:

```
a = 10
b = 4
For j = 1 To 20 Step -2
a = a + 5
```

```
b = b + 4
Next j
Print a;b
```

运行后，输出的结果为（　　）。

（A）10　4　　（B）60　24　　（C）110　44　　（D）55　40

6．Command1_Click 事件程序的功能是：按顺序读入 10 名学生 4 门课程的成绩，计算出每位学生的平均分并输出，程序如下：

```
Dim n As Integer, k As Integer
Dim score As Single, sum As Single, ave As Single
sum = 0#
For n = 1 To 10
For k = 1 To 4
score = InputBox("请输入一门课的成绩")
sum = sum + score
Next k
ave = sum / 4
Print "第"; n; "个人的平均成绩为："; ave
Next  n
```

上述程序运行后结果不正确，调试中发现有一条语句出现在程序中的位置不正确。这条语句是（　　）。

（A）sum = 0#　　（B）sum = sum + score

（C）ave = sum / 4　　（D）Print"第"; n; "个人的平均成绩为："; ave

二、填空题

1. Visual Basic 6.0 提供的结构化程序设计的 3 种基本结构是________、________和________。

2．下面程序段，运行后的结果是________。

```
Dim a
a = Int(Rnd) + 5
Select Case a
Case 5
Print " 优秀"
Case 4
Print " 良好"
Case 3
Print " 优秀通过"
Case Else
Print " 不通过"
End Select
```

3．下面程序段，运行后的结果是________。

```
x = 80
If x < 60 Then
Print "E"
ElseIf x < 70 Then
Print "D"
ElseIf x < 80 Then
```

```
Print "C"
ElseIf x < 90 Then
Print "B"
Else
Print "A"
End If
```

4．以下程序的功能是：从键盘上输入若干个学生的考试分数，统计并输出最高分数和最低分数，当输入负数时结束输入，输出结果为________。

```
Private Sub Form_Click()
Dim x!, max!, min!
x = InputBox("请输入成绩")
max = x
min = x
Do While (    )
If x > max Then
max = x
End If
If (    ) Then
min = x
End If
x = InputBox("请输入成绩")
Loop
Print "max="; max, "min="; min
End Sub
```

三、编程题

1．用 InputBox()函数输入 3 个数，选出其中的最大数和最小数，分别显示在窗体上。

2．设计程序将输入的百分制成绩转换为五分制输出，90 分以上为 5 分，80~89 分为 4 分，70~79 分为 3 分，60 ~ 69 分为 2 分，60 分以下为 1 分。

3．求 $s=1+(1+2)+(1+2+3)+\cdots+(1+2+3+\cdots+n)$ 的值。

4．输入 3 个不同的数，按从大到小排序。

5．给定任意年份，判断该年是否是闰年。

6．输入 n，求 $1!+2!+3!+\cdots+n!$ 的值。

7．编写程序，打印 0 ~ 200 的所有奇数，每行输出 5 个，并求它们的和。

第 4 章 使用基本控件创建应用程序界面

学习目标

- 理解掌握窗体的结构，掌握其属性、事件及方法。
- 理解掌握命令按钮的属性、事件及方法。
- 理解掌握文本框和标签控件的属性、事件、方法。
- 理解掌握利用基本控件进行简单的编程。

重点和难点

- 重点：窗体的结构、属性、事件及方法；命令按钮的属性、事件及方法；文本框、标签控件的属性、事件及方法。
- 难点：利用基本控件进行简单的编程。

课时安排

- 讲授 2 学时，实训 2 学时。

4.1 案例：创建小型计算器界面

1. 案例

【案例 4】 设计一个计算器，能进行整数的加、减、乘、除运算。界面应参照实际计算器的界面设计。要求有 0~9 的 10 个数字按钮，有“+”“−”“×”“÷”4 种基本运算，有“=”“CLs（清屏）”按钮。

2. 案例分析

在窗体上添加 1 个文本框“Text1”，用于数据的输出；10 个数字命令按钮控件“Command1”~“Command10”，分别对应于“1”~“9”以及“0”10 个数字；“Command11”是“=”按钮，用于计算结果；“Command12”是“Cls”命令按钮，用于清屏；4 个操作符按钮“Command13”“Command14”“Command15”“Command16”是“+”“−”“×”“÷”运算符按钮，分别进行相应的运算；“Command17”是“Delete”命令按钮，可以删除输入错误的数字；“Command18”是“Off”命令按钮，可以关闭计算器。

要创建小型计算器，需要理解掌握窗体、基本控件标签、文本框、命令按钮等的属性、事件、方法。

4.2 窗　体

4.2.1 窗体概述

窗体（Form）是一个可以包含其他对象的对象。界面设计时，把窗体作为一个容器，通过“控件工具箱”向窗体中添加各种控件，在窗体上画出用户界面。程序运行时，窗体成为用户与应用程序进行交互操作的窗口。

1. 窗体的结构

Visual Basic 6.0 的窗体具有 Windows 窗体的基本特性，在工具箱中的图标为。如图 4-1 所示，窗体包括图标、标题栏、控制按钮和工作区。

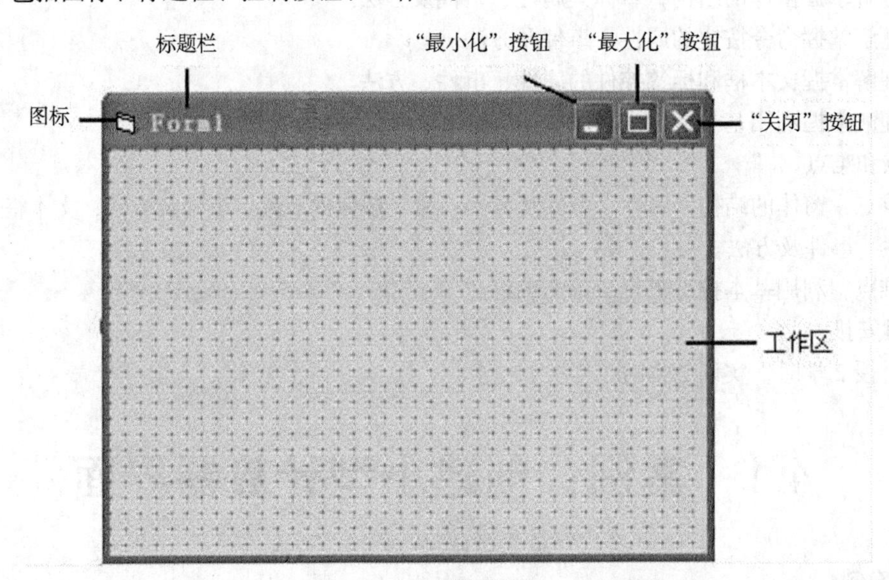

图 4-1　窗体的结构

单击“最小化”按钮，可以将窗体最小化成任务栏上的一个图标，此时它不是当前窗体，单击它可以恢复窗体，使之成为当前窗体。窗体的标题栏由原来的灰色变成蓝色，表示它被激活；单击“最大化”按钮，可以使窗体充满整个屏幕，此时“最大化”按钮变成“还原”按钮，单击它恢复为原来的窗体；单击“关闭”按钮，可以关闭窗体。

2. 属性

对象表现出的特征是由对象的属性决定的。窗体的属性决定了窗体的外观和操作。可以在界面设计时通过“属性窗口”设置窗体的各种属性值，也可以在运行时由编写的程序代码给窗体的属性赋值来实现。

（1）Name（名称）属性

该属性用于设置窗体的名称。在程序设计时，用这个名称可引用该窗体，也可以区别不同的窗体对象，运行时为只读。创建应用程序时，第 1 个窗体的名称默认为 Form1，第 2 个窗体的名称默认为 Form2，依此类推。但是，实际编程时，要做到见名知意，可设置具有实际意义的名称。例如，一个应用程序的主窗体可以设置其名称为“mainform”。

（2）Appearance（外观）属性

该属性用来设置窗体的外观，有“0”“1”两个值。值为“0”时，对象以平面效果显示；值为“1”时，对象以 3D（三维）效果显示。

（3）AutoRedraw　（自动重画）属性

该属性用来设置窗体中的图形是否自动重画，有“Ture”“False”两个值。值为“Ture”时，自动重画窗体内的所有图形，即重画 Print、Cls、Circle 等方法的输出；值为“False”时，要调用一个事件过程，才能完成重画工作。

（4）Backcolor（背景颜色）属性和 Forecolor（前景颜色）属性

窗体的背景色由 Backcolor 属性确定，窗体的前景色由 Forecolor 属性确定。窗体的前景色是执行 Print 方法时所显示文本的颜色。

在“属性”窗口中单击属性名称“Backcolor”，其右边出现黑色下拉箭头，单击下拉箭头打开调色板，如图 4-2 所示，在其中选择合适的颜色。

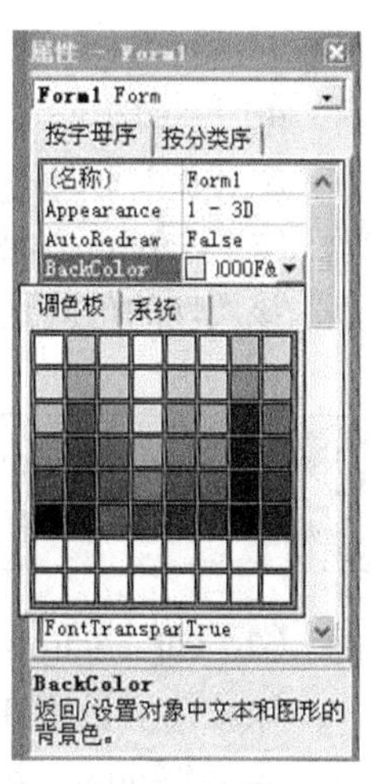

图 4-2　调色板

【例 4-1】 在蓝色窗体上输出 100 个红色“*”，并且运用自动重画属性。

在代码窗口中输入如下代码，输入代码后的代码窗口如图 4-3 所示。

```
Private Sub Form_Click()
 For i = 1 To 100
   ForeColor = vbRed '设置前景颜色为红色
   BackColor = vbBlue '设置背景颜色为蓝色
   Print "*";
   If i Mod 10 = 0 Then '每行 10 个"*"
     Print
   End If
   If i Mod 30 = 0 Then '输出 30 个"*"时自动重画
      AutoRedraw = True
   End If
 Next i
End Sub
```

运行程序，单击窗体，结果如图 4-4 所示。

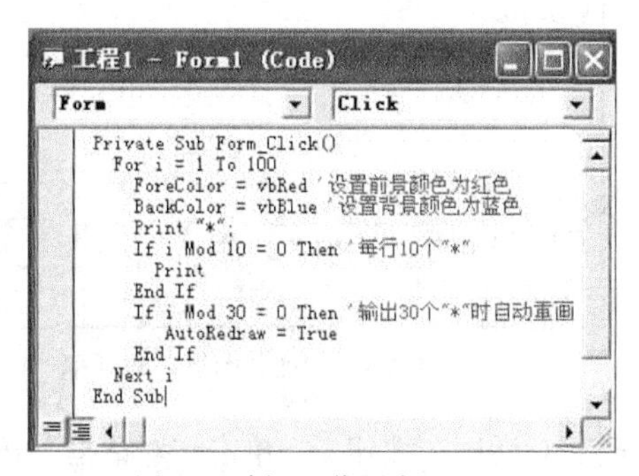

图 4-3　例 4-1 代码窗口

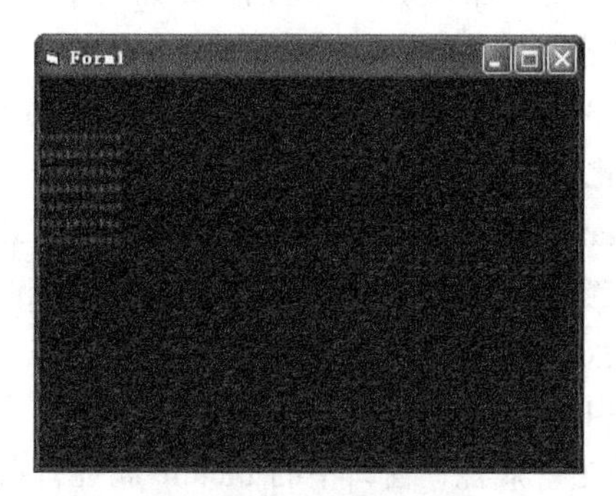

图 4-4　例 4-1 运行结果

（5）Borderstyle　（边框式样）属性

Borderstyle 属性决定窗体的边框式样及能否调整窗体的大小。它有以下 6 个值。

0—None（无边界）。

1—Fixed Single（固定单边），窗口边界为单线条，而且运行期间窗口的尺寸是固定的，不能改变大小。

2—Sizable（可改变大小），窗口边界为双线条，而且运行期间可以改变窗口的尺寸。

3—Fixed Dialog（固定对话框），窗口边界为双线条，运行期间不可以改变窗口的尺寸。

4—Fixed ToolWindow（固定工具窗口）。

5—Sizable ToolWindow（可以改变大小的工具窗口）。

（6）Caption （标题）属性

该属性的值就是窗体标题栏中显示的内容。

Caption 属性与 Name 属性的区别。Name 属性的值是在整个程序设计中对象唯一的名字，在程序运行中是只读的；Caption 属性的值是显示在标题栏中的文本信息。

（7）Clipcontrols（裁剪控制）属性

该属性值设置 Paint 事件的绘图方法是重画整个对象，还是重画新显示的区域。它还决定 Microsoft Windows 运行环境是否创建一个不包括该对象的非图形控件的剪裁区。

（8）Controlbox（控制菜单）属性

该属性值为 True 时，窗体左上角有控制菜单，值为 False 时，窗体左上角没有控制菜单，而且自动将 MaxButton（最大化按钮）与 MinButon（最小化按钮）属性的值都设置为 False。

（9）Enabled（有效）属性

该属性值为 True 时，窗体响应用户事件，为 False 时，窗体无效，不响应用户事件。

（10）Height（高度）、Width（宽度）、Left（左边坐标）、Top（顶端坐标）属性

Height、Wide 属性值决定窗体的大小，Left、Top 属性值决定窗体离屏幕左边与上边的距离。

（11）Font（字体）属性

单击该属性右侧的按钮，在弹出的“字体”对话框中设置窗体上文字的字体、字号、字形等。

（12）Icon（图标）属性

该属性的值决定窗体图标。单击 Icon 属性，右边出现“对话框”按钮…。单击“对话框”按钮…，打开“加载图标”对话框，如图 4-5 所示。在其中选择图标文件加载图标。

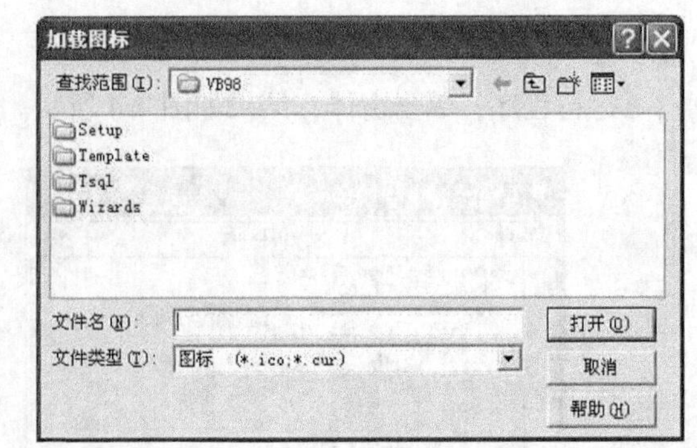

图 4-5 “加载图标”对话框

（13）MaxButton（最大化按钮）与 MinButon（最小化按钮）属性

MaxButton 属性的值可以是 True 和 False，决定在窗体上是否有最大化按钮；MinButon 属性的值决定是否有最小化按钮。

（14）Picture（图片）属性

单击“属性”窗口中的 Picture 属性，右边出现“对话框”按钮…。单击“对话框”按钮…，弹出“加载图片”对话框，可以选择合适的图像文件作为窗体背景中要显示的图片。

（15）Visible（可见）属性

该属性值为 True 时窗体可见，为 False 时窗体隐藏不可见。

3. 事件

Visual Basic 6.0 应用程序是建立在事件驱动基础之上的，不同的对象对应有不同的事件，事件触发时执行相应的事件过程。

双击窗体，打开代码窗口，确保在左边的对象下拉列表中选择窗体对象“Form”，单击右边的事件下拉列表框，可以看到关于窗体的所有事件，如图 4-6 所示。

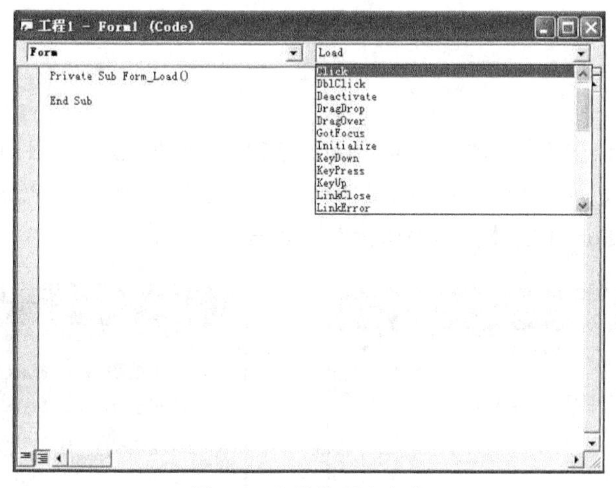

图 4-6　窗体的所有事件

窗体的事件很多，常用的有如下几种。

（1）Click（单击）事件

运行程序后，用鼠标单击窗体触发该事件，程序接着执行该事件过程所具有的功能。

（2）DblClick（双击）事件

运行程序后，用鼠标双击窗体触发该事件，程序接着执行该事件过程所具有的功能。

（3）Load（装入）事件

启动应用程序，窗体被装入内存工作区时触发 Load 事件。该事件过程通常用来在启动程序时对属性和变量进行初始化。

（4）Resize（改变大小）事件

启动应用程序，改变窗体大小时触发 Resize 事件。

（5）Activate（活动）事件

启动应用程序，当前窗体被激活时触发 Activate 事件。

（6）QueryUnload（查询卸载）事件

应用程序运行期间，关闭窗体时触发该事件。

4. 方法

方法是 Visual Basic 6.0 自身提供的一些特殊的过程，用来完成一定的操作，不同的对象可执行不同的操作，因此，对象调用的方法有所不同。

现将窗体上常用的方法介绍如下。

（1）Print（输出）方法

在窗体上显示字符串或表达式的值。

调用格式：[对象名].Print

【例 4-2】 在窗体上输出“欢迎学习 Visual Basic 6.0!”。

① 编写代码。

在代码窗口的“Form_ Click”下输入如下代码：

```
Private Sub Form_ Click
    Print "        欢迎学习 Visual Basic 6.0! "
    Print
End Sub
```

输入代码后的窗口如图 4-7 所示。

② 运行程序。

启动应用程序，单击窗体，触发窗体 Form1 的 Click 事件，执行事件过程，调用 Print 方法在窗体窗口中显示一行文字“欢迎学习 Visual Basic 6.0!”。此程序中调用 Print 方法时，Print 前没有对象名，程序默认为 Form1 窗体。程序运行界面如图 4-8 所示。

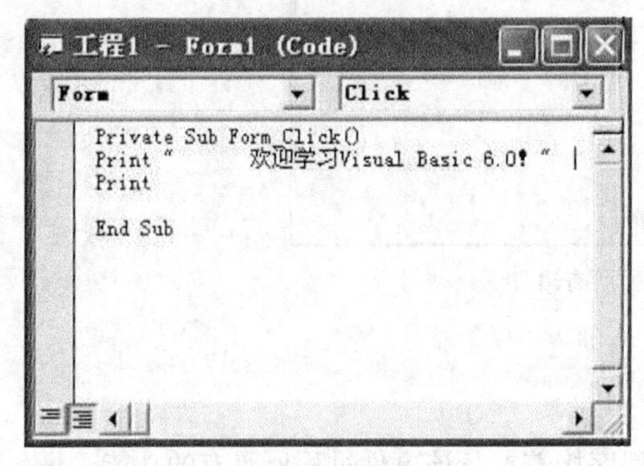

图 4-7 例 4-2 代码窗口

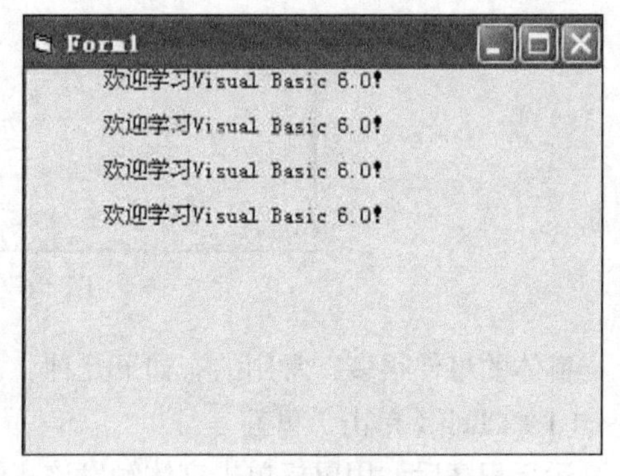

图 4-8 例 4-2 程序运行界面

（2）Cls（清除屏幕）方法

Cls 方法可以清除用 Print 方法在窗体上显示的文本。

调用格式：[对象名].Cls

（3）Show（显示）方法

Show 方法可以将窗体显示在屏幕上。

调用格式：[对象名].Show

（4）Hide（隐藏）方法

Hide 方法可以隐藏窗体，但不会卸载窗体。

调用格式：[对象名].Hide

【例 4-3】 添加 2 个窗体，在窗体“Form1”中添加命令按钮“Command1”，设置其标题“Caption”属性为“显示窗体 2”；在窗体“Form2”中添加命令按钮“Command2”，设置其标题“Caption”属性为“显示窗体 1”。

① 编写代码。

双击窗体，打开代码窗口，输入如下代码：

```
Private Sub Command1_Click      'Command1 按钮的 Click 单击事件过程
    Form1. Hide                 '隐藏窗体 Form1
    Form2. Show                 '屏幕上显示窗体 Form2
End Sub
Private Sub Command1_Click      'Command1 按钮的 Click 单击事件过程
```

```
    Form2. Hide                 '隐藏窗体 Form2
    Form1. Show                 '屏幕上显示窗体 Form1
End Sub
```

输入代码后的窗口如图 4-9 所示。

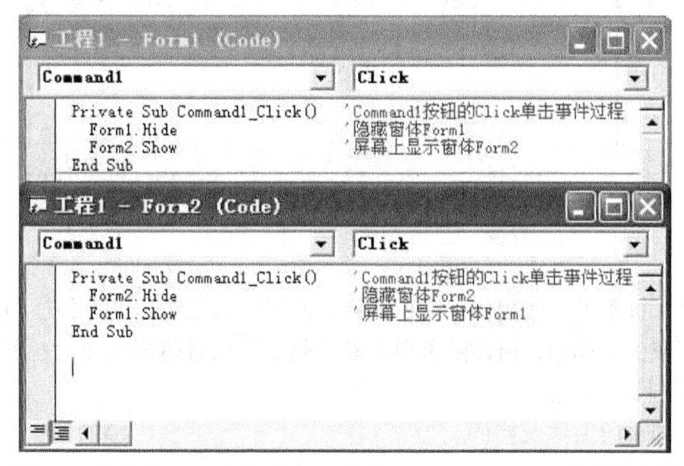

图 4-9　窗体“Form1”和“Form2”的 Command1_ Click 的代码窗口

② 运行程序。

启动应用程序，单击窗体“Form1”中的“显示窗体 2”命令按钮，窗体“Form1”隐藏起来，显示窗体“Form2”；单击窗体“Form2”中的“显示窗体 1”命令按钮，窗体“Form2”隐藏起来，显示窗体“Form1”，如图 4-10 所示。

图 4-10　窗体“Form1”和“Form2”的运行界面

（5）Move（移动）方法

Move 方法可以将窗体移动到一定的坐标位置，并改变窗体的宽度和高度。

调用格式：[对象名].Move left[,top][,width][,height]

【例 4-4】　移动窗体，并改变窗体的大小。

① 编写代码。

在窗体的 Form1_ Click 事件过程中，输入如下代码：

```
Private Sub Form1_ Click            'Form1 窗体的 Click 单击事件过程
  Form1. Move left-15,top+15,width-20,height-20        '移动窗体
End Sub
```

输入代码后的窗口如图 4-11 所示。

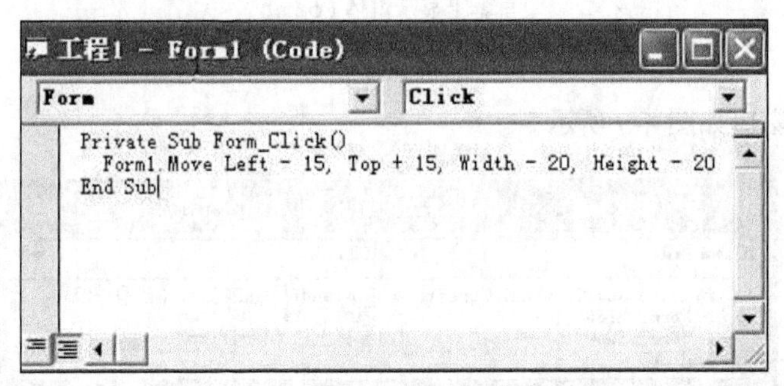

图 4-11　例 4-4 代码窗口

② 运行程序。

启动应用程序，每单击一次窗体，该窗体就会向屏幕的左边、下方各移动 15 Wip，同时将窗体的宽度、高度都减少 20Wip，窗体随着单击越变越小，而且越来越靠近左下方。

（6）Refresh（刷新）方法

该方法强制全部重绘窗体及控件。

调用格式：[对象名].Refresh

4.3 文本框

文本框（TextBox）是一个文本编辑区域。在文本框内可以输入、编辑和显示一行或者多行文本。

1. 属性

（1）Name（名称）属性

该属性用来指定文本框的名称。在程序代码中，通常用这个名称来引用文本框。

（2）Text（文本）属性

Text 属性既可以输入文本，又可以输出信息。程序运行时，在文本框中输入信息，会自动保存在 Text 属性中。Text 属性是文本框使用最多和最重要的属性。

（3）Multiline（多行）属性

该属性决定文本框中的内容是否可以显示多行，默认值为 False（假），只能输入一行文本。将 Multiline 属性设置为 True（真），程序运行时就可以在文本框中输入多行文本，当输入的文本超出文本框的边界或者按【Enter】键，文本会自动换行。

（4）Alignment（对齐）属性

该属性用于设置文本框中文本内容的对齐方式。该属性有 3 个值：0—Left Justify（左对齐）；1—Right Justify（右对齐）；2—Center（中间对齐）。

（5）PasswordChar（密码字符）属性

此属性的值决定程序运行时从键盘上输入字符的显示字符。例如，一个文本框 Text1，设置它的 PasswordChar 属性值为“*”，程序运行时，无论从键盘向文本框 Text1 中输入任何字符，都会将输入的每一个字符在屏幕上显示为“*”，但 Text 属性接收的是实际输入的字符。这一属性经常被用在设置密码的情况中，以保证密码的安全性。

【例 4-5】 编程实现检查密码输入是否正确。如果输入正确，显示“密码正确!”；如果输入错误，显示“密码错误，请再输入!”。密码假设为“666888”。

① 设计界面。

界面中的控件有 2 个标签、1 个文本框和 1 个命令按钮。

② 设置属性。

界面中每个控件对应的属性设置见表 4-1。

表 4-1　界面中每个控件对应的属性设置

控　件	属性名	属性值
窗体	Name	Form1
	Caption	密码检查
标签	Name	Label1
	Caption	请输入密码
标签	Name	Label2
	Caption	空
文本框	Name	Text1
	Text	
	PasswordChar	*
命令按钮	Name	Command1
	Caption	确定

属性设置后的界面如图 4-12 所示。

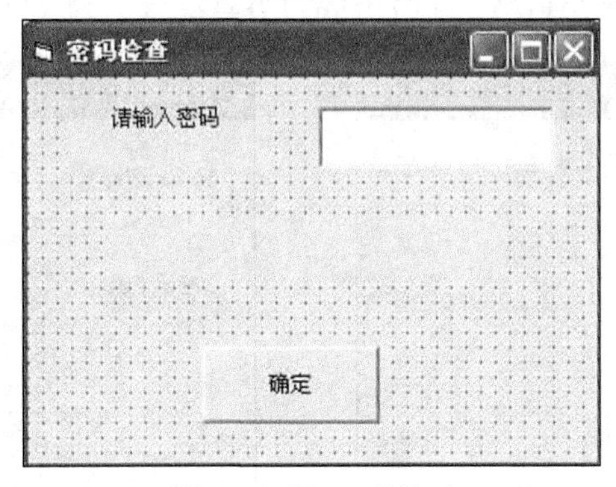

图 4-12　例 4-5 的界面

③ 编写代码。

```
Private Sub Command1_Click()
  Dim Password As String
  Password = Text1.Text             '将文本框 text1 内输入的内容赋予变量 Password
  If Password = "666888" Then       '判断 Password 的值与密码"666888"是否相同
    Label2.Caption = "密码正确！"      '相同，显示密码正确
  Else
    Label2.Caption = "密码错误，请再输入！"   '不相同，显示密码错误
  End If
End Sub
```

输入代码后的代码窗口如图 4-13 所示。

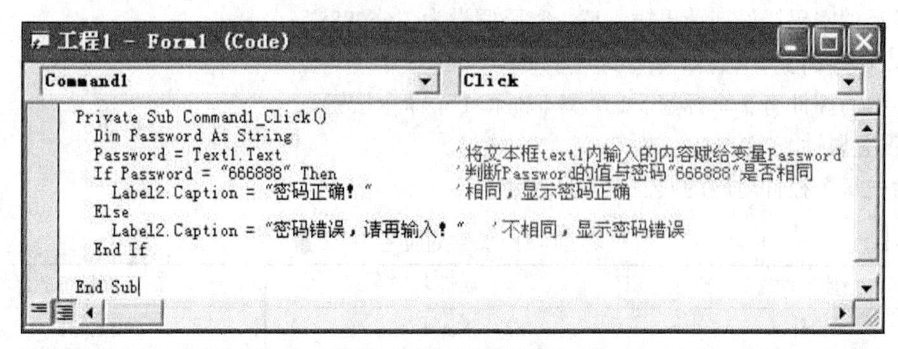

图 4-13　例 4-5 代码窗口

④ 运行程序。

单击工具栏中的“启动”按钮▸运行程序，运行界面如图 4-14 所示。

图 4-14　例 4-5 运行界面

单击文本框输入密码，如输入“123456”，在文本框中显示“******”。单击界面上的“确定”按钮，触发 Commad1_Click 事件，程序中将输入的字符串与事先设置好的密码“666888”进行比较，由于输入的密码和预先设置好的密码不同，所以在标签中显示“密码错误，请再输入!”的提示信息，如图 4-15 所示。重新运行程序，在文本框中输入密码“666888”，单击“确定”按钮，显示“密码正确!”的提示信息，如图 4-16 所示。

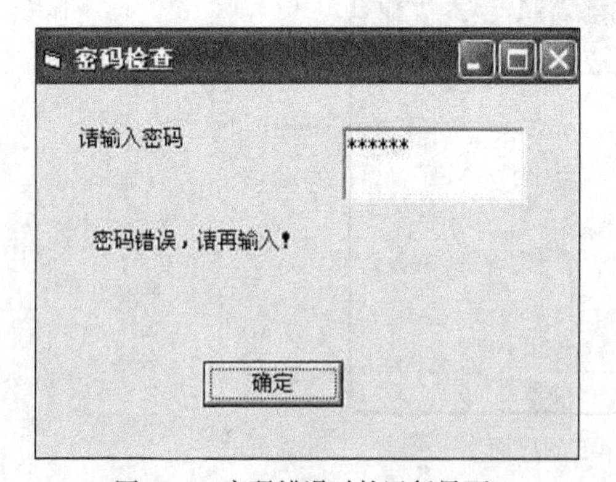

图 4-15　密码错误时的运行界面

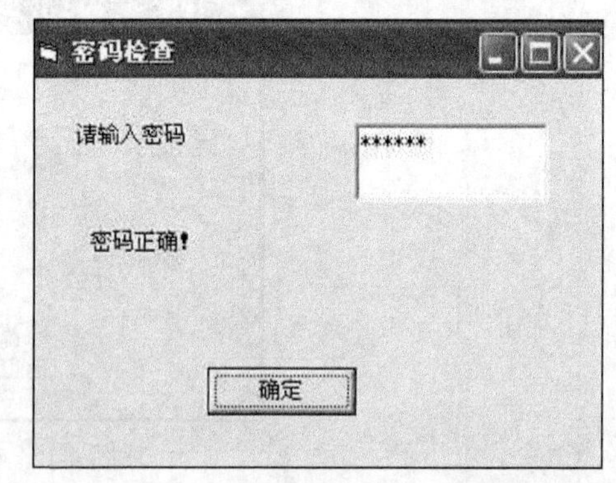

图 4-16　密码正确时的运行界面

（6）Font（字体）属性

Font 属性用来设置文本框中字符的字体属性。单击“属性”窗口中的“Font”属性，再单击其右边的“对话框”按钮…，弹出“字体”对话框，如图 4-17 所示。

在程序代码中，可以通过对文本框的字体属性赋值，在程序运行时来修改文本框中字符的字体属性。如图 4-18 所示，FontBold 属性用来设置字体是否为粗体；FontItalic 属性用来设置字体输出的形式是否为斜体；FontName 属性用来设置字体的类型；FontSize 属性用来设置字体的大小；FontStrikethru 属性是指是否在输出的文本上加删除线；FontUnderline 属性是指是否在输出的文本下加下画线，值为 0 时不加下画线，值为 1 时加下画线。

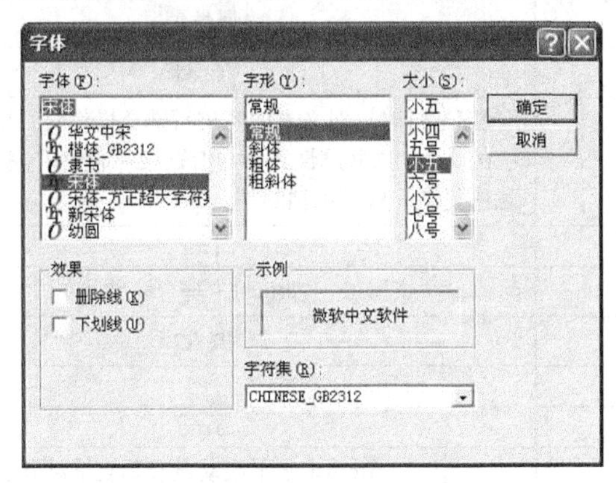

图 4-17　“字体”对话框

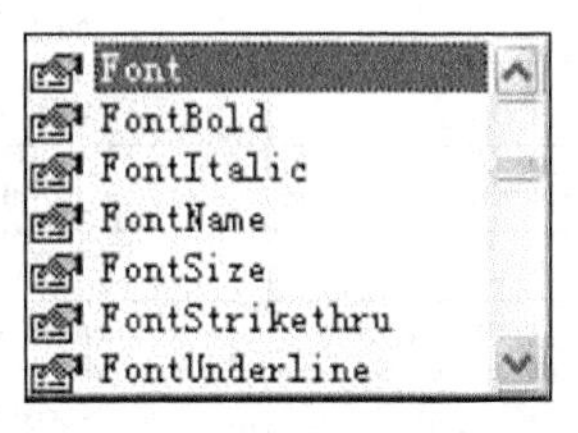

图 4-18　字体属性下拉列表框

（7）Maxlength（最大长度）属性

该属性用于设置文本框中输入字符串的最大长度，默认值为 0，表示该文本框中字符串的长度由系统限制，其他则表示该文本框能够容纳的最大字符数。

（8）ScrollBars（滚动条）属性

该属性用于设置文本框是否加滚动条，它有 4 个值：

0—None（没有滚动条）；

1—Horizontal（水平滚动条），此时文本框的自动换行功能被取消；

2—Vertical（垂直滚动条）；

3—Both（水平滚动条和垂直滚动条），此时文本框成为一个简单的编辑器。

只有当 Multiline 属性设置为 True（真）时，文本框才能加滚动条。

（9）Locked（锁定）属性

该属性用于设置文本框内容是否可以编辑，值为 True 时，可以滚动显示文本框中的内容，但不能更改；值为 False 时，可以滚动显示并修改文本框中的内容。

（10）SelStart、SelLength、SelText 属性

这 3 个属性不能在属性窗口中设置，只能通过编写代码来实现。

程序运行时，对文本内容进行选择操作时，用来标识选中的文本。这些属性经常与剪贴板一起使用，完成文本信息的复制、剪切和粘贴等。

① SelStart：选中的文本的开始位置，第一个字符的位置为 0。

② SelLength：选中的文本的长度。

③ SelText：选中的文本。

【例 4-6】 创建一个简单的文本编辑器，使其可以对文本进行编辑。

（1）设计界面

在窗体中添加 2 个文本框 Text1 和 Text2，界面属性设置见表 4-2。

表 4-2　　例 4-6 界面属性设置

控　件	属性名	属性值
窗体	Name	Form1
	Caption	简易文本编辑器

续表

控　件	属性名	属性值
文本框	Name	Text1
	Text	“程序运行时，对文本内容进行选择操作时，用来标识选中的文本。这些属性经常与剪贴板一起使用，完成文本信息的复制、剪切和粘贴等。”
	Multiline	True
	ScrollBars	2—Vertical（垂直滚动条）
文本框	Name	Text2
	Text	“”
	Multiline	True
	ScrollBars	3—Both（水平滚动条和垂直滚动条）

设置属性后的界面如图 4-19 所示。

（2）编写代码

在代码窗口中输入如下代码：

```
Private Sub Form_Click()
  Text1.SelStart = 0 '将第一字符前设为选定区的起点
  Text1.SelLength = 10 '将选定区的长度设为 10
  Text2.Text = Text1.SelText '将选定内容存入 Text2
End Sub
```

（3）运行程序

运行程序，选定文本“程序运行时，对文本”，单击窗体，可以看到选定内容被复制到文本框 2 中，如图 4-20 所示。

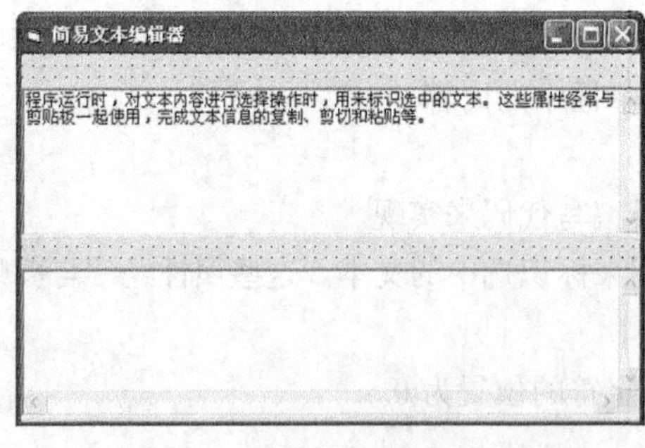

图 4-19　简易文本编辑器界面

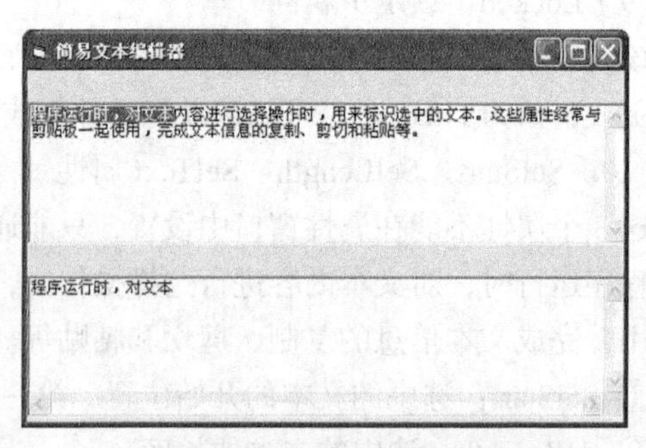

图 4-20　简易文本编辑器运行结果

2. 事件

文本框常用的事件有 Click、Change、LostFocus、Keypress、DblClick 等。

（1）Change（变化）事件

当改变文本框的 Text 属性值时，触发该事件。

（2）LostFocus（失去焦点）事件

当文本框失去焦点时，触发该事件。失去焦点是由于按【Tab】键或者单击其他对象造成的。

（3）Keypress（按键）事件

当按下键盘上的一个键时，触发该事件，此事件会返回一个 KeyAscii 参数到该事件过程中。

在文本框中输入数据时难免会出现错误的数据，利用从键盘上敲入一个字符时就触发该事件的特点，可以识别从键盘上输入的字符是否正确，达到判断检查输入数据是否正确的目的。

【例 4-7】 向文本框 Text1 中输入一个字符，判断其字符的类型：如果为大写字母，就在文本框 Text2 中输出大写字母；如果输入的字符为小写字母，就在文本框 Text2 中输出小写字母；如果输入的字符是数字，就在文本框 Text2 中输出数字；否则，输出“其他字符”。

分析：利用文本框 Keypress 事件，每按一下键盘上的字符键，就会触发文本框 Keypress 事件，并返回所按键的 Ascii 值，通过参数 KeyAscii 返回，然后利用字符转换函数 Chr 将 Ascii 值转换成字符。

在窗体中添加 2 个文本框控件，并在代码窗口中输入如下代码：

```
Private Sub Text1_Keypress(KeyAscii As Integer)
  If KeyAscii >= 65 And KeyAscii <= 90 Then         '输入字符的 ASCII 码值如果是大写字母
    Text2.Text = Text2.Text & Chr(KeyAscii)         '文本框中输出大写字母
  Else
    If KeyAscii >= 97 And KeyAscii <= 122 Then      '输入字符的 ASCII 码值如果是小写字母
      Text2.Text = Text2.Text & Chr(KeyAscii)       '文本框中输出小写字母
   Else
    If KeyAscii >= 48 And KeyAscii <= 57 Then       '输入字符的 ASCII 码值如果是数字
      Text2.Text = Text2.Text & Chr(KeyAscii)       '文本框中输出数字
    Else
      Text2.Text = Text2.Text & "其他字符! "
    End If
   End If
  End If
End Sub
```

输入代码后的代码窗口如图 4-21 所示。运行程序，在上面文本框中输入“A”，在下面文本框中显示“A”，在上面文本框中输入“a”，在下面文本框中显示“a”，在上面文本框中输入“9”，在下面文本框中显示“9”，……，如图 4-22 所示。

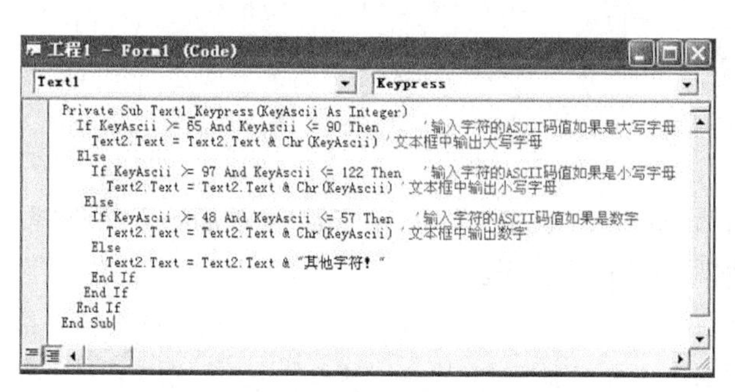

图 4-21　例 4-7 代码窗口

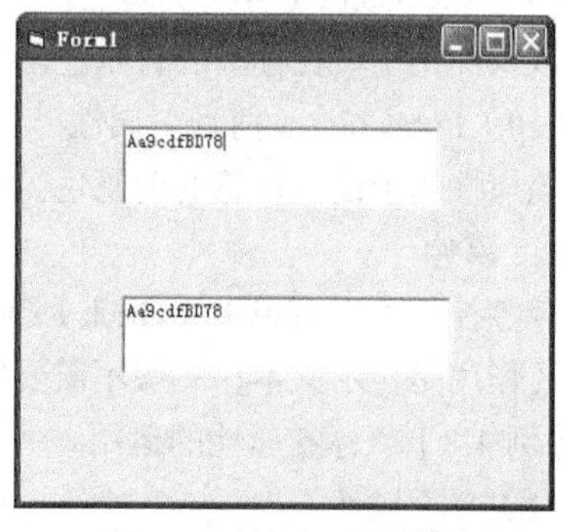

图 4-22　例 4-7 运行结果

3. 方法

当对象的标题或标题栏被突出（蓝色）显示时，说明该对象“具有焦点”。焦点可由用户或应用程序设置。利用文本框的 SetFocus 方法可以设置焦点。例如，有多个文本框，要把光标移到文本框 Text1 中，可用语句“Text1.SetFocus”实现。

4.4 标　签

标签（Label）控件在工具箱中的图标为A，主要用来显示文本信息。通常用标签为窗体添加说明文字，向用户提供操作提示信息等。

1. **属性**

标签的属性中更多的涉及了标签的外观样式。

（1）Name（名称）属性

该属性用于设置标签框的名称。

（2）Caption（标题）属性。

该属性用于设置标签框中所要显示的内容。

（3）BorderStyle（边框式样）属性

该属性用于设置标签框有无边框。值为 0 标签没有边框，值为 1 标签有单线边框。

（4）AutoSize（自动调整大小）属性

设置标签控件能否自动调整大小，来显示所有的内容。值为 True，标签控件大小随文本的改变而改变，系统默认值为 False，标签控件大小不会随文本的改变而改变。

（5）Alignment（对齐）属性

该属性用于确定在标签框上显示信息的位置。取值为 0 左边对齐，取值为 1 右边对齐。

（6）WordWrap 属性

该属性用于设置标签中所显示的内容是否能够自动换行。

（7）Top（顶端）属性

该属性用于设置标签框与窗体上边界之间的距离。

（8）Left（左端）属性

该属性用于设置标签框到窗体左边界的距离。

（9）BackColor（背景）属性

该属性用于设置标签的背景色。

（10）ForeColor（前景）属性

该属性用于设置标签的前景色。

2. **事件**

标签控件可以有单击（Click）事件、双击（Dblclick）事件、改变（Change）事件等，但它的主要作用是显示文本，一般不需要编写事件过程代码。

【例 4-8】　标签属性的运用。

（1）界面设计

在窗体上添加 4 个标签，界面属性设置见表 4-3。属性设置后的界面如图 4-23 所示。

表 4-3　　　　例 4-8 界面属性设置

控　件	属性名	属性值
窗体	Name	Form1
	Caption	标签属性运用

续表

控　件	属性名	属性值
标签	Name	Label1
	Caption	宋体加粗
标签	Name	Label2
	Caption	右对齐
标签	Name	Label3
	Caption	前景红色
标签	Name	Label4
	Caption	自动换行自动换行自动换行

（2）编写代码

在代码窗口中输入如下代码：

```
Private Sub Label1_Click()
  Label1.Font = "宋体"
  Label1.FontBold = True
End Sub
Private Sub Label2_DblClick()
  Label2.Alignment = 1
End Sub
Private Sub Label3_Click()
  Label3.BorderStyle = 1
  Label3.ForeColor = vbRed
End Sub
Private Sub Label4_Click()
  Label4.WordWrap = True
End Sub
```

（3）运行程序

运行程序，结果如图 4-24a 所示。单击“宋体加粗”标签，双击“右对齐”标签，单击“前景红色”，双击“自动换行”，结果如图 4-24b 所示。

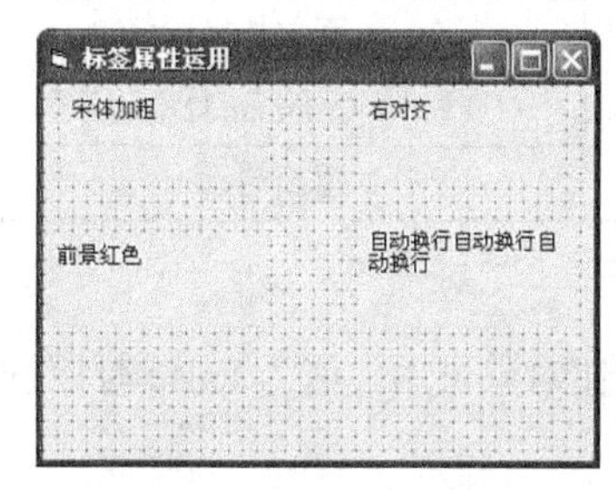

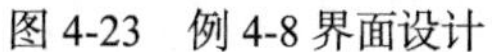
图 4-23　例 4-8 界面设计

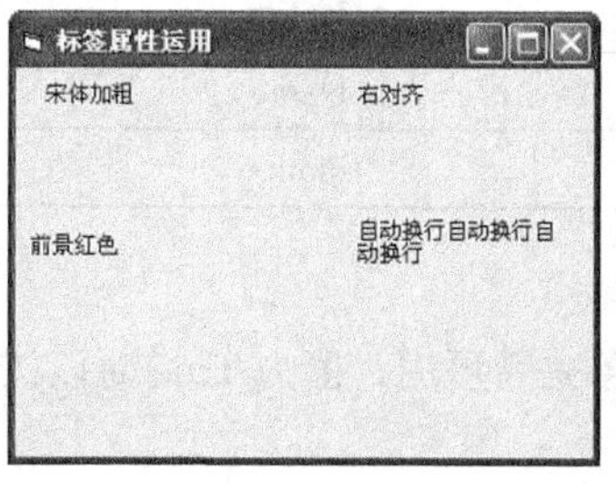

（a）初始运行界面

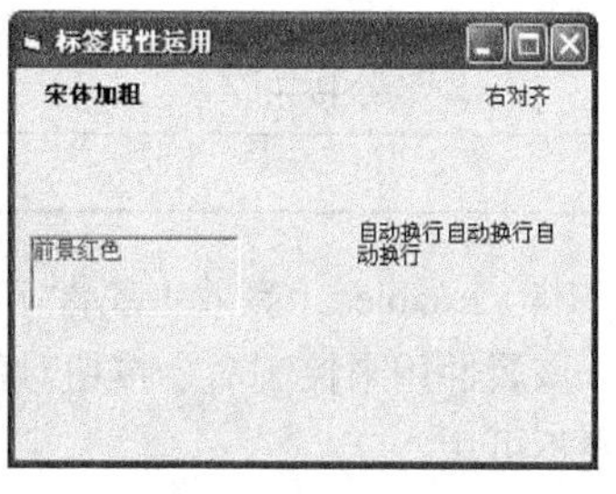

（b）触发事件后运行界面

图 4-24　运行界面

4.5 命令按钮

命令按钮（Command）在工具箱上的控件图标为 。在工具箱中双击命令按钮图标，或者按住鼠标左键将命令按钮拖入窗体中松开，一个命令按钮就添加到窗体上了。拖曳命令按钮到合适的位置松开，接下来就可对命令按钮属性进行设置了。

1. 属性

程序运行时，用户对应用程序进行交互控制的最简单方法，就是使用命令按钮下命令，所以命令按钮很重要。

现将命令按钮常用的属性介绍如下。

（1）Name（名称）属性

该属性用于设置命令按钮的名称，运行时为只读。

（2）Style（式样）属性

此属性用于设置命令按钮的外观，它的值有两种选择：

0—Standard 按钮以标准的形式显示；

1—Graphical 按钮以图形的方式显示。

（3）Caption（标题）属性

该属性主要是在按钮上显示文字，告诉用户该按钮的功能。如图 4-25 所示，在这个界面上有 3 个命令按钮，其中 Command1 为“关机”按钮，Command2 为“重新启动”按钮，Command3 为“取消”按钮。

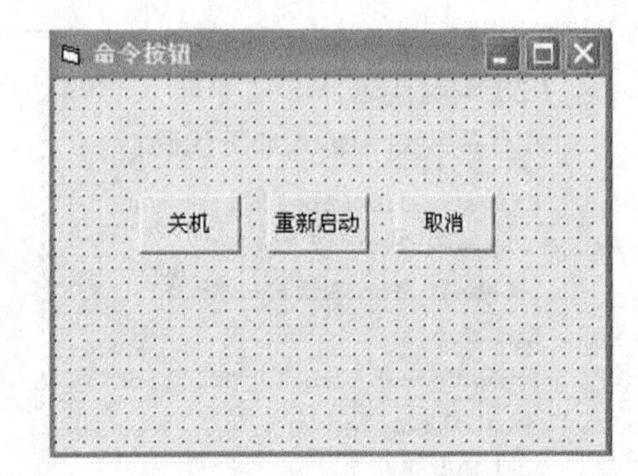

图 4-25 命令按钮

它们的属性设置如表 4-4 所示。

表 4-4 属性设置

控 件	属性名	属性值
窗体	Name	Form1
	Caption	命令按钮
命令按钮	Name	Command1
	Caption	关机
命令按钮	Name	Command2
	Caption	重新启动

（4）Enabled（有效）属性

该属性用来控制命令按钮对象是否可用，值为 True 时该按钮对象可用，值为 False 时该按钮对象不可用。

（5）Default（默认）属性

该属性将一个命令按钮设置为默认的活动按钮。它的值为 True 时，该按钮被确定为默认的活动按钮，值为 False 时，不是默认的活动按钮。

（6）Cancel（取消）属性

此属性用于设置命令按钮是否为默认的取消按钮。它的值为 True 时，该按钮被确定为默认的取消按钮，值为 False 时，不是默认的取消按钮。

2. 事件

命令按钮的事件有 Click 事件、MouseDown 事件和 MouseUp 事件。用鼠标单击命令按钮，会触发该按钮的 Click 事件，同时也将触发其他两个事件。3 个事件发生的顺序为 MouseDown 事件、Click 事件和 MouseUp 事件。命令按钮最主要的事件是单击 Click 事件。

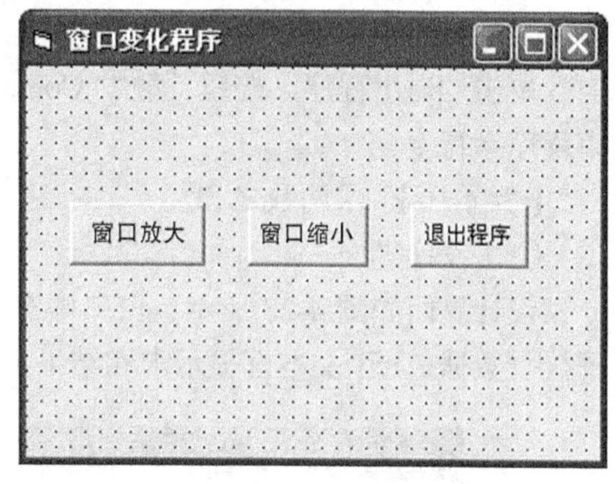

图 4-26　窗口变化的设计界面

【例 4-9】 设计一个程序，可以通过命令改变窗体大小。

（1）设计界面

如图 4-26 所示，窗体上有 3 个命令按钮。

（2）设置属性

界面属性设置见表 4-5。

表 4-5　界面属性设置

控　件	属性名	属性值
窗体	Name	Form1
	Caption	窗口变化程序
命令按钮	Name	Command1
	Caption	窗口放大
命令按钮	Name	Command2
	Caption	窗口缩小
命令按钮	Name	Command3
	Caption	退出程序

（3）编写代码

```
Private Sub Command1_Click          'Command1 的 Click 单击事件过程
   Form1.Move left+500,top-500,width+500,height+500 '窗口放大
End Sub
Private Sub Command2_Click          'Command2 的 Click 单击事件过程
   Form1.Move left-500,top+500,width-500,height-500 '窗口缩小
End Sub
Private Sub Command3_Click          'Command3 的 Click 单击事件过程
   End                              '退出程序
End Sub
```

（4）运行程序

窗口变化程序的运行界面如图 4-27 所示。

单击“窗口放大”按钮，触发 Command1 按钮的 Click 单击事件，响应事件时自动调用 Command1 的 Click 单击事件过程，执行相应的代码程序，窗体的长、宽扩大 10Wip 并向右上角移动。

单击“窗口缩小”按钮，触发 Command2 按钮的 Click 单击事件，执行相应的代码程序，窗体的长、宽缩小 10Wip 并向左下角移动。

单击“退出程序”按钮，触发 Command3 按钮的 Click 单击事件，执行相应的代码程序，结束程序运行。

【例 4-10】 求两数之和。

（1）设计界面

设计界面如图 4-28 所示，窗口中有 3 个标签、3 个文本框、1 个命令按钮。其中，2 个文本框接收数据，1 个文本框显示求和结果。

图 4-27 窗口变化程序的运行界面

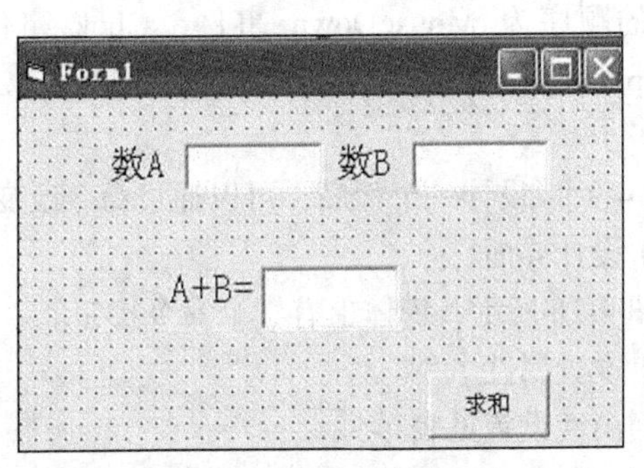

图 4-28 例 4-10 设计界面

（2）设置属性

界面属性设置见表 4-6。

表 4-6 界面属性设置

控 件	属性名	属性值
窗体	Name	Form1
	Caption	求和
标签	Name	Label1
	Caption	数 A
标签	Name	Label2
	Caption	数 B
标签	Name	Label3
	Caption	A+B=
文本框	Name	Text1
	Text	
文本框	Name	Text2
	Text	
文本框	Name	Text3
	Text	
命令按钮	Name	Command1
	Caption	求和

（3）编写代码

```
Private Sub Command1_Click()
   Dim a, b As Integer
   a = Text1.Text
   b = Text2.Text
   Text3.Text = a + b
End Sub
```

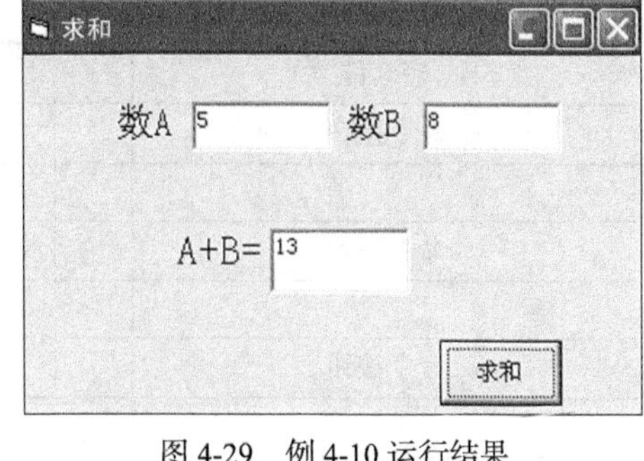

图 4-29　例 4-10 运行结果

（4）运行程序

程序运行结果如图 4-29 所示。

【例 4-11】 完成本章开始的案例 4。

（1）设计界面

添加控件后的窗体如图 4-30 所示。

（2）设置属性

界面属性设置见表 4-7。设置属性后的界面如图 4-31 所示。

表 4-7　界面属性设置

控　件	属性名	属性值
窗体	Name	Form1
	Caption	小型计算器
命令按钮	Name	cmd1
	Caption	1
命令按钮	Name	cmd 2
	Caption	2
命令按钮	Name	cmd 3
	Caption	3
命令按钮	Name	cmd 4
	Caption	4
命令按钮	Name	cmd 5
	Caption	5
命令按钮	Name	cmd 6
	Caption	6
命令按钮	Name	cmd 7
	Caption	7
命令按钮	Name	cmd 8
	Caption	8
命令按钮	Name	cmd 9
	Caption	9
命令按钮	Name	cmd 0
	Caption	0
命令按钮	Name	cmdEqal
	Caption	=

续表

控　件	属性名	属性值
命令按钮	Name	cmdC
	Caption	Cls
命令按钮	Name	cmdPlus
	Caption	+
命令按钮	Name	cmdMinus
	Caption	−
命令按钮	Name	cmdMul
	Caption	×
命令按钮	Name	cmdDiv
	Caption	÷
命令按钮	Name	cmdCE
	Caption	CE
命令按钮	Name	cmdDecimal
	Caption	Decimal
标签	Name	lblOut
	Caption	“”
	BackStyle	1

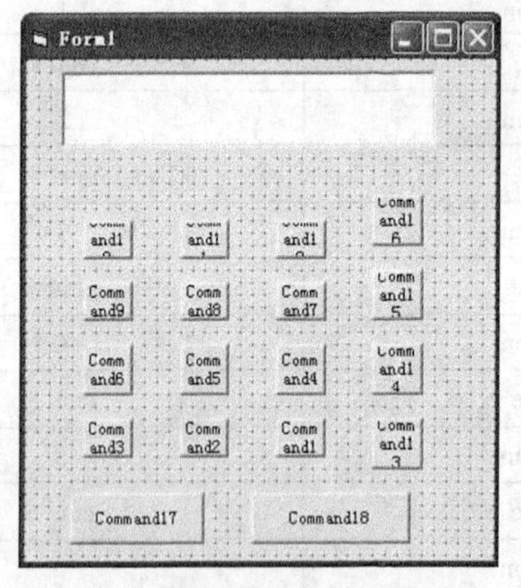
图 4-30　例 4-11 添加控件后的窗体

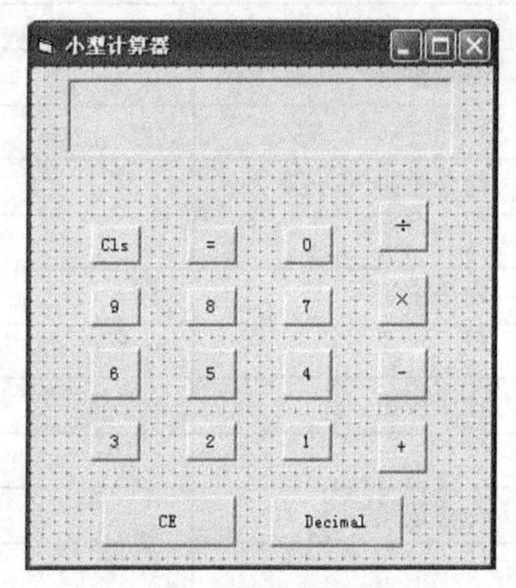

图 4-31　设置属性后的界面

（3）编写代码

在代码窗口中输入如下代码：

```
Dim LastInput  As String
Dim NumOp  As Integer
Dim PreOp  As String  ' 运算符号
Dim DeFlag   ' 是否是小数点
Dim Op1  ' 数值 1 值
Dim Op2  ' 数值 2 值
Private Sub Form_Load()
  lblOut.Caption = "0."  ' 显示初值
```

```
 DeFlag = False          ' 小数点初值
 NumOp = 0
 LastInput = "无"        ' 前次输入资料类别
 PreOp = " "             ' 运算符号
 Op1 = 0                 ' 数值 1 初值
 Op2 = 0                 ' 数值 2 初值
End Sub
```

'依据运算符号执行运算

```
Private Sub Calculation()
Select Case PreOp
   Case "+"    ' 加法
     Op1 = Val(Op1) + Val(Op2)
   Case "-"     ' 减法
     Op1 = Val(Op1) - Val(Op2)
   Case "X"     ' 乘法
     Op1 = Val(Op1) * Val(Op2)
   Case "/"   ' 除法
     If Val(Op2) = 0 Then
      MsgBox "除数不可为 0", 48, "小算盘"
     Else
      Op1 = Val(Op1) / Val(Op2)
     End If
   Case "="   ' 等号
     Op1 = Op2
End Select
lblOut.Caption = Op1   ' 结果输出
NumOp = 1   ' 运算元数降为 1
End Sub
Private Sub cmd0_Click()
  Number (0)
End Sub
Private Sub cmd1_Click()
  Number (1)
End Sub
Private Sub cmd2_Click()
  Number (2)
End Sub
Private Sub cmd3_Click()
  Number (3)
End Sub
Private Sub cmd4_Click()
  Number (4)
End Sub
Private Sub cmd5_Click()
  Number (5)
End Sub
Private Sub cmd6_Click()
```

```
    Number (6)
End Sub
Private Sub cmd7_Click()
    Number (7)
End Sub
Private Sub cmd8_Click()
    Number (8)
End Sub
Private Sub cmd9_Click()
    Number (9)
End Sub
Private Sub cmdC_Click()
    Form_Load
End Sub
Private Sub cmdCE_Click()
    lblOut.Caption = "0."
    DeFlag = False
    LastInput = "运算符号"
End Sub
Private Sub cmdDecimal_Click()
    If LastInput = "负值" Then
        lblOut.Caption = "-0."
    ElseIf LastInput <> "数字" Then
        lblOut.Caption = "0."
    End If
    DeFlag = True
    LastInput = "数字"
End Sub
Private Sub cmdDiv_Click()
    If LastInput = "数字" Then
        NumOp = NumOp + 1
    End If
    Select Case NumOp
        Case 1
            Op1 = lblOut.Caption
        Case 2
            Op2 = lblOut.Caption
            Calculation
    End Select
    If LastInput <> "负值" Then
        LastInput = "运算符号"
        PreOp = "/"
    End If
End Sub
Private Sub cmdEqal_Click()
    If LastInput = "数字" Then
        NumOp = NumOp + 1
    End If
```

```
  Select Case NumOp
    Case 1
      Op1 = lblOut.Caption
    Case 2
      Op2 = lblOut.Caption
      Calculation
  End Select
  If LastInput <> "负值" Then
     LastInput = "运算符号"
     PreOp = "="
  End If
End Sub
Private Sub cmdMinus_Click()
  If LastInput = "数字" Then
    NumOp = NumOp + 1
  End If
  Select Case NumOp
     Case 0
       If LaseInput <> "负值" Then
          lblOut.Caption = "-" + lblOut.Caption
          LastInput = "负值"
       End If
     Case 1
       Op1 = lblOut.Caption
       If LastInput <> "数字" And PreOp <> "=" Then
          lblOut.Caption = "-"
          LastInput = "负值"
       End If
     Case 2
         Op2 = lblOut.Caption
         Calculation
  End Select
  If LastInput <> "负值" Then
     LastInput = "运算符号"
     PreOp = "-"
  End If
End Sub
Private Sub cmdMul_Click()
If LastInput = "数字" Then
     NumOp = NumOp + 1
End If
Select Case NumOp
     Case 1
         Op1 = lblOut.Caption
     Case 2
         Op2 = lblOut.Caption
         Calculation
End Select
```

```
If LastInput <> "负值" Then
    LastInput = "运算符号"
    PreOp = "X"
End If
End Sub
Private Sub cmdPlus_Click()
  If LastInput = "数字" Then
    NumOp = NumOp + 1
  End If
  Select Case NumOp
     Case 1
         Op1 = lblOut.Caption
     Case 2
         Op2 = lblOut.Caption
         Calculation
End Select
If LastInput <> "负值" Then
    LastInput = "运算符号"
    PreOp = "+"
End If
End Sub
Private Sub Number(num As Integer)
If LastInput <> "数字" Then
    lblOut.Caption = "."
    DeFlag = False
End If
If DeFlag Then
    lblOut.Caption = lblOut.Caption + Str(num)
Else
    tmp = lblOut.Caption
    tmp = Left(tmp, Len(tmp) - 1)
    lblOut.Caption = tmp + Str(num) + "."
End If
If LastInput = "负值" Then
    lblOut.Caption = "-" + lblOut.Caption
End If
LastInput = "数字"
End Sub
```

（4）运行程序

按【F5】键运行程序。单击 28+58，运行结果如图 4-32 所示；单击 CE，清零；单击 Decimal，可以进行小数运算：先单击 Decimal，再单击 0.12+0.45，结果如图 4-33 所示。

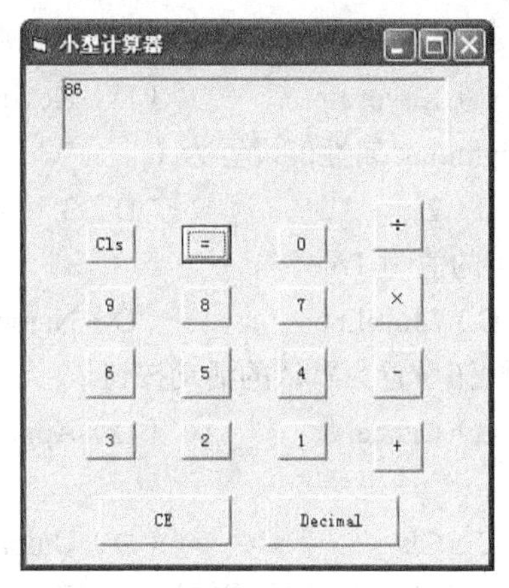

图 4-32　运行结果 1

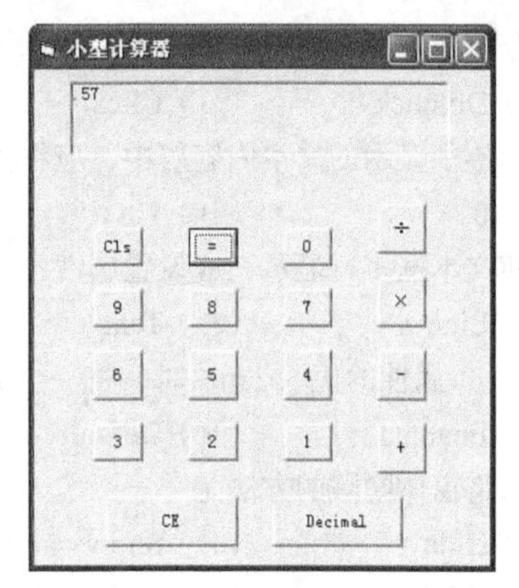

图 4-33　运行结果 2

综合训练

训练 1　设计一个用来计算梯形面积的程序。

功能要求：接收用户输入的长方形的上底和下底以及高，计算并输出梯形的面积。

训练 2　扩充案例 4，设计一个具有求百分数、求余数的小型计算器。

本章小结

本章主要介绍了以下内容。

① 窗体的属性、事件和方法。

② 基本控件（标签、文本框和命令按钮）的属性、事件和方法。

③ 利用基本控件设计简单的应用程序。

习　　题

一、选择题

1．设置属性，一般情况下既可以在属性窗口中进行，也可以在（　　）中为属性赋值。

（A）代码　（B）命令　（C）方法　（D）对象

2．下面选项中，不是文本框控件属性的是（　　）。

（A）Name　（B）Caption　（C）Text　（D）Multiline

3．决定命令按钮标题的属性是（　　）。

（A）Name　（B）Appearance　（C）Caption　（D）Default

4．文本框、标签、命令按钮共同具有的属性是（　　）。

（A）Caption　（B）Text　（C）Appearance　（D）Name

5．命令按钮不能响应的事件是（　　）。

（A）Dblclick　　（B）Click　　（C）Keypress　　（D）Keyup

6．使标签中显示的文本内容居中，应将其 Alignment 属性值设置为（　　）。

（A）0　　（B）1　　（C）2　　（D）3

7．要使文本框多行显示，应设置属性（　　）的值为 True。

（A）Line　　（B）Text　　（C）Multiline　　（D）Name

8．（　　）属性的值为 True 时，将一个命令按钮设置为默认的活动按钮。

（A）Enabled　　（B）Default　　（C）Cancel　　（D）Appearence

9．可以将窗体隐藏的方法是（　　）。

（A）Hide　　（B）Show　　（C）Cls　　（D）Unload

10．文本框的（　　）属性值决定程序运行时从键盘上输入字符的显示字符。

（A）Text　　（B）Caption　　（C）PasswordChar　　（D）Name

二、填空题

1．启动应用程序的快捷键是________。

2．文本框的________属性设置字体是否为粗体；________属性设置字体输出的形式是否为斜体；________属性设置字体的类型；________属性设置字体的大小；________属性是指是否在输出的文本上加删除线；________属性是指是否在输出的文本下加下画线。

3．________是一个可以包含其他对象的对象，在界面设计时，把________作为一个容器。

4．文本框的________属性设置文本框内容是否可以编辑。

5．________属性用来控制命令按钮对象是否可用。

三、简答题

1．标签和文本框的区别是什么?

2．控件的 Name 属性和 Caption 属性有什么不同?

3．窗体的结构是怎样的?

4．文本框控件是通过什么属性实现信息的输入、输出的?

5．文本框控件涉及文本输出样式的属性有哪些?

第 5 章 使用常用控件创建应用程序界面

学习目标

- 理解掌握常用控件的界面设计、属性设置。
- 理解掌握常用控件方法的运用、事件的调用。
- 学会运用常用控件设计应用程序。

重点和难点

- 重点：单选按钮、复选框、列表框和组合框的属性、事件及方法。
- 难点：利用常用控件设计应用程序。

课时安排

- 讲授 4 学时，实训 4 学时。

5.1 案例：创建学生信息录入界面

1. 案例

【案例 5】 创建一个“学生信息录入”窗体，其中包括学号、姓名、性别、出生日期、照片、所在班级、党员否、个人简历，并将学生信息在新窗口中显示出来。

2. 案例分析

在 Visual Basic 6.0 中创建“学生信息录入窗体”，如图 5-1 所示。需要在窗体中添加如下控件：8 个标签、4 个文本框、2 个命令按钮、1 个框架、2 个单选钮、1 个组合框、1 个下拉列表框、1 个图片框等。

在界面设计中，除了用到基本控件（如文本框、命令按钮和标签）外，还要用到很多控件。为了创建“学生信息录入窗体”，要用到图片框、下拉列表框、单选钮、框架等控件。本章详细介绍 Visual Basic 6.0 常用控件的使用方法。

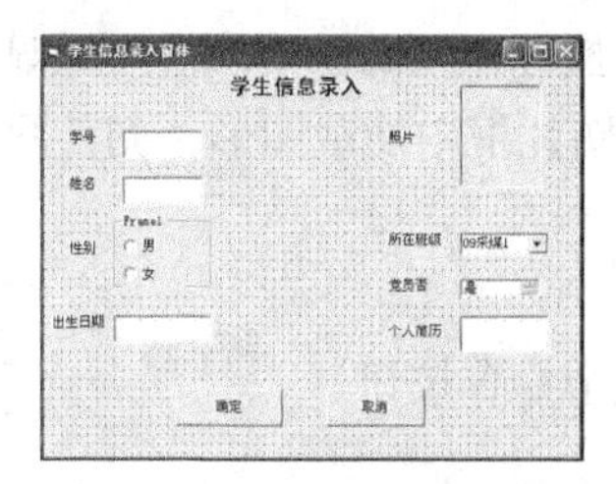

图 5-1 学生信息录入窗体

5.2 图片框

图片框（PictureBox）用来显示图形，显示 Print 方法输出的文本，也可以作为其他控件的容器。

1. 属性

除了和其他控件共有的属性之外，图片框的主要属性还有 Picture 属性和 AutoSize 属性。

（1）Picture（图片）属性

该属性指定图片框中显示的图形，既可以在属性窗口中设置，又可以在代码中实现。单击属性窗口中的“Picture”属性，右边出现“对话框”按钮...。单击该按钮，打开“加载图片”对话框，如图 5-2 所示。

单击“文件类型”下拉列表框右边的箭头，下拉出文件类型列表，如图 5-3 所示。可以看到，图片框可以加载的图形文件类型有 BMP、GIF、JPG、WMF、ICO 等格式。

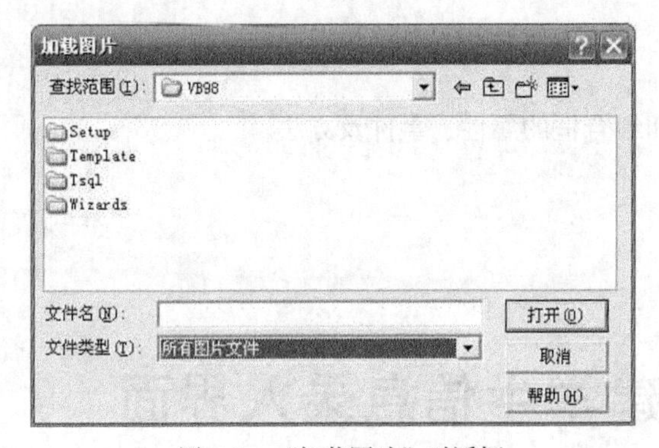

图 5-2 “加载图片”对话框

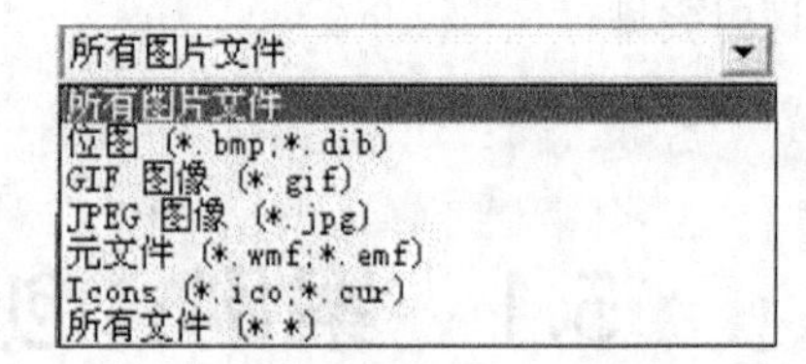

图 5-3 加载图形文件类型

在代码中设置，需要用函数 LoadPicture()。LoadPicture()函数的功能是将图形文件装入图片框或图像框。语句格式如下：

对象名.Picture= LoadPicture([filename])

说明

① 对象名：要加载图形的图片框、图像框或窗体的名称。

② filename：指定被显示图形包含路径的文件名。

③ 当函数后没有指定文件名时，可以清除图形。

（2）AutoSize（自动大小）属性

该属性决定控件是否能自动调整大小，以显示所有内容，其属性值为 True（真）和 False（假）。当属性值设置为 True 时，表示控件大小能自动调整，以显示全部内容；当属性值设置为 False 时，表示控件大小不能自动调整，超出控件区域的图形内容不被显示。该属性的默认值为 False。

【例 5-1】 设计程序，实现在图片框中加载图形，调整图形的大小，观察图形在图片框中的显示情况。

① 设计界面。

在窗体上添加 1 个图片框和 4 个命令按钮。

② 设置属性。

控件属性设置见表 5-1。

表 5-1　　例 5-1 控件属性设置

控　件	属性名	属性值
图片框	Name	Picture1
命令按钮	Name Caption	Command1 犹抱琵琶半遮面
命令按钮	Name Caption	Command2 千呼万唤始出来
命令按钮	Name Caption	Command3 加载
命令按钮	Name Caption	Command4 清空

设置属性后的界面如图 5-4 所示。

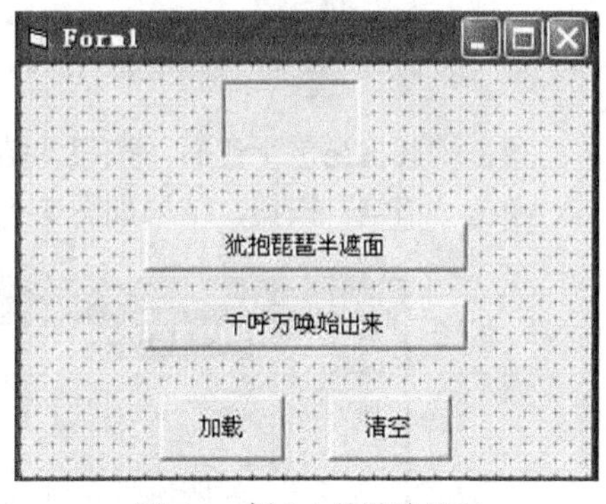

图 5-4　例 5-1 的设计界面

③ 编写代码。

双击窗体，打开代码窗口，输入如下代码：

```
Private Sub Form_Load()
  Command1_Click
  Command3_Click
End Sub
Private Sub Command1_Click()
  Picture1.AutoSize=False
  Picture1.Height=260
End Sub
Private Sub Command2_Click()
  Picture1.AutoSize=True
End Sub
Private Sub Command3_Click()
  Picture1.Picture=LoadPicture("H:\新 VB141011\VB 教材\例子代码\第 5 章\tupian.jpg")
End Sub
Private Sub Command4_Click()
  Picture1.Picture = LoadPicture("")
End Sub
```

输入代码后的代码窗口如图 5-5 所示。

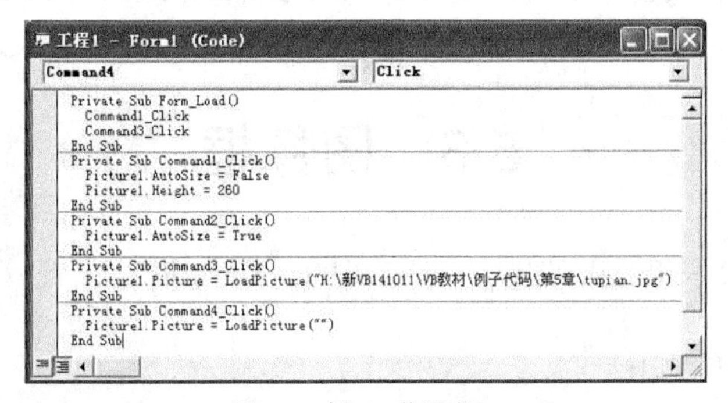

图 5-5　例 5-1 代码窗口

④ 运行程序。

按【F5】键运行程序，初始化运行结果如图 5-6 所示。

单击“千呼万唤始出来”按钮，界面如图 5-7 所示，图片全部显示出来。

图 5-6　初始化运行结果

图 5-7　单击“千呼万唤始出来”按钮

单击“犹抱琵琶半遮面”按钮，结果如图 5-8 所示。

单击“清空”按钮，结果如图 5-9 所示。

图 5-8　单击“犹抱琵琶半遮面”按钮

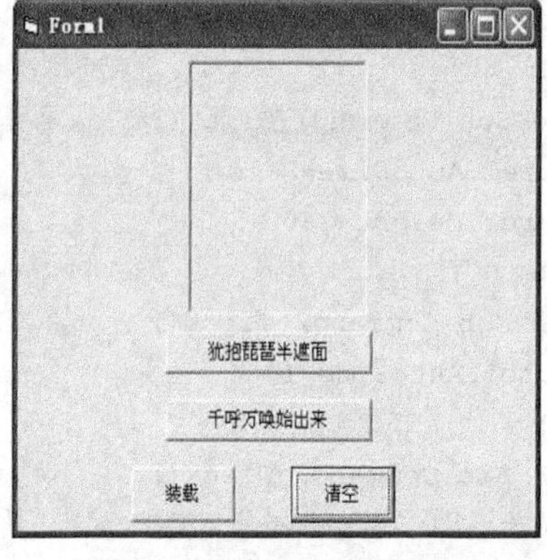

图 5-9　单击“清空”按钮

单击“装载”按钮，结果又如图 5-7 所示。

语句 Picture1.Picture=LoadPicture("H:\新 VB141011\VB 教材\例子代码\第 5 章\tupian.jpg")中的图片路径必须是自己计算机上真正存放图片的路径。

5.3 图像框

图像框（Image）只用来显示图形，不具有图片框的其他功能。

1. 属性

（1）Stretch（伸展）属性

该属性决定是否调整图形的大小以适应图形控件，其属性值为 True 或 False。当属性值设置为 True 时，表示图形大小能自动调整，以适应图像框的大小；当属性值设置为 False 时，表示控件大小能自动调整，来适应图形大小。该属性的默认值为 False。

（2）Picture（图片）属性

图像框的 Picture 属性和图片框的 Picture 属性相同。

【例 5-2】 设计程序，观察图像框中的图片在 Stretch 属性取不同值时的界面。

① 设计界面。

在窗体上添加 1 个图像框和 4 个命令按钮。

② 设置属性。

控件属性设置见表 5-2。

表 5-2 例 5-2 控件属性设置

控 件	属性名	属性值
图像框	Name	Image1
命令按钮	Name Caption	Command1 调整图形大小
命令按钮	Name Caption	Command2 调整控件大小
命令按钮	Name Caption	Command3 放大图形
命令按钮	Name Caption	Command4 缩小图形

设置属性后的界面如图 5-10 所示。

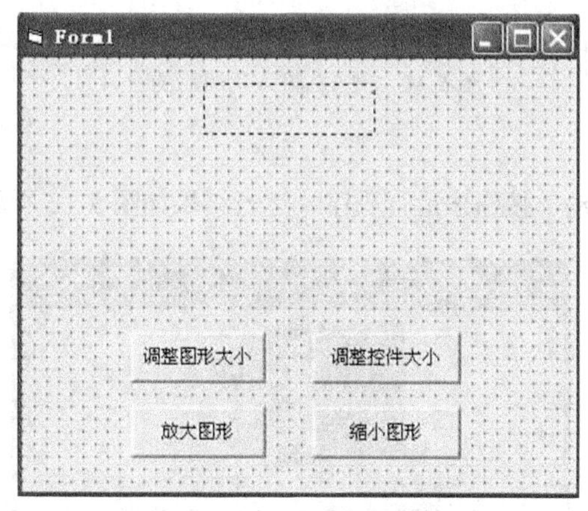

图 5-10 例 5-2 的设计界面

③ 编写代码。

双击窗体，打开代码窗口，输入如下代码：

```
Private Sub Form_Load()
  Image1.Picture = LoadPicture("H:\新 VB141011\VB 教材\例子代码\第 5 章\tupian.jpg")
End Sub
Private Sub Command1_Click()
  Image1.Stretch = True
```

```
End Sub
Private Sub Command2_Click()
  Image1.Stretch = False
End Sub
Private Sub Command3_Click()
  Image1.Width = Image1.Width * 2
  Image1.Height = Image1.Height * 2
End Sub
Private Sub Command4_Click()
  Image1.Width = Image1.Width \ 2
  Image1.Height = Image1.Height \ 2
End Sub
```

输入代码后的窗口如图 5-11 所示。

```
工程1 - Form1 (Code)
Command4                                Click
Private Sub Form_Load()
  Image1.Picture = LoadPicture("H:\新VB141011\VB教材\例子代码\第5章\tupian.jpg")
End Sub
Private Sub Command1_Click()
  Image1.Stretch = True
End Sub
Private Sub Command2_Click()
  Image1.Stretch = False
End Sub
Private Sub Command3_Click()
  Image1.Width = Image1.Width * 2 '将图形框的宽度扩大2倍
  Image1.Height = Image1.Height * 2 '将图形框的高度扩大2倍
End Sub
Private Sub Command4_Click()
  Image1.Width = Image1.Width \ 2 '将图形框的宽度缩小2倍
  Image1.Height = Image1.Height \ 2 '将图形框的高度缩小2倍
End Sub
```

图 5-11　例 5-2 输入代码后的窗口

④ 运行程序。

单击工具栏中的“启动”按钮运行程序，运行结果如图 5-12 所示。

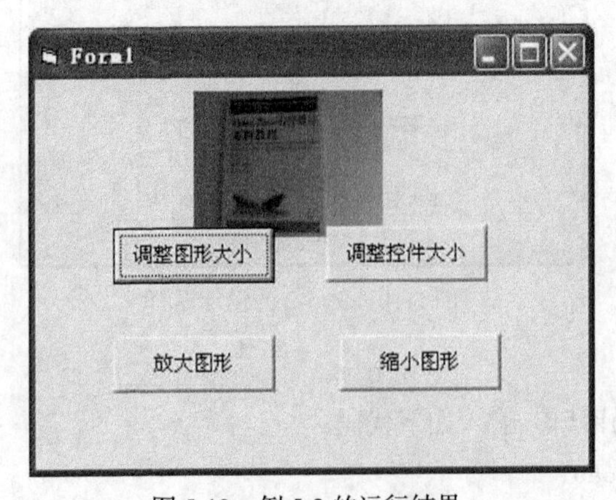

图 5-12　例 5-2 的运行结果

5.4　复选框和单选按钮

复选框（CheckBox）和单选按钮（OptionButton）用来表示状态，在程序运行期间可以改变其状态。复选框用"√"表示被选中，可以同时选择多个；在一组单选按钮中，只能选择其中的一个，当选中某个单选按钮时，其他单选按钮都处于未选定状态。

1. 属性

前面介绍的大多数属性，如 Name、Caption、Enabled、FontBold、FontItalic、FontName、FontSize、FontUnderline、Height、Left、Top、Visible、Width 等，都可用于复选框和单选按钮。此外，还可以使用下列属性。

（1）Value（值）属性

该属性用来表示复选框或单选按钮的状态。对于单选按钮来说，Value 属性可设置为 True 或 False。当设置为 True 时，该单选按钮是"选中"的，按钮的中心有一个原点⊙；如果设置为 False，则单选按钮是"未选中"的，按钮是一个圆圈○。

对于复选框来说，Value 属性有 0、1、2 共 3 个值。

0—Uncheckd（没有选择），表示没有选择该复选框。

1—Checked（选择），表示选中该复选框。

2—Grayed（灰色），表示该复选框被禁止（灰色）。

（2）Alignment（对齐）属性

该属性用来设置复选框或单选按钮控件标题的对齐方式，它可以在设计时设置，也可以在运行期间设置，格式如下：

对象.Alignment [= 值]

这里的"对象"可以是复选框或单选按钮，也可以是标签和文本框；"值"可以是数字 0 或 1，也可以是符号常量。当对象为复选框或单选按钮时，"值"的含义见表 5-3。

表 5-3　Alignment 属性取值

常　量	值	功　能
vbLeftJustify	0	控件左对齐，标题在控件右侧显示
vbRightJustify	1	控件右对齐，标题在控件左侧显示

（3）Style（式样）属性

该属性用来指定复选框或单选按钮的显示方式，以改善视觉效果，其取值见表 5-4。

表 5-4　Style 属性取值

常　量	值	功　能
vbButtonStandard	0	标准方式，同时显示控件和标题
vbButtonGranphical	1	图形方式，控件图形的样式显示，即复选框或单选按钮控件的外观与命令按钮类似

使用 Style 属性时，应该注意以下几点。

① Style 是只读属性，只能在设计时使用。

② 当 Style 属性被设置为 1 时，可以配合 Picture 属性、DownPicture 属性和 DisabledPicture 属性分别设置不同的图标或位图，用来表示未选定、选定和禁用。

③ Style 属性被设置为不同的值（0 或 1）时，其外观类似于命令按钮，但其作用与命令按钮是不一样的。

（4）Picture（图形）属性

该属性用来返回或设置控件中显示的图形。

（5）DownPicture（按下图形）属性

在 Style 属性设置为 1—Graphical（图形化）时，设置按钮按下状态时显示的图形。

（6）DisabledPicture（无效图形）属性

在 Style 属性设置为 1—Graphical（图形化）时，设置按钮无效时显示的图形。

2. 事件

复选框或单选按钮都可以接受 Click 事件，但通常不对复选框或单选按钮的 Click 事件进行处理。当单击复选框或单选按钮时，将自动变换其状态，一般不需要编写 Click 事件过程。

3. 复选框与单选按钮的区别

在一组复选框中，每个复选框都是独立的、互不影响的，可以任意选择它们的状态组合，可以全部选中、全部不选或同时使若干个复选框处于选中状态。

在一组单选按钮中，单选按钮间是相互排斥的，选中其中一个就会清除该组中其他按钮的选定状态。

4. 应用举例

复选框也称为检查框。执行应用程序时，单击复选框可以使“选”和“不选”交替起作用。也就是说，单击一次为“选”（复选框中出现“√”记号），再单击一次变成“不选”（复选框中的“√”消失）。每单击一次复选框，都会产生一个 Click 事件，分别以“选”和“不选”响应。

【例 5-3】 用单选按钮控制文本框中的文本字体为“宋体”和“黑体”，用复选框控制文本的字形为“加粗”和“倾斜”。

① 设计界面。

新建窗体 Form1，在窗体上添加 5 个控件：1 个文本框、2 个复选框和 2 个单选按钮。

② 设置属性。

控件属性设置见表 5-5。

表 5-5　　例 5-3 控件属性设置

控　件	属性名	属性值
窗体	Name Caption Alignment	Form1 复选框和单选按钮 2-Center（居中）
文本框	Name Text	DisplayTxt 同学们，VB 很有趣吧！
复选框	Name Caption	BoldCheck 加粗
复选框	Name Caption	ItalicCheck 倾斜
单选按钮	Name Caption	SongOption 宋体
单选按钮	Name Caption	HeiOption 黑体

设置属性后的界面如图 5-13 所示。

③ 编写代码。

在代码窗口中输入如下代码：

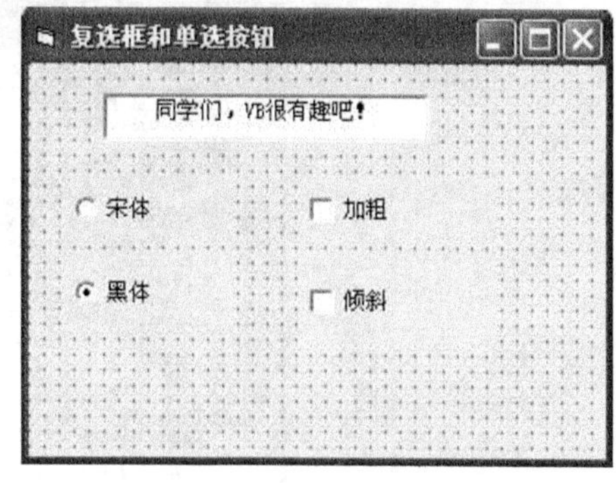

图 5-13　复选框和单选按钮界面

```
Private Sub Form_Load()
    displayTxt.FontSize = 18
End Sub
Private Sub Displaytxt_Change()
    If boldCheck.Value = 1 Then
      displayTxt.FontBold = True
    ElseIf ItalicCheck.Value = 1 Then
      displayTxt.FontItalic = True
    End If
    If songOption.Value = True Then
      displayTxt.FontName = "宋体"
    ElseIf heiOption.Value = True Then
      displayTxt.FontName = "黑体"
    End If
End Sub
Private Sub ItalicCheck_Click()
If ItalicCheck.Value = 1 Then
    displayTxt.FontItalic = True
Else
    displayTxt.FontItalic = False
End If
End Sub
Private Sub boldCheck_Click()
If boldCheck.Value = 1 Then
   displayTxt.FontBold = True
Else
   displayTxt.FontBold = False
End If
End Sub
Private Sub songOption_Click()
   displayTxt.FontSize = 20
   displayTxt.FontName = "宋体"
End Sub
Private Sub heiOption_Click()
   displayTxt.FontSize = 18
   displayTxt.FontName = "黑体"
End Sub
```

输入代码后的代码窗口如图 5-14 所示。

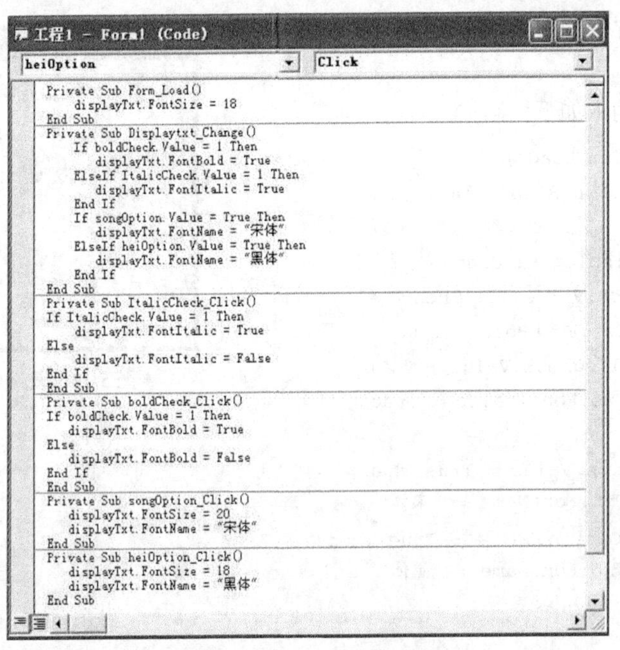

图 5-14　例 5-3 代码窗口

④ 运行程序。

按【F5】键运行程序，运行界面如图 5-15 所示。

单击“宋体”单选按钮，可以看到文本框中的文本字体变成“宋体”，再单击“黑体”单选按钮，可以看到文本框中的文本字体变成“黑体”；单击“加粗”和“倾斜”复选框，可以看到文本框中的文本字形变成“加粗”和“倾斜”效果，如图 5-16 所示。

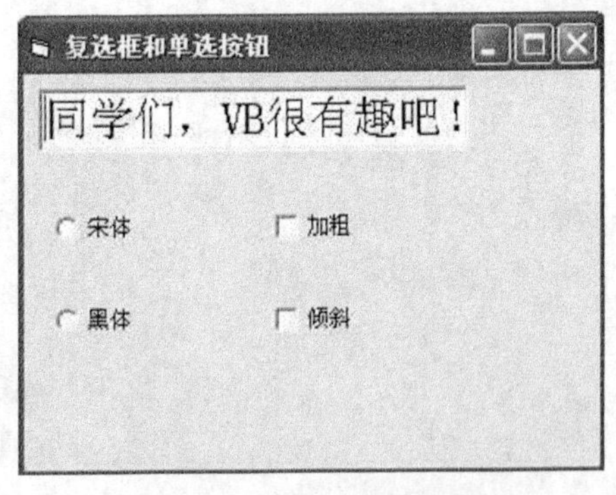

图 5-15　例 5-3 运行界面

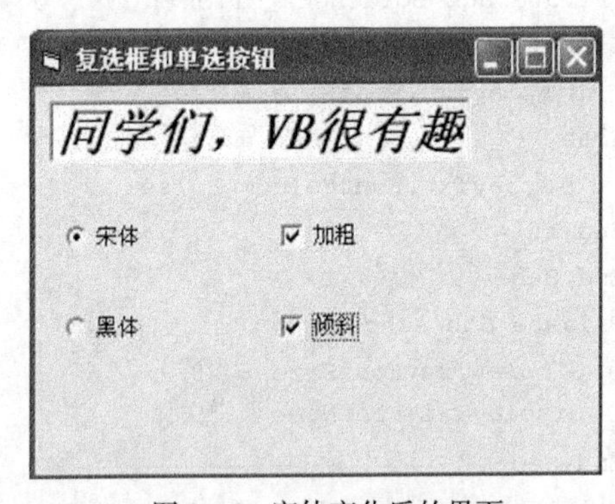

图 5-16　字体变化后的界面

5.5　列表框

利用列表框（ListBox）可以选择所需要的表项，可以通过单击某一项选择自己所需要的表项。列表框的默认名称为 Listx（x 为 1，2，3，…）。如果表项太多，超出了列表框设计时的长度或宽度，Visual Basic 6.0 会自动给列表框加上垂直滚动条或水平滚动条。为了能正确操作，列表框的高度应不少于 3 行。

1. 属性

列表框所支持的标准属性包括 Caption、Enabled、FontBold、FontItalic、FontName、FontSize、FontUnderline、Height、Left、Name、Top、Visible、Width 等。此外，列表框还具有以下特殊属性。

（1）List（列表）属性

该属性用来列出列表框表项的内容。List 属性是一个字符串数组，保存了列表框中的所有值。可以通过下标访问数组中的值（下标值从 0 开始），其格式如下：

```
str$=[列表框.]List(下标)
```

例如：`str$=List1.List(8)　'列出列表框 List1 第 9 项的内容`

也可以改变数组中已有的值，格式如下：

```
[列表框.]List(下标) = str$
```

例如：`List1.List(6)= "Visual Basic"`

（2）Text（文本）属性

该属性用于存放被选中列表项的文本内容。该属性为只读属性，不能在属性窗口或代码中设置，只能在代码中通过引用 Text 属性值，来获取当前选定列表项的内容。

（3）Columns（列数）属性

该属性用来确定列表框的列数，当该属性设置为 0（默认）时，所有的表项呈单列显示。当该属性设置为 1 时，列表框呈多行多列显示；如果大于 1 且小于列表框中的表项数，则列表框呈单行多列显示。默认设置为 0 时，如果列表项的总高度超过了列表框的高度，将在列表框的右边加上一个垂直滚动条，可以通过它上下移动列表。当 Columns 的设置值不为 0 时，如果表项的总高度超过了列表框的高度，将把部分列表项移到右边一列或几列显示。当各列的宽度之和超过列表框宽度时，将自动在底部增加一个水平滚动条。

（4）ListCount（表项数目）属性

该属性列出列表框中表项的总数。列表框中表项的排列从 0 开始，最后一项的序号为 ListCount-1。例如，执行 N=List1.ListCount 后，N 的值为列表框 List1 的表项总数。

（5）ListIndex（表项索引值）属性

该属性表示运行时已选中的表项的序号。表项的位置由索引值指定，第一项索引值为 0，第二项索引值为 1，依此类推。如果没有选中任何项，ListIndex 的值为−1。在程序中设置 ListIndex 后，被选中的条目将反相显示。

该属性不能在设计时设置，只有在程序运行时才起作用。

（6）Selected（选择）属性

该属性是一个逻辑数组，各个元素的值为 True 或 False，每个元素与列表框相对应。当元素的值为 True 时，表明选择了该项；当元素的值为 False 时，表示未选择该项。用下面的语句可以检查指定的表项是否被选择：

```
列表框.Selected(索引值)
```

“索引值”从 0 开始，实际上是数组的下标。上面的语句返回一个逻辑值（True 或 False），用下面的语句可以选择指定的表项或取消已选择的表项：

```
列表框名.Selected(索引值)=True|False
```

（7）MultiSelect（选择多项）属性

该属性用来设置一次可以选择的表项数。对于一个标准列表框，该属性的设置决定了是否可以在列表框中选择多个表项。MultiSelect 属性有以下 3 个值。

0—None（不能多项）：每次只能选择一项，如果选择另一项，则会取消对前一项的选择，如同单选按钮一样。

1—Simple（简单多选）：可以同时选择多项，后续的选择不会取消前面所选择的项，可以用鼠标或空格键选择。

2—Extended（扩展多选）：可以用多种方法选择指定范围内的多项。选择方法具体说明如下。

① 用鼠标单击，只能选择一项，类似 0—None。

② 按【Ctrl】键不放，单击列表框中的项目，则可不连续地选择多个表项，类似 1—Simple。

③ 单击所要选择的范围的第一项，然后按【Shift】键不放，再单击所要选择的范围的最后一项，则可连续地选择多个表项。

④ 按下鼠标左键拖曳，可以对项目圈选。

如果选择了多个表项，ListIndex 和 Text 的属性只表示最后一次的选择值。为了确定所要选择的表项，必须检查 Selected 属性的每一个元素。

（8）SelCount（选定数目）属性

如果 MultiSelect 属性设置为 1（Simple）或 2（Extended），则该属性用于读取列表框中所选项目的数目。通常，它与 Selected 一起使用，以处理控件中的所选项目。

（9）Sorted（排序）属性

该属性用来确定列表框中的表项是否按字母、数字升序排列。如果 Sorted 的属性设置为 True，则表示按字母或数字升序排列；如果设置为 False（默认），则表项将按加入列表的先后次序排列。

（10）Style（式样）属性

该属性用来确定控件的外观式样，只能在设计时起作用。其属性值可以设置为 0—Standard（标准形式）、1—Checkbox（复选框形式）。

2. 事件

列表框接收 Click 事件和 DblClick 事件，但有时不用编写 Click 事件过程代码，而是当单击一个命令按钮或发生 DbClick 事件时，读取 Text 属性。

3. 方法

列表框常用的方法有 AddItem、Clear、RemoveItem 等，用来在运行期间修改列表框的内容。

（1）AddItem（添加项目）方法

功能：该方法用来在列表框中添加一个表项。

格式：`Listname. AddItem  item[,Index]`

说明：

① Listname：列表框的名称。

② item：项目字符串表达式，文本内容为加入“列表框”中的项目。

③ Index：索引值。如果省略“索引值”，则文本被放在列表框的尾部。“索引值”可以指定插入项在列表框中的位置，表中的项目从 0 开始记数，“索引值”不能大于（表中项数-1）。该方法只能单个地向表中添加项目。

（2）Clear（清除）方法

功能：该方法用来清除列表框中的全部表项。

格式：`Listname.Clear`

说明：执行 Clear 方法后，ListCount 属性重新设置为 0。

（3）RemoveItem（移走项目）方法

功能：该方法用来删除列表框中指定的表项。

格式：`Listname. RemoveItem Index`

说明：RemoveItem 方法从列表框中删除以“Index”值为地址的表项。该方法每次只能删除一个表项。

```
例如：List1.AddItem "VB", 0        '把字符串“VB”加到列表框 List1 的开头
      List1.RemoveItem, 0          '删除列表框开头的一项
```

【例 5-4】 在列表框中列出学生第一学期所开设的课程：高等数学、英语、大学计算机基础、电工电子、形势与政策、体育。选择“大学计算机基础”，在文本框中显示“大学计算机基础的授课教师是刘老师!”。

① 设计界面。

在工程中添加窗体 Form1，然后在窗体上添加 1 个列表框、1 个文本框和 1 个命令按钮。

② 设置属性。

在属性窗口中设置文本框“Text1”的“Text”属性为空；选择窗体中的列表框控件“List1”，在属性窗口中选择“List”属性，单击右边的下拉按钮，在弹出的下拉列表中输入第一项内容；按【Ctrl+Enter】组合键换行，输入第二项内容；输入最后一项内容时，按【Enter】键结束输入，如图 5-17 所示。设置命令按钮控件“Command1”的“Caption”属性为“确定”。设置属性后的界面如图 5-18 所示。

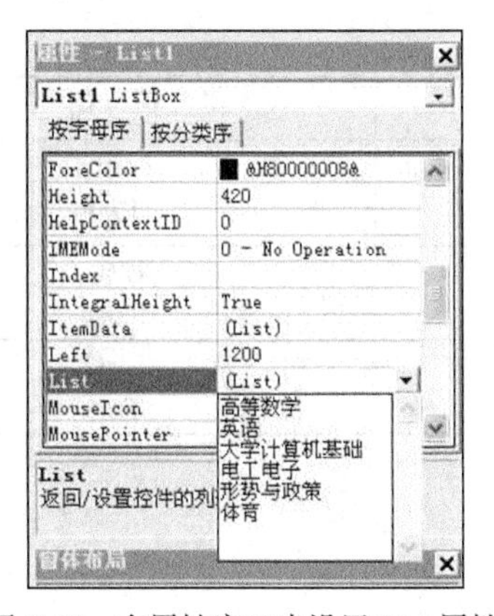

图 5-17　在属性窗口中设置 List 属性

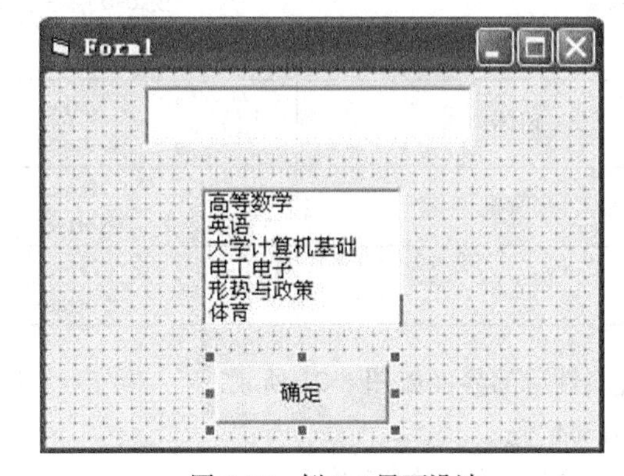

图 5-18　例 5-4 界面设计

③ 编写代码。

在代码窗口中输入如下代码：

```
Private Sub Command1_Click()
  If List1.Selected(2) = True Then
    Text1.Text = List1.Text & "的授课教师是刘老师！"
  End If
End Sub
```

输入代码后的代码窗口如图 5-19 所示。

④ 运行程序。

单击工具栏中的"启动"按钮▸运行程序。在列表框中选择表项"大学计算机基础"，单击"确定"按钮，运行结果如图 5-20 所示。

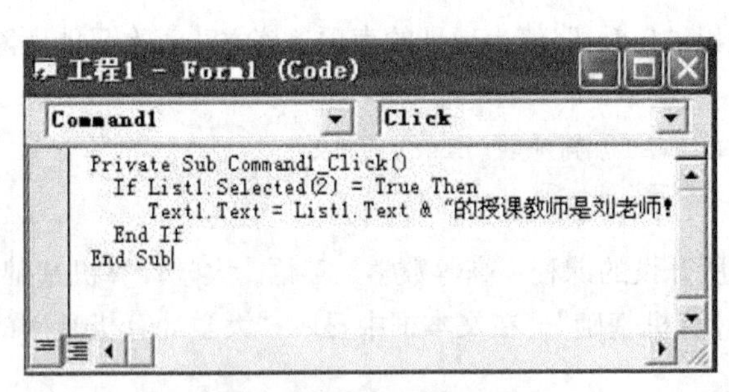

图 5-19 例 5-4 代码窗口

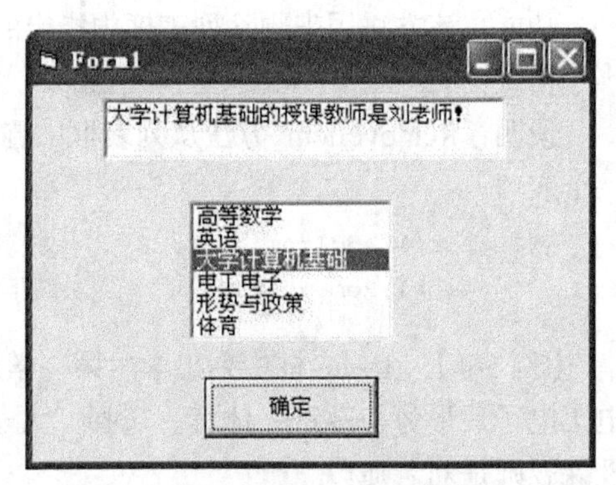

图 5-20 例 5-4 运行结果

【例 5-5】 交换两个列表框中的表项。

要求：其中一个列表框中的表项按字母升序排列，另一个列表框中的表项按加入的先后顺序排列。当双击某个表项时，该表项从本列表框中消失，并出现在另一个列表框中。

① 设计界面。

在窗体上添加两个列表框。

② 设置属性。

属性设置见表 5-6。

表 5-6 例 5-5 属性设置

控 件	属性名	属性值
窗体	Name Caption	Form1 列表框
列表框	Name Sorted	List1 False
列表框	Name Sorted	List2 True

设置属性后的界面如图 5-21 所示。

③ 编写代码。

在代码窗口中输入如下代码：

```
Private Sub Form_Load()
  List1.FontSize = 11
  List2.FontSize = 11
  List1.AddItem "时事政治"
  List1.AddItem "教育法规"
  List1.AddItem "教师职业道德"
  List1.AddItem "计算机应用"
  List1.AddItem "工程制图"
  List1.AddItem "电工电子"
  List1.AddItem "力学"
```

```
  List1.AddItem "管理学"
  List1.AddItem "经济学"
End Sub
Private Sub List1_DblClick()
  List2.AddItem List1.Text
  List1.RemoveItem List1.ListIndex
End Sub
Private Sub List2_Click()
  List1.AddItem List2.Text
  List2.RemoveItem List2.ListIndex
End Sub
```

输入代码后的代码窗口如图 5-22 所示。

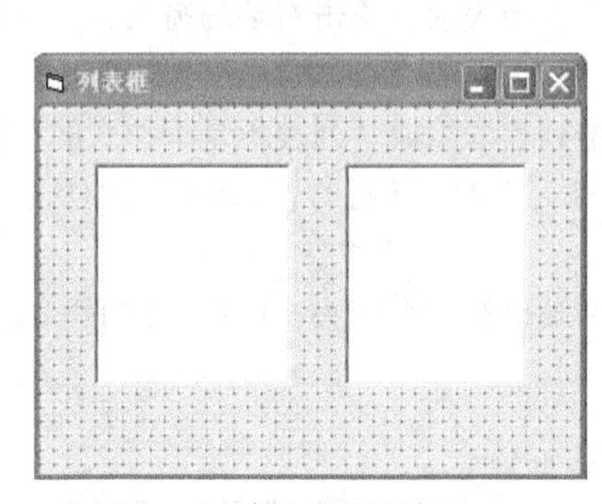

图 5-21　例 5-5 的设计界面

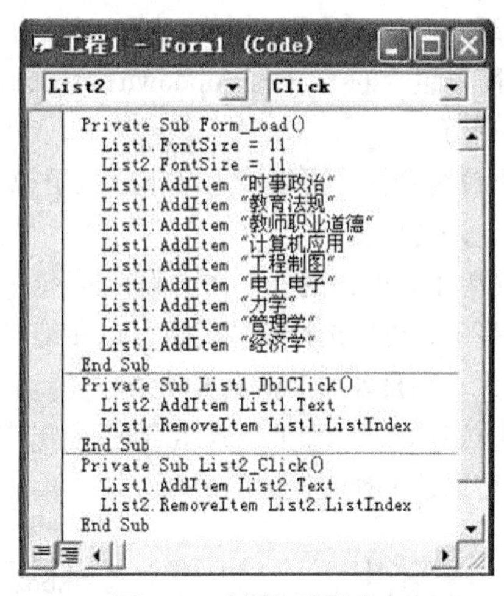

图 5-22　例 5-5 代码窗口

④ 运行程序。

单击工具栏中的“启动”按钮 ▸ 运行程序。Form_Load 过程用来初始化列表框，并把每个表项加到列表框 List1 中，各个表项按加入的先后顺序排列。“列表框”运行界面如图 5-23 所示。

当双击列表框 List1 中的某一项时，该项被删除并被放到列表框 List2 中。当单击列表框 List2 中的某一项时，该项被删除并被放到列表框 List1 中，如图 5-24 所示。

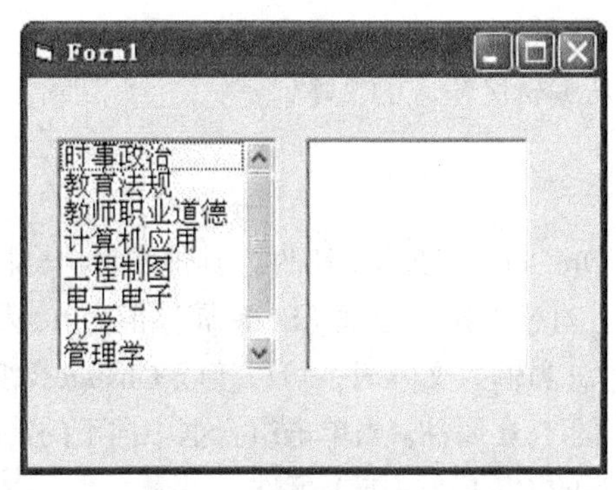

图 5-23　“列表框”运行界面

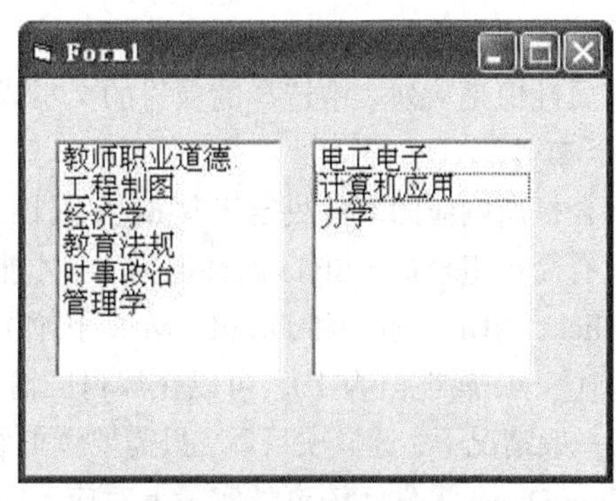

图 5-24　双击列表框中的表项

5.6 组合框

组合框（ComboBox）是将列表框和文本框的特性组合而成的控件。组合框可以将一个文本框和列表框组合为单个控制窗口。也就是说，组合框是一种独立的控件，但它兼有列表框和文本框的功能。它可以像列表框一样，通过鼠标选择所需要的表项，也可以像文本框一样，用输入的方式选择表项。

1. 属性

列表框的属性基本上都可用于组合框。此外，它还具有自己的一些属性。

（1）Style（类型）属性

这是组合框的一个重要属性，其取值可为 0—DropDown ComboBox（下拉组合框）、1—Simple Combo（简单组合框）、2—Dropdown ListBox（下拉列表框），它决定了组合框 3 种不同的类型，如图 4-25 所示。

① 下拉组合框：可以输入文本或从下拉列表中选择表项。单击右端的箭头，可以下拉显示表项，并允许选择。

② 简单组合框：由一个文本编辑区和一个标准列表框组成。列表不是下拉式的，而是一直显示在屏幕上，可以选择表项，也可以在编辑区中输入文本。运行时，如果项目的总高度比组合框的高度大，则自动加上垂直滚动条。

③ 下拉列表框：和下拉式组合框一样，它的右端也有一个箭头，可供“拉下”或“收起”列表框，可以选择列表框中的表项。

图 5-25　3 种“组合框”

下拉组合框和下拉列表框的主要区别：下拉组合框允许在编辑区输入文本，下拉列表框只能从下拉列表框中选择表项，不允许输入文本。

（2）Text（文本）属性

该属性值是从列表中选择的项目的文本或直接从编辑区输入的文本。

2. 事件

组合框所响应的事件决定于其 Style 属性。

只有简单组合框（Style 属性值为 1）才能接收 DblClick（双击）事件，其他两种组合框可以接收 Click（单击）事件和 DropDown（下拉）事件。对于下拉组合框（Style 属性值为 0）和简单组合框（Style 属性值为 1），可以在编辑区输入文本，当输入文本时，可以接收 Change（变化）事件。一般情况下，选择项目后，只需要读取组合框的 Text 属性。当单击组合框中向下的箭头时，触发 DropDown 事件，该事件实际上对应于向下箭头的 Click（单击）事件。

3. 方法

前面介绍的 AddItem、Clear 和 RemoveItem 方法也适用于组合框，其用法与在列表框中相同。

【例 5-6】 在列表框中选择微型计算机的硬件配置，主要包括机型、主板、CPU 主频、内存、硬盘等，并显示出来。

① 设计界面。

在窗体上添加 5 个标签、5 个组合框和 2 个命令按钮。

② 设置属性。

控件属性设置见表 5-7。

表 5-7　例 5-6 控件属性设置

控　件	属性名	属性值
窗体	Name Caption	Form1 微型计算机硬件配置
标签	Name Caption	Label1 机型
标签	Name Caption	Label2 主板
标签	Name Caption	Label3 CPU 主频
标签	Name Caption	Label4 内存
标签	Name Caption	Label5 硬盘
组合框	Name Style	Combo1 1
组合框	Name Style	Combo2 2
组合框	Name Style	Combo3 0
组合框	Name Style	Combo4 1
组合框	Name Style	Combo5 2
命令按钮	Name Caption	Command1 确定
命令按钮	Name Caption	Command2 取消

设置属性后的界面如图 5-26 所示。

添加组合框控件“Combo1”和“Combo4”时，由于其“Style”属性值设置为“1—Simple Combo”，所以必须将其画得大一些，这样才能将列表项全部显示到列表框中。

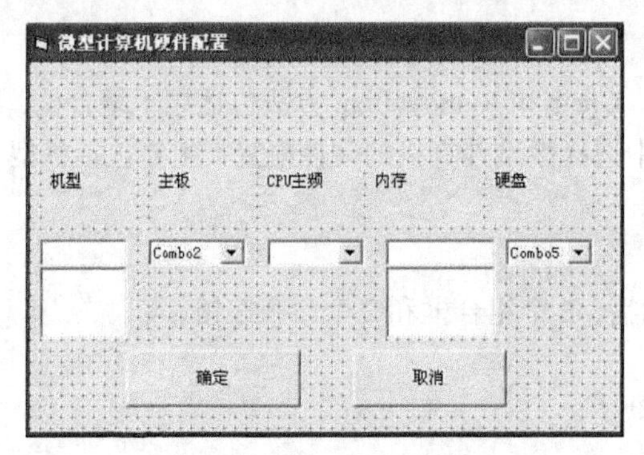

图 5-26　例 5-6 界面设计

③ 编写代码。

在代码窗口中输入如下代码：

```
Private Sub Form_Load()
  Combo1.AddItem "方正"
  Combo1.AddItem "清华同方"
  Combo1.AddItem "IBM"
  Combo1.AddItem "联想"
  Combo1.AddItem "惠普"
  Combo2.AddItem "华硕"
  Combo2.AddItem "技嘉"
  Combo3.AddItem "Pentium 4 2.0G"
  Combo3.AddItem "Pentium 4 1.0G"
  Combo3.AddItem "Pentium 4 1.2G"
  Combo3.AddItem "Pentium 4 1.5G"
  Combo3.AddItem "Pentium 4 1.7G"
  Combo4.AddItem "64MB"
  Combo4.AddItem "128MB"
  Combo4.AddItem "256MB"
  Combo5.AddItem "40GB"
  Combo5.AddItem "60GB"
  Combo5.AddItem "80GB"
  Combo5.AddItem "160GB"
  Combo5.AddItem "240GB"
End Sub
Private Sub Command1_Click()
  Print "所选择的配置为："
  Print "机型：  "; Combo1.Text
  Print "主板：  "; Combo2.Text
  Print "CPU 主频 ：  "; Combo3.Text
  Print "内存：  "; Combo4.Text
  Print "硬盘：  "; Combo5.Text
End Sub
Private Sub Command2_Click()
  End
End Sub
```

④ 运行程序。

单击工具栏中的“启动”按钮▸运行程序，运行界面如图 5-27 所示。

在 5 个组合框中依次选定“清华同方”“华硕”“Pentium 4 2.0G”“256MB”“160GB”，单击“确定”按钮，在窗口中输出所选择的配置，如图 5-28 所示。

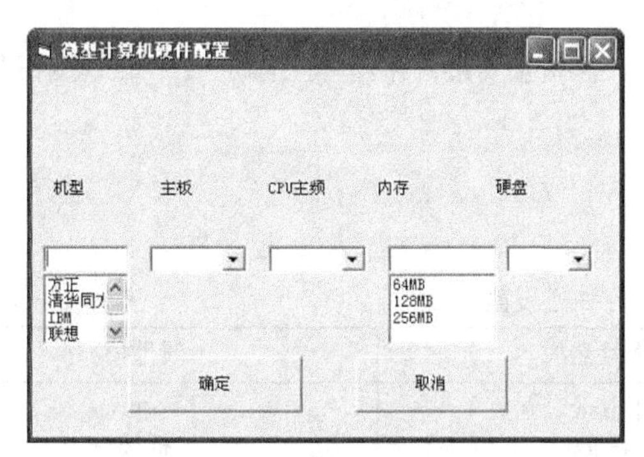

图 5-27　例 5-6 运行界面

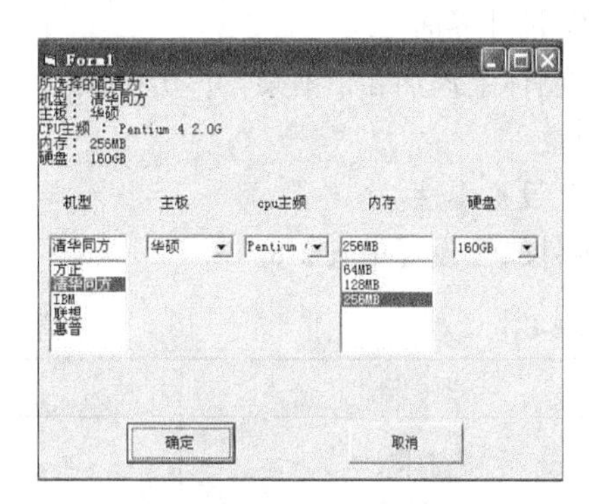

图 5-28　显示配置

5.7　框　架

框架（Frame）是一个容器控件，用于将屏幕上的对象进行分组。不同的对象可以放在同一个框架中。框架提供了视觉上的区分和总体的激活/屏蔽特性。

1. 属性

框架的属性包括常见的 Name（名称）、Caption（标题）、Enabled（有效）、FontBold（加粗）、FontName（字体）、FontUnderline（下画线）、Height（高度）、Left（左边）、Top（顶端）、Visible（可见）、Width（宽度）等。

对于框架来说，通常把 Enabled 属性设置为 True，这样才能保证框架内的对象是“活动”的。如果把框架的 Enabled 属性设置为 False，则其标题会变灰，框架中的所有对象，包括文本框、命令按钮及其他对象，均被屏蔽。

2. 事件

框架常用的事件是 Click 和 DblClick，它不接受用户输入，不能显示文本和图形，也不能与图形相连。

3. 框架的使用

使用框架的主要目的是为了对控件进行分组，即把指定的控件放到框架中。为此，需要首先画出框架，然后在框架内画出需要成为一组的控件，这样才能使框架内的控件成为一个整体与框架一起移动。

如果需要对窗体上已有的控件进行分组，并把它们放到一个框架内，操作步骤如下。

① 选择需要分组的控件。

② 选择“编辑”|“剪切”命令，把选择的控件放入剪贴板。

③ 在窗体上画一个框架控件，把 Enabled 属性设置为 True。

④ 选择“编辑”|“粘贴”命令。

如果要选择框架内的控件，需要把 Enabled 属性设置为 False，然后按下【Ctrl】键不放，拖曳鼠标选定控件。

当需要在同一窗体上建立几组相互独立的单选按钮时，需要通过框架为单选按钮分组，使得在一个框架内的单选按钮为一组，每个框架内的单选按钮的操作都不影响其他组的单选按钮。

【例 5-7】 设计程序，对文本框中显示的文本设置其字体类型和字号大小。

① 设计界面。

在窗体上添加 2 个框架，每个框架内添加 2 个单选按钮，在窗体上添加 2 个命令按钮和 1 个文本框。

② 设置属性。

控件属性设置见表 5-8。

表 5-8 例 5-7 控件属性设置

控　件	属性名	属性值
窗体	Name Caption	Form1 框架
框架	Name Caption	Frame1 字体
框架	Name Caption	Frame2 字号
单选按钮	Name Caption	Option1 楷体
单选按钮	Name Caption	Option2 黑体
单选按钮	Name Caption	Option3 12
单选按钮	Name Caption	Option4 18
命令按钮	Name Caption	Command1 确定
命令按钮	Name Caption	Command2 取消
文本框	Name Caption	Text1 Visual Basic 6.0 程序设计

设置属性后的界面如图 5-29 所示。

③ 编写代码。

在代码窗口中输入如下代码：

```
Private Sub Command1_Click()
   If Option1 Then
      Text1.FontName = "楷体_GB2312"
   Else
      Text1.FontName = "黑体"
   End If
   If Option3 Then
      Text1.FontSize = 12
   Else
      Text1.FontSize = 18
```

```
    End If
End Sub
Private Sub Command2_Click()
    End
End Sub
```

④ 运行程序。

按【F5】键运行程序，在框架中选择需要的字体“黑体”和字号“18”，单击“确定”按钮，可以看到文本框中的字体发生了改变，运行结果如图 5-30 所示。

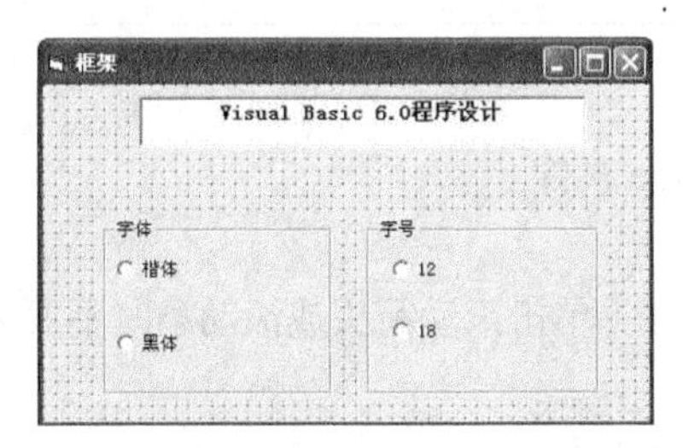

图 5-29　例 5-7 界面设计

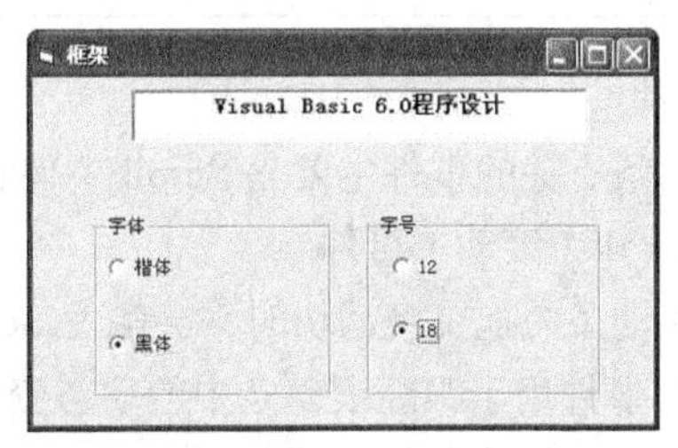

图 5-30　例 5-7 运行结果

5.8　水平滚动条和垂直滚动条

滚动条分为水平滚动条（HScrollBar）和垂直滚动条（VScrollBar），用来在窗口上帮助观察数据或确定位置。

1. 属性

一般情况下，水平滚动条的值从左向右递增，最左端代表最小值（Min），最右端代表最大值（Max）；垂直滚动条的值由上往下递增，最上端代表最小值，最下端代表最大值。滚动条的值均以整数表示，其取值范围为−32 768 ~ 32 767。

滚动条的坐标系与它当前的尺寸大小无关。可以把每个滚动条当做有数字刻度的直线，从一个整数到另一个整数。这条直线的最小值和最大值分别在该直线的左、右端点或上、下端点，其值分别赋予属性 Min 和 Max，直线上的点数为 Max-Min。滚动条的长度（像素值）与坐标系无关。

滚动条的属性用来标识滚动条的状态，除支持 Enabled、Height、Left、Caption、Top、Visible、Width 等标准属性外，还具有以下属性。

（1）Min（最小值）属性

Min 属性代表滚动条所能表示的最小值，取值范围为−32768 ~ 32 767。当滚动框位于最左端或最上端时，Value 属性取该值。

（2）Max（最大值）属性

Max 属性代表滚动条所能表示的最大值，取值范围同 Min。当滚动框位于最右端或最下端时，Value 属性将被设置为该值。

设置 Max 和 Min 属性后，滚动条被分为 Max-Min 个间隔。当滚动块在滚动条上滑动时，其属性 Value 值也随之在 Max 和 Min 之间变化。

（3）SmallChange（最小变化）属性

单击滚动条两端的箭头时，Value 属性增加或减少的值。

（4）LargeChange（最大变化）属性

单击滚动条中滚动块前面或后面的部位时，Value 属性增加或减少的值。

（5）Value（当前位置）属性

该属性值表示滚动块在滚动条上的当前位置。如果在程序中设置该值，则把滚动块移到相应的位置。

Value 属性值的范围不能超出 Max 和 Min 之外。

2. 事件

与滚动条有关的事件主要是 Scroll 事件和 Change 事件。

（1）Scroll（滚动）事件

当在滚动条内拖曳滚动块时，会触发 Scroll 事件（单击滚动箭头或滚动条时不发生 Scroll 事件）。Scroll 事件用于跟踪滚动条中的动态变化。

（2）Change（改变）事件

改变滚动条的位置后会触发 Change 事件。Change 事件用来得到滚动条的最后的值。

【例 5-8】设计一个程序，显示单击滚动条的箭头、滑块和滚动条的空白区域 Value 值的变化情况。

① 设计界面。

在窗体中添加 2 个标签、2 个文本框、1 个垂直滚动条和 1 个水平滚动条，如图 5-31 所示。

② 设置属性。

控件属性设置见表 5-9。

表 5-9　　例 5-8 控件属性设置

控　件	属性名	属性值
窗体	Name Caption	Form1 滚动条
标签	Name Caption	Label1 水平滚动条进度
标签	Name Caption	Label2 垂直滚动条进度
文本框	Name Text	Text1 ""
文本框	Name Text	Text2 ""
滚动条	Name LargeChange Max Min SmallChange	HScrollBar1 20 200 0 2
滚动条	Name LargeChange Max Min SmallChange	VScrollBar1 20 200 0 2

设置属性后的界面如图 5-31 所示。

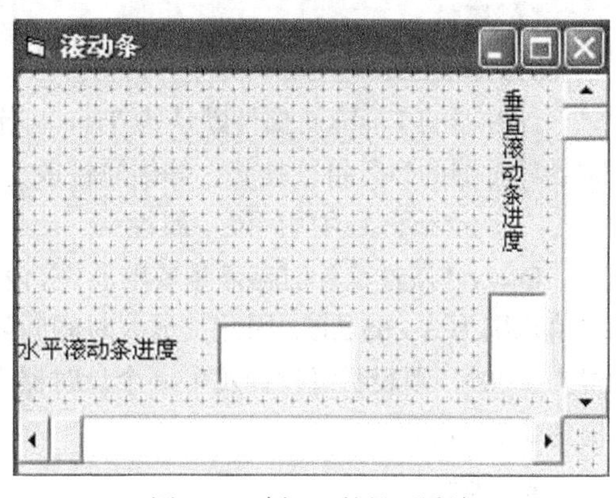

图 5-31　例 5-8 的界面设计

③ 编写代码。

在代码窗口输入如下代码：

```
Private Sub HScroll1_Change()
  Text1.Text = Str$(HScroll1.Value)
End Sub
Private Sub HScroll1_Scroll()
  Text1.Text = Str$(HScroll1.Value)
End Sub
Private Sub VScroll1_Change()
  Text2.Text = Str$(VScroll1.Value)
End Sub
Private Sub VScroll1_Scroll()
  Text2.Text = Str$(VScroll1.Value)
End Sub
```

输入代码后的代码窗口如图 5-32 所示。

④ 运行程序。

按【F5】键运行程序。单击滚动条两端的箭头，滚动块所在位置的值以 2 为单位变化；单击滚动条的灰色区域，滚动块所在位置的值以 10 为单位变化；用鼠标拖曳滚动块，值随拖曳的幅度大小以不定值变化。“滚动条”运行界面如图 5-33 所示。

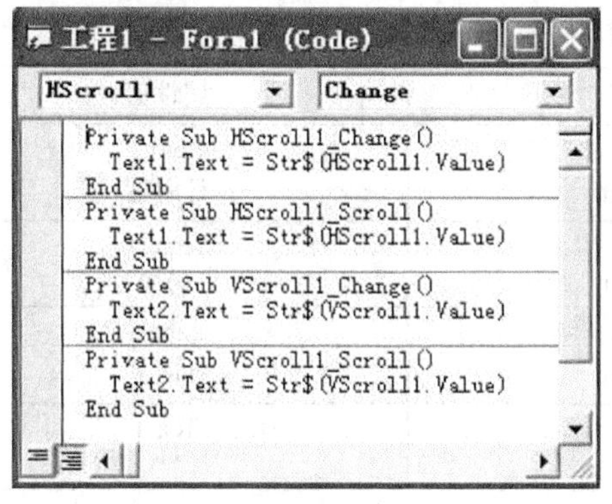

图 5-32　例 5-8 代码窗口

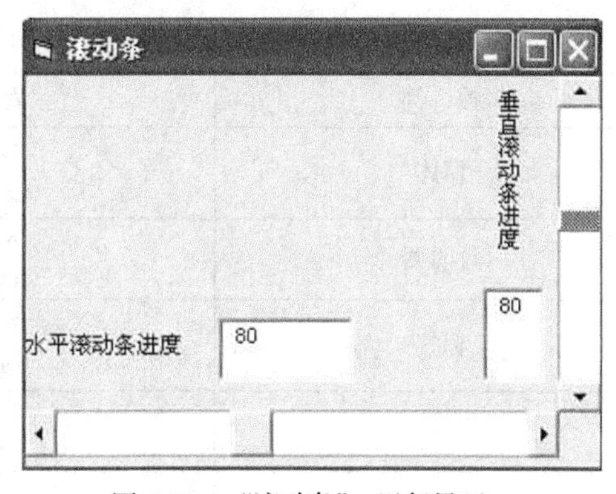

图 5-33　“滚动条”运行界面

5.9　计时器

Visual Basic 6.0 可以利用系统内部的计时器（Timer）报时，而且提供了定制时间间隔的功能，可以自行设置每个计时器事件的间隔。

所谓时间间隔，指的是相邻计时器事件发生的时间间隔，它以毫秒（千分之一秒）为单位。在大多数个人计算机中，计时器每秒钟最多可产生 18 个事件，即两个事件之间的间隔为 56/1 000s。也就是说，时间间隔的准确度不会超过 1/18s。

1. 属性

（1）Enabled（有效）属性

计时器的 Enabled 属性默认为 True。当属性值为 True 时，计时器被启动；当属性值为 False 时，计时器的运行将被挂起，等候属性改为 True 时才继续运行。

（2）Interval（时间间隔）属性

Interval 属性是计时器最重要的属性，该属性用来设置计时器事件之间的间隔，以毫秒为单位，取值范围为 0～65 535，因此其最大时间间隔不能超过 65s。60 000ms 为 1min，如果把 Interval 设置为 1 000，则表明每秒钟发生一个计时器事件。如果希望每秒产生 *n* 个事件，则属性 Interval 的值为 1 000/*n*。

2. 事件

计时器支持 Timer 事件。对于一个含有计时器控件的窗体，每经过一段由属性 Interval 指定的时间间隔，就产生一个 Timer 事件。

在 Visual Basic 6.0 中，可以用 Timer 函数获取系统时钟的时间，Timer 事件是 Visual Basic 6.0 模拟实时计时器的事件，这是两个不同的时间系统。

【例 5-9】 设计一个计时器，通过单击命令按钮，控制计时器的启用和停止。

① 设计界面。

在窗体中添加 1 个计时器、1 个标签、1 个文本框和 2 个命令按钮。

② 设置属性。

控件属性设置见表 5-10。

表 5-10　　例 5-9 控件属性设置

控　件	属性名	属性值
窗体	Name Caption	Form1 计时器
计时器	Name Interval	Timer1 1000
标签	Name Caption	Label1 计时器
文本框	Name Text	Text1 “”
命令按钮	Name Caption	Command1 启用
命令按钮	Name Caption	Command2 停止

设置属性后的界面如图 5-34 所示。

③ 编写代码。

在代码窗口中输入如下代码：

```
Private Sub Timer1_Timer()
  Text1.FontName = "Times New Roman"
  Text1.FontSize = 30
  Text1.Text = Time$
End Sub
Sub Command1_Click()
```

```
  Timer1.Enabled = True
End Sub
Sub Command2_Click()
  Timer1.Enabled = False
End Sub
```

输入代码后的代码窗口如图 5-35 所示。

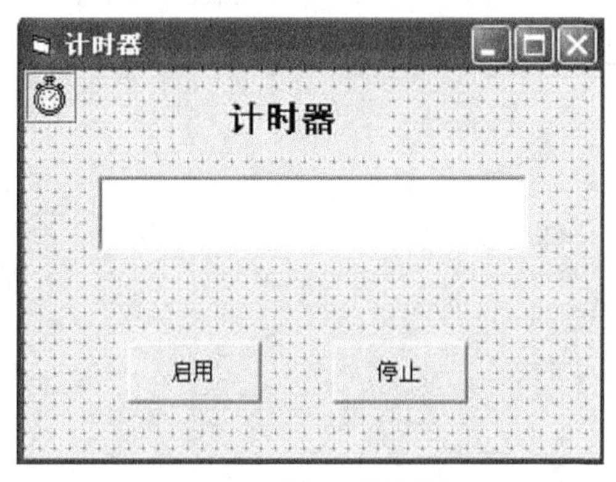

图 5-34　例 5-9 的设计界面

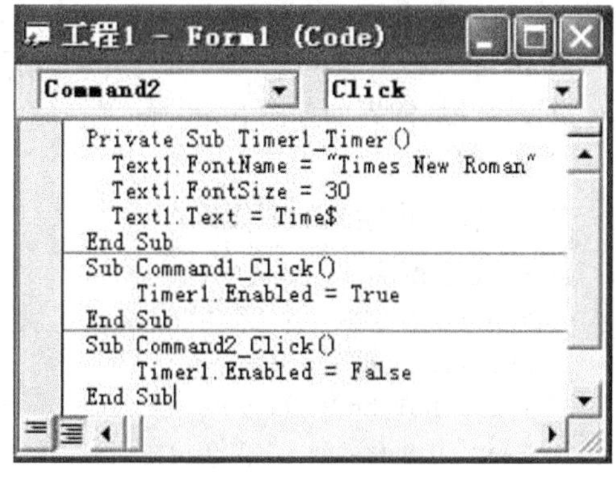

图 5-35　例 5-9 代码窗口

④ 运行程序。

单击工具栏中的“启动”按钮 运行程序，屏幕上显示如图 5-36 所示的运行界面，设计的计时器控件已经隐藏。

单击界面上的“启用”按钮，由于代码中将计时器的 Enabled 属性设置为 True，使计时器按指定的时间间隔显示，如图 5-37 所示。

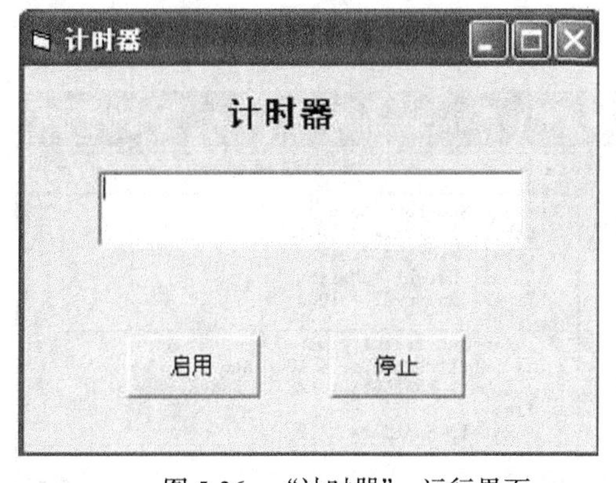

图 5-36　“计时器” 运行界面

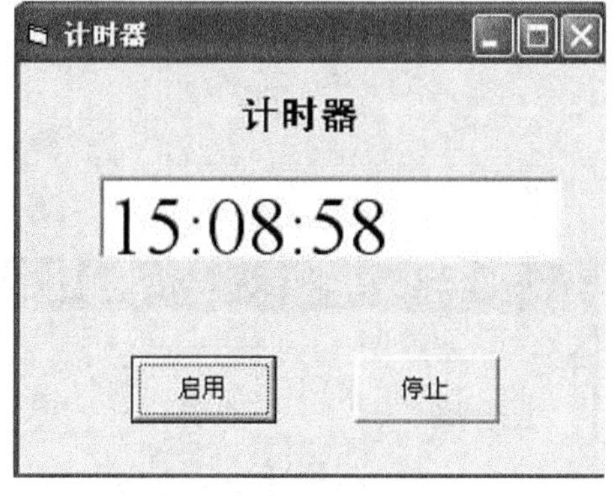

图 5-37　计时器启用

单击界面上的“停止”按钮，由于把 Enabled 属性设置为 False，所以使计时器停止计时。

【例 5-10】 用计时器实现字体的放大和缩小。

① 设计界面。

在窗体上添加 1 个标签控件和 1 个计时器控件。

② 设置属性。

控件属性设置见表 5-11。

表 5-11　　　　例 5-10 控件属性设置

控　件	属性名	属性值
窗体	Name Caption	Form1 放大缩小字体
计时器	Name Interval	Timer1 0
标签	Name Caption	Label1 放大字体

设置属性后的界面如图 5-38 所示。

③ 编写代码。

在代码窗口中输入如下代码：

```
Private Sub Form_Load()
  Label1.FontName = "黑体"
  Label1.Width = Width
  Label1.Height = Height
  Timer1.Interval = 1000
End Sub
Private Sub Timer1_Timer()
  If Label1.FontSize < 130 Then
    Label1.FontSize = Label1.FontSize * 1.3
  Else
    Label1.FontSize = 12
  End If
End Sub
```

输入代码后的代码窗口如图 5-39 所示。

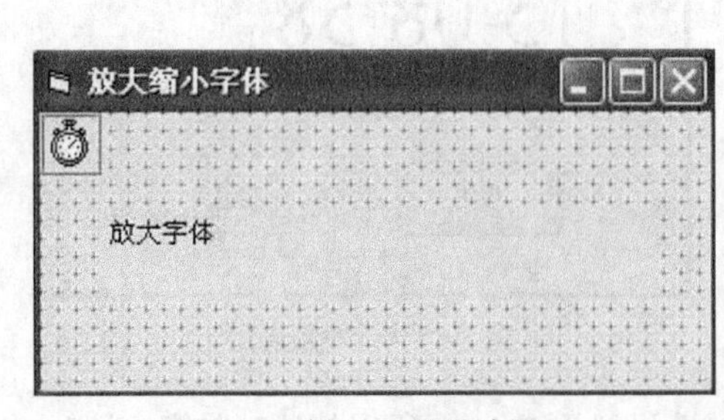

图 5-38　例 5-10 的设计界面

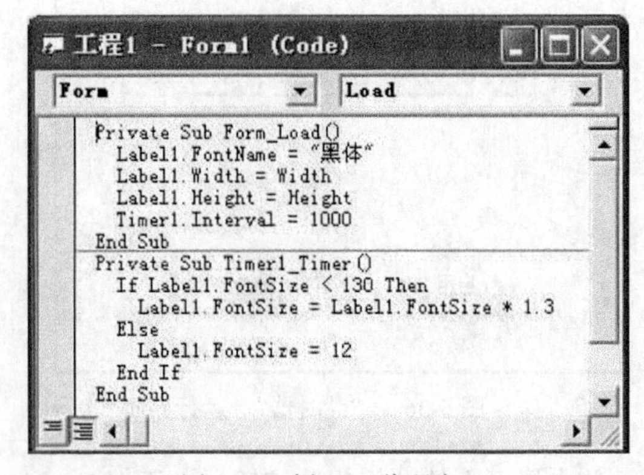

图 5-39　例 5-10 代码窗口

④ 运行程序。

单击工具栏中的“启动”按钮▸运行程序，运行界面如图 5-40 所示。在计时器的 Timer 事件过程中，判断标签的字体大小是否超过 130，如果没有超过，由于把计时器的 Interval 属性设置为 1 000，即 1s，则每隔 1s 字体扩大 1.3 倍，否则把字体恢复为 10。字体放大后如图 5-41 所示。

图 5-40　“放大缩小字体”运行界面

图 5-41　字体放大后

【例 5-11】 对案例 5 编程实现。设计“学生信息录入”界面，单击“确定”按钮，使录入信息在新窗体的文本框中显示出来。

① 设计界面。

窗体中添加的控件如图 5-1 所示。选择“工程”|“添加窗体”命令，添加窗体“Form2”。

② 设置属性。

窗体“Form1”中的控件属性设置见表 5-12。

表 5-12　窗体“Form1”中的控件属性设置

控　件	属性名	属性值
窗体	Name Caption	Form1 学生信息录入窗体
标签	Name Caption	Label11 学生信息录入
标签	Name Caption	Label2 学号
标签	Name Caption	Label3 姓名
标签	Name Caption	Label4 性别
标签	Name Caption	Label5 出生日期
标签	Name Caption	Label6 照片
标签	Name Caption	Label7 所在班级
标签	Name Caption	Label8 党员否
文本框	Name Text	Text1 ""
文本框	Name Text	Text2 ""
文本框	Name Text	Text3 ""
文本框	Name Text Multiline	Text4 "" True
框架	Name Caption	Frame1

续表

控　件	属性名	属性值
单选按钮	Name Caption	Option1 男
单选按钮	Name Caption	Option2 女
组合框	Name Text	Combo1 09 采煤 1
下拉列表框	Name List	List1 是 否
命令按钮	Name Caption	Command1 确定
命令按钮	Name Caption	Command2 取消
图片框	Name	Picture1

窗体 Form2 中的控件属性设置见表 5-13。

表 5-13　　窗体“Form2”中的控件属性设置

控　件	属性名	属性值
窗体	Name Caption	Form2 学生信息显示窗体
标签	Name Caption	Label11 学生信息显示
文本框	Name Text Multiline	Text1 "" True
命令按钮	Name Caption	Command1 清空
命令按钮	Name Caption	Command2 返回

设置属性后的窗体“Form2”界面设计如图 5-42 所示。

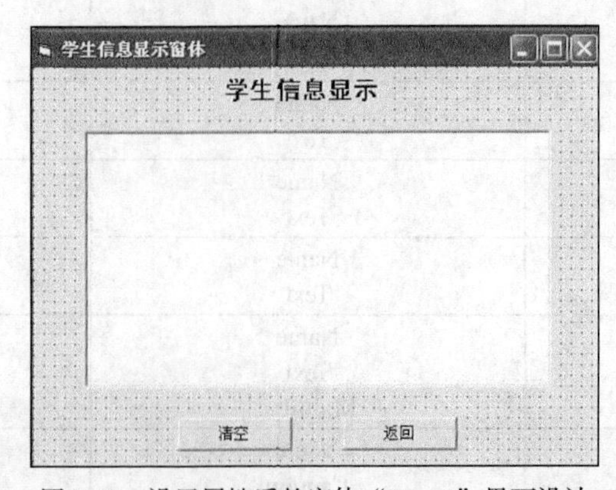

图 5-42　设置属性后的窗体“Form2”界面设计

③ 编写代码。

双击窗体“Form1”，打开“Form1”的代码窗口，输入如下代码：

```
Private Sub Form_Load()
  Picture1.Picture = LoadPicture("H:\新 VB141011\VB 教材\例子代码\第 5 章\tupian.jpg")
  Combo1.AddItem "13 计算机应用"
  Combo1.AddItem "12 计算机专升本"
  Combo1.AddItem "14 多媒体"
  Combo1.AddItem "13 计算机应用对口"
End Sub
Sub Command1_Click()
  Form1.Hide
  Form2.Show
  Form2.Text1.Text = "学号: " & Text1.Text & vbNewLine & _
                   "姓名: " & Text2.Text & vbNewLine & _
                   "性别: " & Option1.Caption & vbNewLine & _
                   "出生日期: " & Text3.Text & vbNewLine & _
                   "所在班级: " & Combo1.Text & vbNewLine & _
                   "党员否: " & List1.Text & vbNewLine & _
                   "个人简历: " & Text4.Text
End Sub
Private Sub Command2_Click()
  End
End Sub
```

输入代码后的“Form1”窗口如图 5-43 所示。

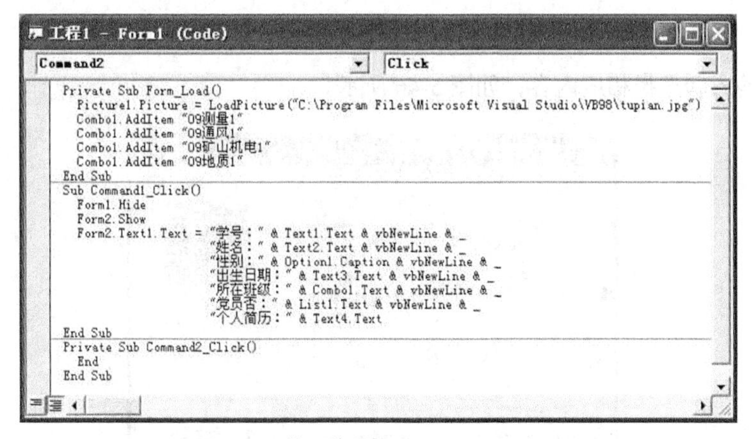

图 5-43　输入代码后的“Form1”窗口

双击窗体“Form2”，打开“Form2”的代码窗口，输入如下代码：

```
Private Sub Command1_Click()
  Text1.Text = ""
End Sub
Private Sub Command2_Click()
  Form2.Hide
  Form1.Show
End Sub
```

输入代码后的“Form2”窗口如图 5-44 所示。

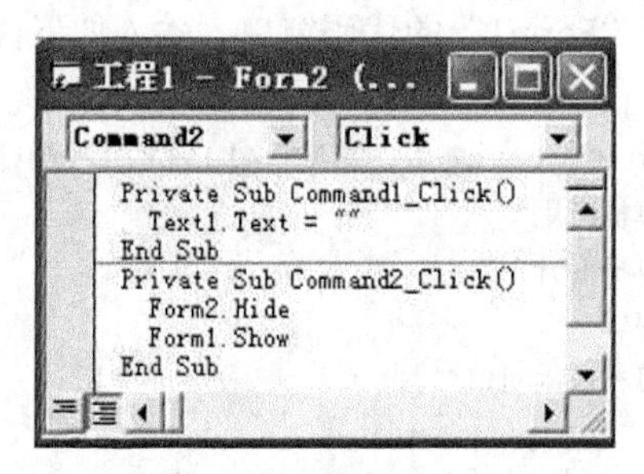

图 5-44　输入代码后的“Form2”窗口

④ 运行程序。

按【F5】键运行程序，运行界面如图 5-45 所示。

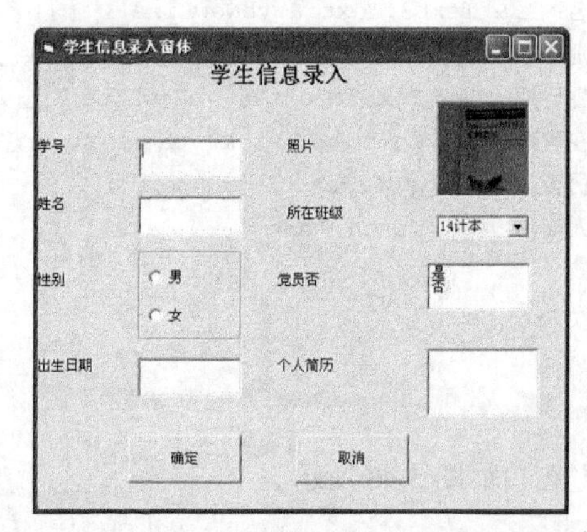

图 5-45　学生信息录入运行界面

在界面中输入和选择相应内容，如图 5-46 所示。

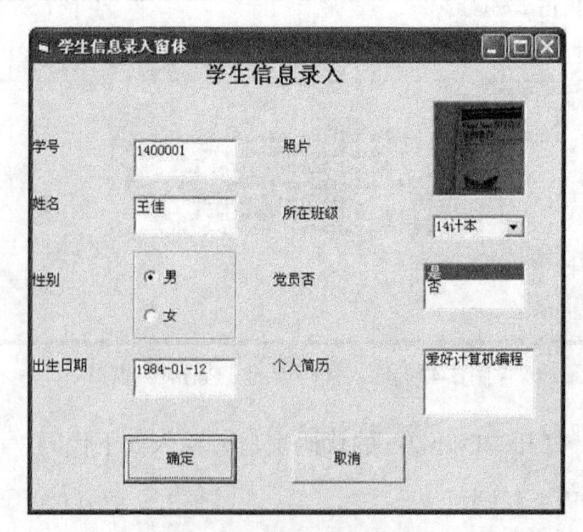

图 5-46　录入学生信息

单击运行界面中的“确定”按钮，调出“学生信息显示”窗体，如图 5-47 所示。

单击“学生信息显示”窗体中的“清空”按钮，文本框清空，如图 5-48 所示。

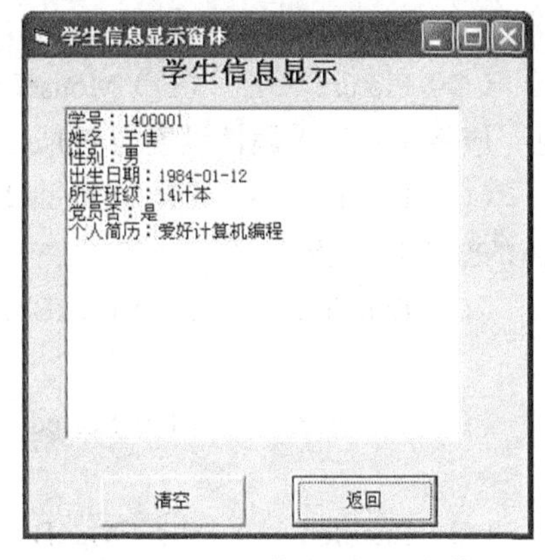

图 5-47　“学生信息显示”窗体

图 5-48　清空“学生信息显示”窗体

单击“学生信息显示”窗体中的“返回”按钮，返回到“学生信息录入窗体”。单击“学生信息录入窗体”中的“取消”按钮，退出程序。

综合训练

训练 1　对你所在的班级进行调研，设计一个“学生成绩录入”界面，并编写程序将录入的内容显示出来。

功能要求：根据实际成绩录入的具体情况设计。

训练 2　利用计时器控件设计一颜色变化的文字。

功能要求：使文本框中的文字按照不同颜色交替变化。

本章小结

本章主要介绍了以下内容。

① 常用控件（单选按钮、复选框、列表框、组合框等）的界面设计、属性设置。

② 常用控件（单选按钮、复选框、列表框、组合框等）方法的运用，事件的调用。

③ 利用常用控件设计应用程序。

习　　题

一、选择题

1．决定窗体标题栏显示内容的属性是（　　）。

（A）Text　　（B）Name　　（C）Caption　　（D）BackStyle

2．命令按钮 Value 属性值的类型是（　　）。

（A）整数型　　（B）长整数型　　（C）逻辑型　　（D）字符型

3．设置窗体最小化图标的属性是（　　）。

（A）MousePointer　（B）Icon　（C）Picture　（D）MouseIcon

4．在程序运行中，使可操作的命令按钮不可见，应将（　　）属性设置为 False。

（A）Enabled　（B）Visible　（C）Default　（D）Cancled

5．把（　　）属性设置为 False，可以取消窗体的最大化功能。

（A）ControlBox　（B）MinButton　（C）Enabled　（D）MaxBbutton

6．（　　）属性用来设置组合框的样式。

（A）List　（B）Style　（C）Listcount　（D）Sorted

7．决定窗体有无控制菜单的属性是（　　）。

（A）ControlBox　（B）MinButton　（C）Enabled　（D）MaxButton

8．使文本框同时具有水平滚动条和垂直滚动条，需要先把 MultiLine 属性设置为 True，然后再把 ScrollBars 属性设置为（　　）。

（A）0　（B）1　（C）2　（D）3

9．下列选项中，不能用于列表框控件的方法是（　　）。

（A）Cls　（B）Clear　（C）AddItem　（D）RemoveItem

10．把当前目录下的图形文件“tuxing.jpg”装入图片框“Picture1”的语句为（　　）。

（A）Picture1="tuxing.jpg"

（B）Picture1.Handle="tuxing.jpg"

（C）Picture1.Picture= LoadPicture（"tuxing.jpg"）

（D）Picture1=LoadPicture（"tuxing.jpg"）

11．只能用来显示字符信息的是（　　）。

（A）标签　（B）文本框　（C）图片框　（D）图像框

12．清除图片框“Picture1”中的图形“tuxing.jpg”，采用的正确方法是（　　）。

（A）选择图片框，然后按【Delete】键

（B）执行语句 Picture1.Picture= LoadPicture（""）

（C）执行语句 Picture1.Picture=""

（D）选择图片框，在属性窗口中选择 Picture 属性，然后按回车键

13．给列表框“List1”添加一个列表项“VB”的正确方法是（　　）。

（A）List1=Add"VB"　（B）List1.Add"VB"

（C）List1=AddItem"VB"　（D）List1.AddItem"VB"

14．设置复选框或单选按钮标题对齐方式的属性是（　　）。

（A）Align　（B）Value　（C）Sorted　（D）Alignment

15．不能作为容器使用的对象是（　　）。

（A）图片框　（B）图像框　（C）窗体　（D）框架

16．为了使列表框中的项目分为多列显示，需要设置的属性为（　　）。

（A）Columns　（B）Style　（C）List　（D）MultiSelect

17．设置计时器控件定时时间的属性是（　　）。

（A）Interval　（B）Value　（C）Text　（D）Timer

18．要想不使用【Shift】键或【Ctrl】键就能在列表框中同时选择多条项目，应把该列表框的 MultiLine 属性设置为（　　）。

（A）0　　（B）1　　（C）2　　（D）其他

19．删除列表框中指定的项目使用的方法为（　　）。

（A）Move　　（B）Remove　　（C）Clear　　（D）RemoveItem

20．拖曳滚动条中的滚动块可以触发滚动条的（　　）事件。

（A）Move　　（B）Change　　（C）Scroll　　（D）SetFocus

二、填空题

1．确定单选按钮是否选中，应该访问________属性。

2．对于一个窗体对象，最先发生的事件是________。

3．要想在文本框中显示垂直滚动条，必须把________属性设置为 2，同时还应把________属性设置为________。

4．从列表框中删除所有项目，使用的方法是________。

5．要在运行期间把名为“tupian.jpg”的图形文件装入图片框“Picture1”，应执行的语句为________。

6．对于计时器控件，如果希望每秒钟产生 10 个事件，应将其 Interval 属性值设置为________。

7．能自动放大或缩小图像框中的图形以与图像框的大小相适应，必须把该图像框的 Stretch 属性设置为________。

8．窗体、图片框或图像框中的图形通过对象的________属性设置。

9．有时需要暂时关闭计时器，这可以通过________属性来实现。

10．组合框有 3 种不同的类型，这 3 种类型是________、________和________，分别通过把________属性设置为________、________、________来实现。

三、编程题

1．在窗体上画 4 个图像框和 1 个文本框，在每个图像框中装入一个箭头图形，分为 4 个不同的方向，把文本框的 MultiLine 属性设置为 True。编写程序，当单击某个图像框时，在文本框中显示相应的信息。例如，单击向右的箭头时，在文本框中显示“单击向右的箭头”。

2．利用图像框和定时器控件设计一个动画程序。

3．编写程序，演示列表框控件的基本操作。在窗体上建立 2 个列表框和 2 个命令按钮，如图 5-49 所示。程序运行后，在第 1 个列表框中选择需要的表项，单击“添加”按钮，把所选择的表项移到第 2 个列表框中，如单击“删除”按钮，则执行相反的操作。在第 2 个列表框中，允许同时选择多个表项。要求在每个列表框的下面用标签控件显示各自的 Style 属性和 Sorted 属性。

4．编写一个应用程序，界面设计如图 5-50 所示。当用户选择“谜面”列表框中的选项后，程序根据谜面自动选择“谜目”，在“猜谜”文本框中输入答案。单击“确定”按钮后，调用“谜底”过程进行判断，如果正确，则在右边的列表框中按图示格式显示谜面和谜底，否则自动清除文本框，以便再次猜谜。

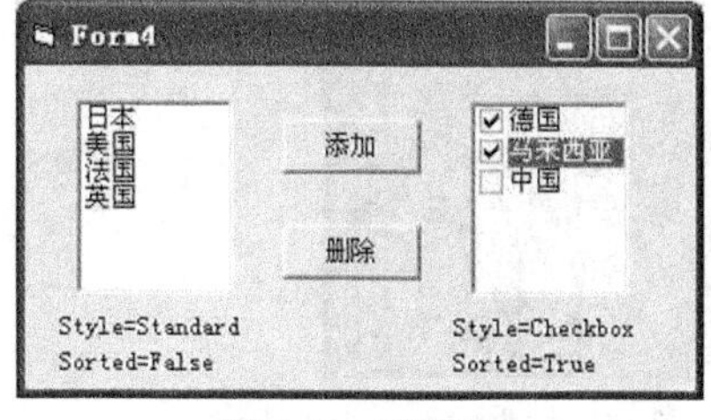

图 5-49　列表框

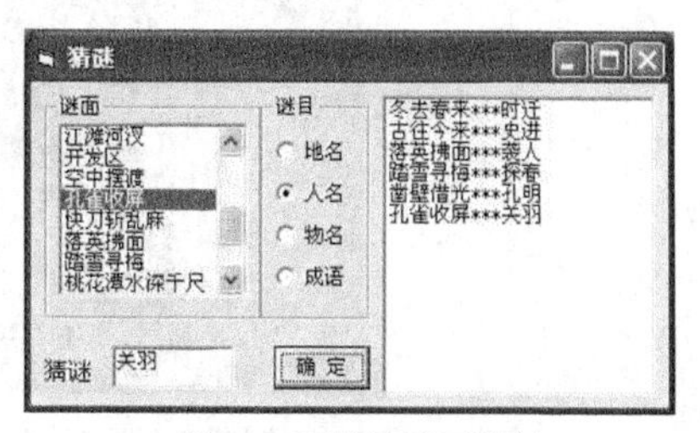

图 5-50　猜谜界面设计

第6章 使用复杂控件创建应用程序界面

学习目标

- 掌握菜单的设计与菜单项属性设置方法。
- 掌握工具栏制作方法与工具栏编程方法。
- 掌握通用对话框的调用与属性设置方法。
- 掌握多文档程序的界面设计方法。

重点与难点

- 重点：掌握菜单、工具栏、通用对话框在程序设计中的应用。
- 难点：通用对话框、多文档程序设计。

课时安排

- 讲授2学时，实训2学时。

6.1 案例：创建学生信息管理系统主界面

1．案例

【案例6】设计一“学生信息管理系统”的主界面，主界面上包括菜单栏、工具栏、状态栏，并且可以通过菜单栏的命令打开新的窗口，通过工具栏的命令能执行相应命令。

2．案例分析

要进行“学生信息管理系统”主界面的设计，需要学习菜单、工具栏、多文档窗体和一组通用对话框的设计和编程方法。“学生信息管理系统”主窗体如图6-1所示。

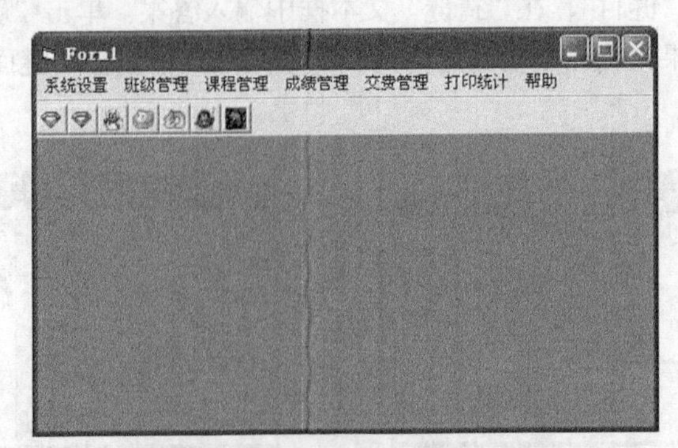

图6-1　“学生信息管理系统”主窗体

6.2　菜单设计

在 Windows 可视化环境下，具有较多功能的应用软件，往往使用菜单来体现程序的功能项，所以，菜单在可视化的程序中是非常重要的元素。菜单可分为下拉式菜单和弹出式菜单。菜单的编辑是使用“菜单编辑器”来完成的。

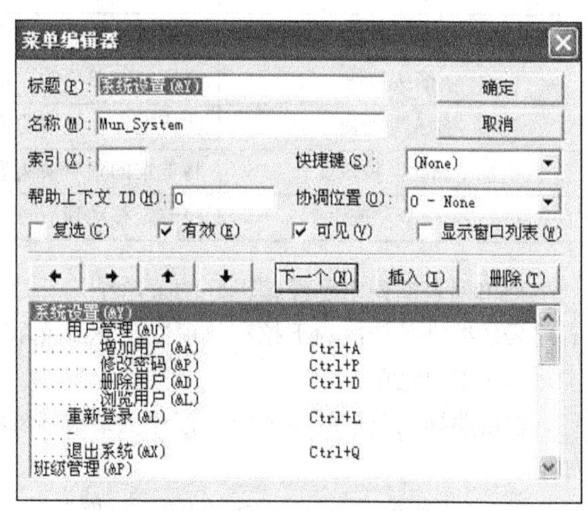

图 6-2　“菜单编辑器”对话框

1. 菜单编辑器

“菜单编辑器”对话框如图 6-2 所示。

（1）打开“菜单编辑器”

打开“菜单编辑器”对话框有以下 4 种方法。

① 选择“工具”|“菜单编辑器”命令。

② 单击工具栏中的“菜单编辑器”工具按钮。

③ 在要添加菜单的窗体中的任意位置右击，在弹出的快捷菜单中选择“菜单编辑器”命令。

④ 在 Visual Basic 6.0 集成开发环境中，按【Ctrl+E】组合键。

（2）菜单项的属性

在“菜单编辑器”对话框中，菜单项的属性共有 10 项，见表 6-1。

表 6-1　菜单项的属性

属性名称	设置值及含义
标题	该属性的值在文本框中输入，作为菜单名或命令名。如果要给菜单分组，使用分隔符，在文本框中输入“-”；如果要为此菜单项设置热键，在文本框中输入“&字母”
名称	该属性用于为菜单项起一个名称，所设名称在编写代码中使用，该值不用于显示在菜单项中
索引	该属性为一整数值，用于标识菜单项控件数组中的位置
帮助上下文 ID	指定帮助上下文 ID 号，用于在帮助文件中查找适当的帮助主题
协调位置	该属性决定如何在容器窗体中显示菜单
复选	在菜单项的左边设置复选标记，通常用它来指出切换选项的开关状态
有效	此属性决定菜单项是否处于有效状态。在无效状态，菜单项将以灰色显示
可见	此属性决定菜单项是否显示在菜单上
显示窗口列表	在 MDI（Multi Documents Interface，多文档界面）应用程序中，确定菜单控件是否包含一个打开的 MDI 子窗体列表
快捷键	此属性允许为菜单项选定一个快捷键

（3）菜单编辑区

“菜单编辑器”对话框中有 7 个用来编辑菜单的按钮和菜单列表框。按钮的作用见表 6-2。

表 6-2　按钮的作用

按　钮	功　能
右箭头按钮	将当前菜单项向下移动一个等级，共可创建 4 个子菜单等级
左箭头按钮	将当前菜单项向上移动一个等级
上箭头按钮	在同级菜单项中，将当前菜单项向上移动一个位置
下箭头按钮	在同级菜单项中，将当前菜单项向下移动一个位置
“插入”按钮	将当前正在编辑的菜单项插入到菜单的选定位置
“删除”按钮	将选定的菜单项从菜单中删除
“下一个”按钮	将选定移动到下一行

菜单列表框列出已经编辑好的菜单结构。处于列表框最左端的是菜单栏中的菜单标题，随着省略号的缩进，依次为下拉菜单项以及下拉菜单项的子菜单项。

（4）编辑菜单

在所要插入菜单的窗体中，打开“菜单编辑器”对话框，根据需要编辑菜单，具体操作步骤如下。

① 在“菜单编辑器”对话框的“标题”文本框中输入菜单项的标题。

如果要为此菜单项设置热键，在文本框中输入“&字母”。其中的热键“字母”取菜单标题中的某个字母，一般要大写字母。当该字母为热键字母后，在菜单中这一字母会自动加下画线。使用【Alt】+热键“字母”可以打开菜单。

② 在“名称”文本框中输入菜单项的名称。

③ 如果需要快捷键，在“快捷键”下拉列表中选择合适的组合键，快捷键就出现在菜单标题的右边。

④ 根据需要，对“复选”“有效”“可见”等复选项进行选择。默认情况下，“有效”“可见”复选项为选择状态。

⑤ 单击“下一个”按钮，建立下一个菜单项。

⑥ 重复步骤①~⑤，直到完成菜单项的创建，单击“确定”按钮，关闭“菜单编辑器”对话框。

如果一个下拉菜单中的菜单项较多，可以使用水平线进行分组。在菜单项中插入水平线的方法和插入菜单项的方法一样，即在“标题”文本框中输入“-”。

2. 菜单项事件

菜单项事件只有 Click 事件。

【例 6-1】 利用“菜单编辑器”设计“学生成绩管理系统”的主菜单。

① 为“学生成绩管理系统”建立主窗体。

② 打开“菜单编辑器”编辑菜单。菜单项的设置见表 6-3。

表 6-3　　菜单项的设置

标题（Caption）	名称（Name）	标题（Caption）	名称（Name）
…用户管理	Mun_User	……成绩录入	Mun_ChengJ
……增加用户	Mun_AddUser	……成绩修改	Mun_ChengJXG
……退出系统	Mun_Exit	……成绩查询	Mun_ChengJCX
…班级管理	Mun_Class	…统计打印	Mun_Print
……增加班级	Mun_AddClass	…打印统计	Mun_Count
……删除班级	Mun_DropClass	……班级统计打印	Mun_ClassCount
……班级查询	Mun_FindClass	……课程统计打印	Mun_GreanCount
…课程管理	Mun_Grean	……成绩统计打印	Mun_ChengJCount
……新增课程	Mun_AddLesson	…帮助	Mun_Hlep
……删除课程	Mun_DropLesson	……操作说明	Mun_Czsm
……课程查询	Mun_FindGrean	……关于	Mun_About
…成绩管理	Mun_ChengJGL		

③ 编辑菜单。

a．选择“工具”|“菜单编辑器”命令，打开“菜单编辑器”。在“菜单编辑器”对话框的“标题”文本框中输入菜单项的标题“用户管理”，在“名称”文本框中输入菜单项的名称“Mun_User”。

b．单击“下一个”按钮，再单击“右箭头”按钮，将当前菜单项向下移动一个等级，在“菜单编辑器”对话框的“标题”文本框中输入“用户管理”下的第一个菜单命令的标题“增加用户”，在“名称”文本框中输入其名称“Mun_AddUser”；使用同样的方法输入“退出系统”。

c．单击“下一个”按钮，再单击“左箭头”按钮，将当前菜单项向上移动一个等级，输入菜单项“班级管理”。

重复上述相应步骤，根据表 6-3 编辑菜单，设计后的“菜单编辑器”如图 6-3 所示。编辑完成后，单击“确定”命令按钮，菜单栏即可出现在窗体上，单击其中任意菜单项，可以下拉出菜单。设计后的菜单界面如图 6-4 所示。

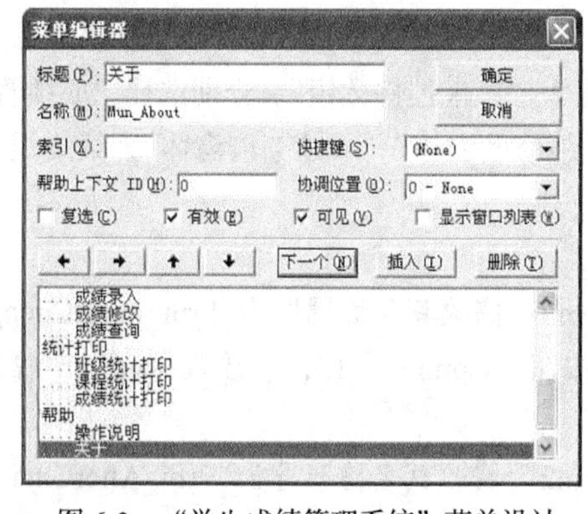

图 6-3　“学生成绩管理系统”菜单设计

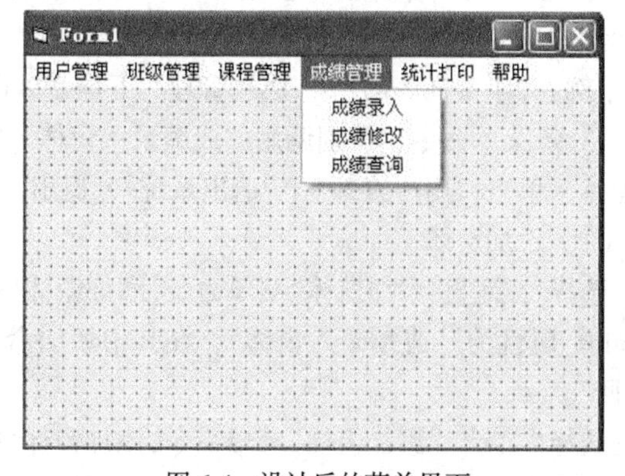

图 6-4　设计后的菜单界面

④ 完成菜单设计后，打开代码窗口，为菜单项编写事件过程代码。例如，为菜单命令“增加用户”编写代码，打开一个新的窗体，设其名称为“AddUserFrm”。

选择“工程”|“添加窗体”命令，添加窗体“Form2”，将其名称修改为“AddUserFrm”；单击菜单项“用户管理”，在其下拉菜单中双击“增加用户”菜单命令，打开其对应的代码窗口，输入如下代码：

```
Private Sub Mun_AddUser_Click()
  AddUserFrm.show
  Form1.Hide
End Sub
```

输入代码后的代码窗口如图 6-5 所示。

⑤ 运行程序。

运行程序，单击菜单项“用户管理”下的菜单命令“增加用户”，如图 6-6 所示，会弹出新窗体“Form2”。

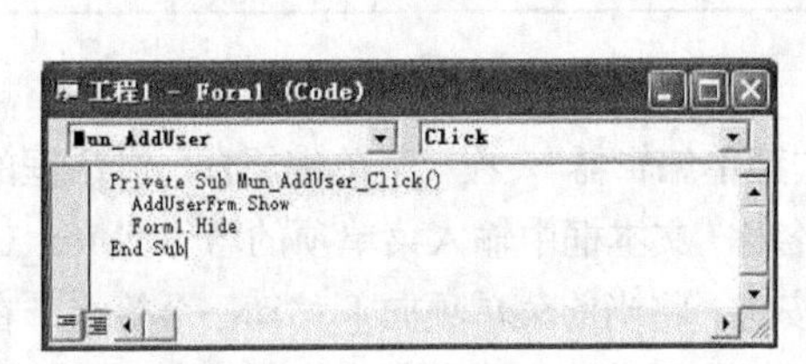

图 6-5　例 6-1 代码窗口

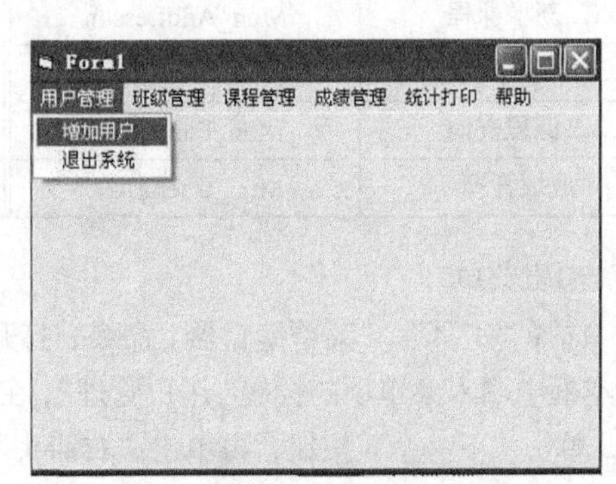

图 6-6　例 6-1 运行结果

其余菜单项代码与此菜单项代码类似。

3．菜单控件数组

菜单控件可以组成菜单控件数组。作为同一菜单控件的数组，每个数组元素的名称相同，下标用 Index 属性表示。

菜单控件主要用于动态增加、删除菜单项，用一段代码处理多个菜单项。

建立菜单控件数组的方法是：在“菜单编辑器”中使用共同的菜单项名称，索引标示菜单数组元素的下标。

【例 6-2】将例 6-1 中“成绩管理”下拉菜单设置为“菜单控件数组”。分别选择“成绩管理”下的 3 条菜单命令，分别调用“成绩录入窗体”“成绩修改窗体”“成绩查询窗体”，最终返回到主窗体，单击“用户管理”|“退出系统”，退出。

（1）添加窗体

选择“工程”|“添加窗体”菜单命令，添加窗体“Form2”，修改其名称属性为“Frm_InputChengJ”，Caption 属性为“成绩录入窗体”，在其中添加命令按钮“Command1”，修改其 Caption 属性为“返回”。

选择“工程”|“添加窗体”菜单命令，添加窗体“Form2”，修改其名称属性为“Frm_AlterChengJ”，Caption 属性为“成绩修改窗体”，在其中添加命令按钮“Command1”，修改其 Caption 属性为“返回”。

选择“工程”|“添加窗体”菜单命令，添加窗体“Form2”，修改其名称属性为“Frm_SelectChengJ”，Caption 属性为“成绩查询窗体”，在其中添加命令按钮“Command1”，修

改其 Caption 属性为“返回”。

（2）设置菜单项名称

在工具栏中单击“菜单编辑器”工具按钮，打开“菜单编辑器”。在“菜单编辑器”中，“成绩录入”“成绩修改”“成绩查询”菜单项使用同一名称 Mun_ChengJ。

（3）设置索引

将“成绩录入”“成绩修改”“成绩查询”的索引分别设置为 0、1、2。设置索引后的菜单编辑器如图 6-7 所示。

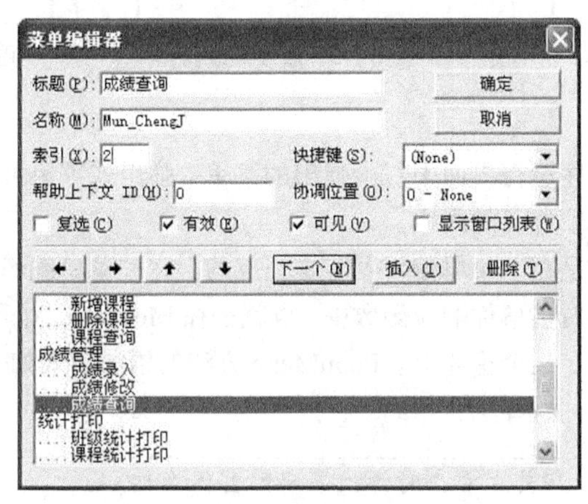

图 6-7 设置索引后的菜单编辑器

（4）编写代码

这 3 个菜单项可共同使用同一事件响应函数，代码如下：

```
Private Sub Mun_ChengJ_Click(Index As Integer)
  i = Index
  Select Case i
   Case 0
    Frm_InputChengJ.Show          '显示成绩录入窗体
   Case 1
    Frm_AlterChengJ.Show          '显示成绩修改窗体
   Case 2
    Frm_SelectChengJ.Show         '显示成绩查询窗体
   End Select
End Sub
Private Sub Mun_Exit_Click()
 End
End Sub
```

“成绩录入”“成绩修改”“成绩查询”菜单项的索引分别为 0、1、2，系统将根据索引号分别对“成绩录入”“成绩修改”“成绩查询”菜单项作出响应。

（5）运行程序

单击“成绩管理”|“成绩录入”菜单命令，打开相应的窗体，运行效果如图 6-8 所示。单击“返回”按钮，返回主窗体；单击“成绩管理”|“成绩修改”菜单命令，打开相应的窗体，运行效果如图 6-9 所示。单击“返回”按钮，返回主窗体；单击“成绩管理”|“成绩查询”菜单命令，

打开相应的窗体，运行效果如图 6-10 所示。单击“返回”按钮，返回主窗体。

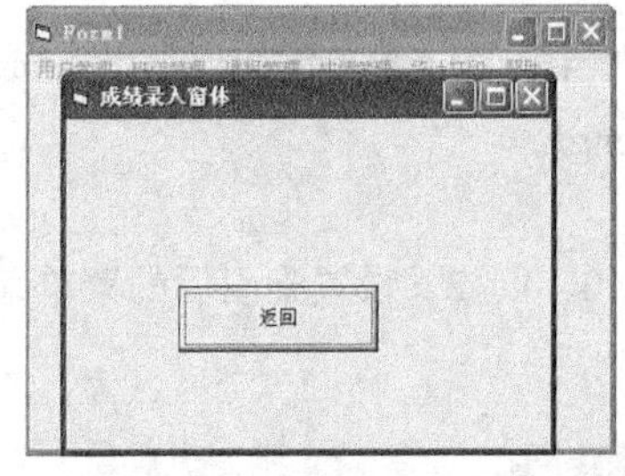

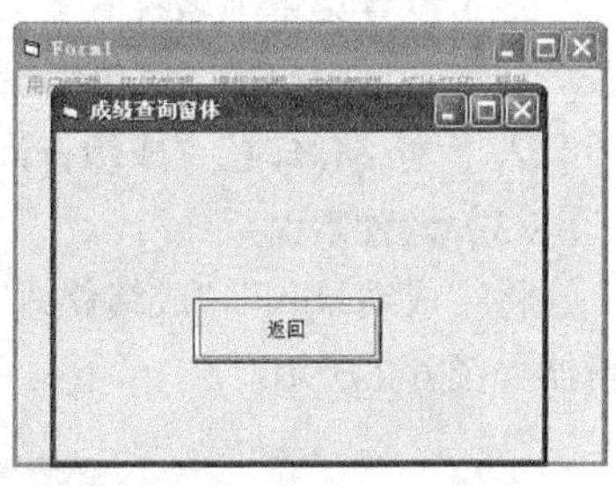

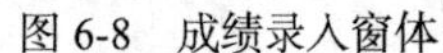

图 6-8　成绩录入窗体　　图 6-9　成绩修改窗体　　图 6-10　成绩查询窗体

4. 弹出式菜单设计

弹出式菜单是指在程序运行界面中右击弹出的菜单。弹出式菜单可以动态地调整菜单项的显示位置，同时也改变菜单项显示的内容。

弹出式菜单的设计也是在“菜单编辑器”中完成的。在“菜单编辑器”中完成菜单设计后，将菜单的名称填写在鼠标右击事件响应函数中，也就是在 MouseClick()函数中使用 PopupMenu 方法将已编辑好的菜单显示在某个窗体上。PopuMenu 方法的语法形式如下：

```
[<窗体名>.]PopuMenu <菜单名>[, flags [ ,x [ ,y [, boldcommand ]]]]
```

说明

① 窗体名：在其上右击时弹出菜单的窗体名称。

② 菜单名：已在“菜单编辑器”中设计好的下拉菜单的名称。

③ flags 参数：一些常量数值的设置，包含位置及行为两个指定值，见表 6-4 和表 6-5。

④ boldcommand 参数：可以指定在显示的弹出式菜单中想以粗体字出现的菜单项名称。在弹出式菜单中只能有一个菜单项被加粗。

表 6-4　位置常数

位置常数	说　明
0（默认）	菜单左上角位于 X
4	菜单上框中央位于 X
8	菜单右上角位于 X

表 6-5　行为常数

行为常数	说　明
0（默认）	菜单命令只接受右键单击
2	菜单命令可接受左、右键单击

【例 6-3】为“学生成绩管理系统”的“成绩管理”设置一个弹出式菜单。

在例 6-2 的主窗体中打开代码窗口，输入如下代码：

```
Private Sub Form_MouseDown(Button As Integer, Shift As Integer, X As Single, Y As Single)
  If Button = 2 Then
   PopupMenu Mun_ChengJGL    '弹出成绩管理菜单
  End If
End Sub
```

运行程序，右击窗体空白处，将“成绩管理”菜单作为弹出式菜单显示在主窗体中（图 6-11）。

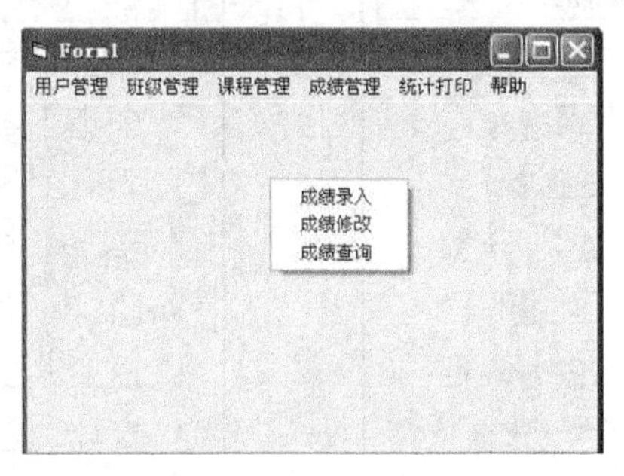

图 6-11　成绩管理的弹出式菜单

6.3　工具栏设计

工具栏是应用程序中经常见到的控件，因其使用快捷、方便，所以在程序设计中是必不可少的要素。

使用 Toolbar 控件、ImageList 控件可以对工具栏进行设计。下面介绍使用 Toolbar 控件、ImageList 控件设计工具栏的方法。

1. 载入 Toolbar 和 ImageList 动态控件

Toolbar 控件和 ImageList 控件都是动态控件，通常情况下，在工具箱中是不显示的。使用这两个控件时，必须将这两个控件添加到工具箱中。

向工具箱中添加这两个控件的步骤如下。

① 选择“工程” | “部件”命令，打开“部件”对话框。如图 6-12 所示。

② 在“部件”对话框的“控件”选项卡中勾选“Microsoft Windows Common Controls 6.0”复选框，单击“确定”按钮，即可把“Toolbar”和“ImageList”控件添加到“控件工具箱”中，如图 6-13 所示。

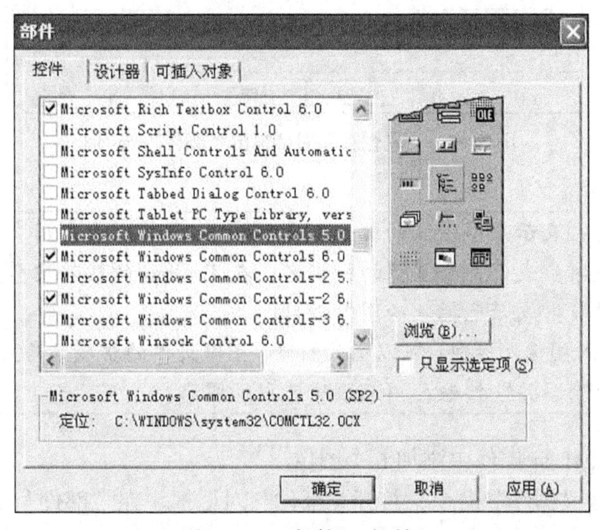

图 6-12　“部件”对话框

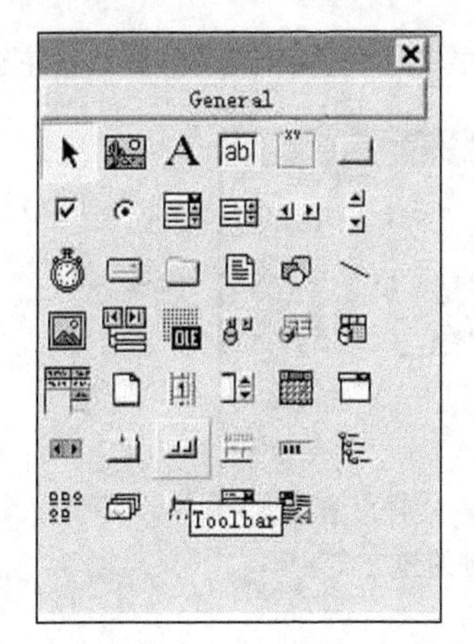

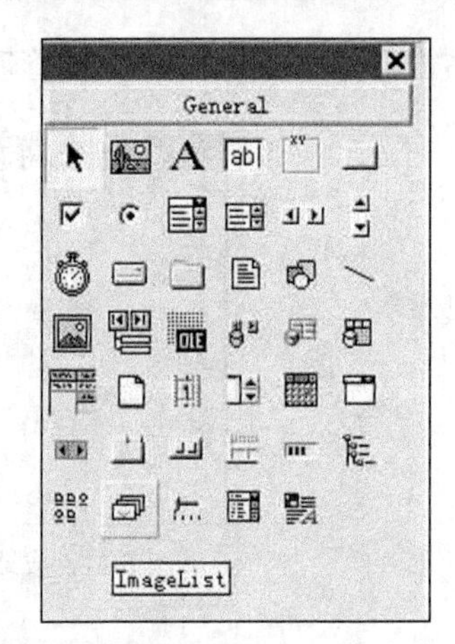

图 6-13　添加控件的工具箱

2.创建工具栏的步骤

① 将工具栏中所需要的图像添加到 ImageList 控件中。

② 在 Toolbar 控件中创建 Button 对象。

③ 在 ButtonClick 事件中用 Select Case 语句对各按钮进行相应的编程。

3. ImageList 控件

ImageList 控件可以通过属性页来添加图像，具体方法如下：

将 ImageList 控件添加到窗体中，选中该控件，右击，在弹出的快捷菜单中选择“属性”命令打开“属性页”对话框，选择“图像”选项卡，如图 6-14 所示。

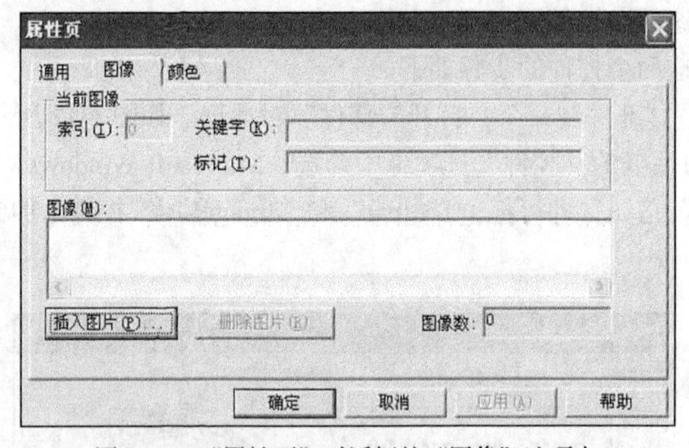

图 6-14　“属性页”对话框的“图像”选项卡

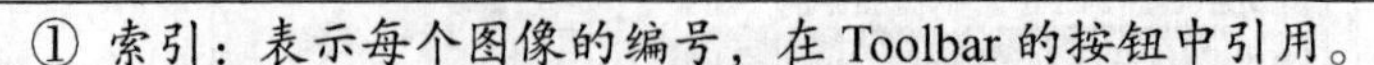

说明

① 索引：表示每个图像的编号，在 Toolbar 的按钮中引用。

② 关键字：表示每个图像的标识名，在 Toolbar 的按钮中引用。

③ 图像数：表示已插入的图像数目。

④ “插入图像”按钮：可以插入图像，图像文件的扩展名为.ico、.bmp、.gif、.jpg 等。

⑤ “删除图片”按钮：用来删除选中的图像。

【例 6-4】 在 ImageList 控件中添加 6 个图像。

① 选择“工程”|“部件”命令，打开“部件”对话框。在“部件”对话框的“控件”选项卡中勾选“Microsoft Windows Common Controls 6.0”复选框，单击“确定”按钮，即可把“Toolbar”

和“ImageList”控件添加到“控件工具箱”中。

② 将“ImageList”控件添加到窗体中，打开其“属性页”对话框的“图像”选项卡，单击“插入图片”按钮，打开“选定图片”对话框，选择图片所在的位置，选择图片文件，如“01.bmp”，如图 6-15 所示。

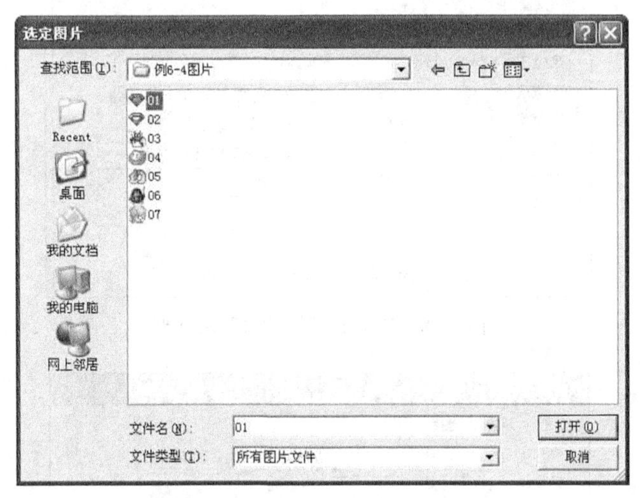

图 6-15　“选定图片”对话框

③ 单击“打开”按钮，可以看到图片已插入到“ImageList1”控件对象的“图像”框中，如图 6-16 所示。继续单击“插入图片”按钮，插入图片，如图 6-17 所示。插入完毕后，单击“确定”命令按钮，这样，6 张图片就放在了“ImageList1”对象中。

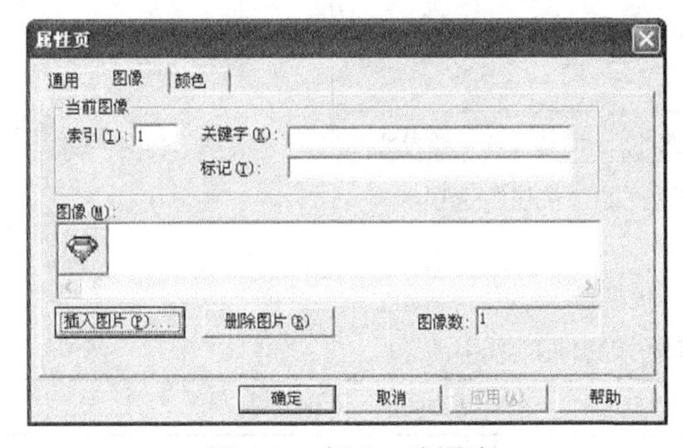

图 6-16　插入 1 张图片

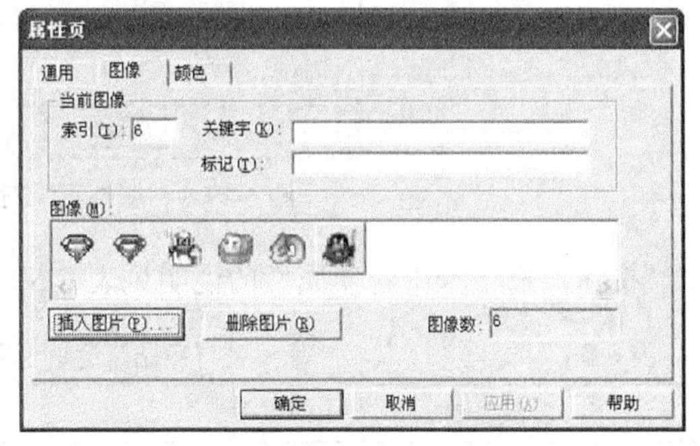

图 6-17　插入全部图片

4. Toolbar 控件

在 Toolbar 里面可以通过属性页来添加按钮，每个按钮的图像来自 ImageList 对象中插入的图像。

（1）为 Toolbar 控件连接图像

在窗体上添加 ImageList 控件，为 ImageList 控件对象插入图片。

在窗体上添加 Toolbar 控件，此时，工具栏的图标为空白。在工具栏上右击，在弹出的快捷菜单中选择“属性”命令，打开“属性页”对话框，如图 6-18 所示。

“通用”选项卡中的“图像列表”属性用来与“ImageList”控件建立关联。建好的“ImageList”控件中的工具按钮将被显示在“Toolbar”控件中。选择“按钮”选项卡，如图 6-19 所示。

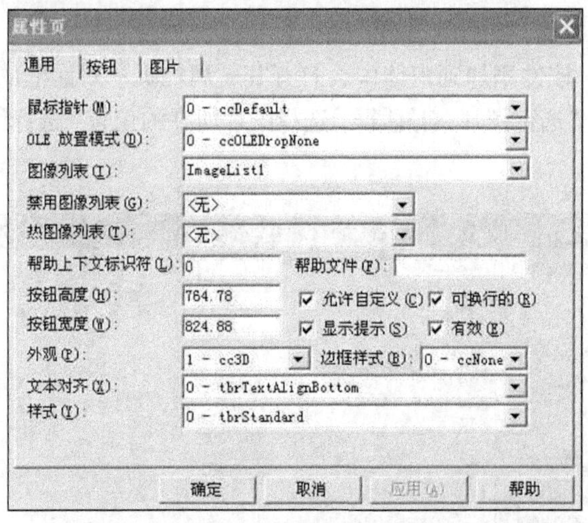

图 6-18　Toolbar“属性页”对话框

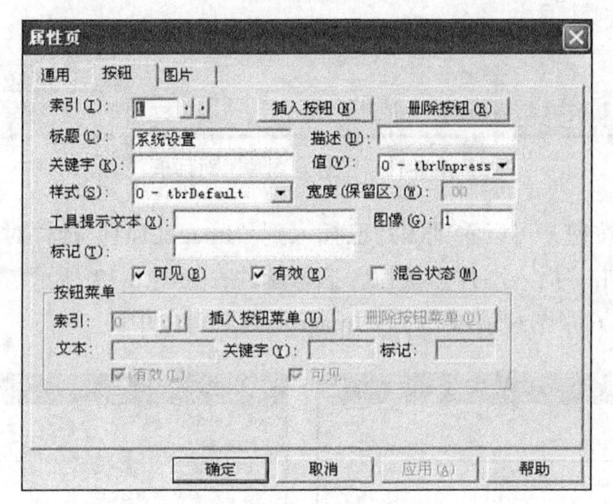

图 6-19　“属性页”对话框的“按钮”选项卡

“按钮”选项卡中各项属性的说明见表 6-6。

表 6-6　“按钮”选项卡中各项属性的说明

属　性	说　明
插入按钮和删除按钮	用于向 Toolbar 控件插入按钮和删除按钮
索引与关键字	集合中每个按钮都有唯一的标识，索引与关键字用于标识
标题与描述	显示在按钮上的文字以及按钮的说明信息
值	决定按钮的状态
样式	决定按钮的行为特点
宽度	设置按钮的宽度
图像	按钮上显示图片在 ImageList 控件中的编号
工具提示文本	程序运行时，当鼠标指向按钮时显示的说明文字

【例 6-5】为“学生成绩管理系统”的“成绩管理”设计一个工具栏。工具栏中包括有 3 个按钮，分别用于打开“成绩录入窗体”“成绩修改窗体”“成绩查询窗体”。

（2）为“学生信息管理系统”添加工具栏

① 在 Visual Basic 中打开“例 6-2.vbp”工程项目文件，在其主窗体“Form1”中添加“Toolbar”控件对象“Toolbar1”和“ImageList”控件对象“ImageList1”，如图 6-20 所示。

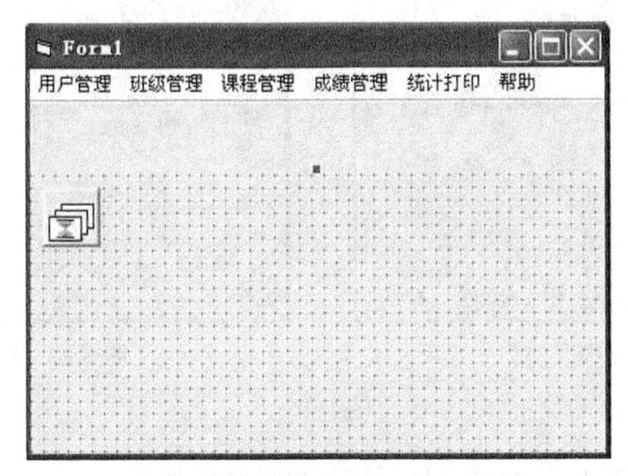

图 6-20　在“Form1”中添加“Toolbar1”和“ImageList1”

② 打开“ImageList1”的“属性页”对话框，为“ImageList1”插入 3 张图片。插入图片后的“属性页”对话框如图 6-21 所示，单击“确定”按钮。

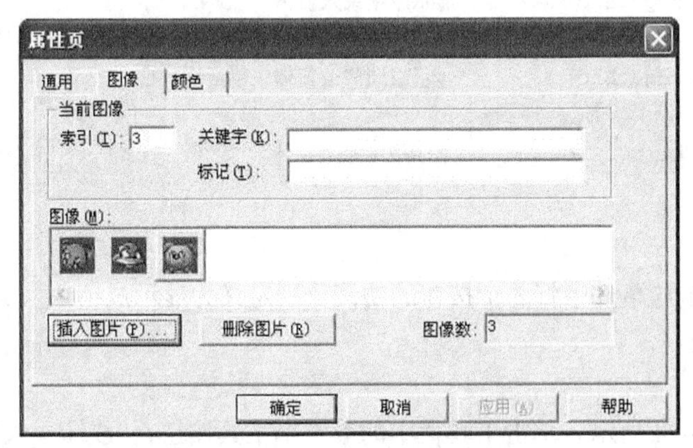

图 6-21　插入图片后的“属性页”对话框

③ 右击“Toolbar1”，打开其“属性页”对话框，在“通用”选项卡下的“图像列表”下拉列表框中选择“ImageList1”，将“Toolbar1”与“ImageList1”建立关联，使得将来在“ImageList1”中的图片显示在“Toolbar1”的工具按钮上。

④ 选择“Toolbar1”“属性页”对话框的“按钮”选项卡，单击“插入按钮”按钮，可以看到“索引”值为“1”，这时修改“图像”文本框值也为“1”；再单击“插入按钮”按钮，可以看到“索引”值为“2”，这时修改“图像”文本框值也为“2”；重复，修改“插入按钮”，修改“图像”文本框值也为“3”，如图 6-22 所示。单击“确定”按钮，返回到主窗体，设计的工具栏如图 6-23 所示。

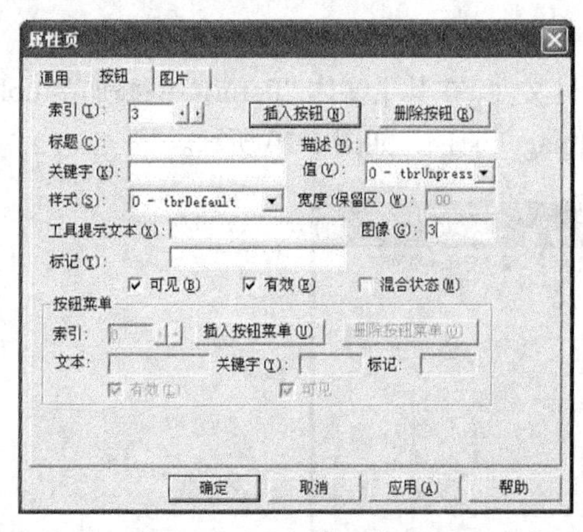

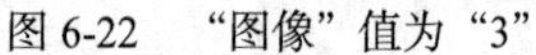
图 6-22 “图像”值为“3”

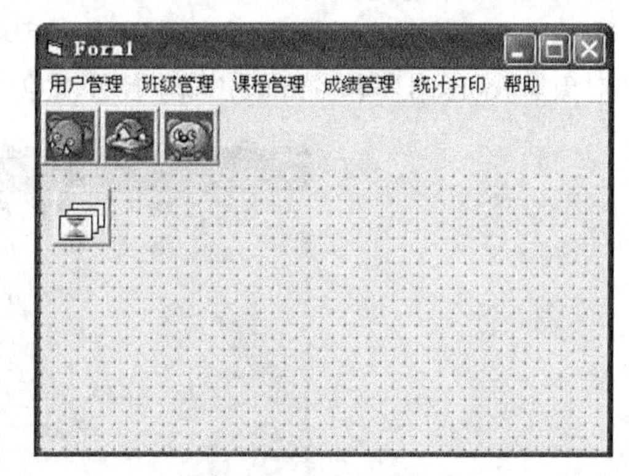

图 6-23 设计的工具栏

（3）编写代码

双击窗体，打开代码窗口，编写工具栏按钮事件代码如下。

```
Private Sub Toolbar1_ButtonClick(ByVal Button As MSComctlLib.Button)
  Select Case Button.Index
   Case 1
    Frm_InputChengJ.Show          '显示成绩录入窗体
   Case 2
    Frm_AlterChengJ.Show          '显示成绩修改窗体
   Case 3
    Frm_SelectChengJ.Show         '显示成绩查询窗体
  End Select
End Sub
```

在 ButtonClick 响应事件中将 3 个按钮的功能分别定义为显示成绩录入窗体、显示成绩修改窗体、显示成绩查询窗体。

（4）运行程序

运行结果如图 6-24 所示。单击工具栏中的第一个工具按钮，“成绩录入窗体”显示出来，如图 6-25 所示。单击“返回”按钮，返回到主窗体。

图 6-24 例 6-5 运行结果

图 6-25 单击工具栏中的第一个工具按钮

6.4　对话框设计

在应用程序中，对话框应用随处可见。Visual Basic 6.0 为编程者提供了一组通用对话框，用来完成一般的对话框的调用。这些对话框分别为打开（Open）、另存为（Save as）、颜色（Color）、字体（Font）、打印机（Printer）、帮助（Help）对话框等。

1. 添加通用对话框控件

通用对话框并不是一个标准控件，它是一个 ActiveX 控件，所以一般不会出现在工具箱中，要在程序中使用它，首先要将它加入工具箱中。

将通用对话框加入工具箱的步骤如下。

① 选择“工程”|“部件”命令（或右击控件工具箱，在弹出的快捷菜单中选择“部件”命令），打开“部件”对话框。

② 在“控件”选项卡中勾选“Microsoft Common Dialog Control 6.0”复选框，如图 6-26 所示。

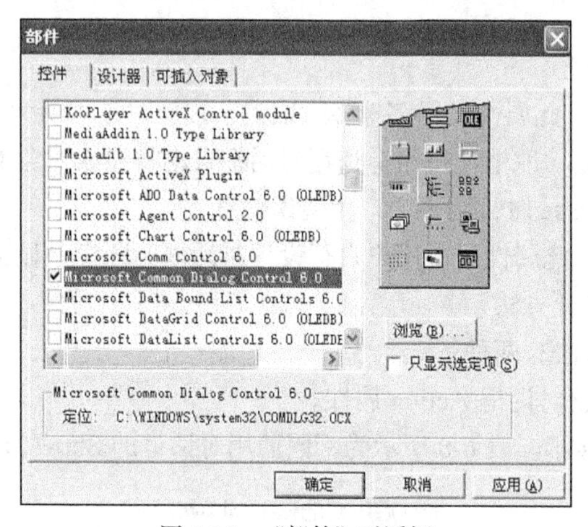

图 6-26　“部件”对话框

③ 单击“确定”按钮，即可把“通用对话框”控件添加到工具箱中，如图 6-27 所示。

2. 通用对话框的属性设置

在应用程序中要使用通用对话框，首先要将通用对话框控件添加到窗体中，如图 6-28 所示。

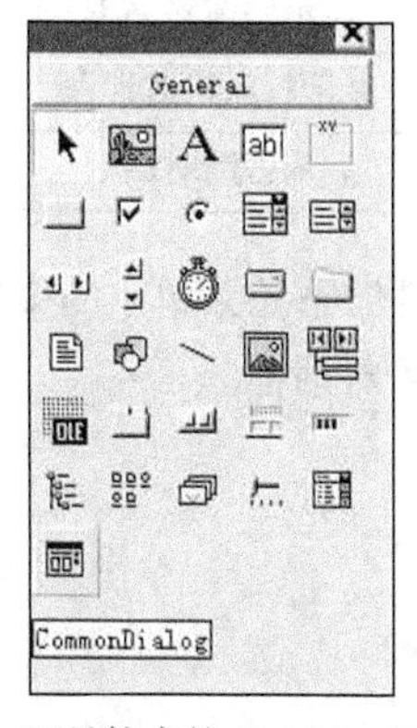

图 6-27　工具箱中的 Common Dialog 控件

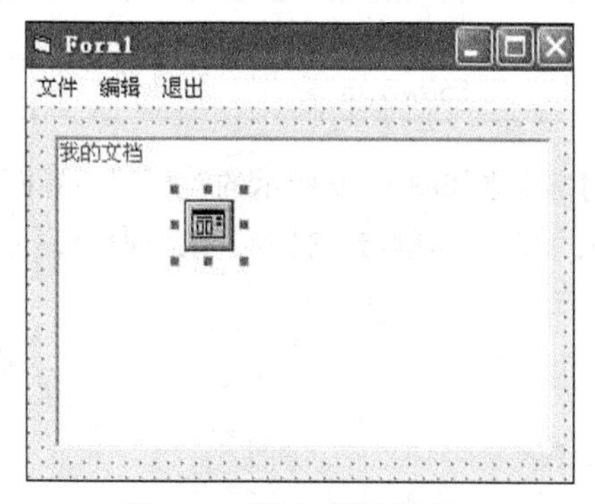

图 6-28　通用对话框控件

程序运行时，窗体上不会显示出通用对话框控件，只有在程序中使用其 Action 属性或 Show 方法激活时，才可打开所需的对话框。

（1）通用对话框的公共属性

① Action 属性。Action 属性用于决定通用对话框的类型，不同的取值决定打开不同的对话框类型，见表 6-7。

表 6-7　Action 属性表

Action 属性值	对话框类型
1	打开文件对话框
2	另存为对话框
3	颜色对话框
4	字体对话框
5	打印对话框
6	Windows 帮助对话框

语法格式：

对象名. Action=属性值

② CancelError 属性。此属性设置多选择“取消”按钮时是否认为出错。当 CancelError 属性值为 True 时，若用户单击“取消”按钮，通用对话框自动将错误对象 Err.Number 设置为 35755，以供程序判断；若值为 False 时，则不会产生错误信息。

③ DialogTitle 属性。此属性可由用户自行设计对话框标题栏上显示的内容。

（2）通用对话框的打开方法

通用对话框的打开方法有两种：

① 在程序中直接设置对话框 Action 属性。

② 使用 Show 方法显示。表 6-8 所示为不同通用对话框的 Show 方法。

表 6-8　不同通用对话框的 Show 方法

方　法	说　明
ShowOpen	显示文件打开对话框
ShowSave	显示另存为对话框
ShowColor	显示颜色对话框
ShowFont	显示字体对话框
ShowPrinter	显示打印机对话框
ShowHelp	显示帮助对话框

【例 6-6】 建立如图 6-29 所示的应用程序界面，单击“文件”下拉菜单中的菜单命令，即可打开相应的对话框，如单击“打开”菜单命令，可打开“打开”对话框。

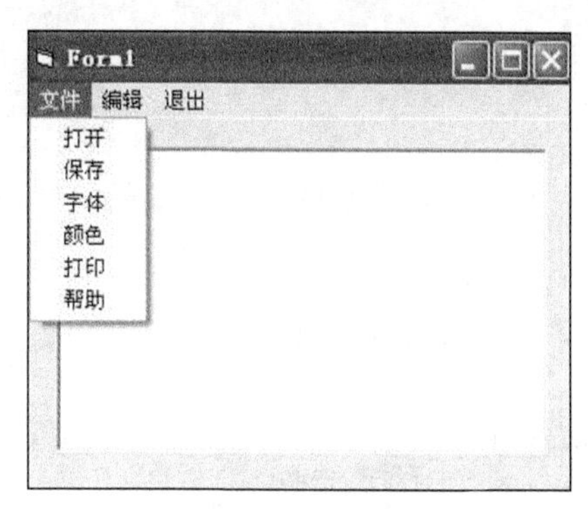

图 6-29　应用程序界面

（3）设置界面

新建工程，在窗体“Form1”中创建菜单栏。打开“菜单编辑器”，编辑项的设置见表 6-9。

表 6-9　　菜单项的设置

标题（Caption）	名称（Name）	标题（Caption）	名称（Name）
…文件	mnu_file	……打印	mnu_print
……打开	mnu_open	……帮助	mnu_help
……保存	mnu_save	…编辑	mnu_edit
……字体	mnu_font	…查看	mnu_look
……颜色	mnu_color	…退出	mnu_exit

编辑后的“菜单编辑器”如图 6-30 所示。单击“确定”命令按钮，返回到主窗体。在窗体中添加文本框“Text1”和对话框“CommonDialog1”，设置后的界面如图 6-31 所示。

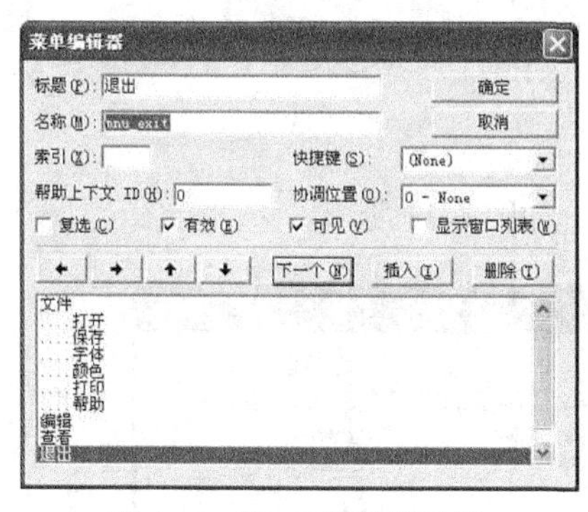
图 6-30　例 6-6 菜单编辑器

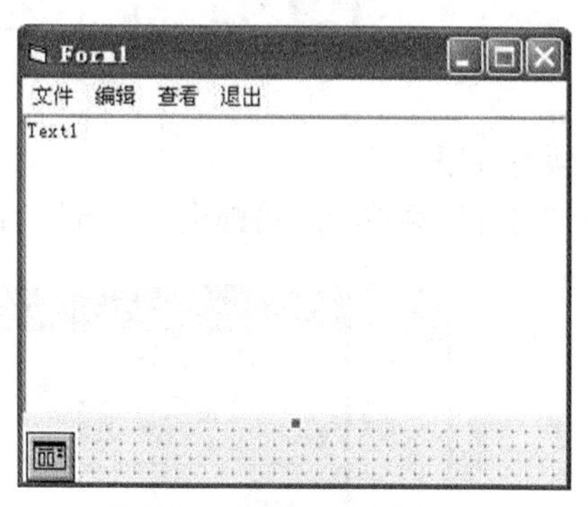

图 6-31　例 6-6 设置后的界面

（4）编写代码

双击“打开”菜单命令，打开代码窗口，为“打开”菜单项编写如下代码，将通用对话框的 Action 属性设置为 1。

```
Private Sub FileOpen_Click()
   CommonDialog1.Action = 1        '将通用对话框的 Action 属性值设置为 1
End Sub
```

使用同样的方法，为“保存”“字体”“颜色”“打印”编写代码：

```
Private Sub mnu_save_Click()
```

```
  CommonDialog1.Action = 2  '显示保存对话框
End Sub
Private Sub mnu_font_Click()
  CommonDialog1.Action = 4  '显示字体对话框
End Sub
Private Sub mnu_color_Click()
  CommonDialog1.Action = 3  '显示颜色对话框
End Sub
Private Sub mnu_print_Click()
  CommonDialog1.Action = 5  '显示打印对话框
End Sub
```

编写代码后的代码窗口如图 6-32 所示。

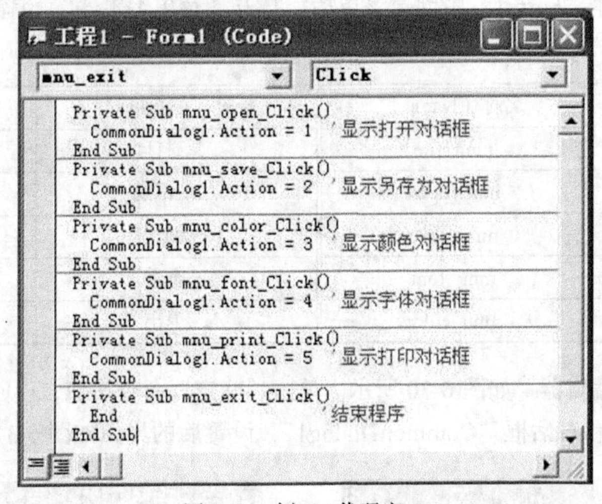

图 6-32 例 6-6 代码窗口

（5）运行程序

单击“打开”菜单项，将弹出“打开”对话框，如图 6-33 所示。

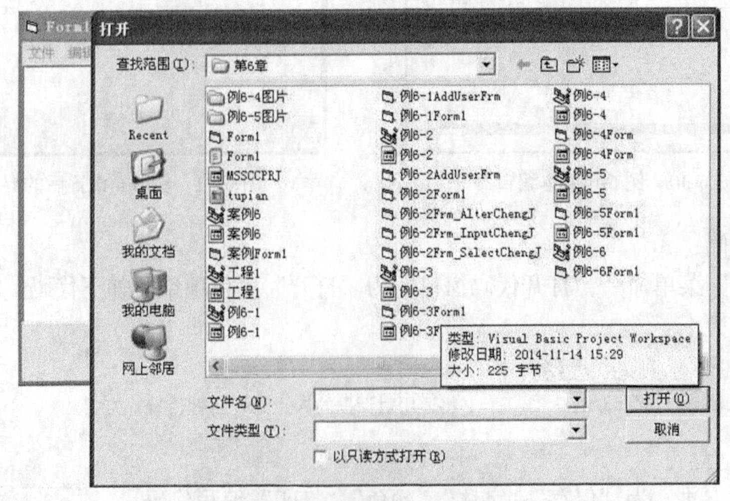

图 6-33 “打开”对话框

单击“保存”菜单项，将弹出“另存为”对话框，如图 6-34 所示。

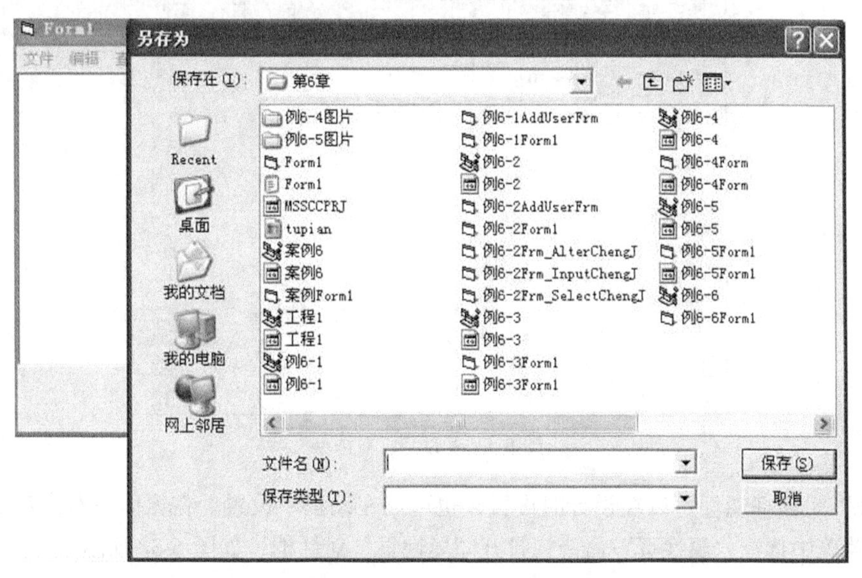

图 6-34　“另存为”对话框

单击“颜色”菜单项，将弹出“颜色”对话框，如图 6-35 所示。单击“打印”菜单项，将弹出“打印”对话框，如图 6-36 所示。

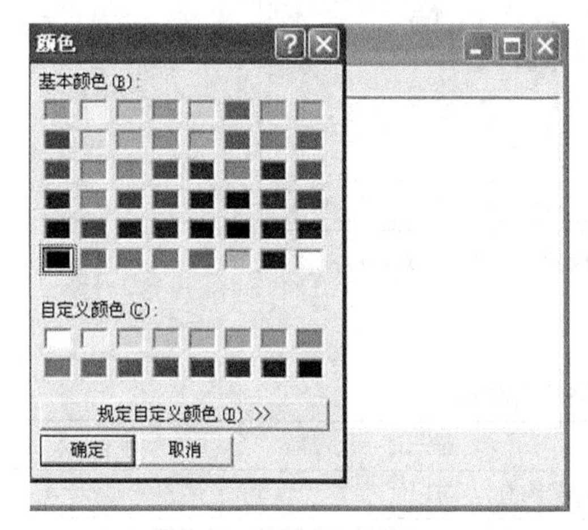

图 6-35　“颜色”对话框

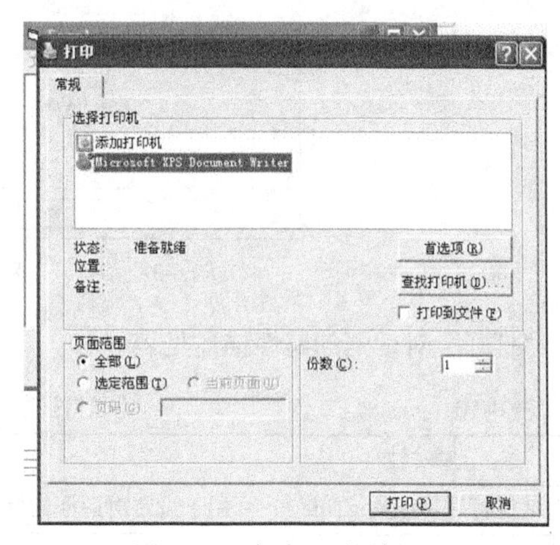

图 6-36　“打印”对话框

3. “打开”对话框

打开文件是应用程序中的常用操作。“打开”对话框可以用来指定文件所在的驱动器、文件夹以及文件名。图 6-37 所示为“打开”对话框。

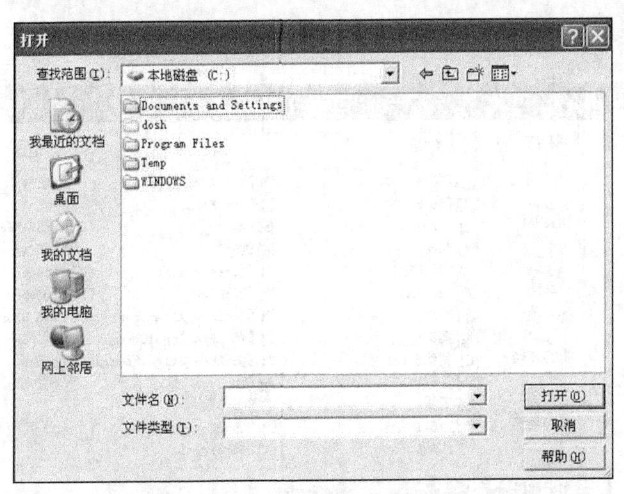

图 6-37 “打开”对话框

“打开”对话框属性可以在设计时设置，也可以在编程中设置。在窗体中右击对话框控件，在弹出的菜单中选择“属性页”命令，打开“属性页”对话框，如图 6-38 所示。

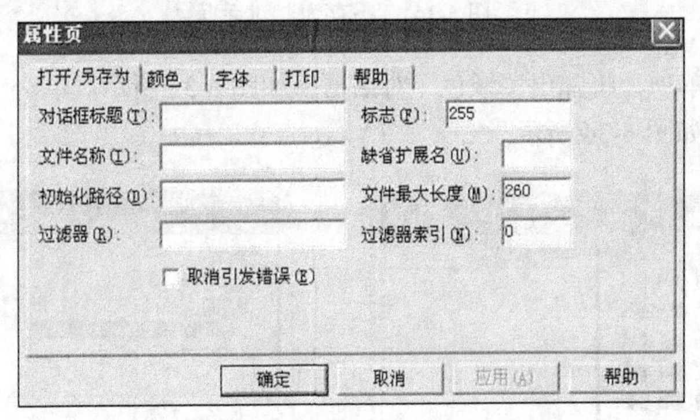

图 6-38 “打开”对话框的“属性页”对话框

“打开”对话框的属性描述见表 6-10。

表 6-10 “打开”对话框的属性描述

属　性	描　述
对话框标题（DialogTitle）	用于设置对话框的标题，默认值为“打开”
文件名称（FileName）	用于设置对话框中“文件名”的默认值，并返回用户所选中的文件名
初始化路径（InitDir）	用于设置初始的文件目录，并返回用户所选择的目录，若不设置该属性，系统默认为当前目录
过滤器（Filter）	用于设置显示文件的类型，格式为：“文件说明|文件类型”，如文本文件（*.txt）
标志（Flag）	用于设置对话框的一些选项，可以是多个值的组合
默认扩展名（DefaultExt）	为该对话框返回或设置默认的文件扩展名，当保存一个没有扩展名的文件时，自动给该文件指定由该属性指定的扩展名
文件最大长度（MaxFileSize）	用于指定文件名的最大字节数，该属性的范围是 1～32KB
过滤器索引（FilterIndex）	设置“打开”或“另存为”对话框默认过滤器的索引值，当使用 Filter 属性为“打开”或“另存为”对话框指定过滤器时，该属性为默认过滤器。对于所定义的第一个过滤器，其索引值为 1

以上属性都可以在编程中对属性值进行设置。

4. “另存为”对话框

“另存为”对话框为将要保存的文件指定保存路径。图 6-39 所示为“另存为”对话框。

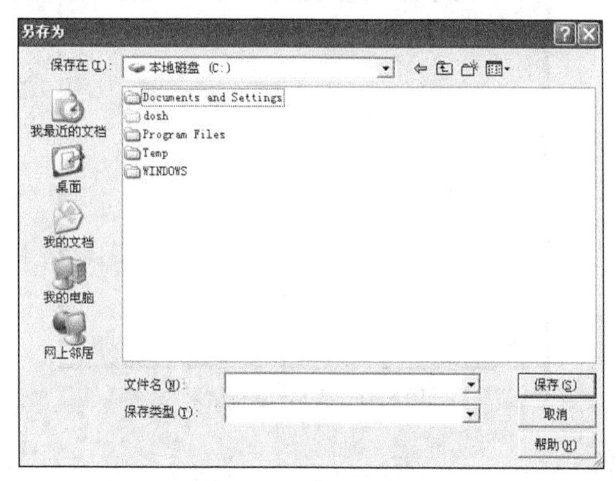

图 6-39　“另存为”对话框

此对话框与“打开”对话框的属性基本相同。

5. “颜色”对话框

“颜色”对话框用来选择调色板中的颜色，如图 6-40 所示。

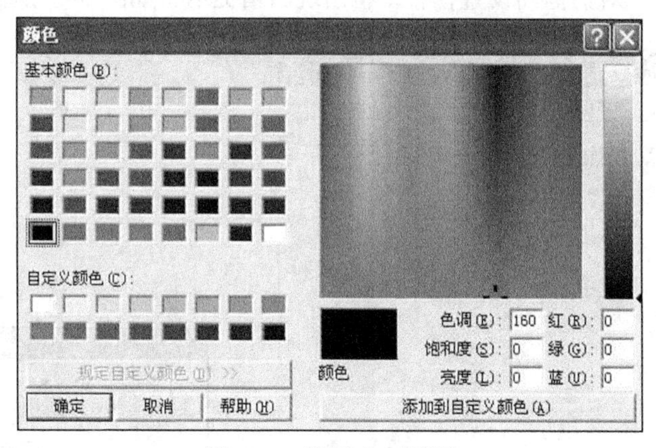

图 6-40　“颜色”对话框

“颜色”对话框关闭后，它的 Color 属性将记录用户所选的颜色代码。

【例 6-7】 在例 6-7 中单击“颜色”菜单命令，打开“颜色”对话框，并将颜色代码赋值给字体的颜色。

双击“颜色”菜单命令，打开代码窗口，在“颜色”菜单命令的代码段中添加如下代码：

```
Private Sub mnu_color_Click()
  CommonDialog1.Action = 3  '显示颜色对话框
  Text1.ForeColor = CommonDialog1.Color  '"颜色"对话框的 Color 属性值赋值给字体
End Sub
```

运行程序，在文本框中输入“VB 程序设计”，选择“文件”|“颜色”菜单命令，打开“颜色”

对话框，选择“红色”方块，单击“确定”命令按钮，结果如图 6-41 所示。

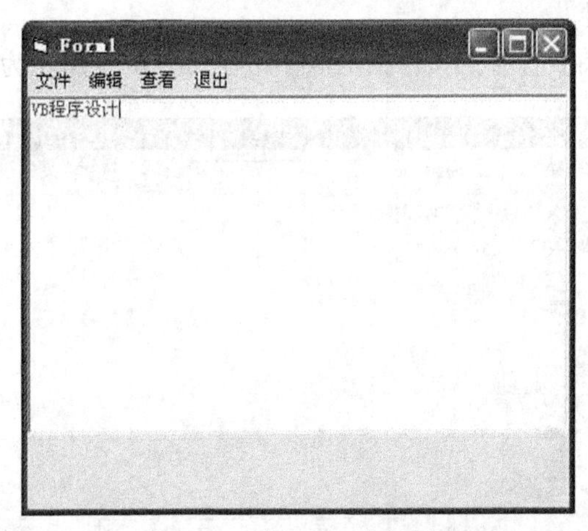

图 6-41　例 6-7 运行结果

6. “字体”对话框

“字体”对话框是为窗体中某个对象的文本设置字体的样式、大小、效果及颜色。图 6-42 所示为“字体”对话框。

“字体”对话框的属性介绍如下。

（1）Flags 属性

该属性必须在打开对话框前设置，否则将出现出错提示，如图 6-43 所示。

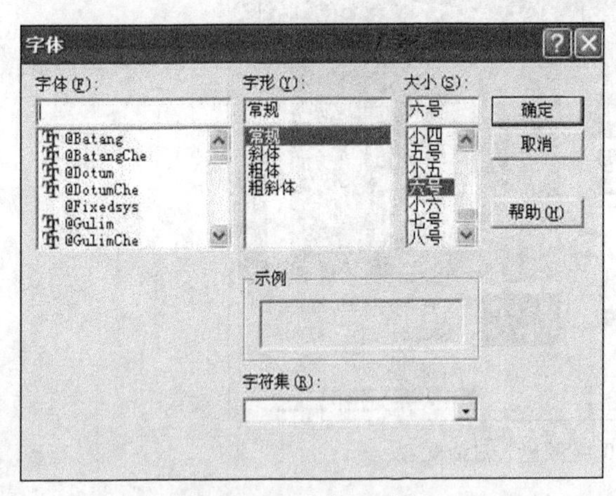

图 6-42　“字体”对话框

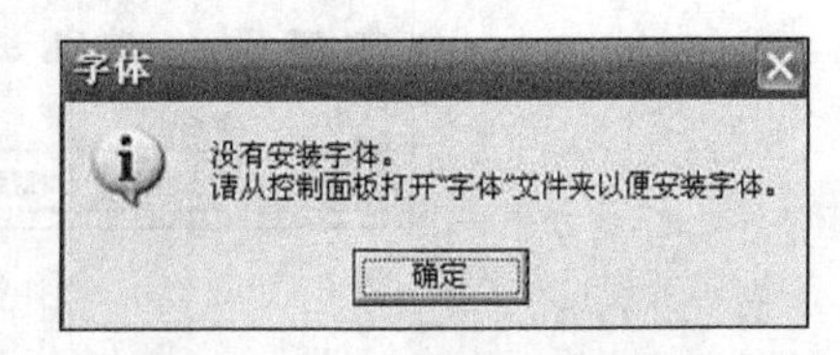

图 6-43　“字体”提示对话框

Flags 属性值见表 6-11。

表 6-11　Flags 属性值

值	说　明
1	显示屏幕字体
2	显示打印机字体
3	屏幕字体和打印机字体都显示
256	出现删除线、下画线、颜色元素

（2）Font 属性

“字体”对话框的“属性页”对话框如图 6-44 所示。单击“字体”选项卡，在其中可以进行字体相关属性的设置。

“字体”对话框的属性描述见表 6-12。

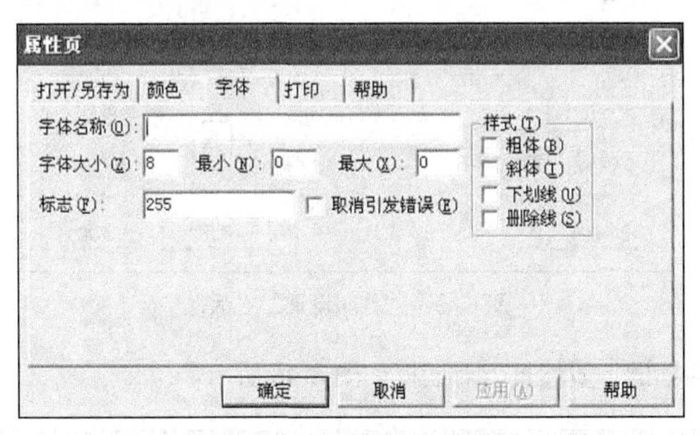

图 6-44　“字体”对话框的“属性页”对话框

表 6-12　“字体”对话框的属性描述

属　性	描　述
FontBold	是否选定了粗体
FontItalic	是否选定了斜体
FontStrikethru	是否选定删除线，如要使用这个属性，必须先将 Flags 属性设置为 256
FontUnderline	是否选定下画线，如要使用这个属性，必须先将 Flags 属性设置为 256
FontName	选定字体的名称
FontSize	选定字体的大小

以上属性可在设计时初始化，也可在编程中赋值。

【例 6-8】在例 6-7 中，将在“字体”对话框中选定的属性赋值给文本框中的字体。代码实现如下：

```
Private Sub Font_Click()
   CommonDialog1.Action = 4
   Text1.FontBold = CommonDialog1.FontBold
   Text1.FontName = CommonDialog1.FontName
   Text1.FontSize = CommonDialog1.FontSize
   Text1.FontItalic = CommonDialog1.FontItalic
   Text1.FontStrikethru = CommonDialog1.FontStrikethru
   Text1.FontUnderline = CommonDialog1.FontUnderline
End Sub
```

7. “打印”对话框

“打印”对话框可用来设置打印输出的方法。图 6-45 所示为“打印设置”对话框。

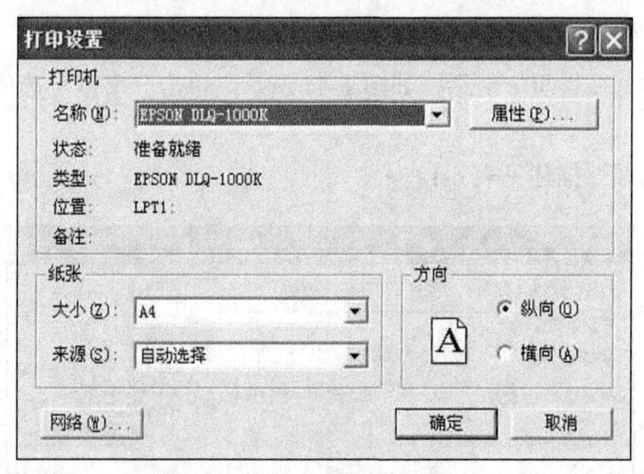

图 6-45　“打印设置”对话框

“打印设置”对话框的“属性页”对话框如图 6-46 所示。

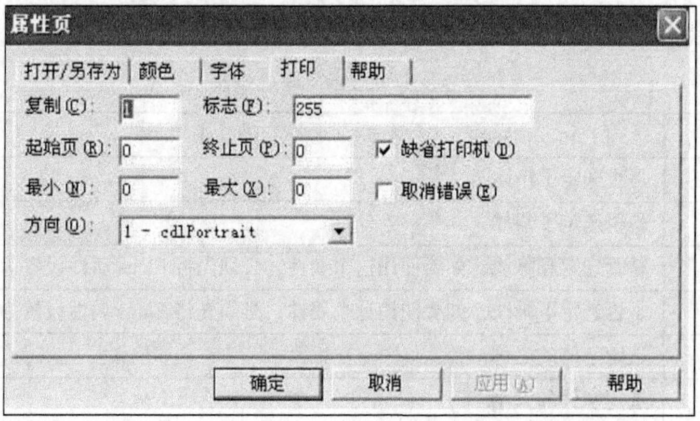

图 6-46　“打印设置”对话框的“属性页”对话框

“打印设置”对话框的属性描述见表 6-13。

表 6-13　“打印设置”对话框的属性描述

属　性	描　述
复制（Copies）	用于设置打印的份数
最小（Min）	用于设置可打印的最小页数
最大（Max）	用于设置可打印的最大页数
起始页（Frompage）	用于设置要打印的起始页数
终止页（Topage）	用于设置要打印的终止页数
方向（Orientation）	用于确定以纵向或横向模式打印文档

8. “帮助”对话框

“帮助”对话框用来在应用程序中调用 Windows 帮助引擎。图 6-47 所示为“帮助”对话框的“属性页”对话框。

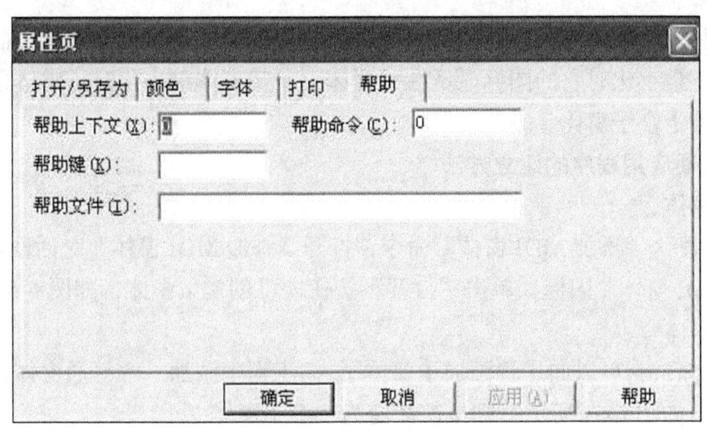

图 6-47　“帮助”对话框的“属性页”对话框

“帮助”对话框的属性描述见表 6-14。

表 6-14　“帮助”对话框的属性描述

属　性	描　述
帮助上下文（HelpContext）	用于设置或返回请求的帮助主题上下文标识 ID
帮助命令（HelpCommand）	用于设置所需要的联机帮助的类型
帮助键（HelpKey）	用于设置所请求的帮助主题的关键字
帮助文件（HelpFile）	确定帮助文件的路径和文件名，应用程序使用这个文件显示 Help 或联机文档

6.5　多文档界面设计

1. 多文档界面设计

在一些应用程序中，主窗体中可显示若干个子窗体，通常称之为多文档界面。图 6-48 所示的主窗体中显示出 3 个子窗体。

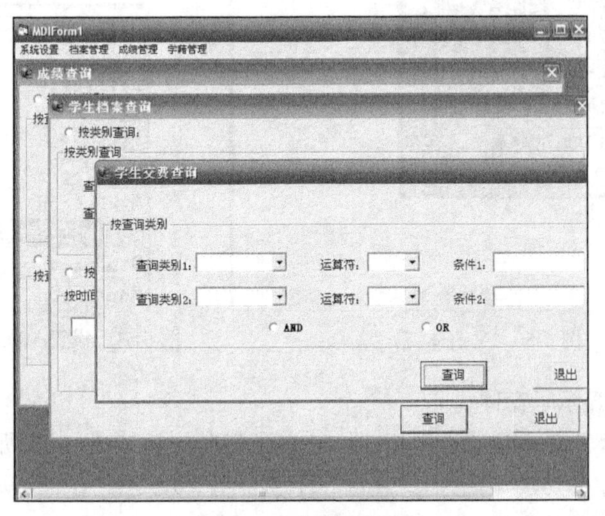

图 6-48　多文档界面

多文档界面是由父窗体与子窗体构成的，父窗体（MDI）作为子窗体的容器，子窗体在父窗体中显示。子窗体最小化时它的图标显示在父窗体上，父窗体最小化时子窗体也一起最小化。一个父窗体可显示若干个子窗体。

2. 多文档界面应用程序的建立方法

（1）创建父窗体

① 选择“工程”|“添加 MDI 窗体”命令，打开“添加 MDI 窗体”对话框，如图 6-49 所示。

② 选择“MDI 窗体”图标，单击“打开”按钮即可创建父窗体，如图 6-50 所示。

（2）创建子窗体

设计好父窗体后，就可以向工程添加子窗体了。向工程中添加一个普通窗体，并将其 MDIChild 属性设置为 True，如图 6-51 所示，则该窗体变为一个子窗体。

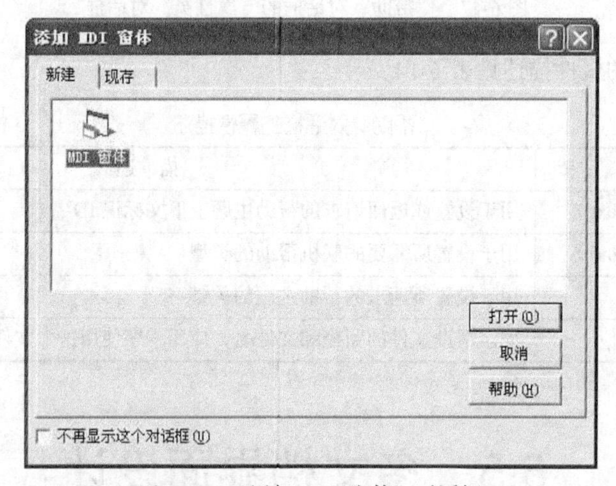

图 6-49 “添加 MDI 窗体”对话框

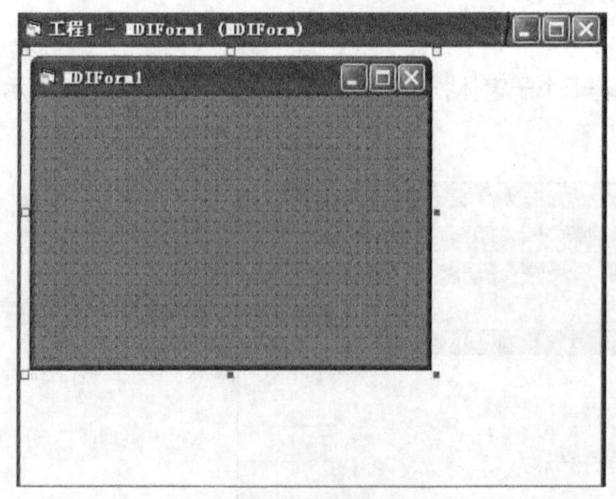

图 6-50 父窗体

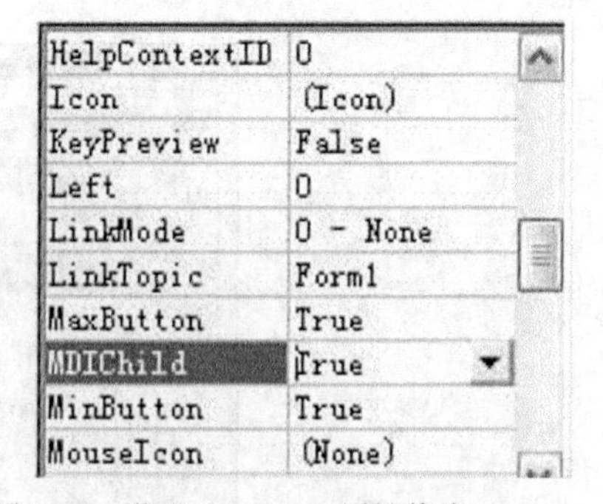

图 6-51 设置 MDIChild 属性值为 True

（3）在父窗体中显示子窗体

在父窗体中显示子窗体是通过使用 Show 方法实现的。如图 6-48 所示，在父窗体中显示“成绩查询”子窗体，显示“学生档案查询”子窗体等，就是使用 Show 方法实现的。编写代码如下：

```
Private Sub MDIForm_Load()
   Frm_FindChengJ.Show
   Frm_FindDangA.Show
   Frm_FindStruJF.Show
   Frm_Splash.Show
End Sub
```

（4）在父窗体中子窗体的排列方式

① 子窗体显示时的排列方式。在父窗体中，子窗体显示时的排列方式有如下 4 种。

vbCascade：层叠所有非最小化子窗体。

vbTileHorizontal：水平平铺所有非最小化子窗体。

vbTileVertical：垂直平铺所有非最小化子窗体。

vbArrangeIcons：排列所有子窗体图标。

② 排列方式的设置。排列方式的设置是使用 Arrange 方法实现的。

格式：

　　父窗体对象名.Arrange　排列方式

例如：MDIForm1.Arrange　vbTileVertical

【例 6-9】 完成本章开始的案例“学生信息管理系统”的设计。

① 为“学生信息管理系统”建立主窗体。

② 打开“菜单编辑器”编辑菜单。菜单项的设置见表 6-15，设计后的菜单编辑器如图 6-52 所示。

表 6-15　　菜单项的设置

标题（Caption）	名称（Name）	标题（Caption）	名称（Name）
…系统设置	Mun_System	……学生考试违规	Mun_ChengJwg
……用户管理	Mun_User	...交费管理	Mun_JiaoF
……重新登录	Mun_UpLogin	......学生交费增加	Mun_AddJiaoF
……退出系统	Mun_Exit	......学生交费查询	Mun_FindJiaoF
…班级管理	Mun_Class	…打印统计	Mun_Count
……增加班级	Mun_AddClass	......班级统计打印	Mun_ClassCount
……班级查询	Mun_FindClass	……档案统计打印	Mun_DandACount
…课程管理	Mun_Grean	……课程统计打印	Mun_GreanCount
……课程设置	Mun_ShezGrean	……成绩统计打印	Mun_ChengJCount
……课程查询	Mun_FindGrean	……交费统计打印	Mun_JiaoFCount
…成绩管理	Mun_ChengJGL	…帮助	Mun_Hlep
……成绩增加	Mun_ChengJ	……操作说明	Mun_Czsm
……成绩查询	Mun_ChengJcx	……关于	Mun_About

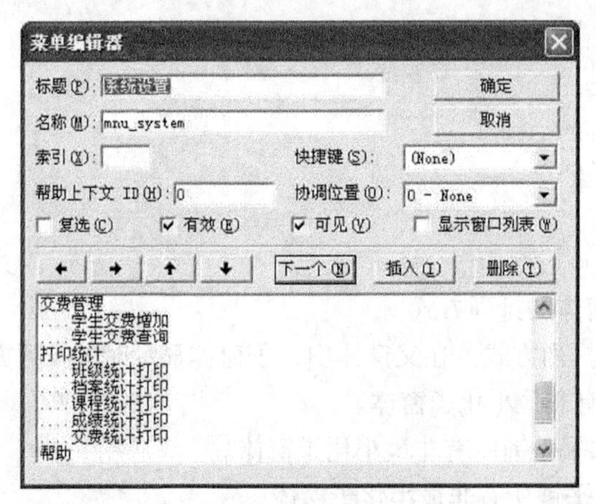

图 6-52　例 6-9 菜单编辑器

③ 创建工具栏。

为常用的菜单“课程管理”“班级管理”“成绩管理”等设置工具栏。

a. 在窗体中添加 Toolbar、ImageList 控件对象“Toolbar1”“ImageList1”，在“ImageList1”控件中插入图片，如图 6-53 所示。单击“确定”命令按钮。

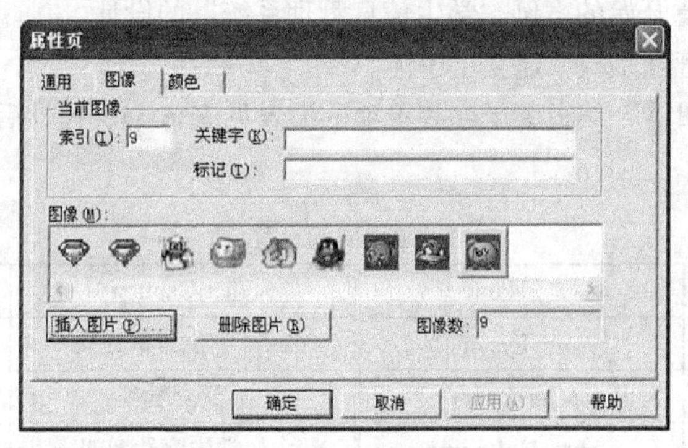

图 6-53　在“ImageList1”控件中插入图片

b. 右击“Toolbar1”，在其“属性页”对话框中的“通用”选项卡下将其与“ImageList1”关联；在“按钮”选项卡下插入按钮，注意，“图像”值和“索引”值的对应，如图 6-54 所示。

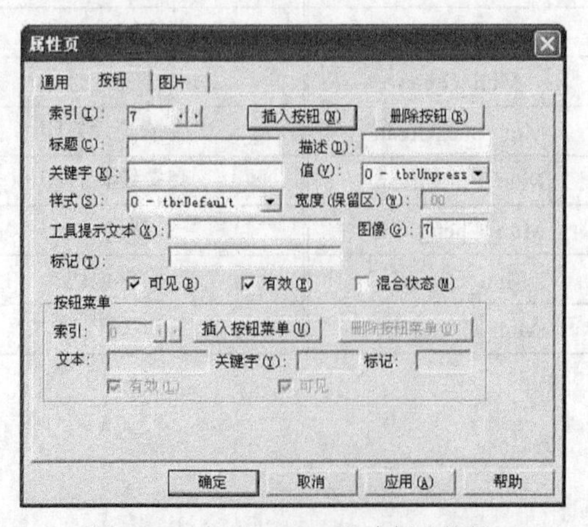

图 6-54　在“Toolbar1”中插入按钮

c. 完成菜单和工具栏设计后，单击菜单项“增加班级”打开代码窗口，为菜单项和工具按钮编写事件响应代码。

```
Private Sub Mun_AddClass_Click()
  AddClassfrm.Show  '显示增加班级窗体
End Sub
Private Sub Mun_FindClass_Click()
  FindClassfrm.Show '显示班级查询窗体
End Sub
Private Sub Toolbar1_ButtonClick(ByVal Button As MSComctlLib.Button)
  Select Case Button.Index
    Case 1
     AddClassfrm.Show       '显示增加班级窗体
    Case 2
     FindClassfrm.Show      '显示班级查询窗体
   End Select
End Sub
End Sub
```

其余菜单项代码和工具按钮代码与此代码类似。

④ 运行程序。

单击“班级管理”|“增加班级”菜单命令，如图 6-55 所示，将会弹出“增加班级”窗体。

图 6-55 程序运行结果

综合训练

训练 1 简单制作一个图书馆管理系统的界面。

功能要求：按照表 6-16 制作菜单。“图书馆管理系统”主界面如图 6-56 所示。

表 6-16 “图书馆管理系统”的菜单

标题（Caption）	名称（Name）	标题（Caption）	名称（Name）
图书管理	tsgl	……..修改读者类别	xgdz
….图书类别管理	tslb	……..删除读者类别	scdz

续表

标题（Caption）	名称（Name）	标题（Caption）	名称（Name）
……..添加图书类别	tjts	图书借阅管理（&J）	tsjy
……..修改图书类别	xgts	….借书管理	jsgl
……..删除图书类别	scts	……..添加借书信息	tjjx
….图书信息管理	tsxx	……..查询借书信息	cxjx
…….添加图书信息	tjtx	….还书管理	hsgl
…….修改图书信息	xgtx	系统管理（&S）	xtgl
…….删除图书信息	sctx	….添加管理员	tjgl
读者管理（&D）	dzgl	….更改密码	ggmm
….读者类别管理	dzlb	退出（&Z）	tc
……..添加读者类别	tjdz		

训练 2　制作一个文本编辑器。

功能要求：按照图 6-57 所示的界面设计一个文本编辑器，单击界面上的按钮时可以实现相应的功能。

图 6-56　“图书馆管理系统”主界面

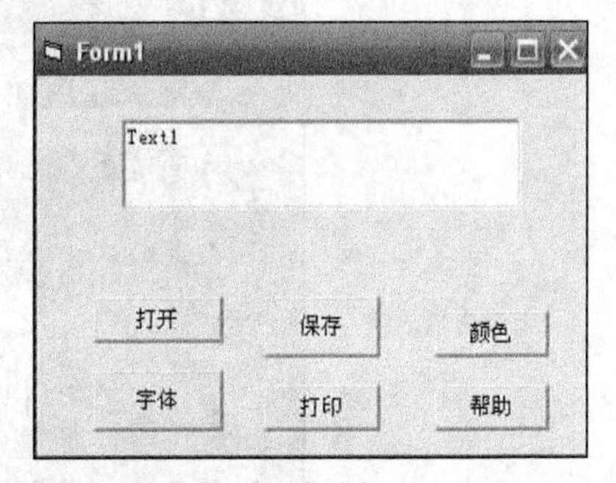

图 6-57　文本编辑器界面

本章小结

本章主要介绍了以下内容。

① 菜单的设计和编程方法。

② 工具栏的设计方法与属性设置以及工具栏的编程实现。

③ 通用对话框控件的调用方法，以及“打开”对话框、“另存为”对话框、“颜色”对话框、“字体”对话框、“打印设置”对话框、“帮助”对话框的属性设置。

④ 多文档界面应用程序的设计。

习 题

一、单选题

1. 下面关于多重窗体的叙述中，正确的是（ ）。

（A）作为启动对象的 Main 子过程，只能放在窗体模块内

（B）如果启动对象的 Main 子过程，则程序启动时不加载任何窗体，以后由该过程根据不同情况决定是否加载或加载哪一个窗体

（C）没有启动窗体，程序不能执行

（D）以上都不对

2. 为了使一个窗体从屏幕上消失但仍在内存中，所使用的语句或方法为（ ）。

（A）Show （B）Hide （C）Load （D）Unload

3. 当一个工程含有多个窗体时，其中的启动窗体是（ ）。

（A）启动 Visual Basic 时建立的窗体 （B）第一个添加的窗体

（C）最后一个添加的窗体 （D）在“工程属性”对话框中指定的窗体

4. 假定有一个菜单项名为 menuItem，为了在运行时使菜单项失效（变灰），应使用的语句为（ ）。

（A）menuItem.Enabled=False （B）menuItem.Enable=true

（C）menuItem.Visible=True （D）menuItem.Visible=False

5. 以下叙述中，错误的是（ ）。

（A）调用通用对话框控件的 ShowOpen 方法，能直接将通用对话框中选择的文件打开，显示文件的内容，而不必再编写显示文件内容的代码

（B）在同一个程序中，用不同的方法（如 ShowOpen 或 ShowSave 等）打开的通用对话框具有不同的作用

（C）在程序运行时，通用对话框控件是不可见的

（D）调用通用对话框控件的 ShowFont 方法，可打开“字体”对话框

二、填空题

1. 为了把一个窗体装入内存，所使用的语句为________；为了清除内存中指定的窗体，所使用的语句为________。

2. 在 Visual Basic 6.0 中可以建立________菜单和________菜单。

3. 在“打开”对话框中，FileName 属性和 FileTitle 属性的主要区别是________。假定有一个名为“fn.exe”的文件位于“c:\abc\def”目录下，则 FileName 属性的值为________，FileTitle 属性的值为________。

4. 建立弹出式菜单的方法是________。

5. 建立打开文件、保存文件、颜色和字体对话框所使用的方法分别为________、________、________和________。

6. 在菜单编辑器中，菜单项前面 4 个小点的含义是________。

三、简答题

1. 菜单和工具栏的作用是什么？

2．快捷菜单与下拉菜单设计的异同之处是什么？

3．叙述菜单设计的主要步骤。

4．工具栏是由哪两个控件组成的？它们的作用是什么？

5．多文档界面有什么特点？

6．MDI 窗体与 MDI 子窗体的区别是什么？

第 7 章 在程序中运用绘图方法

学习目标

- 掌握坐标系统的建立方法。
- 熟练应用各绘图属性。
- 学会图形控件的应用。
- 掌握图形方法的应用。

重点和难点

- 重点：图形控件的应用。
- 难点：图形方法的应用。

课时安排

- 讲授 1 学时，训练 1 学时。

7.1 案例：简单动画设计

1. 案例

【案例 7】 通过改变图形形状演示一个陀螺在图形框内转动。

2. 案例分析

在窗体上添加图形框、一组图形控件（多个）、命令按钮和时钟。一个图形框控件存放一个图片，形成动感。

要解决案例 7，需要学习图形控件、图形方法等。

7.2 坐标系统

本章首先学习坐标系统的相关知识和建立方法，然后学习一些基本的绘图属性，如当前坐标、线宽、线型、填充图案及色彩。Visual Basic 6.0 工具箱提供了几个很好的图形控件，如 PictureBox、Image、Line、Shape 等，本章要学习这些控件的常用属性；最后学习图形方法，如画点、直线、圆形（椭圆、扇形、弧形）等。

1. 默认坐标系

在 Visual Basic 6.0 编程中放置图形的对象被称为“容器”。图形的具体摆放位置可以通过坐标系统的建立来精确定位。坐标系由坐标原点、坐标度量单位、坐标轴的长度与方向 3 个要素构成。默认坐标系的坐标原点在“容器”的左上角，横向向右为 *x* 轴的正向，纵向向下为 *y* 轴的正向，如图 7-1 所示。

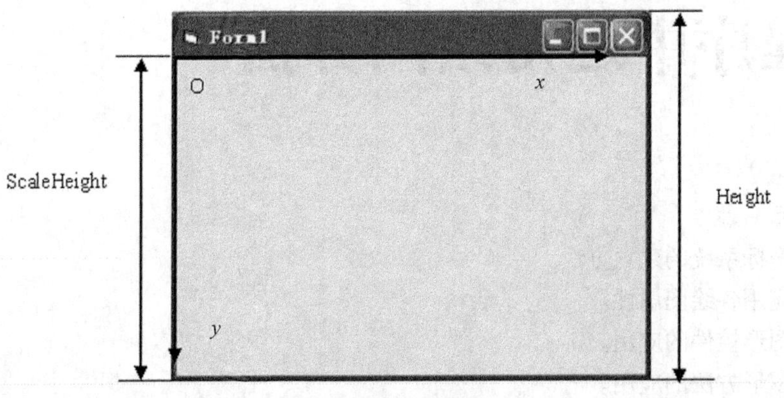

图 7-1　默认坐标系

（1）ScaleMode 属性

通过设置容器对象的 ScaleMode 属性值，可改变坐标系的坐标单位。坐标单位可分为 0-user（用户自定义）、1-twip、2-point（磅）、3-pixel（像素）、4-character（字符）、5-inch（英寸）、6-millimeter（毫米）、7-centimeter（厘米）共 8 种形式，默认为 twip 度量单位。

1 inch=1440 twip，1 point=20 twip。

（2）Height 属性及 ScaleHeight 属性

“容器”的高度由 Height 属性及 ScaleHeight 属性确定。注意：Height 属性值包括了标题栏和水平边框宽度，而实际可用高度由 ScaleHeight 确定，如图 7-1 所示。

（3）Width 属性及 ScaleWidth 属性

“容器”的宽度由 Width 属性及 ScaleWidth 属性确定。其区别同 Height 属性与 ScaleHeight 属性的区别。

（4）ScaleTop 属性

ScaleTop 属性表示“容器”左上角坐标的 y 值，默认为 0。

（5）ScaleLeft 属性

ScaleLeft 属性表示“容器”左上角坐标的 x 值，默认为 0。

ScaleMode 属性值改变后，与坐标度量相关的属性均会随之改变，如 ScaleHeight、ScaleWidth 等。“容器”中各属性的意义见表 7-1。

表 7-1　“容器”中各属性的意义

属　性	意　义
ScaleLeft	左上角坐标的 x 值
ScaleTop	左上角坐标的 y 值
ScaleWidth	右下角坐标的 x 值-左上角坐标的 x 值
ScaleHeight	右下角坐标的 y 值-左上角坐标的 y 值
Width	Width> ScaleWidth（包括了垂直边框宽度）
Height	Height> ScaleHeight（包括了标题栏和水平边框宽度）

2. 自定义坐标系

Visual Basic 6.0 中自定义坐标系的方法有如下两种。

（1）通过属性定义坐标系

通过“容器”的 ScaleTop、ScaleLeft、ScaleHeight 和 ScaleWidth 4 个属性定义坐标系。ScaleTop 属性和 ScaleLeft 属性的默认值为 0，坐标原点在“容器”的左上角。改变 ScaleTop 或 ScaleLeft 的值后，坐标系的 x 轴或 y 轴按此值平移形成新的坐标原点。右下角的坐标值为（ScaleLeft+ScaleWidth，ScaleTop+ScaleHeight），根据左上角和右下角坐标值的大小自动设置坐标轴的正向。x 轴与 y 轴的度量单位分别为 1/ScaleWidth 和 1/ScaleHeight。如果 ScaleWidth 和 ScaleHeigh 为负数，则表示坐标系统反向。

【例 7-1】 通过属性定义坐标系。

① 编写代码。

双击窗体，打开代码窗口，在 Form_Click 事件下输入如下代码：

```
Private Sub Form_Click()
    Cls
    Form1.ScaleLeft = -10: Form1.ScaleTop = 20
    Form1.ScaleWidth = 40: Form1.ScaleHeight = -30
    Line (-10, 0)-(30, 0)
    Line (0, 20)-(0, -10)
    CurrentX = 0: CurrentY = 0: Print 0
    CurrentX = 28: CurrentY = -1: Print "X"
    CurrentX = 1: CurrentY = 17: Print "Y"
End Sub
```

② 运行程序。

启动应用程序，单击窗体，触发窗体 Form1 的 Click 事件，执行结果如图 7-2 所示。

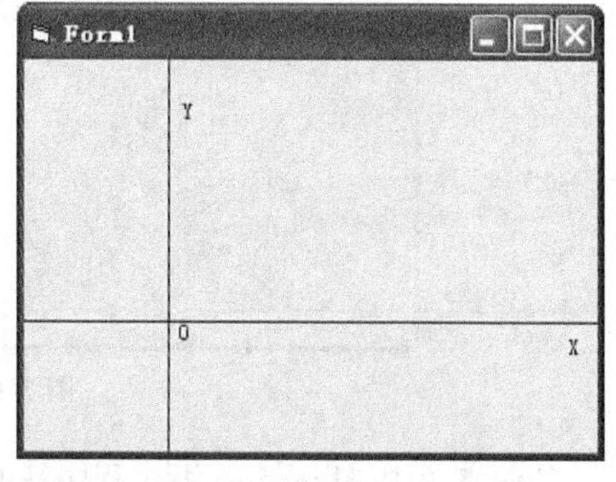

图 7-2　通过属性定义的坐标系

从例 7-1 看出，用户可以根据实际需求自定义坐标系，但是通过属性定义坐标系的方法比较复杂，下面介绍一种更简洁的方法。

（2）通过 Scale 方法定义坐标系

该方法是建立用户坐标系最方便的方法。

调用格式：[对象.]Scale [（左上角坐标）-（右下

角坐标）]

左上角坐标和右下角坐标均为单精度数值。任何时候在程序中使用 Scale 方法都能有效地改变坐标系统。在代码窗口中输入语句：Form1.Scale（−10, 20）−（30, −10），则定义了一个可用宽度为 40，可用高度为 30 的坐标系。当 Scale 方法不带参数时，则取消用户自定义的坐标系，采用默认坐标系。

调用格式：[对象.]Scale

下面通过一个例题来演示采用 Scale 方法如何定义坐标系。

【例 7-2】 采用 Scale 方法定义坐标系。

① 设计界面。

在窗体“Form1”中添加命令按钮“Command1”和“Command2”。

② 设置属性。

设置“Command1”的标题“Caption”属性为“自定义坐标系画圆”；设置“Command2”的标题“Caption”属性为“默认坐标系画圆”。

③ 编写代码。

打开代码窗口，在 Command1_Click 事件下输入如下代码：

```
Private Sub Command1_Click()
    Cls
    Form1.Scale (0, 1000)-(1000, 0)
    Form1.Circle (500, 500), 300          '画圆
End Sub
```

在 Command2_Click 事件下输入如下代码：

```
Private Sub Command2_Click()
    Cls
    Form1.Scale
    Form1.Circle (500, 500), 300
End Sub
```

④ 运行程序。

启动应用程序，分别单击“自定义坐标系画圆”按钮和“默认坐标系画圆”按钮，执行结果如图 7-3 所示。

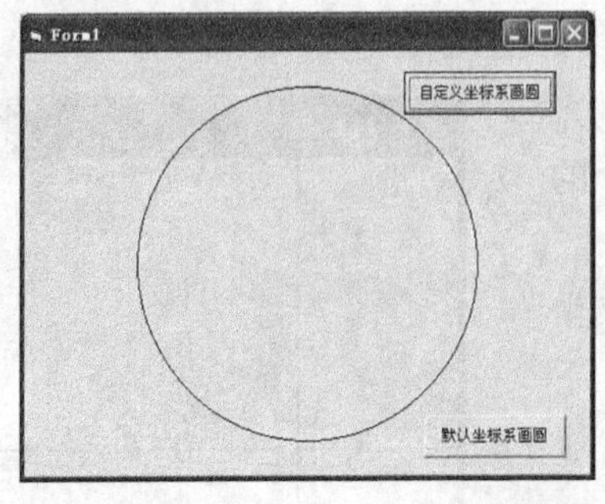

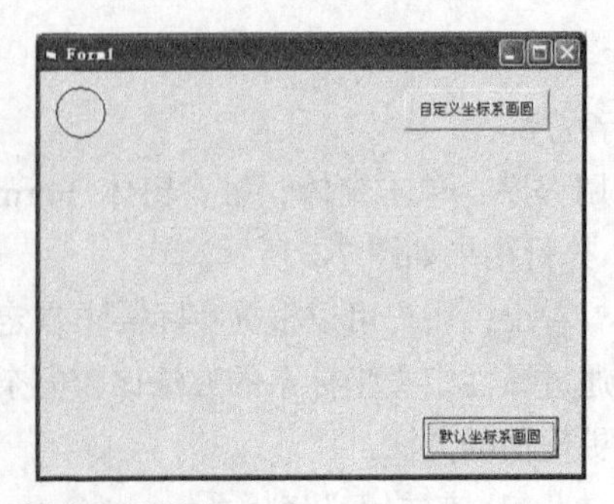

图 7-3　坐标系不同产生的影响

从例 7-2 中可以看到，两个程序基本相同，都是要画一个原点在（500，500）、半径为 300 的圆，但是执行结果差异较大。主要原因是用 Scale 方法设置了不同的坐标系，第 1 个坐标系原点在

左下角，可用宽度和可用高度为 1 000 的自定义坐标系；而第 2 个坐标系为默认坐标系，坐标原点在左上角，可用宽度和可用高度都为默认值。用户使用时可根据不同的需要，定义适当的坐标系。

7.3　绘图属性

绘图操作中除了学习坐标系的定义方法外，还要学习一些基本的绘图属性，如当前坐标、线宽、线型、填充、色彩等。

1. 当前坐标 CurrentX，CurrentY

当坐标系确定后，坐标值（*x*，*y*）表示对象上的绝对坐标位置，即相对于坐标原点的坐标值。示例：CurrentX=200:CurrentY=300 表示点（200，300）。当前坐标 CurrentX、CurrentY 属性在设计阶段不能使用。如果在坐标值前加上关键字 Step，则坐标值表示对象上的相对坐标位置，即相对于当前位置的坐标值。

调用格式：`[对象.] CurrentX=坐标值`

`[对象.] CurrentY=坐标值`

具有当前坐标 CurrentX、CurrentY 属性的对象有窗体 Form、图形框 Picture、打印机等。

【例 7-3】 使用当前坐标属性设置立体字。

① 编写代码。

双击窗体，打开代码窗口，在 Form_Click 事件下输入如下代码：

```
Private Sub Form_Click()
    FontSize = 40                  '字号
    ForeColor = QBColor(0)         '字颜色=黑
    CurrentX = 100
    CurrentY = 60
    Print " Visual Basic 程序设计"
    ForeColor = QBColor(15)        '字颜色=白
    CurrentX = 110
    CurrentY = 70
    Print " Visual Basic 程序设计"
End Sub
```

② 运行程序。

启动应用程序，单击窗体，执行结果如图 7-4 所示。

例 7-3 利用相对坐标使得黑白字错位，出现了立体字的效果。

图 7-4　例 7-3 运行结果

2. 线宽 DrawWidth

线的宽度或点的大小由属性 DrawWidth 来设置，其默认值为 1，可以通过改变其属性值来改变线的宽度及点的大小。

【例 7-4】 应用属性 DrawWidth 画出七彩线。

① 编写代码。

双击窗体，打开代码窗口，在 Form_Click 事件下输入如下代码：

```
Private Sub Form_Click()
    Dim i As Integer
```

```
    Form1.ScaleHeight = 4000            '可用高度
    Form1.ScaleWidth = 8000             '可用宽度
    CurrentX = 0                        '当前横坐标
    CurrentY = ScaleHeight /2           '当前纵坐标
    For i = 1 To 15
    DrawWidth = i * 3                   '线宽
    Line -Step(ScaleWidth / 16, 0), QBColor(i)    '画彩色线
    Next i
End Sub
```

② 运行程序。

启动应用程序，单击窗体，运行结果如图 7-5 所示。

3. 线型 DrawStyle

所画线的形状由属性 DrawStyle 来设置。线型有 0-solid（实线）、1-dash（长画线）、2-dot（点线）、3-dash-dot（点画线）、4-dash-dot-dot（点点画线）、5-transparent（透明线）、6-inside solid（内实线）共 7 种类型。

线型的设置受到线宽的影响。当线宽 DrawWidth=1 时，线型有 7 种。当线宽 DrawWidth>1，且线型的属性值为 1 ~ 4 时，只能产生效果。当线宽 DrawWidth>1，且 DrawStyle=6 时，所画的内实线仅当是封闭线时才起作用。

【例 7-5】 利用属性 DrawStyle 来演示线的 7 种形状。

① 编写代码。

双击窗体，打开代码窗口，在 Form_Click 事件下输入如下代码：

```
Private Sub Form_Click()
    Dim i As Integer
    Form1.ScaleHeight = 80
    Form1.ScaleWidth = 100
    For i = 0 To 6
    Form1.DrawStyle = i
    Line (0, 10 * (i + 1))-(100, 10 * (i + 1))
    Next i
End Sub
```

② 运行程序。

启动应用程序，单击窗体，执行结果如图 7-6 所示。

图 7-5 线宽 DrawWidth 的练习

图 7-6 线型 DrawStyle 的练习

4. 填充 FillStyle，FillColor

封闭图形的填充方式由 FillStyle 和 FillColor 来设置。

FillStyle 填充图案共有 8 种类型，分别为 0-solid（实填充）、1-transparent（透明）、2-horizontle line（水平线）、3-verticle line（竖直线）、4-upward diagonal（向上对角线）、5-downward diagonal（向下对角线）、6-cross（交叉线）、7-diagonal cross（斜交叉线）。

FillColor 填充颜色，属性值由 QBColor 或 RGB 函数确定，或者等于一个 6 位的十六进制长整数。

【例 7-6】 填充图案 FillStyle 和填充颜色 FillColor 的演示。

① 设计界面。

在窗体“Form1”中添加形状“Shape1”和“Command1”，调整好位置。

② 设置属性。

设置形状 “Shape1”的索引“Index”属性为“0”；设置“Command1”的标题“Caption”属性为“形状变化”。

③ 编写代码。

双击窗体，打开代码窗口，在 Form_Load 事件下输入如下代码：

```
Private Sub Form_Load()
    For i = 1 To 5
    Load Shape1(i)
    Shape1(i).Visible = True
    Shape1(i).Left = Shape1(i - 1).Left + 1000
    Shape1(i).Shape = i
    Next i
End Sub
```

在 Command1_Click 事件下输入如下代码：

```
Private Sub Command1_Click()
    Randomize
    For i = 0 To 5
      Shape1(i).FillStyle = Int(Rnd * 8)
      Shape1(i).FillColor = QBColor(Int(Rnd * 16))
    Next i
End Sub
```

④ 运行程序。

运行程序，结果如图 7-7 所示。单击“形状变化”命令按钮，可以看到填充的线型，如图 7-8 所示。

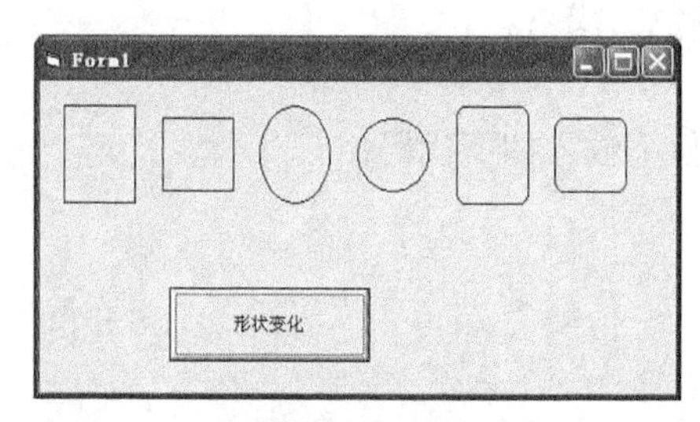

图 7-7　填充图案

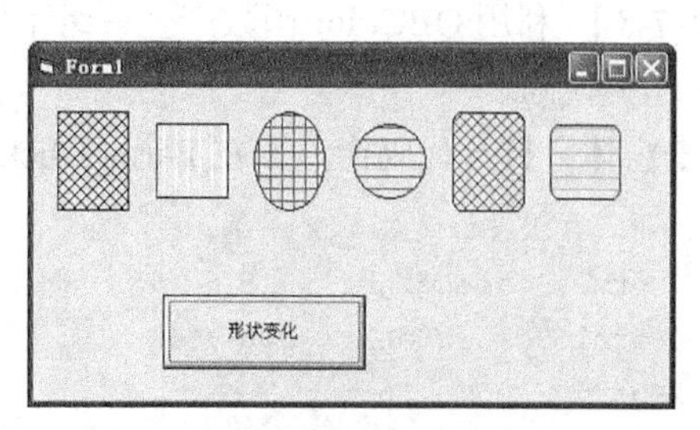

图 7-8　填充线型和颜色

5. 色彩 ForeColor

Visual Basic 6.0 中有两个选择颜色的函数，分别是 QBColor 和 RGB。

QBColor 函数能够选择 16 种颜色，参数为 0 ~ 15 的整数。QBColor 参数与颜色对照表见表 7-2。

调用格式：QBColor（参数）

表 7-2　QBColor 参数与颜色对照表

参　数	颜　色	参　数	颜　色
0	黑	8	灰
1	蓝	9	亮蓝
2	绿	10	亮绿
3	青	11	亮青
4	红	12	亮红
5	品红	13	亮品红
6	黄	14	亮黄
7	白	15	亮白

RGB 函数能够选择更多的颜色，R、G、B 分别指红色、绿色、蓝色 3 种基本色，而参数则表明红、绿、蓝的比例，参数的取值范围为 0 ~ 255 的整数。理论上，其颜色种类为 256 × 256 × 256 种。

调用格式：RGB（R，G，B）

例如：RGB（255，0，0）表示红色。

【例 7-7】 利用 RGB 函数产生一个过渡色。

① 编写代码。

双击窗体，打开代码窗口，在 Form_ Click 事件下输入如下代码：

```
Private Sub Form_Click()
    Form1.ScaleHeight = 256
    Form1.ScaleWidth = 200
    For j = 0 To 255
    Line (0, j)-(200, j), RGB(j, 0, 0)
    Next j
End Sub
```

② 运行程序。

运行程序，单击窗体，执行结果如图 7-9 所示。

【例 7-8】 利用 QBColor 函数产生一组不同颜色的线条。

① 编写代码。

双击窗体，打开代码窗口，在 Form_Click 事件下输入如下代码：

```
Private Sub Form_Click()
    Form1.ScaleHeight = 15
    Form1.ScaleWidth = 200
    For j = 0 To 15
    Line (0, j)-(200, j), QBColor(j)
```

```
    Next j
End Sub
```

② 运行程序。

启动应用程序，执行结果如图 7-10 所示。

图 7-9　RGB 函数产生的过渡色

图 7-10　QBColor 函数产生的不同颜色的线条

7.4　图形控件

Visual Basic 6.0 工具箱提供了几个很好的图形控件，如 PictureBox、Image、Line、Shape 等。下面学习 Line、Shape 控件的常用属性。

1. Line 控件

Line（线条）控件可以显示水平线、垂直线或者对角线。它用于在界面上绘制线条，主要用于修饰。程序运行时不能使用 Move 方法移动线条控件，但是可以通过改变 $X1$、$X2$、$Y1$ 和 $Y2$ 的属性来移动或调整它的大小。

线条控件的主要属性有 BorderStyle（边框风格）、BorderWidth（线宽）、BorderColor（颜色）等。

（1）“BorderStyle”属性

“BorderStyle”属性用于设计线条的线型。线型有 0-solid（实线）、1-dash （长画线）、2-dot（点线）、3-dash-dot（点画线）、4-dash-dot-dot （点点画线）、5-transparent（透明线）、 6-inside solid（内实线）共 7 种类型。

（2）“BorderWidth”属性

“BorderWidth”属性用于设计线条的宽度。

（3）“BorderColor”属性

“BorderColor”属性用于设计线条的颜色。

注意

如果 BorderWidth 属性设置值大于 1，则 BorderStyle 属性的有效值是 1（实线）和 6（内实线），因为非实线的线宽不能大于一个像素。也就是说，对于 BorderStyle 属性为 2～4 的线条控件，如果 BorderStyle 属性值大于 1，则其表现形式会同实线一样。

2. Shape 控件

Shape 控件可以用来画矩形、正方形、椭圆、圆、圆角矩形及圆角正方形。

（1）“Shape”属性

“Shape”属性用于设置显示形状，可以在 0 ~ 5 之间取值。0-rectangle（矩形）、1-square（正方形）、2-oval（椭圆形）、3-circle（圆形）、4-randed rectangle（圆角矩形）、5-randed square（圆角正方形）。

（2）“FillStyle”属性

“FillStyle”属性用于设置形状的填充效果，可以在 0 ~ 7 之间取值。0-solid（实填充）、1-transparent（透明）、2-horizontle line（水平线）、3-verticle line（竖直线）、4-upward diagonal（向上对角线）、5-downward diagonal（向下对角线）、6-cross（交叉线）、7-diagonal cross（斜交叉线）。

【例 7-9】 控件 Shape 的不同形状和填充图案。

① 设计界面。

在窗体“Form”中添加形状“Shape1”。

② 设置属性。

设置形状“Shape1”的索引“Index”属性为“0”。

③ 编写代码。

双击窗体，打开代码窗口，在 Form_Activate 事件下输入如下代码：

```
Private Sub Form_Activate()
Dim i As Integer
Print "   0  1   2  3   4   5"
Shape1(0).Shape = 0: Shape1(i).FillStyle = 2
For i = 1 To 5
Load Shape1(i)
Shape1(i).Left = Shape1(i - 1).Left + 1050
Shape1(i).Shape = i
Shape1(i).FillStyle = i + 2
Shape1(i).Visible = True
Next i
End Sub
```

④ 运行程序。

启动应用程序，运行结果如图 7-11 所示。通过此例题，可以更直观地理解 FillStyle 的不同填充图案及 Shape 属性的不同形状。

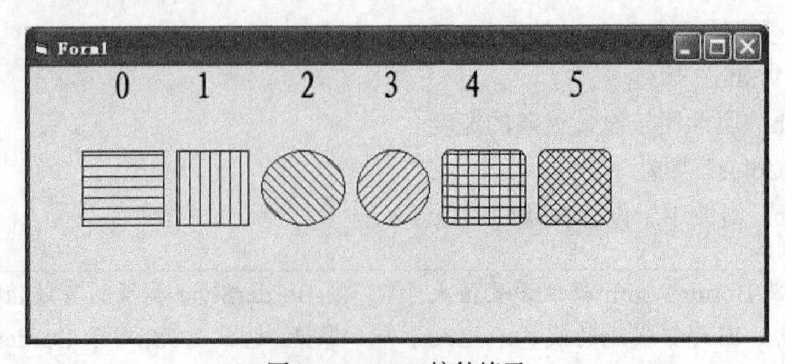

图 7-11　Shape 控件练习

7.5 图形方法

1. Line 方法

Line 方法用来画线，窗体和图片框内可用此方法在内部画线。此外，还常用 Line 方法绘制各种曲线，因为任何曲线都可看作是由无数小线段构成的。

调用格式：[对象名.] Line[[Step](X1,Y1)]-[Step](X2,Y2)[,Color][,B[F]]

其中，(X1,Y1)和(X2,Y2)为一条线段的起止坐标，(X1,Y1)可以省略，若省略，就表示从当前位置开始画到(X2,Y2)点，当前点坐标可用其 CurrentX，CurrentY 属性得到，参数 B 表示以(X1,Y1)和(X2,Y2)为对角坐标画一矩形；加入 F 表示对画出来的长方形将会以线段指定的颜色填充。

直线的宽度取决于"DrawWidth"属性，样式取决于"DrawStyle"属性，它的设置与线条控件的"BorderStyle"属性设置相同。

【例 7-10】 利用 Line 方法画矩形。

通过控制 Line 方法的参数形式绘制相同位置的矩形。

① 设计界面。

在窗体"Form1"中添加命令按钮"Command1""Command2"和"Command3"。

② 设置属性。

设置"Command1"的标题"Caption"属性为"方法一"，设置"Command2"的标题"Caption"属性为"方法二"，设置"Command3"的标题"Caption"属性为"方法三"。

③ 编写代码。

打开代码窗口，输入如下代码：

```
Private Sub Form_Load()
    Scale (-10, 20)-(30, -10)
End Sub
Private Sub Command1_Click()
    Line (0, 0)-(0, 10), RGB(255, 0, 0)
    Line (0, 10)-(10, 10), RGB(255, 0, 0)
    Line (10, 10)-(10, 0), RGB(255, 0, 0)
    Line (10, 0)-(0, 0), RGB(255, 0, 0)
End Sub
Private Sub Command2_Click()
    Line (0, 0)-(0, 10), RGB(0, 255, 0)
    Line -Step(10, 0), RGB(0, 255, 0)
    Line -Step(0, -10), RGB(0, 255, 0)
    Line -Step(-10, 0), RGB(0, 255, 0)
End Sub
Private Sub Command3_Click()
    Line (0, 0)-(10, 10), RGB(0, 0, 255), BF
End Sub
```

④ 运行程序。

分别单击 3 个按钮，执行结果如图 7-12 所示。

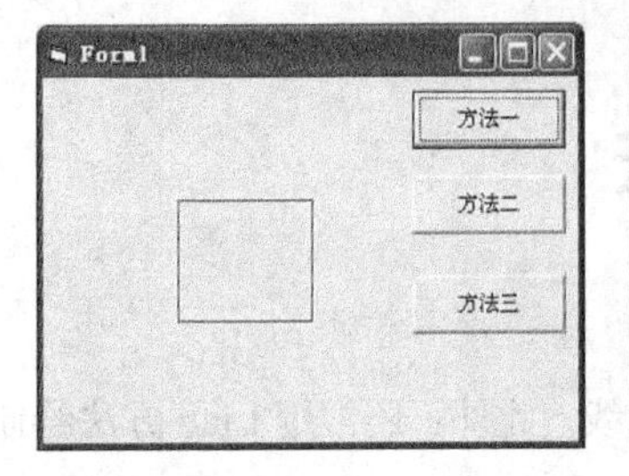

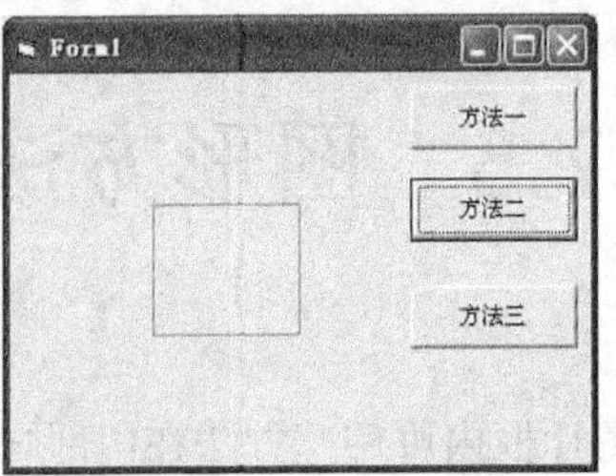

图 7-12　Line 方法练习

从例 7-10 可以看出，尽管程序编码不同，但是结果都是画一个左下角位于坐标圆点，边长为 10 的矩形。可以看出，方法一最复杂，方法三最简单。所以，编写程序时，尽管效果可能相同，但是程序高手可以用最简短的程序实现客户需要的功能。读者在编写程序时也应养成良好的习惯——从简，这样不仅可节省时间，而且使得程序运行速度更快。

2. Circle 方法

Circle 方法用来画圆、椭圆、弧等。

调用格式：[对象.] Circle [Step] (x,y), r [,[color] [,[起点] [,终点] [,纵横比]]

其中，(x, y)为圆心坐标，r 为半径，起点与终点用于设置弧的起止角度，取值范围为$-2\pi \sim 2\pi$，画弧时起点与终点的值都为正值，当两个端点的值都为负值时，画出的图形为扇形；纵横比指圆的垂直半径与左右半径之比。默认值为 1，即画出的图形为圆形。可以通过控制纵横比的数值画出不同形状的椭圆。

在起点和终点加负号表示画出圆心到起点和终点的半径。

【例 7-11】 利用 Circle 方法画一个地球。

① 设计界面。

在窗体“Form1”中添加命令按钮“Command1”“Command2”“Command3”和“Command4”。

② 设置属性。

设置“Command1”的标题“Caption”属性为“圆”，设置“Command2”的标题“Caption”属性为“椭圆”，设置“Command3”的标题“Caption”属性为“扇形”，设置“Command4”的标题“Caption”属性为“弧形”。

③ 编写代码。

打开代码窗口，输入如下代码：

```
Private Sub Form_Load()
  Scale (-10, 20)-(30, -10)
End Sub
Private Sub Command1_Click()
  Circle (10, 10), 5, QBColor(5) '画圆
End Sub
Private Sub Command2_Click()
  Circle (10, 10), 5, QBColor(9), , , 0.5 '画扇形
End Sub
Private Sub Command3_Click()
```

```
  Circle (10, 10), 5, QBColor(10), 1.57, 3.14  '画椭圆
End Sub
Private Sub Command4_Click()
  Circle (10, 10), 5, QBColor(12), -0.1, -1.57  '画弧形
End Sub
```

④ 运行程序。

分别单击 4 个按钮，执行结果如图 7-13 所示。

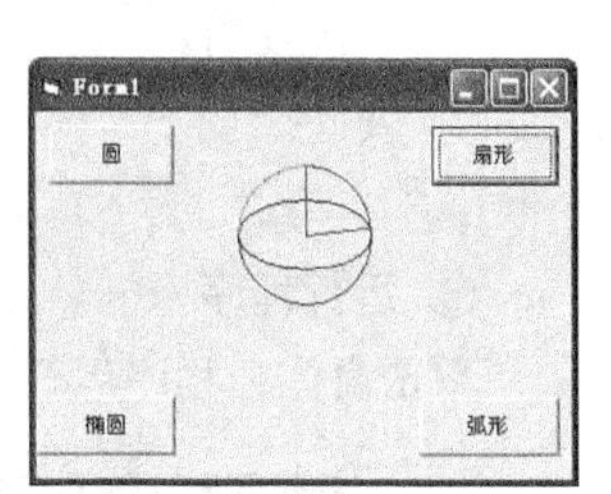

图 7-13　Circle 方法练习

3. PSet 方法

PSet 方法用于在指定位置用指定颜色画点。

调用格式：[对象].PSet[Step](X,Y)[Color]

其中，对象是使用 PSet 方法的对象名，可以是窗体和图片框；Step 为可选参数，加入此参数表明所画的点位于相对当前点的（*X*，*Y*）处；（*X*，*Y*）为点的位置坐标；Color 参数可选，用于设置点的颜色。

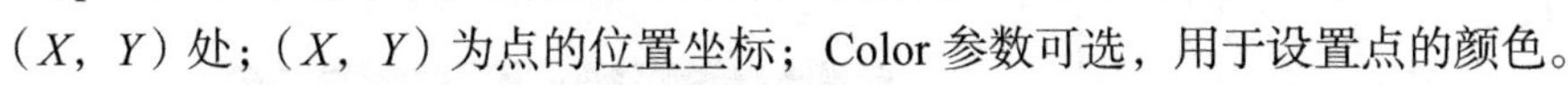

【例 7-12】 利用 PSet 方法画正弦曲线。

① 编写程序。

通过 Form_Click 事件绘制正弦曲线，使用参数方程可方便地确定坐标点。

```
Private Sub Form_Click()
  Dim x As Single, y As Single
  Scale (-7, 2)-(7, -2)
  Line (-7, 0)-(7, 0)
  Line (0, -2)-(0, 2)
  For i = -7 To 7 Step 0.01
    x = i
    y = Sin(i)
   PSet (x, y)
  Next i
End Sub
```

② 运行程序。

单击窗体，执行结果如图 7-14 所示。

4. Point 方法

Point 方法用于返回指定点的 RGB 颜色。

调用格式：[对象.]Point(x,y)

【例 7-13】 利用 Point 方法进行仿真。

① 设计界面。

在窗体“Form1”中添加命令图形控件“Picture1”。

② 编写代码。

```
Private Sub Form_Click()
    Dim i!, j!, m#
    Form1.Scale (0, 0)-(100, 100)
    Picture1.Scale (0, 0)-(100, 100)
    Picture1.Print "point 方法练习"
    For i = 1 To 100 Step 0.2
```

```
        For j = 1 To 100 Step 0.2
        m = Picture1.Point(i, j)
          If m = False Then
          PSet (i, j), m
          End If
        Next j
      Next i
End Sub
```

③ 运行程序。

单击窗体，程序运行结果如图 7-15 所示。

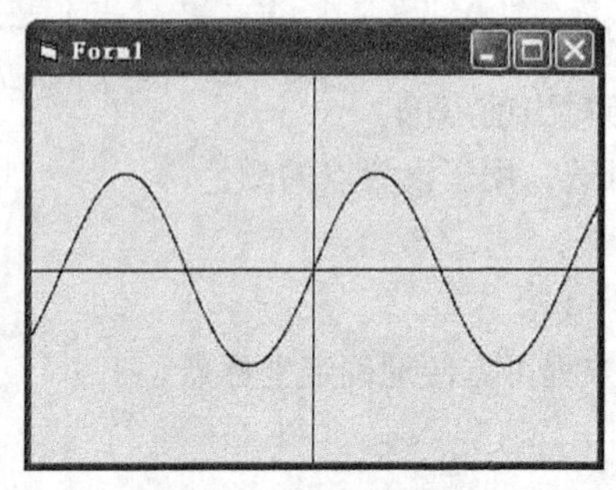

图 7-14　PSet 方法练习

图 7-15　Point 方法练习

【例 7-14】 对案例 7 进行编程实现。

（1）设计界面

在窗体中添加 1 个命令按钮 Command1，1 个时钟 Timer1、1 个图片框 Picture1 和一组图形框 Image1 控件数组 10 个，设置 Image1 控件数组的 Picture 属性，装入 10 张图片，如图 7-16 所示。

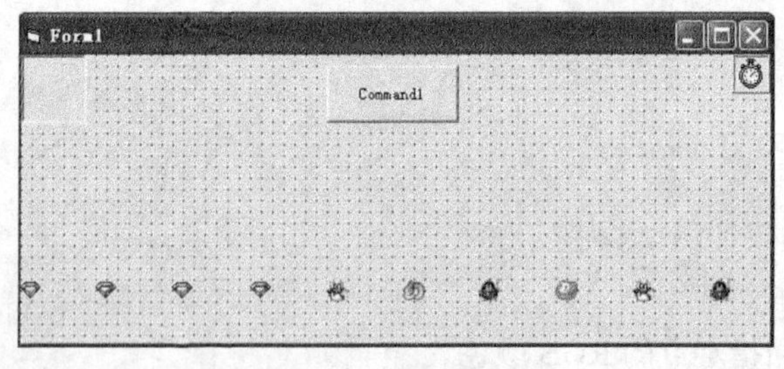

图 7-16　例 7-14 界面

（2）编写代码

在代码窗口中输入如下代码：

```
Dim y As Integer
Private Sub runtop()   '通用子过程
  y = y + 1
  If y = 10 Then y = 0
  Picture1.Picture = Image1(y).Picture '图形框装入某张图片
  Form1.Icon = Image1(y).Picture    '窗体的 icon 属性装入图片
End Sub
Private Sub Command1_Click()
```

```
    If Command1.Caption = "移动" Then
      Command1.Caption = "停止"
    Else
      Command1.Caption = "移动"
    End If
End Sub
Private Sub Form_Load()
  y = 1
End Sub
Private Sub Timer1_Timer()
  If Command1.Caption = "停止" Then runtop
End Sub
```

输入代码后的代码窗口如图 7-17 所示。

```
工程1 - Form1 (Code)
Timer1                    Timer
Dim y As Integer
Private Sub runtop()  '通用子过程
  y = y + 1
  If y = 10 Then y = 0
  Picture1.Picture = Image1(y).Picture  '图形框装入某张图片
  Form1.Icon = Image1(y).Picture        '窗体的icon属性装入图片
End Sub
Private Sub Command1_Click()
  If Command1.Caption = "移动" Then
    Command1.Caption = "停止"
  Else
    Command1.Caption = "移动"
  End If
End Sub
Private Sub Form_Load()
  y = 1
End Sub
Private Sub Timer1_Timer()
  If Command1.Caption = "停止" Then runtop
End Sub
```

图 7-17　例 7-14 代码窗口

（3）运行程序

运行程序，初始窗体如图 7-18 所示。

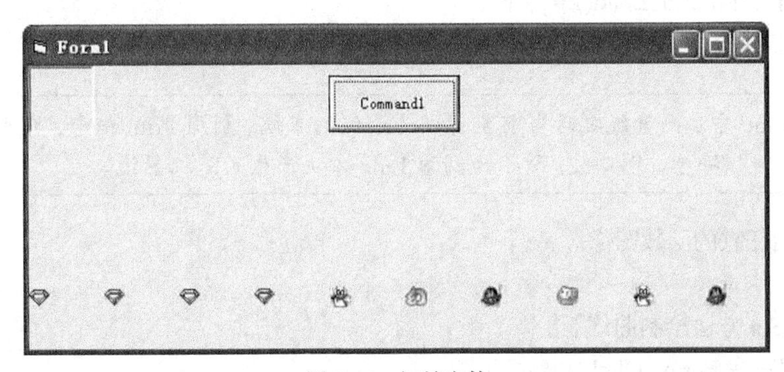

图 7-18　初始窗体

单击命令按钮，命令按钮标题变为“移动”，再次单击“移动”按钮，这时“移动”按钮变为“停止”，同时可以看到图片框中的图像动态变化，如图 7-19 所示。单击“停止”按钮，动画停止。

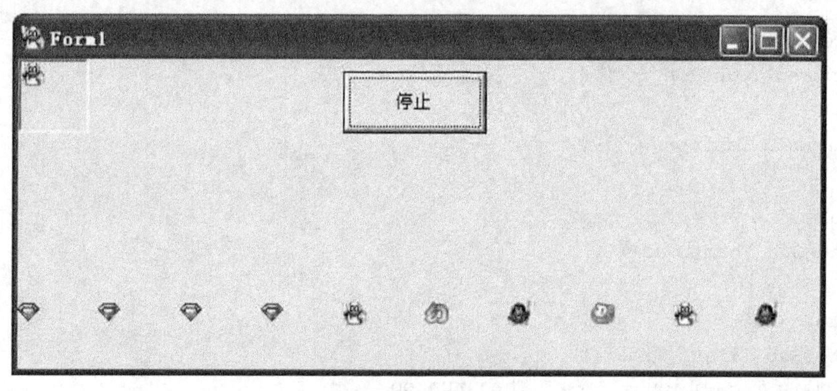

图 7-19　动画

综合训练

训练 1　利用 Print 方法制作一个贺卡封面。

要求如下。

① 突出个性。

② 使用 Print 方法。

③ 使用 CurrentX、CurrentY 属性。

④ 程序编写在 Form_Click()事件下。

图 7-20 所示为一个星型贺卡的效果图，供参考。

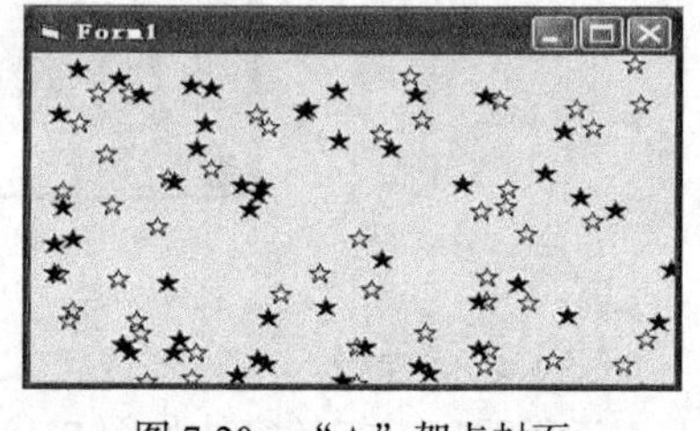

图 7-20　“☆”贺卡封面

训练 2　利用 Line 方法产生彩色射线。

要求如下。

① 要有射线喷射的效果。

② 要求用户自定义一个坐标系。

③ 用函数 QBColor 或 RGB 产生彩色效果。

④ 程序编写在 Form_Load()事件下。

⑤ 射线的末端有“*”符号。

Line 方法画直线之后当前坐标即为射线的末端，利用 Print 语句，即可使射线的末端出现“*”符号。图 7-21 所示为利用 Line 方法产生的随机射线。

训练 3　画任意的函数图像。

要求如下。

① 利用 PSet 方法绘制曲线。

② 程序编写在 Form_ Click()事件下。

图 7-22 所示为利用 VB 程序的 PSet 方法绘制的 $y = x$^2 的函数图像。

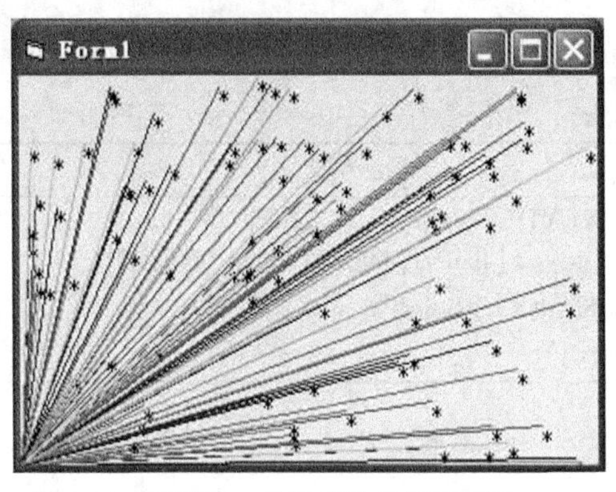

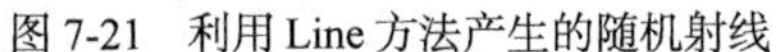
图 7-21　利用 Line 方法产生的随机射线

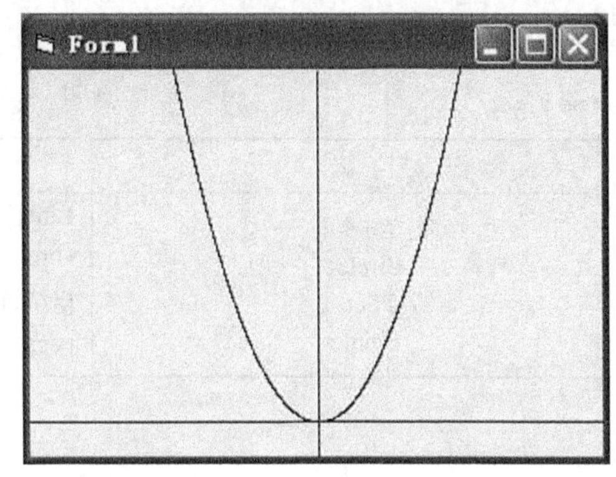

图 7-22　利用 VB 程序的 PSet 方法绘制的 $y=x\verb|^|2$ 的函数图像

本章小结

本章主要介绍了以下内容。

1. 坐标系

构成一个坐标系，需要 3 个要素：坐标原点、坐标度量单位、坐标轴的长度与方向。默认坐标系的坐标原点在对象的左上角，横向向右为 x 轴的正向，纵向向下为 y 轴的正向。

VB 中有两种方法用于坐标系的定义。

方法一：通过对象的 ScaleTop、ScaleLeft、ScaleHeight 和 ScaleWidth 4 个属性来设置。

方法二：采用 Scale 方法设置坐标系。该方法是建立用户坐标系最方便的方法。

调用格式：[对象.]Scale [（左上角坐标）-（右下角坐标）]

2. 绘图属性（表 7-3）

表 7-3　　绘图属性

绘图属性	用　途
CurrentX、CurrentY	当前绘图位置
DrawStyle、DrawWidth	绘图风格、线宽
FillStyle、FillColor	填充的图案、色彩
ForeColor、BackColor	前景、背景颜色

3. 图形控件（表 7-4）

表 7-4　　图形控件

控件名	说　明
PictureBox（图形框）	AutoSize 属性调节图形和相框的匹配
Image（图像框）	Stretch 属性调节图形和相框的匹配
Line（画线工具）	由 $X1$，$Y1$，$X2$，$Y2$ 属性确定位置
Shape（形状）	由 Shape 属性确定形状

4. 图形方法（表 7–5）

表 7-5　　图形方法

方　法	语法格式
Line	Line[[Step](X1,Y1)]-[Step](X2,Y2)[,Color][,B[F]]
Circle	Circle [Step] (x,y), r [,[color] [,[起点] [,终点] [,纵横比]]
PSet	[对象].PSet[Step](X,Y)[Color]
Point	[对象.]Point(x,y)

习　　题

一、选择题

1. 下面语句与选项（　　）中的语句等效。

```
Form1.ScaleLeft = -20: Form1.ScaleTop = 25
Form1.ScaleWidth = 50: Form1.ScaleHeight = -40
```

（A）Form1.Scale (−20,25)−(30,−15)
（B）Form1.Scale (−20, 25)−(50,−40)
（C）Form1.Scale (25,−20)−(−15,30)
（D）Form1.Scale (25,−20)−(−40, 50)

2. 编写代码如下，其中蓝色圆的圆心坐标是（　　）。

```
Private Sub Form_Click()
Form1.Scale (-10, 20)-(30, -10)
Circle (10, 0), 5
Circle Step(3, 3), 5, RGB(0, 0, 255)
End Sub
```

（A）(3，3)　　（B）(13，3)　　（C）(10，0)　　（D）(13，3)

3. 下列选项中，（　　）属性不是 PictureBox 控件具有的。

（A）AutoSize　　（B）Picture　　（C）Stretch　　（D）ScaleHeight

4. 下面关于 PictureBox 控件描述错误的是（　　）。

（A）可以显示位图（.bmp）、图标（.ico）、图元文件（.wmf）中的图形
（B）可以用作其他控件的容器
（C）AutoSize 属性取值为 True 时，图片框能自动调整大小与显示的图片匹配
（D）AutoSize 属性为 False 时，图形自动调整大小与图像框匹配

5. 下面关于颜色函数描述正确的是（　　）。

（A）QBColor 函数能产生 15 种颜色
（B）RGB 函数可产生 255×255×255 种颜色
（C）RGB 函数中的 R、G、B 分别代表红色、黄色、蓝色 3 种颜色
（D）颜色函数也可以用 6 位的十六进制颜色代码来替换

二、填空题

1．PictureBox 控件可以用________语句在图形框中装入图片，也可以在设计时通过它的________属性装入图片。

2．Stretch 属性是________控件特有的属性。Stretch 属性取值为________时，图形自动调整大小与图像框匹配，Stretch 属性为________时，图像框自动改变大小来适应其中的图形。

3．语句 Line (0, 0)-(10, 10), RGB(0, 0, 255), B 表示画一条（个）________。

4．画弧线的语句为：Circle (10, 10), 5, QBColor(10), 1.57, 3.14，如果想画出这段弧对应的扇形，语句应改为________。

5．Point 方法用于________。

三、简答题

1．怎样建立用户坐标系？

2．窗体的 ScaleHeight、ScaleWidth 属性和 Height、Width 属性有什么区别？

3．RGB 函数与 QBColor 函数的参数个数和范围分别是多少？分别能设置多少种颜色？

4．怎样用 RGB 函数实现颜色的渐变？

5．在 Visual Basic 中可使用哪些格式的图形文件？

6．怎样用 Line 方法和 Line 控件绘制一个正方形？

7．怎样用 Circle 方法绘制圆、椭圆、圆弧和扇形？

四、编程题

1．编写程序，在 Form1 窗口中显示由白到黑的过渡色。

2．下面是一个不完整程序，请补全程序。执行后的效果如图 7-23 所示。

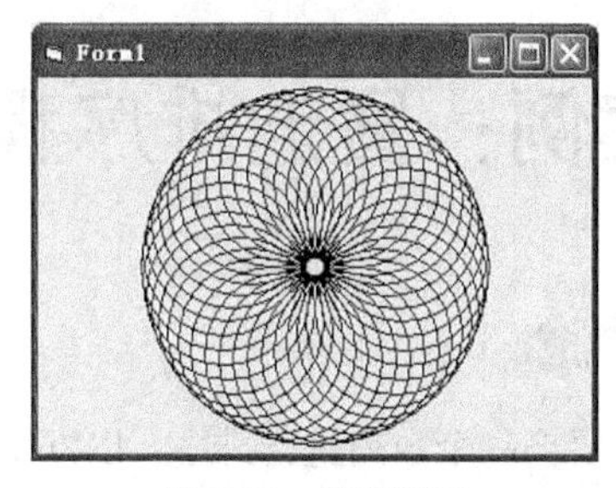

图 7-23　编程题图

```
Private Sub Form_Click()
Dim r, x, y, x0, y0, st As Single
____________                          '清除窗口内容
r = Form1.ScaleHeight / 4
x0 = Form1.ScaleWidth / 2
y0 = Form1.ScaleHeight / 2
st = 3.1415926 / 20
For i = 0____ 6.283185 _____ st
x = r * Cos(i) + x0
y = r * Sin(i) + y0
_____ (x, y), r * 0.9                 '画圆
______ i
End Sub
```

第8章 数组在应用程序中的运用

学习目标

- 理解数组、控件数组的概念。
- 掌握数组的使用方法。
- 掌握控件数组的使用方法。
- 灵活使用数组和控件数组进行 VB 程序设计。

重点和难点

- 重点：掌握数组、控件数组的使用方法。
- 难点：数组和控件数组在应用程序中的运用。

课时安排

- 讲授 3 学时，实训 3 学时。

8.1 案例：冒泡排序程序实现

8.1.1 冒泡排序的概念

在许多程序设计中，我们需要将一个数列进行排序，以方便统计，而冒泡排序一直由于其简洁的思想方法而备受青睐。

冒泡排序（Bubble Sort）是一种简单的排序算法，其基本概念是：

依次比较相邻的两个数，将小数放在前面，大数放在后面。即在第一趟：首先比较第 1 个和第 2 个数，将小数放前，大数放后。然后比较第 2 个数和第 3 个数，将小数放前，大数放后，如此继续，直至比较最后两个数，将小数放前，大数放后。

至此，第一趟结束，将最大的数放到了最后。在第二趟：仍从第一对数开始比较（因为可能由于第 2 个数和第 3 个数的交换，使得第 1 个数不再小于第 2 个数），将小数放前，大数放后，一直比较到倒数第二个数（倒数第一的位置上已经是最大的），第二趟结束，在倒数第二的位置上得到一个新的最大数（其实，在整个数列中是第二大的数）。如此下去，重复以上过程，直至最终完成排序。

由于在排序过程中总是小数往前放，大数往后放，相当于气泡往上升，所以称作冒泡排序。

8.1.2　冒泡排序的实现

1. 要点分析

所需排序的数列用数组存储，数列中的数字可事先指定，也可随机生成。

排序过程用二重循环实现，外循环变量设为 *i*，内循环变量设为 *j*。假如有 10 个数需要进行排序，则外循环重复 9 次，内循环依次重复 9，8，…，1 次。每次进行比较的两个元素都是与内循环 *j* 有关的，它们可以分别用 *a*[*j*]和 *a*[*j*+1]标识，*i* 的值依次为 1，2，…，9，对应每一个 *i*，*j* 的值依次为 1，2，…，10-*i*。

2. 设计实现

【例 8-1】 用冒泡法对 10 个数进行排序。

启动 VB，新建工程，保存工程文件为“工程 8”；设置窗体 Fom1 的 Caption 属性为“冒泡排序”；然后在 Form1 的 Click 事件中输入如下代码：

```
Option Base 1
Private Sub Form_Click()
 Dim A, x As Variant
 Dim i As Integer, j As Integer, temp As Integer
 A = Array(17, 45, 12, 80, 50, 25, 58, 32, 9, 29) '用 Array 函数返回一个 Variant 型的数组，
数组名为 a
  Print "排序前：";
  For Each x In A
     Print x;
  Next
  For i = 1 To UBound(A) - 1
     For j = 1 To UBound(A) - i
        If (A(j) > A(j + 1)) Then  '若是递减，改为 a(j)<a(j+1)
           temp = A(j)
           A(j) = A(j + 1)
           A(j + 1) = temp
        End If
     Next j
  Next i
  Print
  Print "排序后：";
  For Each x In A
     Print x;
  Next
End Sub
```

运行程序，单击窗体，即可看到排序结果，效果如图 8-1 所示。

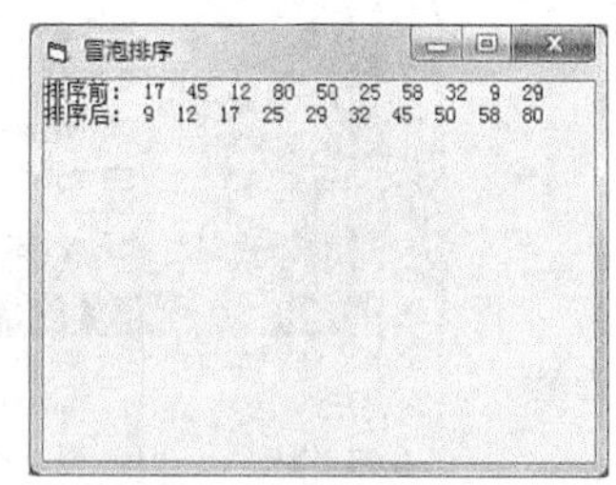

图 8-1　冒泡排序运行界面

8.2 数组的概念

8.2.1 数组

1. 数组和数组元素的概念

数组是一组有序的、相关联的、基本类型变量的集合，是一组用一个统一的名称表示、顺序排列的变量，即数组是由若干数组元素组成的，其中，所有元素都属于同一个数据类型，且它们的先后次序是确定的。

组成数组的变量称为数组元素。也可以说，数组元素是组成数组的基本单元。数组元素也是一种变量，其标识方法为：数组名后跟一个下标，下标表示了元素在数组中的顺序号。

数组元素的表示形式为：

数组名（下标）

其中的下标只能为整型常量或整型表达式。

例如，要随机生成 10 个数，可以使用一个相同名字，不同标号的变量来区分这些数。如定义这些变量为 *a*(1)，*a*(2)，…，*a*(10)，那么可以这样描述这些变量：这些变量构成了一个数组 *a*，同时用不同的标号来区分它们，该标号称为下标。它们为数组元素或“带下标的变量”，其中 *a*(2) 表示名称为 *a* 的数组中下标为 2 的那个数组元素。

由于数组元素的下标变化是有规律的，所以用数组处理同类型、有规律的数据要比基本数据类型简单。

【例 8-2】 生成并输出 10 个不同的随机数。

① 如图 8-2 所示，在工程中添加窗体 Form2，在窗体上添加命令按钮，并设置其 Caption 属性为“生成随机数”。

② 如图 8-3 所示，在窗体的通用声明中输入 Option Base 1，在命令按钮的 Click 事件中输入生成和显示随机数的代码。

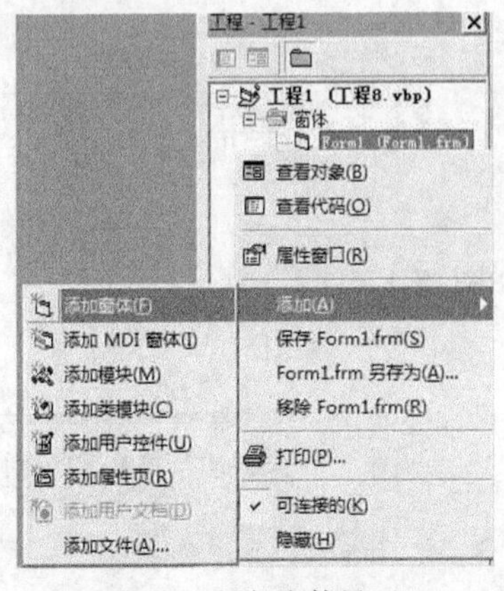

图 8-2 添加窗体界面

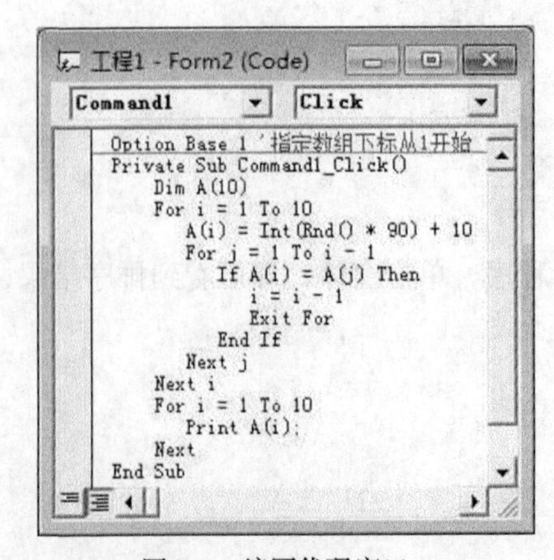

图 8-3 编写代码窗口

用数组处理这样的问题要简单得多，由于下标有规律，所以经常和循环结构相结合来处理问题。

说明

如在同一个工程中有多个窗体，记得先在工程属性中指定启动对象为当前要运行的窗体，如要运行例 8-2，就需在资源管理器窗口的工程 1 上单击右键，在弹出的菜单中选择【工程 1 属性】命令，在打开的如图 8-4 所示的对话框中指定 Form2 为启动对象。

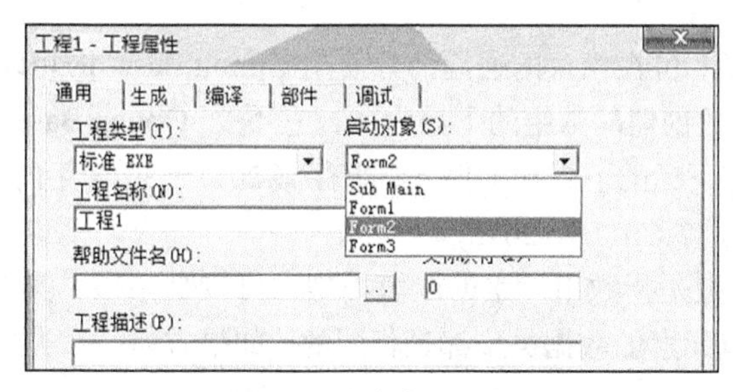

图 8-4　指定启动对象

2. 数组的特点

① 数组是一组相同类型的元素的集合。

② 数组元素在内存中是按先后顺序排列的，它们连续存储在一起，逻辑上相邻的数组元素，物理地址也是相邻的。

③ 所有数组元素是用一个变量名命名的一个集合体，而且每一个数组元素在内存中独占一个内存单元，可视同为一个内存变量。

④ 为了区分不同的数组元素，每一个数组元素都是通过数组名和下标访问的，有 *N* 个下标的数组称为 *N* 维数组。

⑤ 数组必须先“声明”后使用。

8.2.2　数组的声明

1. 数组的声明格式

数组的声明就是对数组名、数组元素的数据类型、数组元素的个数进行定义。

格式：`Dim 数组名(下标[,下标 2…])[As 数据类型]`

2. 数组的声明说明

① 数组名的命名规则与变量的命名规则相同。数组名不能与其他变量名相同，例如：

```
Dim a As Integer
Dim a(10) As Integer
```

出现在同一程序段中将是错误的。

② 尖括号中的下标表示数组的长度，即数组元素的个数；下标必须为常量（直接常量或符号常量），不能为变量，例如：

```
Dim a As Integer
Dim b(a) As Integer
```

这样的语句是错误的。

声明数组时，根据数组元素个数是否已确定，将数组分为静态数组和动态数组，声明时已确定数组元素个数的数组称为静态数组，声明时还未确定数组元素个数的数组称为动态数组。

③ 下标的形式一般为（[下界 to]上界）或（空值），若下标为（空值），则此数组为动态数组，下标下界默认为 0，即数组第 1 个元素下标从零开始，例如：

Dim a(5) As Integer ‘声明了由 6 个数组元素组成的一维数组 *a*，下标范围为 0~5，6 个元素分别为 *a*(0)，*a* (1)，*a* (2)，*a*(3)，*a*(4)，*a*(5)。

Dim b(2, 3) As String '声明了 1 个由 12 个元素组成的二维数组 *b*，第 1 个元素为 *b*(0,0)，第 12 个元素为 *b*(2,3)。

若希望下标从 1 开始，可在模块的通用部分使用 Option Base 语句设置开始下标为 1（Option Base 1）。使用 Array 函数创建的数组的下界为 0，它不受 Option Base 的影响。

也可用 To 直接指定下标的下界和上界，如想存储 2011—2013 年内每个月的销售数据，可声明如下数组：Dim sj(1 To 12, 2011 To 2013)。

④ 数组的类型实际上是指数组元素的取值类型，可以是整型、实型、字符型、逻辑型等。对于同一个数组，其所有元素的数据类型都是相同的。如果省略[As 类型说明符]，则数组的类型为变体类型。

8.3 一维数组

8.3.1 一维数组的声明

数组根据下标个数的不同，可以分为一维数组、二维数组、三维数组及多维数组。例如，要描述一条直线上的一些点，只要用一个下标即可确定一个点的位置，这时可以用一维数组来处理问题，如要描述平面上的一些点，用两个下标来确定一个点的位置比较方便，可用二维数组来处理问题，后面的多维数组的使用道理类同。

一维数组是最常用的一种数组，其声明格式如下：

Dim 数组名（<下标>）[As <类型说明符>]

数组声明语句不仅定义数组、为数组分配存储空间，而且还能对数组进行初始化，使得数值型数组的元素值初始化为 0，字符型数组的元素值初始化为空。

【例 8-3】 声明 1 个整型数组，1 个变体型数组，2 个实型数组，1 个逻辑型数组，并显示各数组第 2 个元素的值。

①在窗体右下角添加 1 个命令按钮，设置窗体的 AutoRedraw 属性为 True，设置命令按钮的 Caption 属性为“声明数组”，设计效果如图 8-5 所示。

②编写命令按钮的事件代码如下：

```
Private Sub Command1_Click()
Dim a(3 + 5) As Integer      '声明一个整型数组 a 有 9 个元素
Dim b(4) '声明 1 个变体型数组 b
Dim c(10) As Single, d(20) As Single   '声明实型数组 c 有 11 个元素，实型数组 d 有 21 个元素
Dim e(6) As String '声明一个字符型数组 e 有 7 个元素
Dim f(5) As Boolean  '声明一个逻辑型数组 f 有 5 个元素
Print a(1), b(1), c(1), d(1), e(1), f(1)
End Sub
```

运行时，如默认的窗口长度不能全部显示所有结果，可调整窗口大小，如图 8-6 所示。

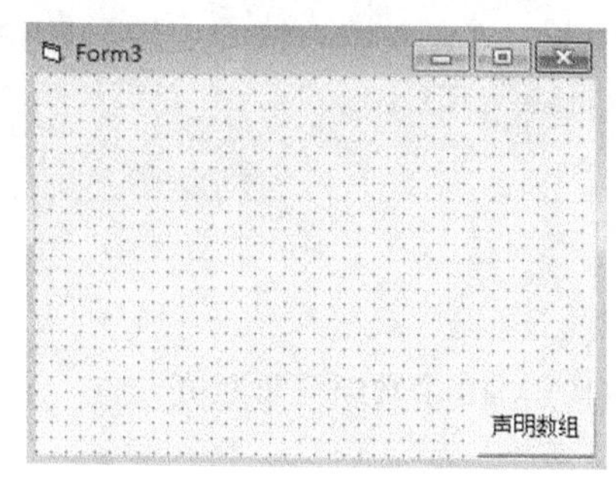

图 8-5　设计界面

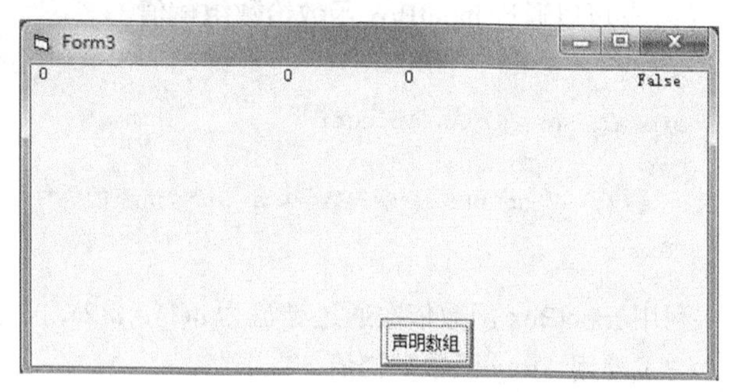

图 8-6　运行界面

8.3.2　一维数组的使用

声明数组后，就可以使用数组了。使用数组就是对数组元素进行各种操作，如赋值、表达式运算、输入或输出等。

1. 一维数组元素的引用

数组元素的使用是通过数组名和下标来确定的，它的一般形式如下：

数组名 （下标表达式）

下标表达式表示了数组中某一个元素的顺序号，必须是整型常量、整型变量或整型表达式。如，对数组 *a* 中元素的引用可为 *a*(0)、*a*(*i*)等。

下标值应在数组声明时所指定的范围内，否则会出现如图 8-7 所示的错误，读者可修改例 8-3 代码中的 Print 语句里的 f(1)为 f(7)试一试。

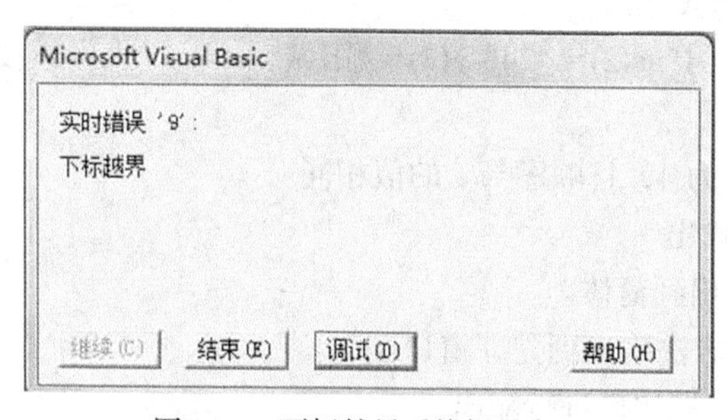

图 8- 7　下标越界系统提示窗口

2. 一维数组元素的赋值

在代码设计过程中，可以对数组元素进行赋值、参与表达式运算、输出等操作。通常用下面几种方法给一维数组元素赋值。

（1）利用循环结构

例如：

```
Dim a(1 To 10) As Integer
For i = 1 To 10
   a(i) = i
Next i
```

利用循环结构依次为 *a*(1)，*a*(2)，…，*a*(10)这 10 个数组元素赋值，使得它们的值分别为 1，

2，…，9，10 这 10 个数。

（2）可以通过 InputBox 函数给数组赋值

又如：

```
Dim a(1 To 10) As Integer
For i = 1 To 10
   a(i) = InputBox("输入第" & i & "个元素的值")
Next i
```

利用 InputBox 函数依次通过键盘为 *a*(1)，*a*(2)，…，*a*(10)这 10 个数组元素赋值。

（3）使用 Array 函数赋初值

Array 函数的功能是创建一个 Variant 型的一维数组，一般使用如下格式：

<变体型变量名>=Array([数据列表])

其中，Array 函数只能给 Variant 类型的变量赋值，<数据列表>用于给 Variant 型数组各元素赋值的值表（用“,”号分隔）。如省略，则建立一个长度为 0 的数组。

例如：

```
Dim a, b As Variant
a = Array(1, 2, 3, 4, 5)
b = Array("one", "two", "three", "four", "five")
Print a(1), b(1)
```

（4）数组的整体赋值

可以将一个已知数组整体赋值给另一个动态数组，并自动确定动态数组的大小。

例如：

```
Dim a(4) As String, b() As String
a(0) = "林远": a(1) = "男": a(2) = "24": a(3) = "阳城": a(4) = "大学教授"
b = a
```

则 b 数组的大小确定为 4，且顺序与 a 的值相同。

3. 一维数组元素的输出

① 使用 Print 方法输出到窗体。

② 使用 Debug.Print 方法输出到立即窗口。

③ 通过文本框或图片框控件进行输出。

【例 8-4】 用图片框输出数组。

① 在窗体上添加 1 个图片框，1 个命令按钮，设置命令按钮的 Caption 属性为“显示”。

② 如图 8-8 所示，编写命令按钮的事件代码。

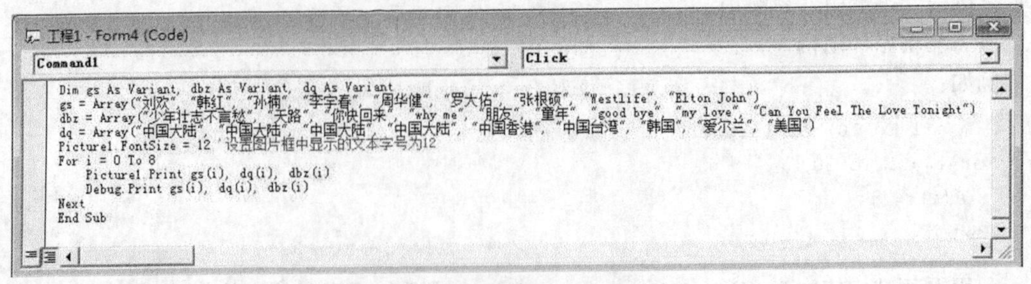

图 8-8　命令按钮的事件代码

数组在图片框、立即窗口的输出效果分别如图 8-9 和图 8-10 所示。

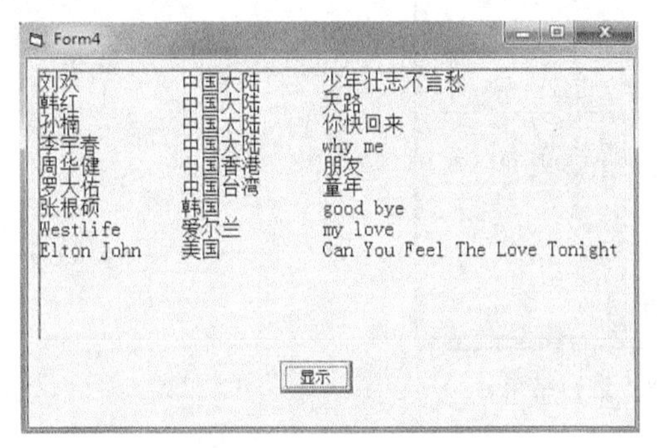

图 8-9 数组在图片框的输出效果

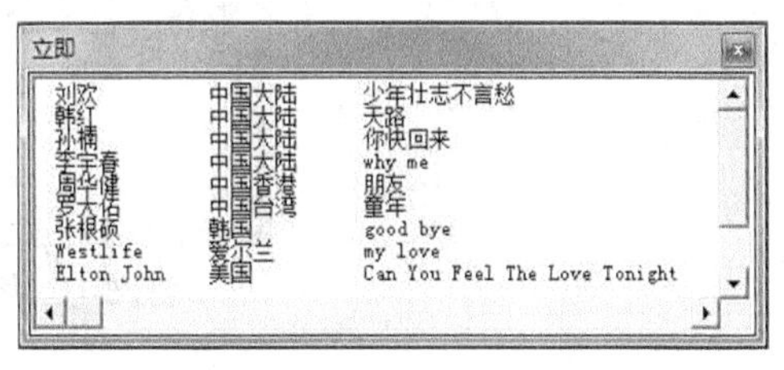

图 8-10 数组在立即窗口的输出效果

4. 一维数组的应用

数组是程序设计中使用最多的数据结构。熟练地掌握数组的使用，是学习程序设计课程的重要组成部分。

【例 8-5】 输入一段英文，统计各字母出现的次数，不区分大小写字母。

- 统计 26 个字母出现的个数，必须声明一个具有 26 个元素的数组，每个元素的下标表示对应的字母，元素的值表示对应字母出现的次数。
- 从输入的字符串中逐一取出字符，转换成大写字符（使得大小写不区分），进行判断。

① 在工程中添加窗体，在窗体上添加 1 个文本框，1 个图片框，1 个命令按钮。设置文本框的 MultiLine 属性为 True；ScrollBar 属性为 2；Text 属性为一段英文字母；命令按钮的 Caption 属性为“统计”；Name 属性为 cmdcount。

② “统计”命令按钮 cmdcount 的 Click 事件代码如下:

```
Private Sub Command, Click()
  Dim a(1 To 26) As Integer, c As String * 1
  le = Len(Text1)
  For I = 1 To le
     c = UCase(Mid(Text1, I, 1))
     If c >= "A" And c <= "z" Then
        j = Asc(c) - 65 + 1
        a(j) = a(j) + 1
     End If
  Next I
  For j = 1 To 26
      Picture1.Print " "; Chr$(j + 64); "="; a(j);
      If j Mod 6 = 0 Then Picture1.Print
  Next j
End Sub
```

运行结果如图 8-11 所示。

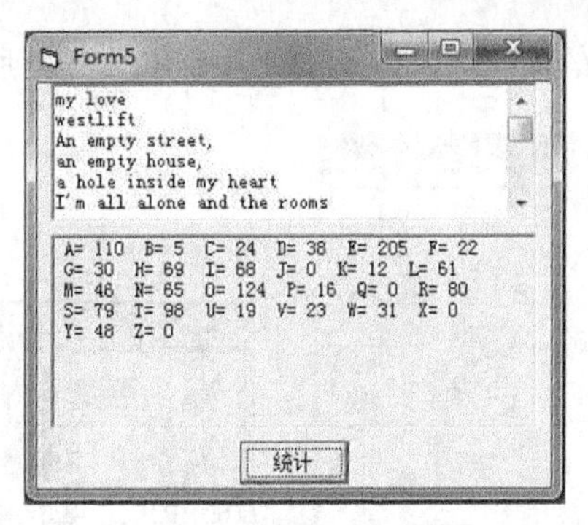

图 8-11　例 8-5 运行结果

8.4　二维数组

一维数组是一个线性表；要表示一个平面或矩阵，需要用到二维数组；同样，表示三维空间，就需要三组数组，如要存放一本书的内容，就需要一个三维数组，分别以页、行、列号表示。在多维数组中，最常用的是二维数组，无论是表格、记录集，还是矩阵运算，都可以使用二维数组来处理。本节将介绍二维数组的使用。

先看这个问题：一个学习小组有 5 个人，每个人有 3 门课的考试成绩，求全组各科的总成绩和平均成绩。学生成绩表见表 8-1。

表 8-1　　学生成绩表

姓 名	数 学	英 语	VB
刘宇兮	89	87	92
王易明	90	86	88
李杰	51	63	70
赵一飞	85	87	90
周羽杰	76	77	85

对于这个问题中的学生成绩，可以用有两个下标的数组来表示，如第 i 个学生第 j 门课的成绩可以用 $A(i, j)$ 表示。其中 i 表示学生号，称为行下标（i=1，2，…，5）；j 表示课程号，称为列下标（j=1，2，3）。像这样有两个下标的数组称为二维数组，其中的数组元素称为双下标变量。

8.4.1　二维数组的声明

二维数组实际上就是一个二维表，它通过数组名和两个下标（行下标，列下标）来确定数组中唯一的元素，两个下标之间用逗号隔开。二维数组和一维数组一样，必须先定义，后使用。格式：

```
Dim 数组名（下标 1,下标 2）[as <类型说明符>]
```

二维数组的声明形式和一维数组基本相同。其中，下标 1 说明二维数组行数的大小（第一维的长度），下标 2 说明二维数组列数的大小（第二维的长度）。二维数组包含的数组元素个数=行数×列数。

例如：dim a(3, 4) as integer

或 dim a(0 to 3, 0 to 4) as integer

都是声明了一个整型的二维数组 *a*，第一维表示行数，有 4 行，下标范围为 0~3；第二维表示列数，有 5 列，下标范围为 0~4。数组 *a* 共有 4×5 个数组元素。这种方法可以推广到二维以上的数组。例如语句：

```
Dim b(2, 1 to 3, 1 to 4)
```

声明了一个三维数组 *b*，数组大小为 3×3×4=36，即数组元素总数为 3 个维数的乘积。

同理，上面问题中，5 个学生 3 门课共 15 个成绩，从表 8-1 中可以看出占用 5 行 3 列，因此可以用语句 dim score(1 to 5 , 1 to 3) as integer 定义一个二维数组来存放这些数据。该数组包含 15 个元素，分别为 score(1, 1)、score(1, 2)、score(1, 3)、score(2, 1)、score(2, 2)、score(2, 3)、score(3, 1)、score(3, 2)、 score(3, 3)、score(4, 1)、score(4, 2)、score(4, 3)、score(5, 1)、score(5, 2)、score(5, 3) 。

8.4.2 二维数组的使用

与一维数组元素的引用类似，二维数组元素的引用形式如下：

数组名 （下标表达式 1,下标表达式 2）

下标表达式 1 表示的范围与数组定义时的第 1 个常量表达式对应，下标表达式 1 为任意整型表达式，满足 0≤下标 1≤行数；下标表达式 2 表示的范围与数组定义时的第 2 个常量表达式对应，下标表达式 2 为任意整型表达式，满足 0≤下标 2≤列数。例如，声明二维数组 *a*(3, 5)，对数组 *a* 中元素的引用：*a* (0, 0)、*a* (1, 4)、*a* (3, 5)等都是合法的，而 *a* (0,6)、*a* (4,4)、*a* (5,6)等是不合法的。

可以通过一个二重循环来对二维数组中的元素进行操作，如要对声明的数组 *b*(1 to 10, 1 to 100)中的各个元素进行赋值，可以写为：

```
For i=1 to 10
  For j=1 To 100
    b(i,j)=i*j
  next j
next i
```

上面的赋值采用先行后列的方法，这并不是说必须按照这种规则严格执行。当然，也可以采用先列后行的方法，如：

```
For i=1 to 100
  for j = 1 to 10
    b(j,i) =i*j
  next j
next i
```

无论采用什么方式，在处理二维数组元素的时候，都一定要分清楚行和列的关系，不然将得不到正确的结果。

【例 8-6】使用二维数组求表 8-1 所示学生成绩表中每个学生的总分、平均分以及每门课的总分、平均分。

说明

- 先用 InputBox()函数结合循环嵌套语句输入 5 个人 3 门课程的成绩。
- 输入过程中使用累加器求每个学生的总分和平均分，并输出每个学生的各科成绩、总分和平均分。
- 每门课的总分与平均分再结合循环嵌套语句求出并显示。

① 在窗体的通用说明中输入：Option Base 1。

② 编写窗体 Load 事件代码如下：

```
Private Sub Form_Click()
  Dim score(5, 3) As Integer
  Dim studsum(5), coursesum(3) As Integer
  Dim studaver(5), courseaver(3) As Single
  Dim i, j As Integer
  xm = Array("刘宇兮", "王易明", "李杰", "赵一飞", "周羽杰")
  kc = Array("数学", "英语", "VB")
  Print "姓名", "数学", "英语", "VB", "总分", "均分"
  Print
  For i = 1 To 5
   Print xm(i),
   For j = 1 To 3
     score(i, j) = InputBox("第" & i & "个学生第" & j & "门课的成绩", "成绩输入")
     Print score(i, j),
    studsum(i) = studsum(i) + score(i, j)
   Next j
    studaver(i) = studsum(i) / 3
    Print studsum(i), Round(studaver(i), 2)
Next i
Print
For j = 1 To 3
   Print kc(j),
   For i = 1 To 5
    coursesum(j) = coursesum(j) + score(i, j)
   Next i
    courseaver(j) = coursesum(j) / 5
    Print coursesum(j), courseaver(j)
  Next j
End Sub
```

③ 程序运行结果如图 8-12 所示，如窗体运行时宽度无法完整地显示内容，可设置其 AutoRedraw 属性为 True。

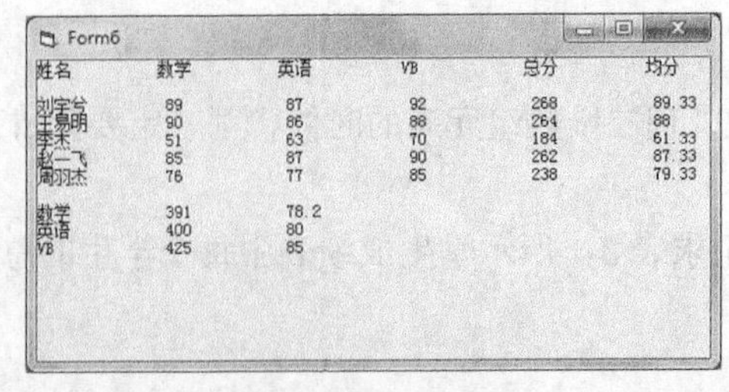

图 8-12　成绩运行结果

8.4.3 数组函数及数组语句

（1）LBound 函数

功能：返回数组某维下界值。

格式：LBound(<数组名>，<维数>)

（2）UBound 函数

功能：返回数组某维上界值。

格式：UBound(<数组名>，<维数>)

如引用数组时，不确定数组元素个数，如当数组作为参数进行传递时，就可在引用形参的代码中使用 LBound 函数和 UBound 函数来确定数组的大小。

（3）Erase 语句

功能：对于固定数组，可以重新初始化各元素值为 0；对于动态数组，可以释放数组内存空间。

格式：Erase <数组名 1>[，<数组名 2>，…]

（4）For Each …Next 语句

功能：用于数组或对象集合中元素重复执行的循环语句，直到元素结束为止。

格式：
```
For Each <变体变量> In <数组名>
    语句组
    [Exit for]
    语句组
  Next <变体变量>
```

【例 8-7】 数组函数和数组语句的应用。

① 在窗体的 Click 事件代码中输入如下代码：

```
Dim B(1 To 5, 1978 To 2014) As Integer, s As Single
a = Array(1, 3, 5, 7, 9, 11, 13, 15)
Print LBound(a), UBound(a)
For i = LBound(a) To UBound(a)
   Print a(i);
Next i
Print

Print LBound(B, 1), UBound(B, 1) '显示二维数组第一维的下界和上界
Print LBound(B, 2), UBound(B, 2) '显示二维数组第二维的下界和上界

For i = LBound(B) To UBound(B) '用双重循环给数组元素赋值
   For j = LBound(B, 2) To UBound(B, 2)
      B(i, j) = i + j
   Next j
Next i

For Each x In B '求所有二维数组元素的和，用 For Each 循环取代双重循环
   s = s + x
Next x
```

```
Print s

Erase B '初始化数组B元素的值为0
For Each y In B
   Print y;
Next y
```

② 运行调试。运行结果如图 8-13 所示。注意，因为 s 要存储所有 B 数组元素的和，因元素个数多，数值又大，所以 s 要定义为实型，否则会发生溢出，如图 8-14 所示。读者可把 Single 改为 Integer 试一试。

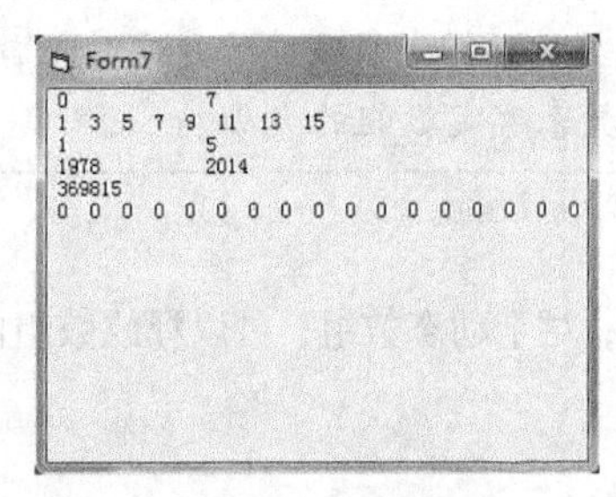

图 8-13 例 8-7 运行结果

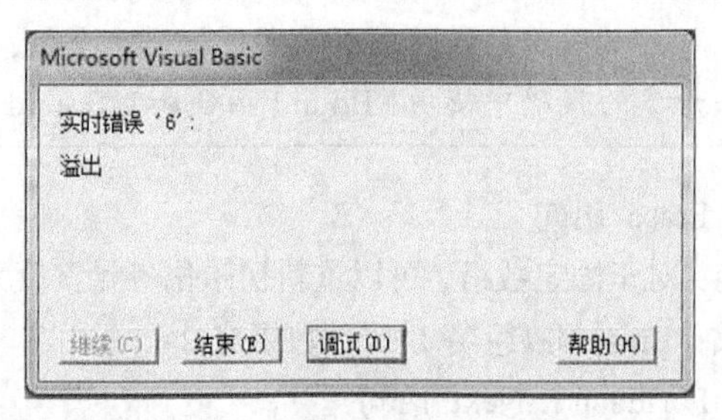

图 8-14 溢出错误

8.4.4 二维数组的应用

【例 8-8】 在界面上随机产生一个矩阵，然后将该矩阵进行转置。

- 因为要产生矩阵，矩阵有行列的变化，故需要用二维数组来存放数据。数据使用随机函数产生，结合循环嵌套语句将这些数据存放在二维数组中。
- 完成矩阵转置也就是将原来行的数据放在列的位置上，列的数据放在行的位置上。同样，使循环语句取出数据，将行与列、列与行相等的数组元素进行交换。
- 输出转置矩阵的各元素。

① 设计界面并设置属性。在工程中添加窗体，在窗体上添加 2 个图片框，3 个命令按钮。设置命令按钮的 Caption 属性分别为产生矩阵、转置矩阵、退出。

② 编写代码。

在通用段中声明数组：

```
Option Base 1
Dim A(3, 4) As Integer
```

Command1（产生矩阵）按钮的 Click 事件代码如下：

```
Private Sub Command1_Click()
 Randomize
 Picture1.Print Tab(2); "原始矩阵各元素:"
 Picture1.Print
 For i = 1 To 3
   For j = 1 To 4
     A(i, j) = Int(Rnd * 90 + 10)
     Picture1.Print A(i, j);
```

```
    Next j
    Picture1.Print
  Next i
End Sub
```

Command2（转置矩阵）按钮的 Click 事件代码如下：

```
Private Sub Command2_Click()
Picture2.Print Tab(2); "转置矩阵各元素:"
 Picture1.Print
  For i = 1 To 4
    For j = 1 To 3
      Picture2.Print A(j, i);
    Next j
    Picture2.Print
  Next i
End Sub
```

Command3（退出）按钮的 Click 事件代码如下：

```
Private Sub Command3_Click()
End
End Sub
```

③ 运行程序，产生矩阵初始界面如图 8-15 所示。

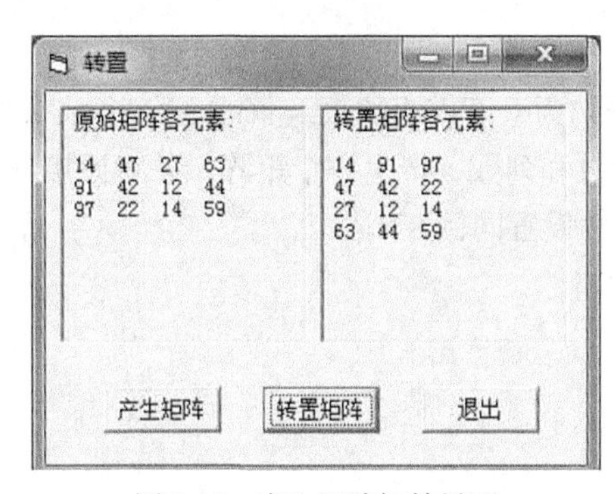

图 8-15　产生矩阵初始界面

8.5　动态数组

前面提到过声明数组时，根据数组元素个数是否已确定，将数组分为静态数组和动态数组。在程序设计阶段，有时并不知道数组所需大小，因而无法声明正确的数组大小，遇到这些情况，只能在设计阶段根据需要一面输入数据，一面随着数据量的增加重新声明数组的大小。例如，在例 8-8 中，产生一个 3 行 4 列的矩阵，如果现在要根据用户输入行列数，产生不同的矩阵，用前面直接定义数组大小的方法就无法完成，这时就要使用动态数组，根据用户的输入来产生矩阵。

8.5.1 动态数组的创建和使用方法

声明数组时，只定义数组名称和数组元素的数据类型，但没有定义数组的维数和元素的个数，这样声明的数组就是动态数组。使用动态数组时，必须在使用前用 ReDim 语句重新声明。

从上述可知，创建动态数组的步骤如下。

（1）用 dim 语句声明一个未指明大小及维数的数组

格式：public | private | dim | static <数组名>( )as 类型说明符

功能：定义动态数组的名称。

（2）用 ReDim 语句声明动态数组的大小

格式：

```
ReDim [Preserve] <数组名>（<下标 1 的上界>[，<下标 2 的上界>]…[，<下标 n 的上界>]）[as 类型说明符]
```

例如，第一次在通用段中用语句 dim a() as integer 声明动态数组 a，然后，在过程中给数组用 ReDim 分配空间。格式如下：

通用段中输入语句

```
dim a() as integer
```

过程段中输入语句

```
Private Sub Form_Load()
...
ReDim a(10,20)
...
End Sub
```

这里的 ReDim a(10,20)语句为上面声明的数组 a()分配一个 11 × 21 的整数空间。

【例 8-9】 根据输入的行数和列数，产生一个矩阵，并将原矩阵转置。

① 界面设计。界面及属性设置同例 8-8。

② 编写代码。

在通用段中声明数组：

```
Option base 1
Dim A( ) As Integer
Dim m, n As Integer
```

Command1（产生矩阵）按钮的 Click 事件代码如下：

```
Private Sub Command1_Click()
m = Val(InputBox("输入矩阵的行数", "输入提示"))
n = Val(InputBox("输入矩阵的列数", "输入提示"))
ReDim A(m, n)
Randomize
Picture1.Print Tab(2); "原始" & m & "×" & n & "矩阵各元素:"
Picture1.Print
  For i = 1 To m
    For j = 1 To n
      A(i, j) = Int(Rnd * 90 + 10)
      Picture1.Print A(i, j);
    Next j
```

```
   Picture1.Print
 Next i
 End Sub
```

Command2（转置矩阵）按钮的 Click 事件代码如下：

```
Private Sub Command2_Click()
Picture2.Print Tab(2); "转置" & n & "×" & m & "矩阵各元素:"
Picture2.Print
 For i = 1 To n
   For j = 1 To m
     Picture2.Print A(j, i);
   Next j
     Picture2.Print
 Next i
End Sub
```

Command3（退出）按钮的 Click 事件代码如下：

```
Private Sub Command3_Click()
Unload Me
End Sub
```

③ 程序运行结果如图 8-16 和图 8-17 所示。

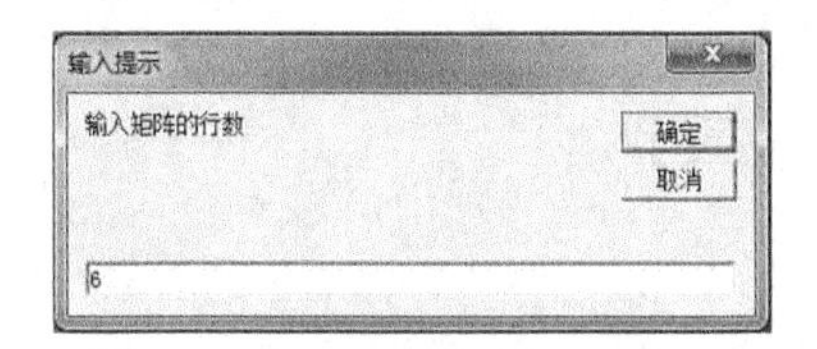

图 8-16　输入矩阵的行数

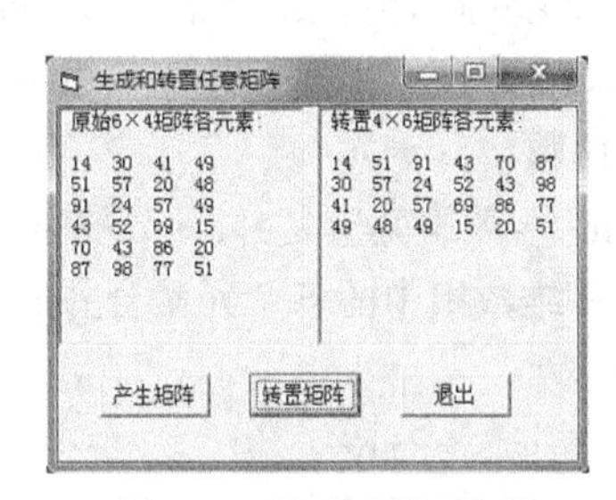

图 8-17　生成和转置矩阵

从例 8-9 可以看出，使用动态数组不仅可以提高程序编写的灵活性，而且可使程序的功能得到扩充，用户操作非常灵活，可以解决同类的各种问题。

① 声明动态数组时，并不指定数组的维数，数组的维数由第一次出现的 ReDim 语句指定。

② ReDim 中的下标可以是常量，也可以是有确定值的变量。

③ ReDim 语句是执行语句，只能出现在过程内，可以多次使用 ReDim 来改变数组的大小和维数，但不能将一个数组定义为某种数据类型后，再使用 ReDim 将该数组改为其他数据类型。

④ 程序每次执行 ReDim，都会清除原数组中的内容，即每次 ReDim 语句都会对原来数组进行初始化，会造成原来数组中的数据丢失。为保留原来数组中的数据，可在 ReDim 语句后加 Preserve 参数。

⑤ Visual Basic 6.0 的动态数组其实只是一种结构体，它记录了数组指针、数组维数等信息。它的数组元素并不是保存在这个结构里面的，结构里面有指针变量指向存放数组的内存空间。

例如：

```
ReDim a(2, 4)
…
ReDim preserve a(2,6)
```

这样，原数组中的内容均可保留，且增加 *a* (1,5)、*a* (1,6)、*a* (2,5)、*a* (2,6)4 个位置，但要注意不能声明 ReDim preserve a(3,4)。因为使用 preserve 关键字，只能改变多维数组中最后一维的上界，而不能改变维数。如果数组就是一维的，则可以重定义该维的大小。

8.5.2 动态数组中常用的几个函数

除了前面讲过的 Ubound 函数、Lbound 函数、Array 函数外，动态数组还会用到 Split 函数、Join 函数。

（1）Split 函数

格式：Split（<字符串表达式>[，<分隔符>]）

功能：从一个字符串中，以某个指定符号为分隔符，分离若干个子字符串，建立一个下标从零开始的一维数组。

例如：

```
Dim A() as string
```

A=Split（"34,54,67,76,87,77",","）的功能是将字符串“34，54，67，76，87，77”以“,”为分隔符分离成 6 个子字符串，存放在数组 A 中。

（2）Join 函数

格式：Join（<数组变量名>[，<分隔符>]）

功能：将一维数组中的各个元素合并成一个字符串。

例如：

```
Dim str as string
```

Str= Join（A,""）的功能是将 A 中的各个元素合并成一个用空格隔开的字符串。

说明：

① Split 函数中的<字符串表达式>是一个有同样“分隔符”的字符串。

② Split 分隔的字符子串要赋予一个已声明的一维动态数组。

③ Split 和 Join 中的<分隔符>不一定相同。

8.5.3 动态数组的应用

在程序设计中，应用动态数组解决问题也是很常见的。

【例 8-10】假定有数组 *A*（*n*）已按递增顺序排列，现要求在这组有序数据中插入或删除一个数 *x*，使数组仍旧有序。

- 因数组是有序的，要想插入另一个数，则需先查找待插入数据在数组中的位置 *k*。
- 然后从最后一个元素开始往前直到下标为 *k* 的元素依次往后移动一个位置。
- 第 *k* 个元素的位置空出，将数据 *x* 插入。

同理，删除元素也是先找到欲删除数组元素的位置 *k*；然后从第 *k*+1 到第 *n* 个位置各向前移动一位；最后将数组元素个数减 1。

① 设计界面并设置属性。在工程中添加窗体，在窗体上添加 2 个标签，2 个文本框，2 个命令按钮。标签的 Caption 属性分别为“请输入待插入的数:”“请输入待删除的数:”，文本框的 Text 属性为空（即删除默认的文本 Text1），命令按钮的 Caption 属性分别为“插入”“删除”。

② 编写代码。

在通用段中声明动态数组：

```
Dim a() As Variant
```

窗体 Form 的 Activate 事件代码如下：

```
Private Sub Form_Activate()
a = Array(1, 3, 6, 23, 68)
Print "原始数列各元素: ";
For i = 0 To UBound(a)
  Print a(i);
Next i
Print: Print
End Sub
```

命令按钮 Command1（插入）的 Click 事件代码如下：

```
Private Sub Command1_Click()
Dim n%, i%, k%, x%
n = UBound(a)
x = Val(Text1)
For k = 0 To n
  If x < a(k) Then Exit For
Next k
ReDim Preserve a(n + 1)
For i = n To k Step -1
  a(i + 1) = a(i)
Next i
a(k) = x
Print "插入后数列各元素: ";
For i = 0 To n + 1
  Print a(i);
Next i
Print: Print
End Sub
```

命令按钮 Command2（删除）的 Click 事件代码如下：

```
Private Sub Command2_Click()
Dim n%, i%, k%, x%
n = UBound(a)
x = Val(Text2)
For k = 0 To n
  If x = a(k) Then Exit For
Next k
If k > n Then MsgBox ("找不到此数据! "): Exit Sub
For i = k + 1 To n
```

```
  a(i - 1) = a(i)
Next i
n = n - 1
ReDim Preserve a(n)
Print "删除后数列各元素：";
For i = 0 To n
  Print a(i);
Next i
Print: Print
End Sub
```

③ 程序运行结果如图 8-18 所示。

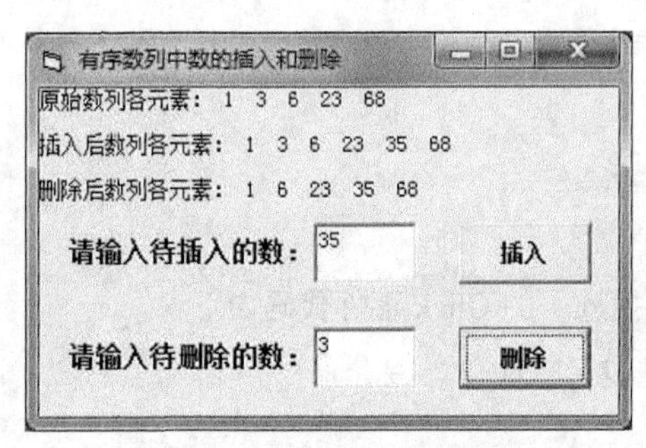

图 8-18 程序运行结果

例 8-10 中使用 Dim a() As Variant 定义一个动态数组，过程中使用 ReDim Preserve a(n)和 ReDim Preserve a(n + 1)语句两次动态改变数组的大小，且保留原数组中的值不变。

【例 8-11】 创建一个窗体，将一个由“分隔符”分隔的数字字符串分离，再将分离数字合并成一个新字符串。

- 待分离字符可以由窗体输入，然后调用分离字符串函数 Split()将其分离，并保存在数组中。
- 由于窗体输入字符串的长度未知，所以存放数据的数组应是动态数组。
- 合并字符串，用函数 Join()实现。

① 设计界面并设置属性。在工程中添加窗体，在窗体上添加 2 个标签，1 个文本框，1 个图片框，2 个命令按钮。标签 Label1 的 Caption 属性为“请输入字符串:”，AutoSize 属性为 True；标签 Label2 的 Caption 属性为空，BoderStyle 属性为 1；命令按钮的 Caption 属性分别为“分离”和“合并”。

② 编写代码。

在通用段中声明动态数组：

```
Dim a() As String, i As Integer
```

命令按钮 Command1（分离）的 Click 事件代码如下：

```
Private Sub Command1_Click()
  a = Split(Text1, ",")
  Picture1.Print "  分离的字符串为："
```

```
  Print
  For i = 0 To UBound(a)
   Picture1.Print a(i); Spc(2);
  Next i
End Sub
```

命令按钮 Command2（合并）的 Click 事件代码如下：

```
Private Sub Command2_Click()
  Label2.Caption = "  合并的字符串：" + vbCr + vbLf & Join(a, "")
End Sub
```

③ 程序运行结果如图 8-19 所示。

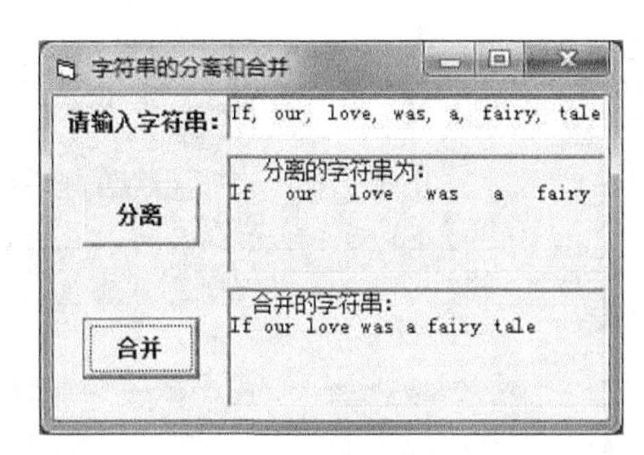

图 8-19　程序运行结果

从上面的实例中可以看出，引用动态数组解决问题，不仅简化程序的编写，而且扩充了程序的适用范围，使用户的操作变得更灵活。

8.6　控件数组

数组是类型相同、相互关联的一系列数据的集合，可以用相同的名称、不同的下标索引值来区分这些数据。如果在应用程序中用到一些类型相同且功能类似的控件，能否将这些控件视为一个数组呢？在 VB 中，回答是肯定的，这个数组称为控件数组。

控件数组是一组同类型控件集合，它们具有相同名称、相同属性和相同事件过程，无论对哪个控件操作，都调用相同的事件过程。控件数组的使用类似于数组变量，控件数组中的每个控件也具有相同名称、不同下标索引值这些特征。当建立控件数组时，系统给每个元素赋一个唯一的索引号，用户通过属性窗口的 Index 属性，可以查看该控件的下标是多少，控件数组的第一个控件下标索引号是 0。例如，在窗体上创建了一个控件数组 option（3），则表示有 4 个 option（单选按钮）控件，其中 option（0）表示控件数组名为 option 的第 1 个元素，option（1）表示控件数组名为 option 的第 2 个元素，option（2）表示控件数组名为 option 的第 3 个元素，option（3）表示控件数组名为 option 的第 4 个元素。操作 4 个 option（单选按钮）控件中的任何一个，都调用相同的过程。

8.6.1　控件数组的建立

建立控件数组的方法有两种。

方法 1：在设计阶段，通过给已有控件起相同的名称或者通过复制并粘贴已存在的控件建立控件数组。

具体操作步骤如下。

① 在需要添加控件数组的容器中添加控件。

② 选中想作为数组中第 1 个控件的控件，将其 Name 属性设置成数组名称。

③ 为数组中其他控件的 Name 属性输入相同的名称，此时 VB 将显示一个对话框，要求确认是否要创建数组，此时选择“是”，确认操作。

例如，在窗体上添加了 3 个 Command 命令按钮，若使命令按钮 Command1 的 Name 属性为 cmd1，则当选中命令按钮 Command2，修改其 Name 属性为 cmd1 时，此时系统弹出一个对话框，如图 8-20 所示，单击“是”按钮，确认创建控件数组操作。

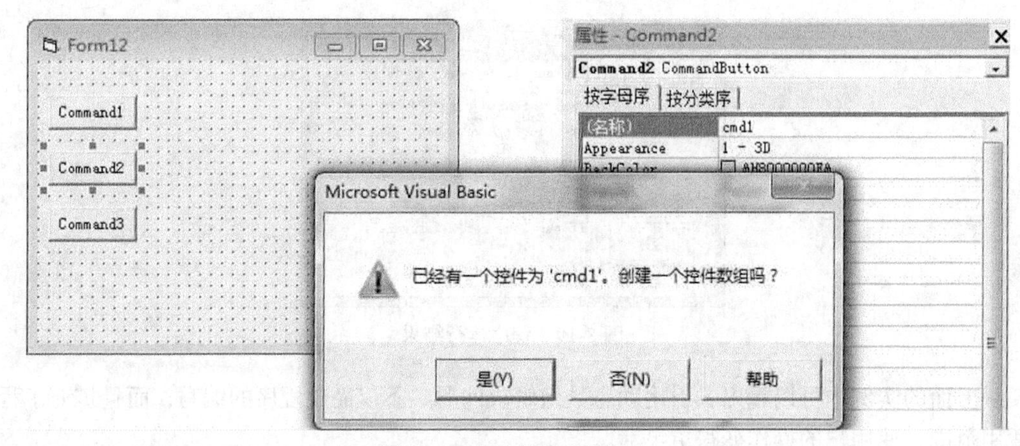

图 8-20　确认创建控件数组

注意

第②步中，只设置 Name 属性，不设置 index 属性，否则就不会产生对话框。第 2 个控件数组元素设置完后，系统自动将第 1 个、第 2 个控件数组元素的 Index 属性分别设置为 0 和 1，当对后面几个控件数组元素设置属性值时，不再弹出对话框，且 Index 属性值依次累加。

如果通过复制、粘贴操作创建控件数组，复制控件后，当第一次进行单击“粘贴”命令时，会弹出如图 8-20 所示的对话框，单击对话框中的“是”按钮确认操作。系统自动将第 1 个、第 2 个控件数组元素的 Name 属性值设为相同的名称，Index 属性设置为 0 和 1。以后再执行“粘贴”操作时，不再弹出对话框，且自动设置 Name、Index 属性值。

【例 8-12】 编写一个能完成加、减、乘、除四则运算的简易计算器。

说明

- 要进行四则运算，应该有操作数，可添加两个文本框，用来接收用户输入的操作数。
- 加、减、乘、除属 4 个不同的运算，但都是两个操作数的四则运算，可以用控件数组实现。

① 设计界面并设置属性。在工程中添加窗体，在窗体上添加 2 个文本框、3 个标签，通过复制、粘贴添加 4 个命令按钮，并在第一次粘贴时弹出的对话框中选择“是”按钮，创建控件数组；设置窗体的 Caption 属性为：简易计算器；Label1、Lable3 的 Caption 属性为空，Label2 的 Caption 属性为：=；两个文本框的 Text 属性为空；4 个命令按钮的 Caption 属性分别为+、-、×、÷。

② 编写代码。

```
Private Sub Command1_Click(Index As Integer)
On Error Resume Next
Select Case Index
Case 0
Label3.Caption = Val(Text1) + Val(Text2)
Case 1
Label3.Caption = Val(Text1) - Val(Text2)
Case 2
Label3.Caption = Val(Text1) * Val(Text2)
Case 3
If Text2.Text = 0 Then
Label3.Caption = "Error,除数不能为 0"
Else
Label3.Caption = Val(Text1) / Val(Text2)
End If
End Select
Label1.Caption = Command1(Index).Caption
End Sub
```

③ 简易计算器运行界面如图 8-21 所示。

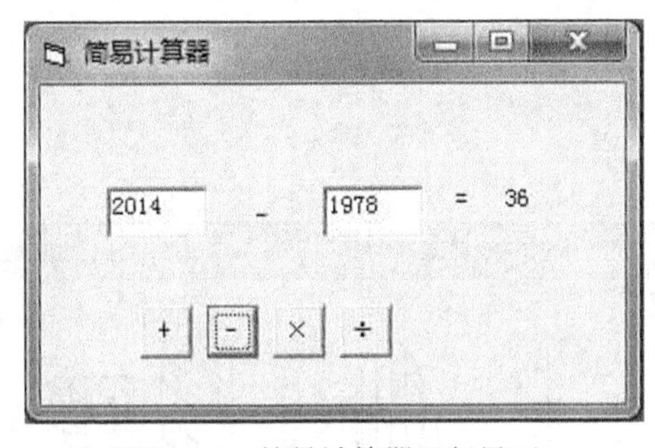

图 8-21　简易计算器运行界面

在这个例子中，由于 4 种运算法则比较类似，故定义了一个控件数组 Command1，分别用控件对象 Command1(0)、Command1(1)、Command1(2)、Command1(3)代表 4 种运算，当用户单击界面上的+、−、×、÷4 个按钮时，系统会将 4 个按钮的 Index 属性值传递给 Command1 的 Click 事件，通过与 Case 后的值对应来控制运算。另外，在进行两数相除时，若分母为 0，在 Label3 上显示 “Error，除数不能为 0”。对控件数组的引用同引用数组变量的方法一样，也是使用数组名后加（下标）进行引用。

方法 2：编写过程阶段，通过 Load 方法添加控件数组。

具体操作步骤如下。

① 在需要添加控件数组的容器中添加第 1 个控件。

② 设置好该控件的 Name 属性，并且将其 Index 属性设为 0。

③ 在编写事件过程中，使用语句 Load <控件名>添加新的控件数组对象，再设置 Visible 属性为 True。事件在执行过程中每调用一次 Load 命令，就创建一个控件数组对象。

④ 如不用某个控件数组对象，可用语句 UnLoad <控件名>删除控件数组中的一个对象。

【例 8-13】 在运行中添加和删除控件数组。

① 在工程中添加窗体，在窗体上添加 2 个命令按钮，1 个形状控件 Shape1。设置 2 个命令按钮的 Caption 属性分别为“添加”和“删除”；设置形状控件的 Index 属性为 0，Left 属性为 360，Width 属性为 600。

② 编写两个命令按钮事件代码。

“添加”按钮的 Click 事件代码如下：

```
Private Sub Command1_Click()
  For i = 1 To 5
      Load Shape1(i)
      Shape1(i).Visible = True
      Shape1(i).Left = Shape1(i - 1).Left + 800
      Shape1(i).Shape = i
      Shape1(i).FillStyle = i + 1
  Next
End Sub
```

“删除”按钮的 Click 事件代码如下：

```
Private Sub Command2_Click()
  Static j As Integer
  If j > 0 And j < 6 Then Unload Shape1(j)
  j = j + 1
End Sub
```

③ 运行结果如图 8-22 所示。

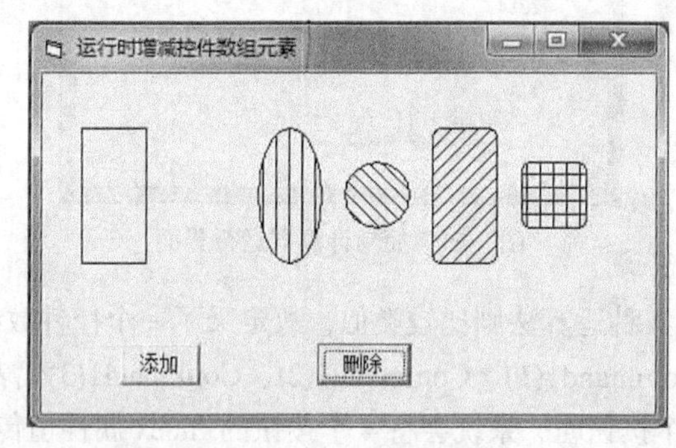

图 8-22　例 8-13 运行结果

8.6.2　控件数组的应用

使用控件数组添加控件所消耗的资源，比直接向窗体添加多个相同类型的控件消耗的资源要少。当有若干个控件执行大致相同的操作时，控件数组共享同样的事件过程，减少了重复代码的编写。所以，在 VB 中使用控件数组解决问题也是常见的。

【例 8-14】建立含有 6 个命令按钮的界面，单击不同的命令按钮绘制不同的图形或结束操作。

说明

- 要显示图形，至少应有一个显示图形的位置，在此用图片框控件实现。
- 4 个命令按钮用一个控件数组建立。

① 设计界面并设置属性。在工程中添加窗体，在窗体上添加 6 个命令按钮，并组成 1 个控件数组，添加 1 个图片框；设置窗体的 Caption 属性为绘制图形，设置 5 个命令按钮的 Caption 属性分别为：画直线、画矩形、画圆形、画星形、画扇形。

② 控件数组的 Click 事件代码如下：

```
Private Sub Command1_Click(Index As Integer)
Picture1.Scale (0, 0)-(15, 15)
Picture1.Cls
Picture1.FillStyle = 5
Select Case Index
  Case 0
   Picture1.Print "画直线"
   Picture1.Line (4, 4)-(10, 10)
  Case 1
   Picture1.Print "画矩形"
   Picture1.Line (5, 5)-(12, 12), , BF
  Case 2
   Picture1.Print "画圆形"
   Picture1.Circle (5, 5), 4
  Case 3
  Picture1.Print "画星形"
  Picture1.Scale
  Dim x0 As Single
  Dim y0 As Single
  Dim r As Single
  Dim n As Integer
  Dim t As Single
  Picture1.DrawWidth = 2
  x0 = Picture1.ScaleWidth / 2
  y0 = Picture1.ScaleHeight / 2
  r = 500
  st = 3.1415926 / 2.5
  For i = 0 To 6.283185 Step st
    x = r * Cos(i) + x0
    Y = r * Sin(i) + y0
    X1 = r * Cos(i + 2 * st) + x0
    Y1 = r * Sin(i + 2 * st) + y0
    Picture1.Line (x, Y)-(X1, Y1)
  Next
 Case 4
  Picture1.Print "画扇形"
  Picture1.Circle (5, 5), 4, , -6.28, -1.75
 Case Else
   End
 End Select
End Sub
```

③ 运行程序。运行结果如图 8-23 所示。

图 8-23　控件数组显示图形结果

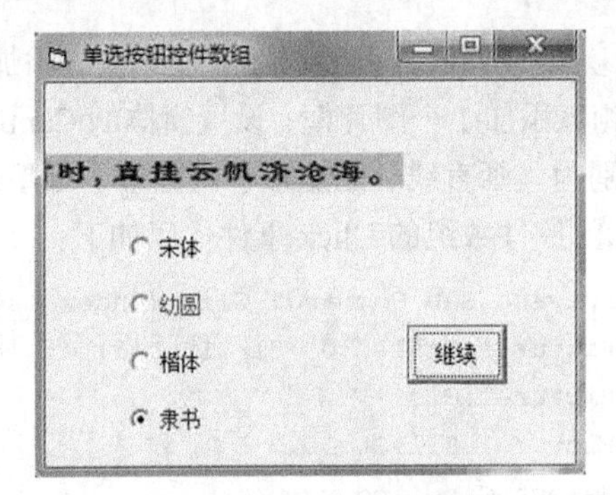

图 8-24　设置字体界面

【例 8-15】设计一个界面，要求按用户的选择，在窗体上显示对应的字体和颜色的移动文字。

- 不同的操作文字显示的样式不同，所以可以用一组控件来区分不同的操作。
- 控件数组用单选按钮和命令按钮都可以完成。
- 移动文字，可理解为不同时刻，文字显示的位置不同，这可以用时钟控件来控制。

① 设计界面并设置属性。在窗体上添加 1 个计时器控件，1 个标签控件，1 个命令按钮控件，1 个框架，框架中添加 4 个单选按钮并组成控件数组。设置窗体的 Caption 属性为“单选按钮控件数组”；标签的 Caption 属性为“长风破浪会有时，直挂云帆济沧海。”AutoSize 属性为 True；框架的 Caption 属性为“选择字体”，Enabled 属性为 False；单选按钮的 Caption 属性分别为：宋体、幼圆、楷体、隶书，第 1 个单选按钮的 Value 属性为 True；计时器控件的 Interval 属性为 100；命令按钮的 Caption 属性为“暂停”。

② 编写事件代码。

命令按钮 Command1（暂停）的 Click 事件代码如下：

```
Private Sub Command1_Click()
 If Command1.Caption = "暂停" Then
    Command1.Caption = "继续"
    Timer1.Enabled = False
    Frame1.Enabled = True
  Else
    Command1.Caption = "暂停"
    Timer1.Enabled = True
    Frame1.Enabled = False
End Sub
```

控件数组 Option1 的 Click 事件代码如下：

```
Private Sub Option1_Click(Index As Integer)
  Select Case Index
    Case 0
      Label1.FontName = "宋体"
      Label1.ForeColor = QBColor(0)
    Case 1
      Label1.FontName = "幼圆"
      Label1.ForeColor = vbRed
    Case 2
```

```
      Label1.FontName = "楷体"
      Label1.ForeColor = RGB(0, 200, 0)
    Case Else
      Label1.FontName = "隶书"
      Label1.ForeColor = &HFF0000
  End Select
  Option1(Index).ForeColor = Label1.ForeColor
End Sub
```

控件 Timer1 的 Timer 事件代码如下：

```
Private Sub Timer1_Timer()
 If Label1.Left + Label1.Width > 0 Then
    Label1.Move Label1.Left - 20
 Else
    Label1.Left = Form1.ScaleWidth
 End If
End Sub
```

③ 运行结果如图 8-24 所示。

例 8-15 中，初始运行界面为宋体，当单击“暂停”按钮时，文字停止移动，“暂停”按钮变成“继续”按钮，此时可选择一种字体，文字先变成对应字体和颜色，单击“继续”按钮，文字又开始移动。

综合训练

实训　使用数组完成一个选课系统的设计。

功能要求：设计一个界面，分类向学生提供必选课和限选课，选定后在界面上显示已选择的课程信息。运行设计界面如图 8-25 所示。

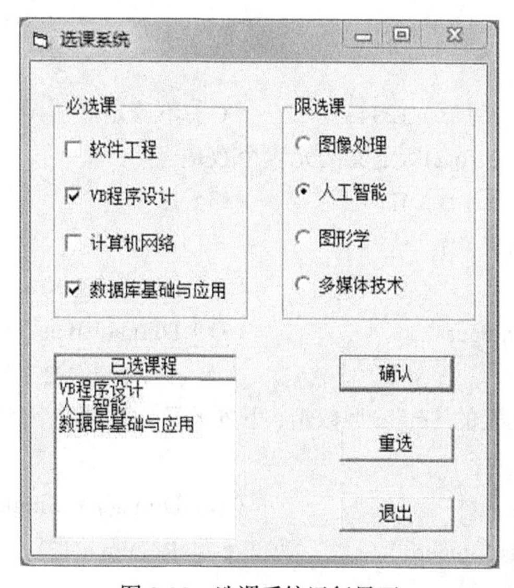

图 8-25　选课系统运行界面

本章小结

本章介绍了数组的概念：一维数组、二维数组、静态数组、动态数组、控件数组以及对各类数组的操作与应用。数组用于保存相关的成批数据，它们共享了一个名字，用不同的下标表示数组中的各个元素。要使用数组，必须先声明数组名、类型、维数、大小。声明时确定数组大小的为静态数组，否则为动态数组。对于动态数组，要通过 ReDim 语句确定数组的大小。对于可以共享同样的事件过程，可以共用一个控件名。具有相同属性的控件，可以将它们定义成控件数组，统一管理，这样不仅减少了系统资源的开销，而且使程序的编写变得更灵活、更方便。

习　　题

一、选择题

1．下列数组声明语句，正确的是（　　）。

（A）Dim a[3,4]as Integer　　（B）Dim a(3,4) as Integer

（C）Dim a(n,n)as Integer　　（D）Dim a(3 4) as Integer

2．以下程序的输出结果是（　　）。

```
Option Base 1
Private Sub Command1_Click()
Dim a
a = Array(1, 2, 3, 4)
j = 1
For i = 4 To 1 Step -1
  s = s + a(i) * j
  j = j * 10
Next i
Print s
End Sub
```

（A）下标越界　　（B）1234　　（C）不确定　　（D）4321

3．语句 Dim a(3 To 5, -2 To 2)所定义的元素个数是（　　）。

（A）20　　（B）12　　（C）15　　（D）24

4．下列语句正确的是(　　)。

（A）Dim a(n)　　（B）Dim a(13+8) as　Integer

（C）Dim a(10) as Integer
ReDim a　　（D）Dim a(10) as Integer
A=Array(1,2,3,4,5,6,7,8,9,10)

5．要分配存放 12 个元素的 Single 型数组，下列的数组声明（下界若无，按默认规定）(　　)符合要求。

（A）n=12
Dim a(1 to n) as Integer　　（B）Dim a() as Single
ReDim a(12)

（C）Dim a#()
　　Redim a(4, 3) as Single

（D）Dim a(2,3) as Integer
　　ReDim a as Single

二、填空题

1．数组声明时下标下界默认为 0，利用________语句可以使下标为 1。

2．用 Dim(1，3 to 7,10)声明的是一个________维数组，语句 Dim arr(-3 To 5,-2 to 2)定义的数组的元素个数是________。

3．由 Array 函数建立的数组，其变量必须是________类型。

4．获得数组的上界通过________函数。

5．若只改变数组的大小，保留原数组中的数据，应在 ReDim 语句中加________关键词。

6．控件数组的名字由________属性指定，而数组中的每个元素由________属性指定。

7．用________属性可唯一标志控件数组中的某一个控件。

8．________语句可以为动态数组分配实际元素个数。

9．在程序运行时，可以调用________方法和________来为控件数组增、减控件。

10．设有数组声明语句

　　Option Base 1
　　Dim a(2,-1to 1)

以上语名定义的数组 a 为________维数组，共有________个元素，第一维下标从________到________，第二维下标从________到________。

三、程序填空

1．在窗体上画一个命令按钮 Command1，然后编写如下程序：

```
Private Sub Command1_Click()
    Dim arr()As Integer
    ReDim arr(3)
    For i=0 To 3
    arr(i)=i
    Next i
    x=InputBox(“请输入一个数字：”)
    If Val(x)>4 Then
    ReDim arr(4)
    arr(4)=x
    End If
    Me. Print(arr(4)-arr(3))
    End Sub
```

程序运行后，单击命令按钮，在输入对话框中输入 12，输出结果为________。

2．在窗体上画一个名称为 Command1 的命令按钮，然后编写如下程序：

```
Option Base 1
Private Sub Colilinand1_Click()
     Dim a(10)As Integer
     FOr i=1 TO 10
     a(i)=i
     Next
     call Swap________
     FOr I=1 TO 10
```

```
        Print a(i);
        Next
    End Sub
    Sub Swap(b()As Integer)
        n=________
        For i=1 TO n/2
        t=b(i)
        b(i)=b(n)
        b(n)=t
    ________
        Next
    End Sub
```

上述程序的功能是：通过调用过程 Swap，调换数组中数值的存放位置，即 a(1)与 a(10)的值互换，a(2)与 a(9)的值互换……a(5)与 a(6)的值互换。请填空。

3．下面的程序用“冒泡”法将数组 a 中的 10 个整数按升序排列，请将程序补充完整。

```
    Option Base 1
    Private Sub Command1_Click()
      Dim a
      A=Array(678,45,324,528,439,387,87,875,273,823)
      For i= ________
      For j= ________
      If a(i) ________a(j) Then
      a1=a(i)
      a(i)=a(j)
      a(j)=a1
      End If
      Next j
      Next i
      For i=1 To 10
      Print a(i)
      Next i
      End Sub
```

4．程序运行后，输出结果是________。

```
Private Sub search(a() As Variant, ByVal key As Variant, index%)
    Dim I%
    For I=LBound(a) To UBound(a)
    If key=a(I) Then
    index=I
    Exit Sub
    End If
    Next I
    index=-1
End Sub
Private Sub Form_Load()
    Show
```

```
    Dim b() As Variant
    Dim n As Integer
    b=Array(1, 3, 5, 7 , 9, 11, 13, 15)
    Call search(b, 11, n)
    Printt n
End Sub
```

5. 对窗体编写如下代码：

```
Option Base 1
Private Sub Form_KeyPress(KeyAscii As Integer)
 a = Array(237, 126, 87, 48, 498)
 m1 = a(1)
 m2 = 1
 If KeyAscii = 13 Then
  For i = 2 To 5
    If a(i) > m1 Then
      m1 = a(i)
      m2 = i
    End If
 Next i
End If
Print m1, m2
End Sub
```

程序运行后，按回车键，输出结果为________。

6. 阅读程序：

```
    Sub subP(b() As Integer)
    For i =1 To 4
    b(i)=2*i
    Next i
  End Sub
Private Sub Commandl_Click()
Dim a(1 To 4)As Integer
    a (1)=5
    a (2)=6
    a (3)=7
    a (4)=8
  subP a ()
   For i =1 To 4
    Print a(i)
   Next i
End Sub
```

运行上面的程序，单击命令按钮，输出结果为________。

7. 以下程序的输出结果是________。

```
Private Sub Command1_Click()
    Dim a, i%
```

```
    a = Array(1, 2, 3, 4, 5, 6, 7)
    For i = LBound(a) To UBound(a)
          a(i) = a(i) * a(i)
    Next i
    Print a(i - 1)
End Sub
```

8. 以下程序的输出结果是________。

```
Option Base 1
Private Sub Command1_Click()
  Dim a(10),p(3) As Integer
  k=5
  For i=1 To 10
  a(i)=i
  Next i
  For i=1 To 3
  p(i)=a(i*i)
  Next I
  For i=1 To 3
  k=k+p(i)*2
  Next i
  Print k
End sub
```

9. 设在窗体上有

```
PriVate Sub Commandl  _Click()
  Static b As Variant
  b=Array(1,3,5,7,9)
  ……
End Sub
```

此过程的功能是把数组 b 中的 5 个数逆序存放(即排列为 9，7，5，3，1)。为实现此功能，省略号处的程序段应该是________。

10. 设有如下程序

```
Private sub search(a ()As variant, ByVal key As V  ariant, index%)
  Dim I%
  For I=LBound(a) To  UBound(a)
    If key=a(I) Then
      index=I
      Exit Sub
    End If
  Next I
  Index=-1
    End Sub

  Private Sub Form_Load()
      Show
      Dim b() As Variant
```

```
    Dim n As Integer
    b=Array(13,5,7,9,11,13,15)
    Call search(b,11,n)
    Print n
End Sub
```

程序运行后，输出结果是________。

11．在窗体上画一个命令按钮，名称为Command1，然后编写如下事件过程：

```
Option Base 0
Private Sub Command1_Click()
Dim city As Variant
city = Array("北京","上海","天津","重庆")
Print city(1)
End Sub
```

程序运行后，如果单击命令按钮，窗体上显示的内容是______。

12．在窗体中添加一个命令按钮，名称为Command1，然后编写如下程序：

```
Private Sub Command1_Click()
Dim a(5),b(5)
For j =1 to 4
A(j)=3*j
B(j)=a(j)*3
Next j
Text1.text=b(2)
End Sub
```

程序运行后，单击命令按钮，文本框中会显示________。

四、简答题

1．什么是数组?

2．从声明与使用方法上简述静态数组与动态数组的区别。

3．举例说明Array函数的功能及使用时的注意事项。

4．简述创建控件数组的两种方法。

5．简述在程序中使用控件数组的益处。

五、编程题

1．设计一个窗体，能对输入的数据进行排序，并将原数据和排序后的数据显示出来。

2．设计一个窗体，显示杨辉三角。

3．设计一个窗体，能统计字符串中各个字符的个数。

4．设计一个窗体，能完成对学生成绩的录入，统计总分、平均分，并按总分进行排序。

5．设计一个窗体，当单击按钮时，在窗体上显示不同形状、不同颜色的图形。

6．随机产生两个矩阵A、B，对两个矩阵完成下列操作：

（1）将两个矩阵相加，结果放入C矩阵中。

（2）将矩阵A转置。

（3）统计矩阵中的最大值和下标。

（4）以下三角形式显示矩阵A，以上三角形式显示矩阵B。

（5）求矩阵A两条对角线元素之和。

第9章 过程在应用程序中的运用

学习目标

- 掌握 Sub 子过程和 Function 函数过程的定义。
- 掌握 Sub 子过程和 Function 函数过程的调用。
- 了解过程的参数传递：传值与传址、对象参数、数组参数。
- 了解过程的嵌套与递归调用。
- 掌握过程与变量的作用域。

重点和难点

- 重点：熟练掌握 Sub 子过程和 Function 函数过程的定义和调用，以及变量的作用域。
- 难点：理解过程的嵌套与递归调用。

课时安排

- 讲授 3 学时，实训 3 学时。

9.1 案例：生成数字摘要程序实现

数字摘要就是采用单项 Hash 函数将明文“摘要”成一串固定长度的密文。不同的明文摘要成密文，其结果是不同的，而同样的明文其摘要必定相同，从而验证明文是否被修改。这种方法也称为安全 Hash 编码法（Secure Hash Algorithm，SHA）或 MD5(MD Standards for Message Digest)，由 Ron Rivest 设计。一般来说，安全 Hash 标准的输出长度为 160 位，这样才能保证它足够安全。本例只是一个简化的设计过程，摘要的输出长度仅为 16 位。

图 9-1 所示为原文，单击“生成数字摘要”按钮后，在图 9-2 的图片框中第 1 行显示了其对应的 16 位数字摘要；然后删除原文中商家订单号的最后 1 位数字“1“，再次单击“生成数字摘要”按钮，即可在图片框中第 2 行看到修改后文本对应的 16 位数字摘要。

9.1.1 要点分析

程序有明文有密文，明文由用户输入，设计中用文本框实现，密文由程序自动生成，为了防止用户运行中误改，考虑用标签或图片框实现对密文的输出；因运行中要多次调用明文转换的程序并返回 1 个固定长度的字符串，所以可编写函数过程 Hash 来实现；函数过程中多次调用随机数序列和异或运算，可编写过程来实现。

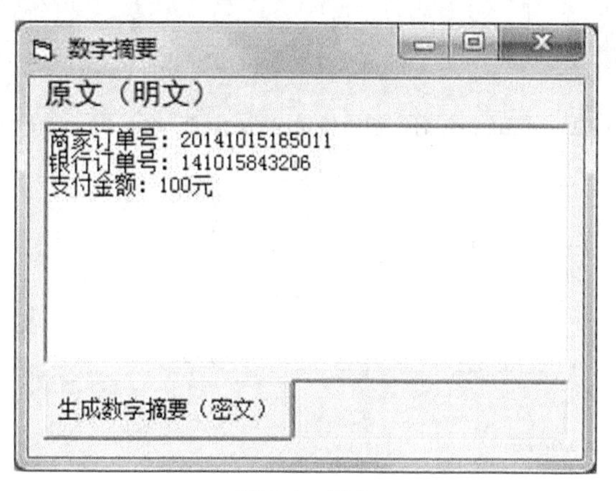

图 9-1　原文

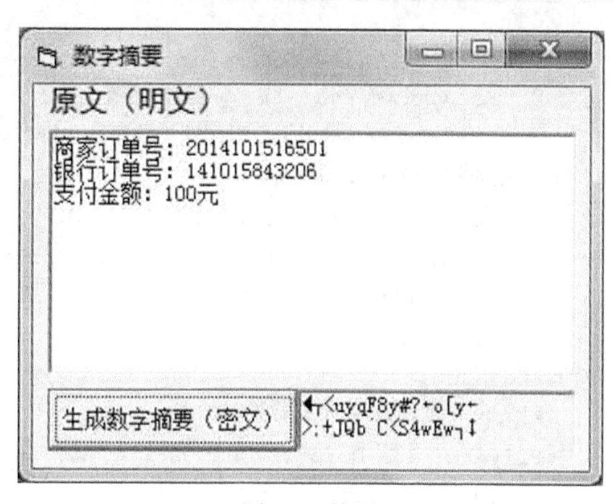

图 9-2　摘要

9.1.2　设计实现

【例 9-1】　设计 1 个程序，实现数字摘要功能。

1．设计界面

新建工程，在窗体上添加 1 个标签，1 个文本框，1 个命令按钮，1 个图片框，大小和位置如图 9-1 所示。

2．设置属性

设置窗体的 Caption 属性为“数字摘要”；标签的 Caption 属性为“原文（明文）”；文本框的 MultiLine 属性为 True，Text 属性为空；命令按钮的 Caption 属性为“生成数字摘要（密文）”。

3．编写代码

在生成数字摘要”按钮中调用 Hash 函数生成摘要，并在图片框中输出。

```
Private Sub Command1_Click()
    Dim zy
    zy = Hash(CStr(Text1.Text))
    Picture1.Print zy
End Sub
定义 Hash 函数
Private  Function Hash(ET As String) As String
    Dim BitLenString As String, KeyString As String, FileText As String
    BitLenString = "0123456789ABCDEF"
    KeyString = ET & BitLenString
    Call Initialize(KeyString)     '根据 KeyString 产生随机数序列
    FileText = ET & BitLenString
    Call DoXor(FileText)    '根据上述随机数序列对 FileText 加密 KeyString = FileText
    Call Initialize(KeyString)     '根据上述的加密结果产生新的随机数序列
    FileText = BitLenString
    Call DoXor(FileText)    '根据上述随机数序列对 FileText 加密，16 位字符
    Hash = FileText    '16 位字符作 Hash 值
End Function
定义 Initialize 产生随机数序列
Private Sub Initialize(vKeyString As String)
```

```
    Dim intI As Integer, intJ As Integer
    Randomize Rnd(-1)  '得到初始值（种子值）
    '根据初始值（种子值）得到随机数序列，每次调用 Initialize 时，初始值均相同。只要 vKeyString 相同，所产生的随机数序列一定相同
    For intI = 1 To Len(vKeyString)
        intJ = Rnd(-Rnd * AscW(Mid(vKeyString, intI, 1)))
        Randomize intJ
    Next intI
End Sub
```

定义 Sub 过程 DoXor 进行异或加密

```
Private  Sub DoXor(ByRef msFileText As String)
    Dim intC As Integer
    Dim intB As Integer
    Dim lngI As Long
'用 Rnd 产生随机序列数，然后根据 Int(Rnd * 2 ^ 7)得到一个对应整数，再用该整数与 msFileText 中的字符异或
    For lngI = 1 To Len(msFileText)
        intC = AscW(Mid(msFileText, lngI, 1))
        intB = Int(Rnd * 2 ^ 7)   '选用≤127 可正确处理汉字
        Mid(msFileText, lngI, 1) = ChrW(intC Xor intB) 'ChrW(n): n 的取值为-32768 ～ 65535
    Next lngI
End Sub
```

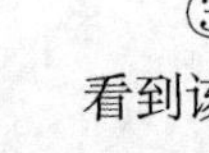

异或的运算方法是一个二进制运算：

1 xor 1=0

0 xor 0=0

1 xor 0=1

0 xor 1=1

两者相等为 0，不等为 1。对于任一个字符来说，都可以用二进制码来表示，如 A 可表示为 01000001。字符的异或就是对每一位进行二进制运算。

用于加密算法时，假设要加密的内容为 A，密钥为 B，则可以用异或加密：C=A xor B。

4. 保存运行

保存工程和窗体，运行程序。如果想给 1 个 Word 文档生成摘要，可以引用 Microsoft Word 对象库和 GetObject 函数实现，步骤如下：

① 先在“工程”|“引用”对话框中勾选“Microsoft Word 14.0 Object Library”。

② 然后在标签的 Click 事件中编写代码。

```
Dim xwd As Object
Set xwd = GetObject(("c:\test.doc")) 'c:\test.doc 是 1 个存储在 C 盘名为 test 的 Word 文档
Text1 = xwd.Range.Text
```

③ 运行时，单击标签，即可把已建好的 Word 文档显示在文本框中，再单击命令按钮，即可看到该 Word 文档对应的摘要。

9.2　VB 应用程序的结构

当利用 VB 编程解决的问题比较复杂时，可根据功能将程序分解为若干个小模块。如果程序中有多处使用相同的代码段，也可以将其编写为一个过程，程序中的其他部分可以调用这些过程，而无须重新编写代码。过程的应用大大提高了代码的可复用性，简化了编程任务，并使程序更具可读性，也便于调试和维护。使用过程是体现结构化（模块化）程序设计思想的重要手段。

建立 VB 应用程序时，应先设计代码的结构。VB 应用程序结构图如图 9-3 所示。

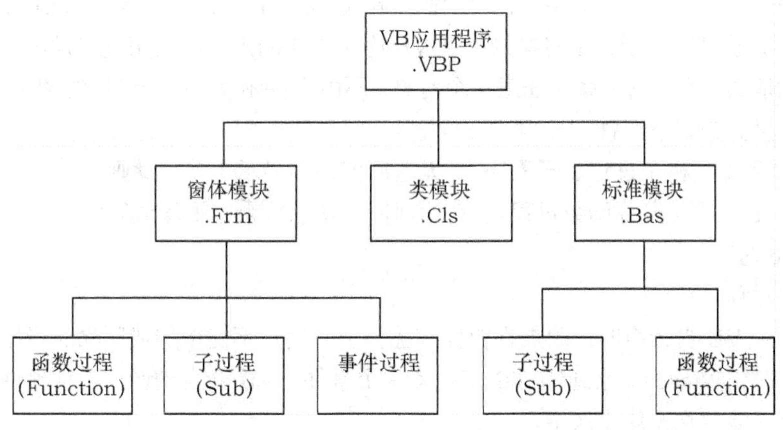

图 9-3　VB 应用程序结构图

VB 将代码存储在 3 类不同的模块中：窗体模块，标准模块和类模块。这 3 类模块中都可以包含常量和变量的声明以及 Sub、Function 过程。它们形成了工程的一种模块层次结构，可以较好地组织工程，同时也便于代码的维护。通过 VB 环境的工程资源管理器窗口，可以清楚地看到一个工程中的模块层次结构。

9.2.1　窗体模块

每个窗体对应一个窗体模块，窗体模块包含窗体及其控件的属性设置、窗体变量的说明、事件过程、窗体内的通用过程、外部过程的窗体级声明。窗体模块保存在以.Frm 为扩展名的文件中。默认时，应用程序中只有一个窗体，因此有一个以.Frm 为扩展名的窗体模块文件。如果应用程序有多个窗体，就会有多个以.Frm 为扩展名的窗体模块文件。

9.2.2　标准模块

简单的应用程序通常只有一个窗体，这时所有的代码都放在该窗体模块中。而当应用程序庞大而复杂时，就需要多个窗体。在多窗体结构的应用程序中，有些通用过程需要在多个不同的窗体中共用，为了不在每个需要调用该通用过程的窗体重复键入代码，就需要创建标准模块。

标准模块保存在扩展名为.Bas 的文件中，缺省时，应用程序不包含标准模块。标准模块可以包含公有或模块级的变量、常量、类型、外部过程和全局过程的全局声明或模块级声明。缺省时，标准模块中的代码是公有的，任何窗体或模块的事件过程或通用过程都可以调用它。

在许多不同的应用程序中可以重用标准模块，在标准模块中可以定义通用过程，但不可以定义事件过程。

9.2.3 类模块

在 VB 中，类模块是面向对象编程的基础，文件以.Cls 为扩展名。程序员在类模块中编写代码建立新对象，这些新对象可以包含自定义的属性和方法，可以在应用程序中使用。类模块与标准模块的不同之处在于标准模块仅仅含有代码，而模块既含有代码，又含有数据。

9.2.4 VB 过程分类

过程是编写程序的功能模块。Visual Basic 6.0 中的过程分为事件过程和通用过程两大类。事件过程是当发生某个事件时，对该事件做出响应的程序段，如 Command1_Click()、Text1_LostFocus( )，必须是作用于某个对象的，是 VB 应用程序的主体。通用过程是用户自己定义而且能完成某一功能的过程，它不属于任意一个对象，不由事件驱动，使用专用的调用语句来执行它。通用过程通常又分为以下两种。

① Sub 过程（又称子过程、子程序），无返回值，如显示矩阵、动画。

② Function 过程（又称函数过程），有返回值，如求阶乘、平均值等。

1. Sub 过程

（1）事件过程

事件过程由 VB 自行声明，附加在窗体和控件上，用户不能增加或删除。当用户对某个对象发出一个动作时，Windows 会通知 VB 产生了一个事件，VB 会自动调用与该事件相关的事件过程。事件过程只能放在窗体模块中。

事件过程的常用格式如下：

```
Private Sub <对象名>_<事件名( [<形参表>] )>
<语句系列>
End Sub
```

（2）通用过程

通用过程由用户定义或删除修改，可以放在标准模块中，也可以放在窗体模块中，其格式如下：

```
[Private|Public] Sub  <过程名>(<参数表>)
   <语句系列>
End Sub
```

2. Function 过程

除了有固定功能的系统函数外，还允许用户编写自己的函数过程，这类函数被称为用户自定义函数，格式如下：

```
[Private|Public] Function  <自定义函数过程名>(<参数表>)  [As <类型>]
   <语句>
End Function
```

9.3　子过程

9.3.1　子过程实例

【例 9-2】 设计 1 个欢迎界面。要求在文本框中输入姓名，单击“欢迎”按钮，调用 Hello 过程，在窗体上显示“×××您好，欢迎来到青春文艺社!”的消息对话框。

① 设计界面。新建工程，保存为工程 9，在窗体上添加 1 个图像框 Image，1 个命令按钮；设置图像框的 Stretch 属性为 True，设置命令按钮的 Caption 属性为“欢迎”，设置窗体的 Caption 属性为“欢迎界面”。

② 编写代码。

定义 Sub 过程。双击窗体，打开代码窗口，在对象列表框中选择“(通用)”，然后输入过程首行“Sub Hello(XXX As String)”并回车，VB 自动显示 End Sub，然后再输入过程体。代码如下：

```
Sub Hello(XXX As String)            '定义 Hello 子过程
  AutoRedraw = True
  FontSize = 14
  FontName = "幼圆"
  Print: Print
  Print Space(3) & XXX & "：您好，欢迎来到青春文艺社！"
End Sub
```

编写“问候”按钮的 Click 事件代码如下：

```
Private Sub Command1_Click()
  Cls
  xm$ = InputBox("请输入您的姓名：", "信息提示")
  Call Hello(xm)
  Image1.Picture = LoadPicture(App.Path&"\bj.jpg")
End Sub
```

③ 程序运行结果如图 9-4 ~ 图 9-6 所示。

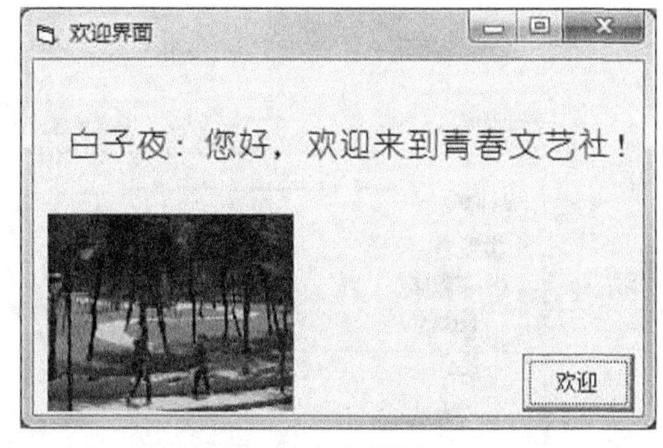

图 9-4　问候初始界面

图 9-5　信息提示界面

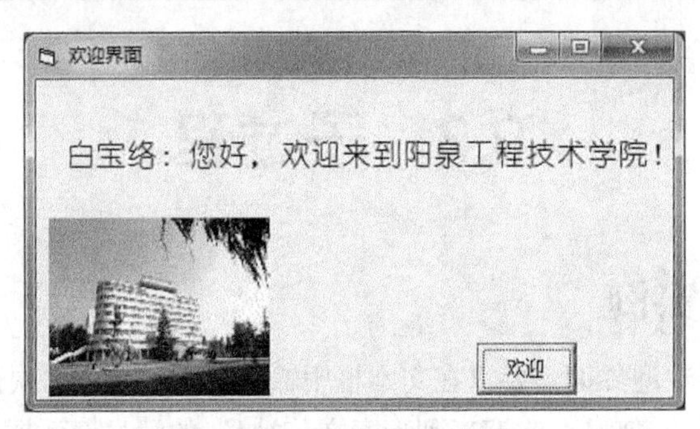

图 9-6　欢迎信息显示界面

9.3.2　创建子过程

建立子过程有两种方法：直接在“代码”编辑窗口中输入过程代码或使用“添加过程”对话框。

（1）在“代码”编辑窗口中输入

具体步骤按【例 9-2】输入。Sub 过程的完整定义格式如下：

```
[Private|Public] Sub <子过程名>([<形参列表>])
  [局部变量和常数声明]          ┐
  <语句系列>                    │
  [Exit Sub]                    ├ 子过程体
  [<语句系列>]                  │
End Sub                         ┘
```

关键字说明：

① 子过程名的命名规则与变量名相同，长度不超过 40 个字符。一个过程名只能有唯一的名字，在同一模块中，同一名称不能既是 Sub 过程名，又是 Function 函数过程名。例 9-2 的过程名为“Hello”。

② ([<形参列表>])类似于变量声明，指明数据类型，如果有多个变量用“,”分隔开，如例 9-2 中的“XXX As String”。

③ 语句系列是过程体，语句系列中可以用一个或多个 Exit Sub 语句从过程中退出。

④ [Private|Public]表示子过程的作用域是局部或全局。缺省[Private | Public]时，系统默认为 Public。

（2）使用“添加过程”对话框

具体步骤如下。

① 先打开要添加过程的代码编辑窗口，否则“添加过程”命令处于禁用状态。

② 再选择“工具”|“添加过程”命令，弹出“添加过程”对话框，如图 9-7 所示。

③ 在“名称”文本框中输入过程名，如“Fac”。从“类型”栏中选择“子程序”类型。从“范围”栏中选择“公有的”，相当于使用 Public 关键字。单击“确定”按钮，就可以建立一个 Sub 过程模板，然后

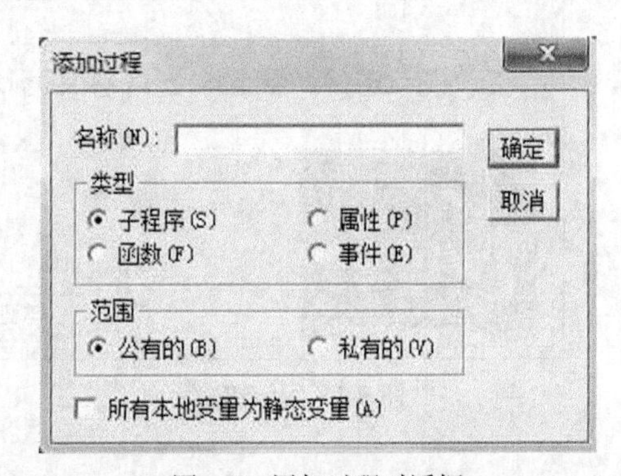

图 9-7　添加过程对话框

添加形参（如果需要），输入过程体语句。

例如，单击图 9-7 所示对话框中的“确定”按钮后，代码窗口中会出现如下代码：

```
Public Sub Fac()
End Sub
```

【例 9-3】 编写求 *n*!的子过程。

```
Public Sub Fac(n%, p#)        'Fac 子过程，求 n!
  Dim i%
  p = 1
  For i = 1 To n
    p = p * i
  Next i
End Sub
```

9.3.3　调用子过程

要执行一个子过程，就必须先调用该子过程。在例 9-2 中，主调事件过程 Command1_Click()调用 Hello()子过程的执行流程如图 9-8 所示。

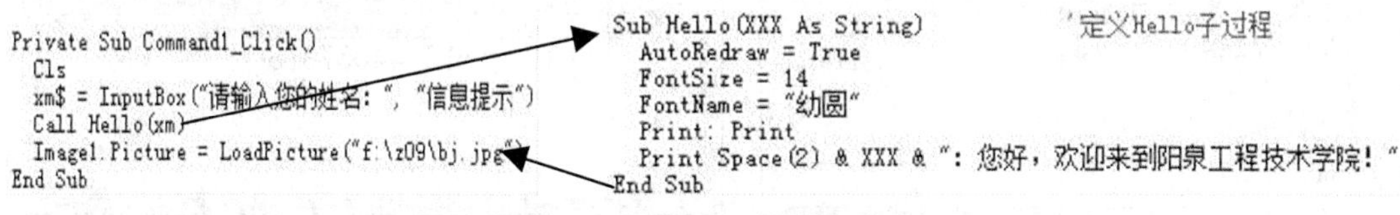

图 9-8　调用子过程时的执行流程

当主调过程遇到子过程就执行它，子过程以 Sub 开始，以 End Sub 结束，然后退出子过程，并返回到调用语句之后的语句继续执行。

调用 Sub 过程有以下两种方法。

① 使用 Call 语句：Call <过程名> ([<实参列表>])

例如，例 9-2 中的语句“Call Hello(Text1)”。

<实参列表>是实际参数表，实参必须与形参保持个数相同，位置和类型一一对应。

当用 Call 语句调用执行过程时，其过程名后必须加括号，若有参数，则参数必须放在括号内。

② 直接使用过程名：<过程名> (<实参表>)

例 9-2 中的调用语句“Call Hello(Text1)”也可以写成“Hello (Text1)”或“ Hello Text1”。若省略 Call 关键字，则过程名和参数之间必须用空格分隔，参数与参数之间用逗号分隔。

9.3.4　子过程的应用举例

【例 9-4】 通过调用例 9-3 的 Fac 子过程来计算 1!+2!+…+*n*!的和。

① 在当前工程中添加窗体，设置窗体的 Caption 属性为 1!+2!+…+*n*!的和。

② 编写代码。

在窗体的通用段定义子过程 Fac，代码同例 9-3。

```
Public Sub Fac(n%, p#)    '子过程 Fac 有两个参数，1 个为整形的 n，1 个为存储阶乘结果的双精度数 p
  Dim i%
  p = 1
```

```
  For i = 1 To n
    p = p * i
  Next i
End Sub
```

窗体的 Click 事件代码如下：

```
Private Sub Form_Click()
   Dim i As Integer, s As Double, t As Double
   n% = InputBox("请输入 1 个正整数：")
   For i = 1 To n
       Call Fac(i, s)
       t = t + s
   Next
   FontSize = 12
   Print Space(5) & "1!+2!+……+n!=" & t
End Sub
```

③ 运行程序，结果如图 9-9 和图 9-10 所示。

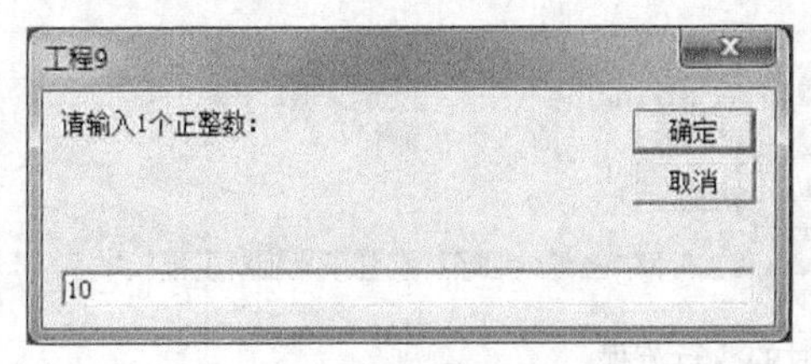

图 9-9　输入 *n* 的值

图 9-10　阶乘的累加计算结果

【例 9-5】 设计 1 个程序，验证哥德巴赫猜想。

说明

哥德巴赫猜想总结成数学语言就是1个大于6的偶数可以分解成两个不同的素数和。虽然我们的数学知识不足以使我们论证这一猜想的正确性，但我们可以通过一个程序来对任意大于 6 的偶数进行分解，验证其正确性。

① 设计界面并设置属性。在工程 9 中添加窗体，在窗体上添加 1 个标签，2 个文本框，2 个命令按钮；设置窗体的 Caption 属性为“验证哥德巴赫猜想”，标签的 Caption 属性为“哥德巴赫猜想：一个不小于 6 的偶数可以分解为两个素数之和。”；设置 2 个文本框的 Text 属性为空，Text2 的 Locked 属性为 True；两个命令按钮的 Caption 属性为“哥德巴赫猜想”和“重置”。

② 编写代码。

在窗体的通用段定义子过程 prime，用于判断一个数是否为素数。

```
Sub prime(m As Integer, l As Boolean)
    Dim j As Integer
    For j = 2 To m - 1
        If m Mod j = 0 Then Exit Sub
    Next j
    l = True
End Sub
```

编写“哥德巴赫猜想”按钮的 Click 事件代码如下：

```
Private Sub Command1_Click()
Dim n As Integer, i As Integer, f As Boolean, g As Boolean
n = Val(Text1)
If n Mod 2 <> 0 Or n < 6 Then
   MsgBox ("你输入的不是偶数或者数字小于 6")
Else
    i = 3
    Do While Text2 = ""
       Prime i, f
       Prime n - i, g
       If f And g Then
        Text2 = i & "+" & n - i
       Else
         i = i + 2
       End If
    Loop
End If
End Sub
```

编写“重置”按钮的 Click 事件代码如下：

```
Private Sub Command2_Click()
  Text1 = ""
  Text2 = ""
  Text1.SetFocus
End Sub
```

③ 运行程序，先在文本框 1 中输入 1 个大于 6 的偶数，然后单击“哥德巴赫猜想”按钮，即可在文本框 2 中看到结果，如图 9-11 所示；如要分解下一个偶数，需单击“重置”按钮，清除两个文本框的值，并使第 1 个文本框获得焦点，如图 9-12 所示。

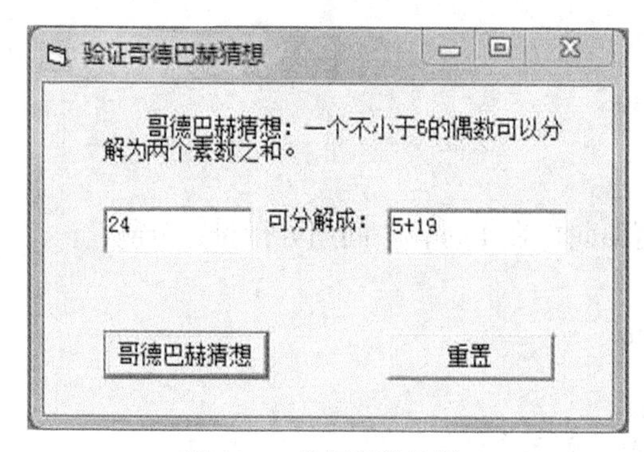

图 9-11　分解偶数结果

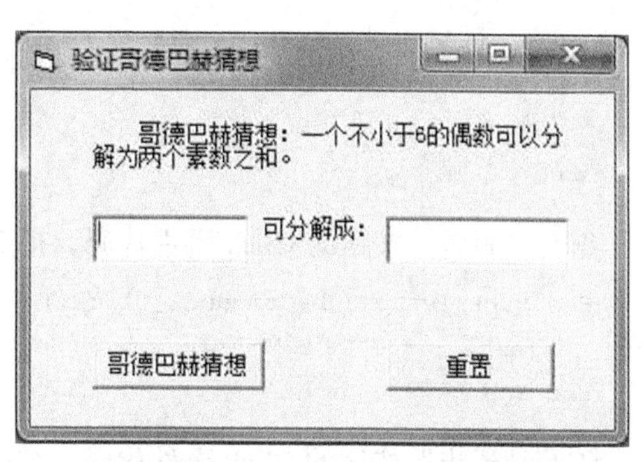

图 9-12　单击“重置”按钮结果

9.4 函数过程

9.4.1 函数过程实例

【例 9-6】 使用函数过程改写例 9-5。

① 事件代码修改如下：

在通用段定义函数过程 prime，函数有 1 个整型参数 n，函数类型为逻辑型。

```
Private Function prime(n As Integer) As Boolean
    Dim i As Integer
    For i = 2 To n - 1
        If n Mod i = 0 Then Exit Function
    Next i
    prime = True
End Function
```

编写“哥德巴赫猜想”按钮的 Click 事件代码，在 If 语句中直接调用 prime 函数判断素数。

```
Private Sub Command1_Click()
  Dim n As Integer, i As Integer
  n = Val(Text1)
  If n Mod 2 <> 0 Or n < 6 Then
   MsgBox ("你输入的不是偶数或者数字小于 6")
  Else
   i = 3
   Do While Text2 = ""
    If prime(i) And prime(n - i) Then
         Text2.Text = i & "+" & n - i
    Else
         i = i + 2
    End If
    Loop
 End If
```

编写“重置”按钮的 Click 事件代码，把 3 行语句放在 1 行，中间用分行符：分隔。

```
End SubPrivate Sub Command2_Click()
    Text1 = "": Text2 = "": Text1.SetFocus
End Sub
```

编写“退出”按钮的 Click 事件代码，结束程序运行。

```
Private Sub Command3_Click()
    End
End Sub
```

② 程序运行结果如图 9-13 所示。

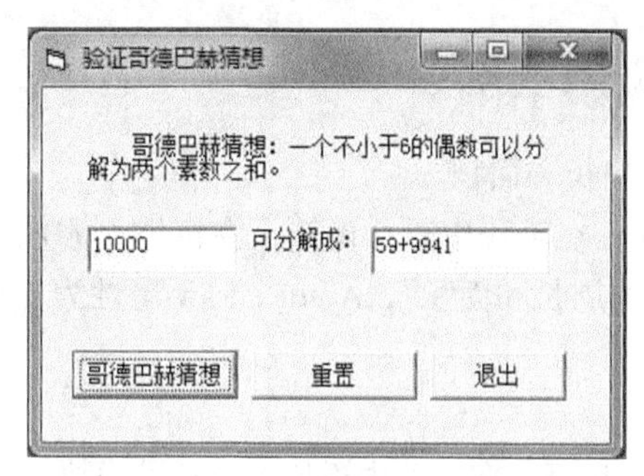

图 9-13　程序运行结果

9.4.2　创建函数过程

建立函数过程和建立子过程类似，也有两种方法。

（1）直接在“代码”编辑窗口中输入过程代码

其方法同子过程。

函数过程的完整定义格式如下：

```
[Private|Public] Function <函数名>([<形参列表>]) [As 数据类型]
   [局部变量和常数声明]     ┐
   <语句系列>               │
   [Exit Function]          ├ 函数过程体
   [<语句系列>]             │
   函数名=表达式            ┘
End Function
```

关键字说明：

① [As 数据类型]：指明函数过程返回值的数据类型。例 9-5 中的 prime 函数返回值类型是双逻辑型（Boolean）。

② 在函数过程体中至少对函数名赋值一次；从函数过程返回主调程序时，函数名的值就是返回值。例 9-6 中的语句 prime=True，就是把逻辑值 True 赋予函数名 prime。

③ 无论函数有无参数，函数名后的圆括号都不能省略。

④ 其他关键字的作用类似子过程。

（2）使用“添加过程”对话框

具体步骤同子过程，只是在“添加过程”对话框中的“类型”栏中选择“函数”单选按钮。

9.4.3　调用函数过程

调用 Function 过程的方法和调用 Visual Basic 6.0 内部函数的方法一样，即在表达式中可以通过使用函数名，并在其后用圆括号给出相应的参数列表来调用一个 Function 过程。

一般形式如下：

变量名=函数过程名([实参列表])

被调用的函数过程可以作为表达式，也可以作为表达式的一部分。

在例 9-6 中调用函数过程的语句是“If prime(i) And prime(n - i) Then”。程序执行时多次调用函数过程 prime，判断 i 和 n-i 的值是否为素数，如果返回值都为 True，就输出。

9.4.4 函数过程应用举例

【例 9-7】计算三角形的周长和面积。

① 设计界面并设置属性。在工程中添加窗体，在窗体上添加 1 个命令按钮；设置窗体的 Caption 属性为“计算三角形的周长和面积”，AutoRedraw 属性为 True；命令按钮的 Caption 属性为“计算”。

② 编写事件代码。

编写延时过程。如图 9-14 所示，在工程中添加 1 个标准模块，在标准模块中编写延时子过程 Delay，具体代码如图 9-15 所示。

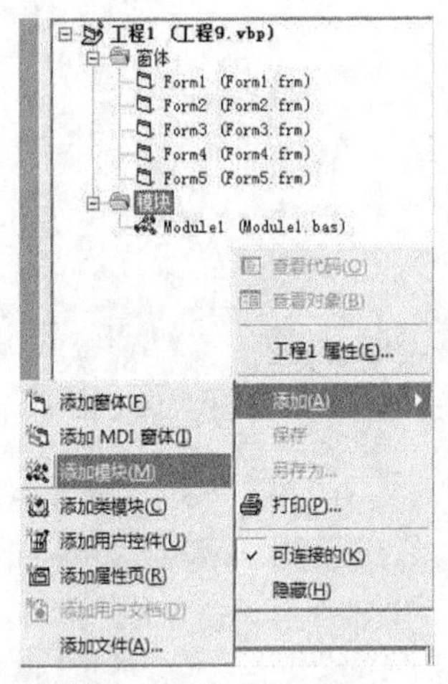

图 9-14　在工程中添加标准模块图

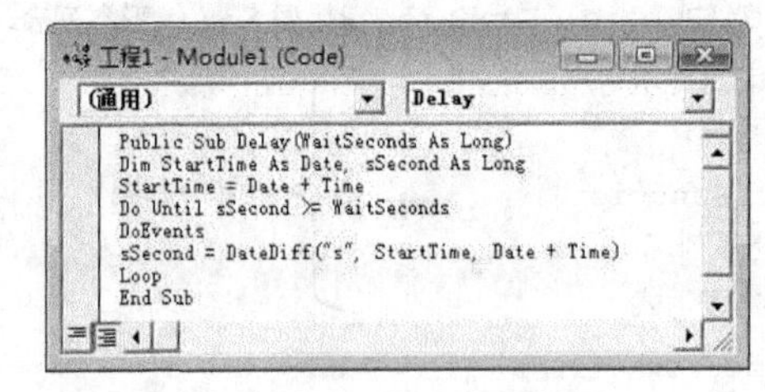

图 9-15　delay 子过程代码

编写计算面积的函数过程 js，其有 3 个 Single 型参数，返回值为 Single 型，代码如下：

```
Private Function js(a As Single, b As Single, c As Single) As Single
  t = (a + b + c) / 2
  js = Sqr(t * (t - a) * (t - b) * (t - c))
End Function
```

编写“计算”按钮的代码如下：

```
Private Sub Command1_Click()
Dim x As Single, y As Single, z As Single
Cls
x = InputBox("请输入第 1 条边: ")
y = InputBox("请输入第 2 条边: ")
z = InputBox("请输入第 3 条边: ")
If Not x + y > z And x + z > y And y + z > x Then
  Print "输入的 3 条边是:", x, y, z
  MsgBox ("输入的 3 条边无法构成 1 个三角形")
  Delay 1 '延时 1s 后清除屏幕
  Cls
Else
   Print "三角形的 3 条边是:", x, y, z
   Delay 1 '延时 1s 后显示计算结果
```

```
  Print "这个三角形的面积是" & js(x, y, z)
End If
End Sub
```

③ 程序运行界面如图 9-16 和图 9-17 所示。

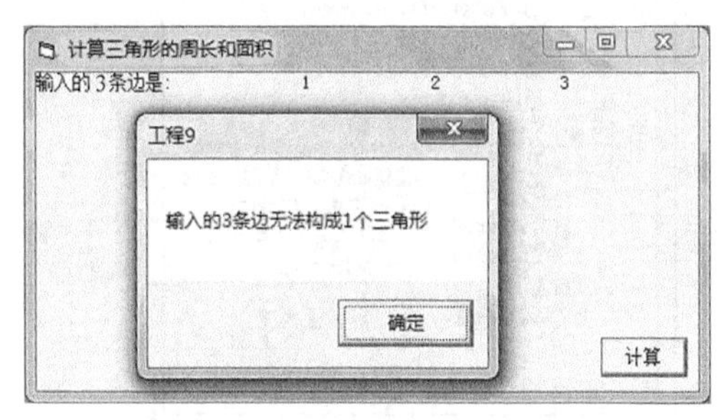

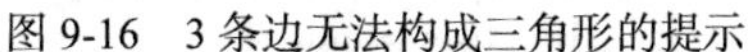

图 9-16　3 条边无法构成三角形的提示

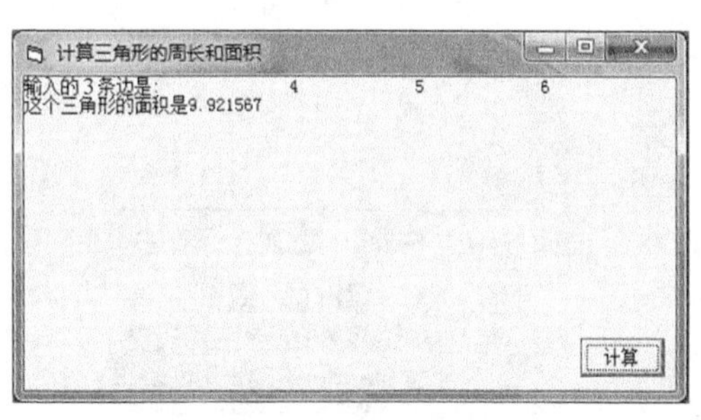

图 9-17　三角形面积计算结果

该程序也可改为由子过程实现，代码如下：

```
Private Sub js(a As Single, b As Single, c As Single)
  Print "输入的 3 条边是:", a, b, c
  If Not a + b > c And a + c > b And b + c > a Then
    MsgBox ("输入的 3 条边无法构成 1 个三角形")
    Delay 1 '延时 1s 后清除屏幕
    Cls
  Else
   Delay 1
   t = (a + b + c) / 2
   s = Sqr(t * (t - a) * (t - b) * (t - c))
   Print "这个三角形的面积是" & s
  End If
End Sub

Private Sub Command1_Click()
  Dim x As Single, y As Single, z As Single
  Cls
  x = InputBox("请输入第 1 条边: ")
  y = InputBox("请输入第 2 条边: ")
  z = InputBox("请输入第 3 条边: ")
  js x, y, z
End Sub
```

【例 9-8】 分别利用函数过程和子过程计算学生的平均成绩。

① 添加工程，创建工程组。打开工程 9，然后单击【文件】|【添加工程】命令或如图 9-18 所示，单击“标准”工具栏上的第一个按钮，添加 1 个工程，然后在该工程中再添加 2 个窗体，1 个模块；保存窗体 Form1 为 zjm，Form2 为 subjs，Form3 为 funcjs，Module1 保存为 cjjs，工程保存为成绩计算，工程组保存为第 9 章；最后，如图 9-19 所示，设置工程 2（成绩计算.vbp）为启动工程。

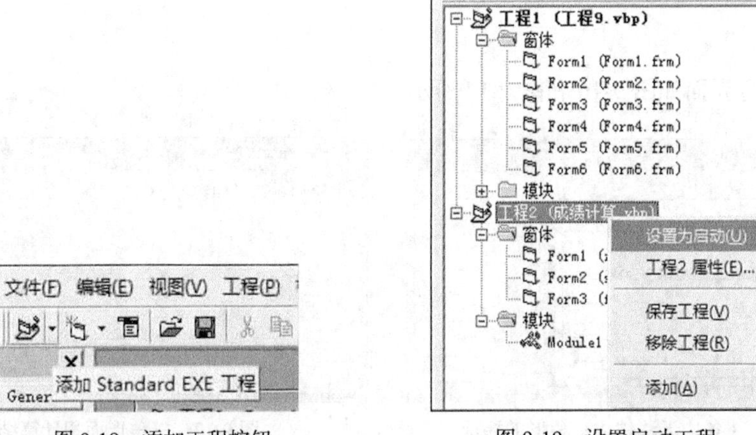

图 9-18 添加工程按钮

图 9-19 设置启动工程

② 设计界面并设置属性。

在 Form1 中添加 2 个标签、2 个文本框、3 个命令按钮。窗体及控件属性设置见表 9-1。

表 9-1 窗体及控件属性设置

控 件	属性名	属性值
窗体	Name	Form1
	Caption	主界面
标签	Name	Label1
	Caption	请输入学号:
标签	Name	Lable2
	Caption	请输入姓名:
文本框	Name	Text1
	Text	
文本框	Name	Text2
	Text	
命令按钮	Name	Command1
	Caption	调用 Function 函数过程求平均值
命令按钮	Name	Command2
	Caption	调用 Sub 子过程求平均值
命令按钮	Name	Command3
	Caption	退出

Form2 窗体是调用 Function 函数过程求平均值的界面，其中的控件有 6 个标签、6 个文本框、2 个命令按钮。界面中每个控件对应的属性设置见表 9-2。Form3 窗体是调用 Sub 子过程求平均值的界面，其界面设计和属性设置完全和 Form2 相同。

表 9-2 界面中每个控件对应的属性设置

控 件	属性名	属性值
标签	Name	Label1
	Caption	学号

续表

控　件	属性名	属性值
标签	Name	Label2
	Caption	姓名
标签	Name	Label3
	Caption	语文
标签	Name	Label4
	Caption	数学
标签	Name	Label5
	Caption	英语
标签	Name	Label6
	Caption	均分
文本框	Name	Text1 ~ Text6
	Text	
命令按钮	Name	Command1
	Caption	计算
命令按钮	Name	Command2
	Caption	返回

③ 编写代码。

双击 Module1，在其代码窗口中输入求平均成绩的函数过程和子过程，代码如下：

```
Function aver(Chn!, Math!, Eng!) As Single        '定义 aver 函数过程
  aver = (Chn + Math + Eng) / 3
End Function
Sub aver2(Chn!, Math!, Eng!, aver!)               '定义 aver2 子过程
  aver = (Chn + Math + Eng) / 3
End Sub
```

Form1 中的代码如下：

```
Private Sub Command1_Click()
  Form1.Hide
  Form2.Show
End Sub
Private Sub Command2_Click()
  Form1.Hide
  Form3.Show
End Sub
Private Sub Command3_Click()
  End
End Sub
```

Form2 中的代码如下：

```
Private Sub Form_Load()
  Form2.Text1 = Form1.Text1
  Form2.Text2= Form1.Text2
```

```
End Sub
Private Sub Command1_Click()
  Dim a!, b!, c!
  a = Val(Text3)
  b = Val(Text4)
  c = Val(Text5)
  Text6 = Format(aver(a, b, c), "0.0")          '调用 aver 函数过程
End Sub
Private Sub Command2_Click()
  Form2.Hide
  Form1.Show
End Sub
```

Form3 中的代码如下：

```
Private Sub Form_Load()
  Form3.Text1 = Form1.Text1
  Form3.Text2 = Form1.Text2
End Sub
Private Sub Command1_Click()
  Dim a!, b!, c!, d!
  a = Val(Text3)
  b = Val(Text4)
  c = Val(Text5)
  Call aver2(a, b, c, d)                         '调用 aver2 子过程
  Text6 = Format(d, "0.0")
End Sub
Private Sub Command2_Click()
  Form3.Hide
  Form1.Show
End Sub
```

④ 程序运行结果如图 9-20 和图 9-21 所示。

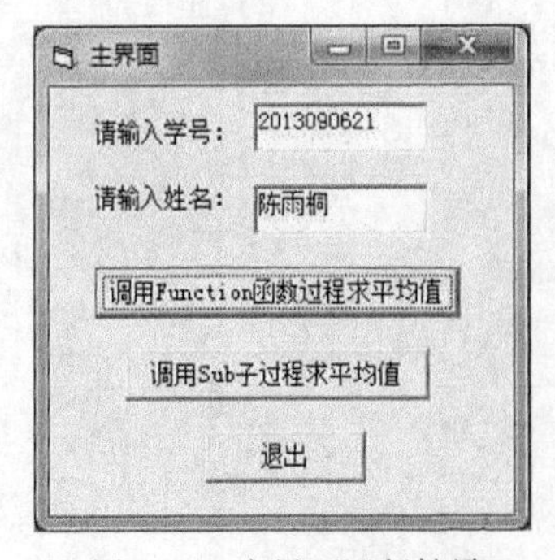

图 9-20　主界面运行结果

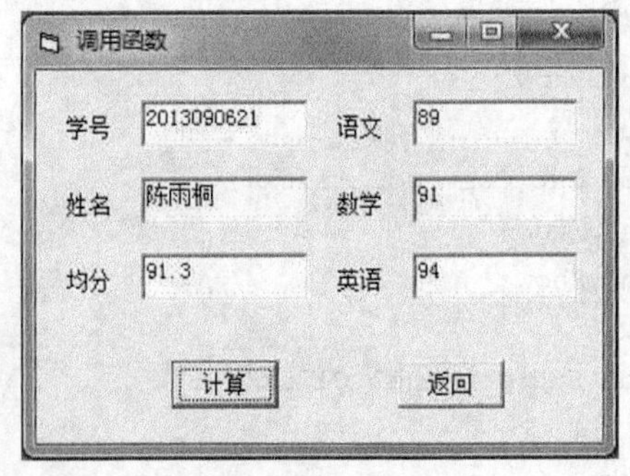

图 9-21　调用函数运行结果

9.5　参数传递

9.5.1　形参和实参

形式参数简称形参，指在定义通用过程时，出现在 Sub 或 Function 语句中子过程名（或函数过程名）后面圆括号内的数，用来接收传送给过程的数据。形参表中的各个变量之间用逗号分隔。

例 9-8 中，Form2 代码中的语句“Function aver(Chn!, Math!, Eng!) As Single”中的 Chn、Math、Eng 是形参。Form3 代码中的语句“Sub aver2(Chn!, Math!, Eng!, aver!)”中的 Chn、Math、Eng、aver 也是形参。

实际参数简称实参，指在调用 Sub 或 Function 过程时，写入子过程名或函数名后括号内的参数，其作用是将它们的数据（数值或地址）传送给 Sub 或 Function 过程与其对应的形参变量。

例 9-8 的 Form2 代码中的语句“Text6 = Format(aver(a, b, c), "0.0")”中的 a、b、c 是实参。Form3 代码中的语句“Call aver2(a, b, c, d)”中的 a、b、c、d 也是实参。

9.5.2　参数传递

参数传递指主调过程的实参（调用时已有确定值和内存地址的参数）传递给被调过程的形参。VB 中不同模块（过程）之间数据的传递有两种方式，即按地址传递和按值传递，如图 9-22 所示。

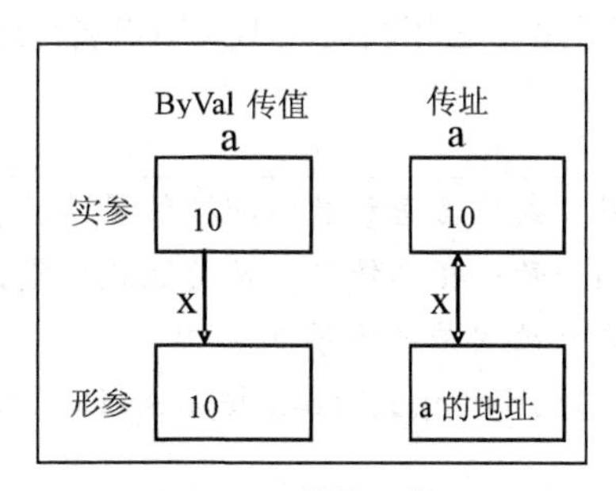

图 9-22　传值和传址

（1）按地址传递

按地址传递简称传址，形参得到的是实参的地址，当形参值改变，同时也改变实参的值。形参前加“ByRef”关键字或缺省的为按地址传递。

（2）按值传递

按值传递简称传值，形参得到的是实参的值，形参值的改变不会影响实参的值。形参前加“ByVal”关键字的为按值传递。

【例 9-9】 编程实现两种参数传递方式的区别。

① 在通用段编写子过程 cscd 代码，在窗体的 Click 事件中编写调用 cscd 的代码。

```
Private Sub cscd(x%, y%, ByVal z%)
```

```
    x = 3 * z: y = 2 * z: z = x + y
    Print x, y, z
  End Sub
  Private Sub Form_Click()
    Dim x%, y%, z%
    x = 1: y = 2: z = 3
    Call cscd(x, y, z)
    Print x, y, z
  End Sub
```

② 运行程序。在窗体上单击，使其发生 Click 事件，结果如图 9-23 所示。实参中的 x、y 在调用中因对应形参是按址传递，所以会随形参的改变而改变，而实参 z 因调用时是按值传递，所以形参的变化并未改变其值，仍为 3。

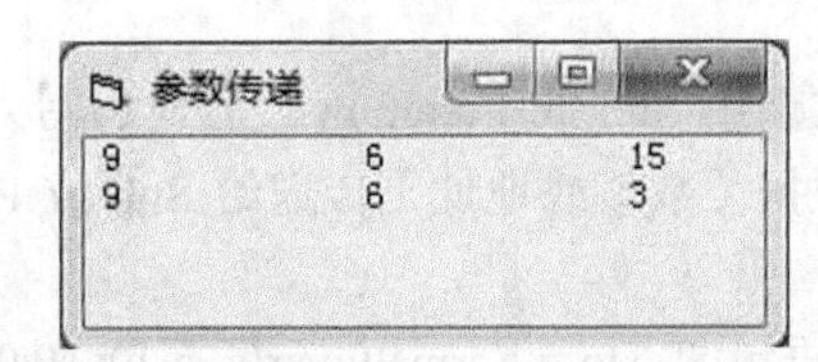

图 9-23 两种参数传递方式的运行结果

（3）参数传递时的注意事项

① 形参如果为数组、自定义类型变量、对象变量，只能用传址方式。

② 形参前用 ByVal 修饰，或者对应实参为常量或表达式，则为传值方式。

③ 形参前用 ByRef 修饰，或者形参前不用任何关键词修饰，则为传址方式。

④ 如果实参为变量，且将变量放在括号内，如“(a)”，则也采用传值方式。

⑤ 实参表与形参表中的变量名不必相同；如不采用指名传送，各实参的书写顺序必须与相应的形参顺序一致。

在 VB 中，有两种方式来传送参数，即按位置传送和指名传送。按位置传送，实参和形参的位置次序必须一致；指名传送，就是显式地指出与形参结合的实参，把要传送的实参用“:=”的形式赋给对应的形参。

例如，有过程定义 Sub txmj(a As Single, b As Double, h As Single)，以下 4 条调用语句执行的功能相同：

txmj 5, 10, 8

txmj a:=5, b:=10, h:=8

txmj b:=10, a:=5, h:=8

txmj h:=8, b:=10, a:=5

第一条是按位置传送，后三条是指名传送。

---

⑥ 当实参是对象的属性时，是值传递，即使形参是地址传递方式，也不会改变实参的值，即不会改变对象的属性值。

⑦ 一般来说，过程调用中的参数个数与过程定义中的参数个数应该一致，但 VB 也允许在参数中使用可选参数和可变参数，可以向过程传送可选的参数或者任意数量的参数，使实参和形参个数不一致。

⑧ 若参数按地址传递，则要求实参的数据类型与形参的数据类型完全一致；若参数按值传递，则实参数据类型不要求与形参完全一致，但是必须能够由 VB 默认转化。

例如，在应用程序中用“Private Function fun(x As Integer, y As Single)”定义了函数 fun。调用函数 fun 的过程中的变量 I，J 均定义为 Integer 型，能正确引用函数 fun 的是____。

① fun(I,j)　② Call fun(I,3.65)　③ fun(3.14,234)　④ fun("24","3.5")

正确答案为②③④，请读者自己分析。

再如，调用由语句 Private sub cov(y as Integer)定义的 sub 过程，以下不是按值传递的语句____。

① Call cov((x))　② Call cov(x * 1)　③ cov　(x)　④ cov　x

正确答案为④，请读者自己分析。

9.5.3　可选参数和可变参数

1. 可选参数（Optional）

（1）可选参数的定义

VB 允许在形参前面使用 Optional 关键字把它设为“可选参数”，并在过程体中通过 IsMissing 函数测试调用时是否传送可选参数。

如果一个过程的某个形参为可选参数，则在调用此过程时可以不提供对应于这个形参的实参。如果一个过程有多个形参，当它的一个形参设定为可选参数时，这个形参之后所有的形参都应该用 Optional 关键字定义为可选参数。

（2）可选参数的调用

① 可选参数必须放在参数表的最后，而且必须是 Variant 类型。

② 调用一个具有多个可选参数的过程时，可以省略它的任意一个或多个可选参数。如果被省略的不是最后一个参数，它的位置要用逗号保留。如 Call MySub1("张三", , "女")表明省略了第二个参数。

③ 若想在省略一个可选参数时，能够赋给形参一个其他特定的值，可以在声明过程时给可选参数设定默认值。设定默认值时，赋值号要放在类型名称的后面。如 Sub MySub1(var1 As String, Optional Var2 As String = "阳泉"，Optional Var3)。

用 IsMissing 函数检测在调用一个过程时是否提供了可选 Variant 参数，其返回值为 Boolean（布尔）类型。调用过程时，如果没有向可选参数传送实参，则该函数返回 True，否则返回 False。

【例 9-10】 计算正方形、长方形、梯形、三角形的面积。

① 设计界面并设置属性。在窗体上添加 4 个按钮，设置窗体的 Caption 属性为“可选参数示例”，设置 4 个按钮的 Caption 属性分别为三角形、正方形、长方形和梯形。

② 编写代码。

在通用段定义函数 dbxmj，代码如下：

```
Private Function dbxmj(a As Single, Optional b, Optional c) As Single
  If Not IsMissing(b) And IsMissing(c) Then dbxmj = a * b:    Exit Function
  If IsMissing(b) And IsMissing(c) Then dbxmj =  a ^ 2:    Exit Function
  If IsMissing(b) And Not IsMissing(c) Then dbxmj = a * c / 2:    Exit Function
   dbxmj = (a + b) * c / 2
End Function
```

窗体中 4 个命令按钮的 Click 事件代码如下：

```
Private Sub Command1_Click()
```

```
    x! = InputBox("输入三角形的底")
    y = InputBox("输入三角形的高")
    Print "这个三角形的面积是" & dbxmj(x, , y)
End Sub
Private Sub Command2_Click()
    x! = InputBox("输入正方形的底")
    Print "这个正方形的面积是" & dbxmj(x)
End Sub
Private Sub Command3_Click()
    x! = InputBox("输入长方形的底")
    y = InputBox("输入长方形的高")
    Print "这个长方形的面积是" & dbxmj(x, y)
End Sub
Private Sub Command4_Click()
    x! = InputBox("输入梯形的下底")
    y = InputBox("输入梯形的上底")
    z = InputBox("输入梯形的高")
    Print "这个梯形的面积是" & dbxmj(x, y, z)
End Sub
```

③ 运行程序，结果如图 9-24 所示。

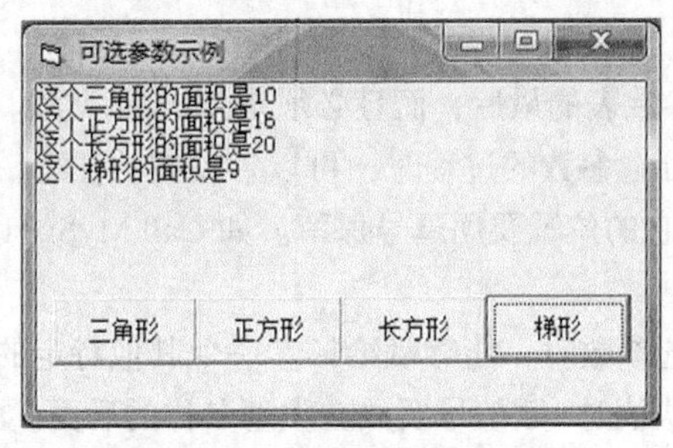

图 9-24　可选参数示例运行结果

2. 可变参数（ParamArray）

如果一个过程的最后一个参数是使用“ParamArray”关键字声明的数组，则这个过程在被调用时可以接受任意多个实参，这就是可变参数。

说明：

① ParamArray 关键字不能与 ByVal、ByRef 或 Optional 关键字针对同一个形参一起使用。

② 使用 ParamArray 关键字修饰的参数只能是 Variant 类型。

③ 一个过程只能有一个这样的形参。当有多个参数时，ParamArray 修饰的形参必须放在最后。

【例 9-11】将 min 函数定义为使用可变参数的函数，将 multi 定义为使用可变参数的子过程。

① 编写代码。

在窗体的通用段定义 min 函数和 multi 子过程。

```
Function min(ParamArray a()) As Integer        '使用可变参数
    Dim i As Integer, n As Integer
    n = a(0)
    For i = LBound(a) To UBound(a)
```

```
    If a(i) < n Then n = a(i)
    Next i
    min = n
End Function
Sub multi(ParamArray numbers())
    n = 1
    For Each x In numbers
      Print x & ", ";
    Next x
    Print "这" & UBound(numbers) + 1 & "个数的乘积等于" & n
End Sub
```

在窗体的 Click 事件中调用 min 函数和 multi 过程。

```
Private Sub Form_Click()      '调用时，参数个数可以不限
  multi 1, 3, 5, 7, 9
  multi 2, 4, 5, 8, 10, 12, 14, 16
  Print "6, 12, 3, 15, 9 中的最小值是" & min(6, 12, 3, 15, 9)  '使用了 5 个参数
  Print "20, 44, 5, 66, 22, 15, 7, 63, 9 中的最小值是" & min(20, 44, 5, 66, 22, 15, 7,
63, 9)    '使用了 9 个参数
End Sub
```

② 运行程序，单击窗体，运行结果如图 9-25 所示。

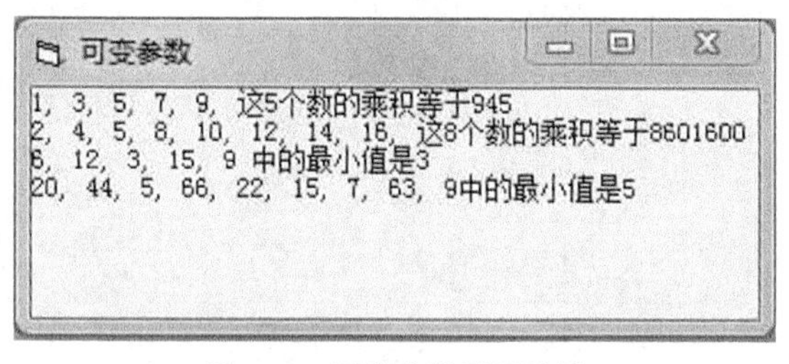

图 9-25　可变参数示例结果

9.5.4 数组参数

VB 的过程中允许以数组作为参数。使用时应注意：

① 数组参数只能按地址传递，不能按值传递。

② 在形参列表和实参列表中，数组参数要忽略维数声明。

【例 9-12】 使用折半查找的方法从有序数组中查找 x 值所在的元素，并返回它的下标。

折半查找：先拿被查找数与数组中间的元素进行比较，如果被查找数大于元素值，则说明被查找数位于数组中的后面一半元素中。如果被查找数小于数组中的中间元素值，则说明被查找数位于数组中的前面一半元素中。接下来，只考虑数组中包括被查找数的那一半元素。拿剩下这些元素的中间元素与被查找数进行比较，然后根据其大小再去掉那些不可能包含被查找值的一半元素。这样，不断地减少查找方位，直到最后只剩下一个数组元素，那么这个元素就是被查找的元素。

① 设计界面并设置属性。添加窗体，在窗体上添加 2 个命令按钮；设置窗体的 Caption 属性为折半查找，AutoRedraw 属性为 True，设置两个命令按钮的 Caption 属性分别为“显示”和“查找”。

② 编写代码。

在通用段声明窗体层数组 a，定义用来显示数组元素的 disp 子过程，定义用来折半查找的函数过程 search

```
Dim a() As Variant
Function search(c(), x As Integer)
  Dim m, n, int1 As Integer
  m = LBound(c)
  n = UBound(c)
  Do
    int1 = (m + n) \ 2              '找到中间元素的下标
    If x < a(int1) Then             '被查找值位于前半部分
      n = int1 - 1
    ElseIf x > a(int1) Then         '被查找值位于后半部分
      m = int1 + 1
    Else                            '被查找值恰好是中间元素
      search = int1
      Exit Function
    End If
    If m = n Then                   '只剩 1 个元素
      search = m
      Exit Function
    End If
  Loop
End Function

Sub disp(b())
   For Each i In b
       Print i;
   Next i
   Print
End Sub
```

在窗体的 Load 事件中用 Array 函数把 1 个有序序列赋值给数组 a 。

```
Private Sub Form_Load()
   a = Array(7, 13, 25, 34, 46, 57, 68, 71, 82, 99, 103, 105, 214, 352, 453, 480, 510, 
620, 771, 800)
End Sub
```

在 Command 1 的 Click 事件中调用 disp 过程显示数组元素。

```
Private Sub Command1_Click()
    Call disp(a())
End Sub
```

在 Command 2 的 Click 事件中调用 search 函数过程查找数组元素，返回其下标。

```
Private Sub Command2_Click()
```

```
  n% = InputBox("请输入要查找的数：")
  Print "找到元素" & n & "的下标是；" & search(a(), n); ""
End Sub
```

③ 运行程序，单击“显示”按钮，可在窗体上看到 1 个有序数组，单击“查找”按钮，输入要查找的数后，即可看到查找结果，效果如图 9-26 所示。

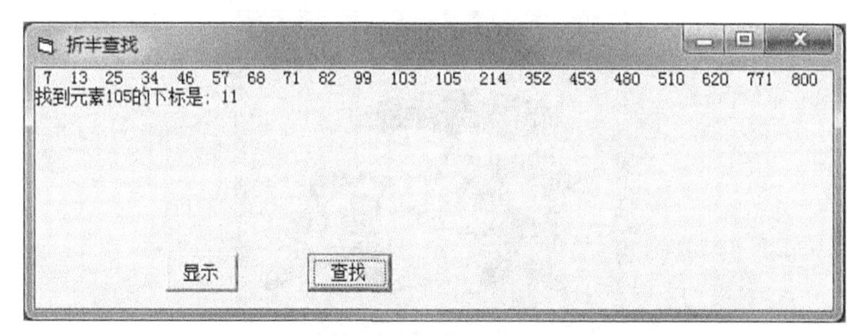

图 9-26　折半查找结果

9.5.5　对象参数

在 VB 中，声明通用过程时，可以使用 Object、Control、Form、TextBox、CommandBotton 等关键字把形参定义为对象型。用对象作为参数与用其他数据类型作为参数的过程在语法格式上相同，只需将参数声明为特定对象类型即可。这里的“对象类型”是指对象所属的类。窗体和控件所属的类可以在属性窗口的对象下拉列表中看到，如文本框对象所属的类为 TextBox。

调用具有对象形参的过程时，应该给该形参提供类型相匹配的对象名作为实参。

【例 9-13】 变换窗体标题。

① 设计界面并设置属性。添加窗体，在窗体上添加 1 个图像框，4 个命令按钮；设置图像框的 Stretch 属性为 True，设置 4 命令按钮的 Caption 属性分别为春、夏、秋、冬。

② 编写代码。

在窗体的通用段定义更换窗体 Caption 属性的 gm 过程。

```
Private Sub gm(cmd As CommandButton)
  Me.Caption = cmd.Caption
End Sub
```

在 4 个按钮的 Click 事件代码中各载入一幅图片，并调用 gm 过程修改窗体的 Caption 属性。

```
Private Sub Command1_Click()
  Image1.Picture = LoadPicture(App.Path & "\春花.jpg")
  gm Command1
End Sub
Private Sub Command2_Click()
  Image1.Picture = LoadPicture(App.Path & "\夏海.jpg")
  gm Command2
End Sub
Private Sub Command3_Click()
  Image1.Picture = LoadPicture(App.Path & "\秋叶.jpg")
  gm Command3
End Sub
```

```
Private Sub Command4_Click()
  Image1.Picture = LoadPicture(App.Path & "\冬雪.jpg")
  gm Command4
End Sub
```

③ 运行程序。单击命令按钮时，结果如图 9-27 所示。

图 9-27　修改窗体的 Caption 属性

【例 9-14】 编制一个计算平均成绩的程序，当用户输入的分数超出规定范围（0 ~ 100）时，焦点返回出错的文本框并全选其内容，以便让用户修改或重新输入。

① 设计界面并设置属性。

在窗体上添加 6 个文本框，名称分别为 txtjc、txtgs、txtyy、txtC、txtwl、txtit，设 Text 属性均为空，HideSelection 属性均为 False。添加 7 个标签，均采用默认名称(Label1~Label7)，设 Caption 属性分别为：计算机基础、高等数学、大学英语、C 语言、大学物理、IT 史记和平均分，设 AutoSize 属性均为 True。再添加一个标签，名称为 lblAver，设 BorderStyle 属性为 1，Caption 属性为空，背景色为白色，用于显示平均分。添加 3 个命令按钮，均采用默认名称（Command1、Command2、Command3），Caption 分别为“计算”“清空”和“退出”。

② 编写代码。

在通用段定义 Clear 函数，用来清空对象内容。

```
Private Function Clear(ByVal Obj As Object)
  Dim c As Control
  For Each c In Obj.Controls
      If TypeOf c Is TextBox Then
         c.Text = ""
      ElseIf TypeOf c Is Label Then
         c.Caption = ""
      End If
  next c
End Function
```

定义 IsValid 函数，用来判断文本框中数据的有效性。

```
Private Function IsValid(ByVal Obj As Object) As Boolean
  Dim c As Control
  IsValid = False
```

```
    For Each c In Obj.Controls  '判断每一个在 Obj 中的控件的类型
      If TypeOf c Is TextBox Then
      If Val(c.Text) < 0 Or Val(c.Text) > 100 Then '判断 TextBox 控件的 Text 属性是否有效
              c.SelStart = 0
              c.SelLength = Len(c.Text)
              c.SetFocus
              IsValid = True
      End If
     End If
Next c
End Function
```

定义 zf 函数，用来求和。

```
Function zf(ByVal Obj As Object)
    Dim c As Control
    For Each c In Obj.Controls  '判断每一个在 obj 中的控件的类型
        If TypeOf c Is TextBox Then
        zf = zf + Val(c.Text)
        End If
    Next c
End Function
```

在“计算”按钮的 Click 事件中，调用 IsValid 函数判断输入数据的有效性，调用 zf 函数计算所有课程的总分。

```
Private Sub command1_Click()
  If IsValid(Me) Then
   MsgBox "输入有误，请重新输入。", vbInformation, "提示"
   Exit Sub
  Else
   lblAver.Caption = Format(zf(Me) / 6, "0.#")
  End If
End Sub
```

在“清空”按钮的 Click 事件中调用 Clear 函数清空文本框和标签 8 的值。

```
Private Sub command2_Click() '清除
        Call Clear(Me)
        txtjc.SetFocus
End Sub
Private Sub command3_Click() '退出
        End
End Sub
```

③ 运行程序。运行结果如图 9-28 所示，当某门课程的成绩输入超出限制范围时，就会弹出如图 9-29 所示的提示对话框。

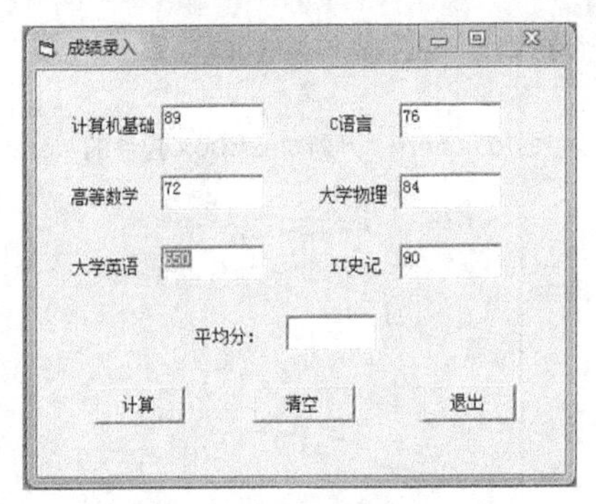

图 9-28　计算平均成绩

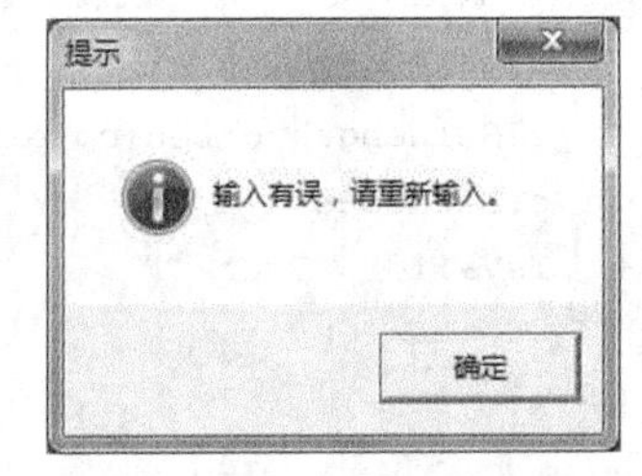

图 9-29　输入成绩出错时的界面

9.6　过程的嵌套与递归调用

9.6.1　过程的嵌套调用

在一个过程中调用另外一个过程，称为过程的嵌套调用。

在 VB 中，过程的定义都是相互平行独立的，一个过程内不能包含另一个过程。虽然不能嵌套定义过程，但可以嵌套调用过程，也就是主程序可以调用子过程（或函数过程），在子过程中还可以调用另外的子过程（或函数过程），这种程序结构称为过程的嵌套。当主程序（一般是事件过程）或子程序遇到调用的子过程（或函数过程），程序流程就转移到被调程序中去，等被调程序执行结束，然后才返回到主调程序的下一条语句继续执行。图 9-30 所示为过程嵌套调用的示意图。

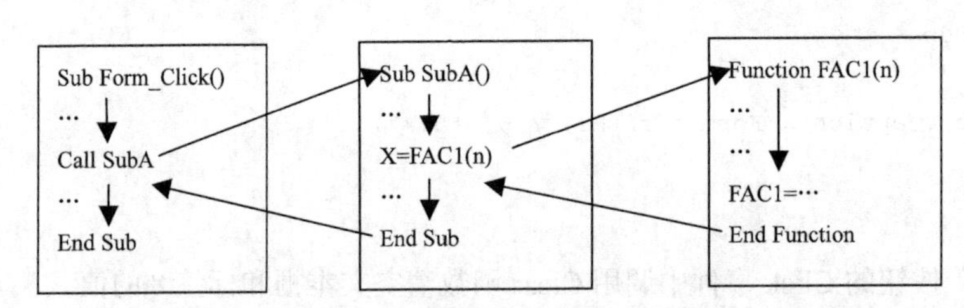

图 9-30　过程嵌套调用的示意图

9.6.2　过程的递归调用

过程的递归调用是指在一个过程内直接或间接调用自己。

VB 允许一个自定义子过程或函数过程在过程体内调用自己，这样的子过程或函数过程称为递归子过程或递归函数过程。很多问题具有递归特性，使用递归调用描述它们非常方便。

【例 9-15】 利用递归调用编写求 $n!$的函数 Fac(n)。

分析：求 $n!$时，$n!=n\times(n-1)!$，$(n-1)!=(n-1)\times(n-2)!$，…，若知道 1! =1 或 0! =1，则回推可以算出 $n!$。求 $n!$时要调用 Fac($n-1$) ，产生了递归调用。

```
Function Fac(n As Integer) As Double     'Fac 递归函数过程
  If n = 0 Or n = 1 Then
    Fac= 1
```

```
  Else
    Fac = n * Fac(n - 1)
  End If
End Function
Private Sub Command1_Click()
  Print "Fac(5)="; Fac(5)        '调用递归函数过程 Fac，显示输出 Fac(5)=120
End Sub
```

在函数 Fac(*n*)的定义中，当 *n*>1 时，连续调用 Fac 自身 *n*−1 次，直到 *n*=1 为止。如果 *n*=5，图 9-31 所示就是 Fac(5) 的执行过程。

递归执行过程分为两个阶段：

① 回推。要计算 5!，就必须求 4!，要计算 4!，就必须再求 3!，要计算 3!，就必须再求 2!，要计算 2!，就必须知道 1!，而 1! =1，所以不必再向前推了。

② 递推。因为 1! =1，所以 2! =2 × 1=2，3! =3 × 2=6，4! =4 × 6=24，5! =5 × 24=120。

编写递归过程，需要两个必须的条件：

① 形成递归式。例如，Fac= *n* × Fac(*n*−1)。

② 必须有一个出口。例如，If n = 0 Or n = 1 Then Fac = 1

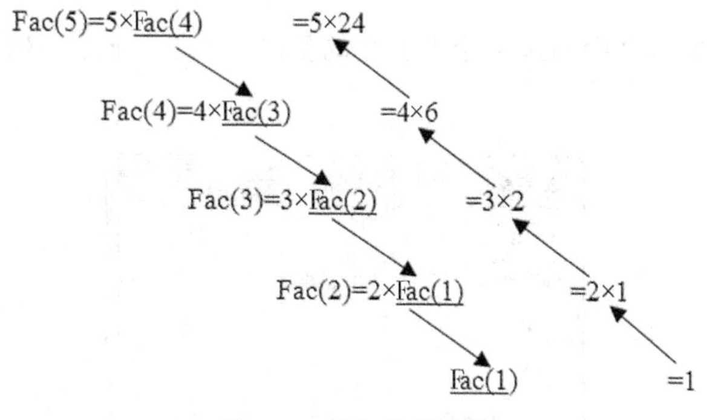

图 9-31　递归执行过程

【例 9-16】 利用递归调用斐波那契级数的函数 Fib (*n*)。

说明

斐波那契级数的定义如下：

Fib(1)=1

Fib(2)=1

Fib(n)=Fib(n-1)+Fib(n-2);

例如数列：1、1、2、3、5、8、13、21、34……

具体来说：0 是第 0 项，不是第一项。这个数列从第二项开始，每一项都等于前两项之和。

从上面可以看出，斐波那契级数以最简单的数学运算实例来描述递归算法的实现。

---

① 设计界面并设置属性。添加窗体，在窗体上添加 1 个标签，1 个文本框，1 个命令按钮。设置窗体的 Caption 属性为“斐波那契级数”，标签的 Caption 属性为“在文本框中输入 1 个大于 2 的整数:”，设置文本框的 Text1 属性为空，命令按钮的 Caption 属性为“显示”。

② 编写代码。

在窗体的通用段定义 fib 函数。

```
Private Function fib(n As Integer)
If n > 2 Then
  fib = fib(n - 1) + fib(n - 2)
Else
  fib = 1
End If
End Function
```

在按钮的 Click 事件中调用 fib 函数显示斐波那契数列，每行显示 5 个。

```
Private Sub Command1_Click()
Dim I As Integer
x% = Val(Text1)
For I = 1 To x
Print fib(I);
If I Mod 5 = 0 Then Print
Next
End Sub
```

③ 运行程序。在文本框中输入 1 个大于 2 的整数，单击“显示”按钮，运行结果如图 9-32 所示。

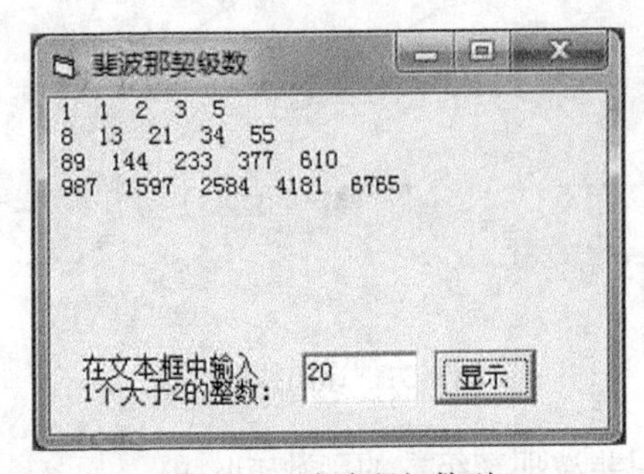

图 9-32 斐波那契数列

9.7 过程与变量的作用域

9.7.1 过程的作用域

过程的作用域是指在 VB 应用程序中能被识别的范围，分为公有过程和私有过程。

（1）公有过程（全局级）

公有过程就是用 Public 关键字（或缺省）定义的过程（子过程或函数过程），工程中所有模块（包括窗体模块、标准模块和类模块）中的过程都可以调用它。

（2）私有过程（窗体/模块级）

私有过程就是用 Private 关键字定义的过程（子过程或函数过程），只有与该过程定义在同一个模块中的其他过程，才能调用，而其他模块中的所有过程都不能调用该过程，就像它根本不存在一样。

过程作用域的相关规则见表 9-3。

表 9-3　过程作用域的相关规则

作用范围	模块级		全局级	
	窗体模块	标准模块	窗体模块	标准模块
定义方式	过程名前加 Private 例：Private Sub my1（形参表）		过程名前加 Pubilc 或省略 例：[Pubilc] Sub my2（形参表）	
能否被本模块的其他过程调用	能	能	能	能
能否被本应用程序的其他模块调用	不能	不能	能，但必须在过程名前加窗体名。例： Call 窗体名. my2(实参表)	能，但过程名必须唯一，否则需要加标准模块名。例： Call 标准模块名.my2（实参表）

9.7.2　变量的作用域

变量的作用域指变量能被某一过程识别的范围。当一个应用程序出现多个过程或函数时，在它们各自的子程序中都可以定义自己的常量、变量，但这些常量或变量并不可以在程序中到处使用。在 Visual Basic 6.0 中，根据作用域的大小，变量分为局部变量、模块级变量和全局变量。

（1）局部变量

在一个过程内声明的变量就是局部变量。只有该过程内部的代码，才能访问或改变该变量的值。

① 用 Dim 声明的变量只在过程执行时存在，退出过程后，这类变量就会消失。在过程内用 Dim 声明的变量，只能在本过程中使用。

② 用 Static 声明，每次调用过程，变量保持原来的值。Static 关键字对所声明过程之外的变量不起作用。声明形式如下：

```
Static 变量名 [AS 类型]
Static Function 函数过程名([参数列表]) [As 类型]
Static Sub 子过程名[(参数列表)]
```

③ 过程名前加 Static，表示该过程内的局部变量都是静态变量。

【例 9-17】 两种局部变量的比较。

① 在窗体的 Click 事件中输入如下代码：

```
Private Sub Form_Click()
  Static x As Integer
  Dim y As Integer
  x = x + 1
  y = y + 1
  Print x, y
End Sub
```

② 运行程序，在窗体上单击 3 次，输出结果如图 9-33 所示。

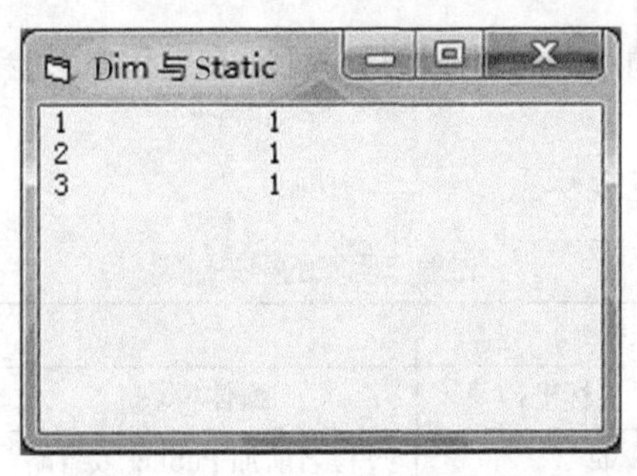

图 9-33　变量 x 与 y 的运行结果比较

【例 9-18】 3 次登录限制。

① 新建窗体，在窗体上添加 2 个标签，2 个文本框，2 个命令按钮。设置窗体的 Caption 属性为“登录“，两个标签的 Caption 属性为“用户名”和“密码”，两个文本框的 Text 属性为空，Text2 的 Password 属性为“*”，两个命令按钮的 Caption 属性为“登录”和“退出”，Command1 的 Default 属性为 True。

② 编写两个命令按钮的 Click 事件代码。

```
Private Sub Command1_Click()
   Static n As Integer
   If Trim(Text1) = "张三" And Trim(Text2) = "123456" Then
      MsgBox Text1 & "，欢迎使用本系统！"
      End
   Else
      n = n + 1
      If n > 2 Then
     MsgBox "3 次输入错误,无权使用本系统!!! "
   End
      End If
      MsgBox "输入错误，请重新输入"
      Text1 = ""
      Text2 = ""
      Text1.SetFocus
   End If
End Sub
Private Sub Command2_Click()
   End
End Sub
```

③ 运行程序，登录界面如图 9-34 所示，输入完成后可单击“登录”按钮，也可直接按回车键。3 次输入错误结果如图 9-35 所示。

图 9-34　登录界面

图 9-35　3 次输入错误结果

（2）模块级变量

在“通用声明”段中用 Dim 语句或用 Private 语句声明的变量，可被本窗体或模块的任何过程访问。

（3）全局变量

在“通用声明”段中用 Public 语句声明的变量，可被本应用程序的任何过程或函数访问。

变量作用域的相关规则见表 9-4。

表 9-4　变量作用域的相关规则

作用范围	局部变量	窗体/模块级变量	全局变量	
			窗体	标准模块
声明方式	Dim、Static	Dim、Private	Public	
声明位置	在过程中	窗体/模块的“通用声明”段	窗体/模块的“通用声明”段	
能否被本模块的其他过程存取	不能	能	能	
能否被其他模块存取	不能	不能	能，但在变量名前加窗体名	能

例如，在下面一个标准模块文件中不同级的变量声明：

```
Public Pa As integer              '全局变量 Pa
Private Mb As string *10          '窗体/模块级变量 Mb
Sub F1( )
  Dim Fa As integer               '局部变量 Fa
  …
End Sub
Sub F2( )
  Dim Fb As Single                '局部变量 Fb
  …
End Sub
```

若在不同级声明相同的变量名，系统会按局部、窗体/模块、全局次序访问，如：

```
Public Temp As integer            '全局变量 Temp
Sub Form_Load ()
  Dim Temp As Integer             '局部变量
  Temp=10                         '访问局部变量
```

```
    Form1.Temp=20                    '访问全局变量必须加窗体名
    Print Form1.Temp, Temp           '显示 20   10
End Sub
```

综合训练

实训 1　编写求圆面积的函数过程和子过程，然后分别调用该过程计算圆面积。

功能要求：简单介绍如何创建函数过程和子过程。求圆面积的界面如图 9-36 所示。

提示步骤：

① 设置两个按钮来分别调用计算圆面积的函数过程和子过程。

② 过程中用半径 *r* 作为参数，*r* 的数据类型为 Single。

③ 在过程中计算圆面积后，用标签控件显示面积。

实训 2　编写一个简单的动画子过程，在时钟控件的 Timer 事件中调用它。

功能要求：单击“移动”按钮，标签控件就可以从左向右移动，当内容超出窗体右边时，又从左边重新开始移动。动画子过程的界面如图 9-37 所示。

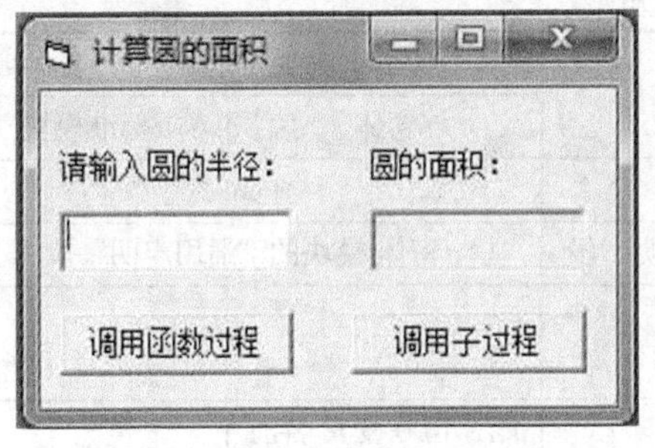

图 9-36　求圆面积的界面

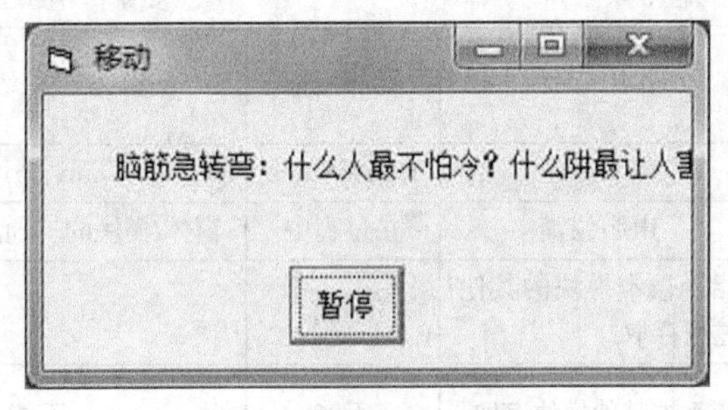

图 9-37　动画子过程的界面

本章小结

本章主要介绍了以下内容。

① Visual Basic 6.0 中函数过程和子过程的定义、调用和使用方法。

② 各种类型的参数传递。

③ 过程的嵌套调用和递归调用。

④ 过程和变量的作用域。

习　　题

一、选择题

1.（　　）关键字声明的局部变量在整个程序运行中一直存在。

（A）Dim　　（B）Public　　（C）Static　　（D）Private

2. 下列叙述中，正确的是（　　）。

（A）在窗体的 Form_Load 事件过程中定义的变量是全局变量

（B）局部变量的作用域可以超出所定义的过程

（C）在某个 Sub 过程中定义的局部变量可以与其他事件过程中定义的局部变量同名，但其作用域只限于该过程

（D）调用过程时，所有局部变量被系统初始化为 0 或空字符串

3. 在以下事件中，Private 表示（　　）。

（A）此过程可以被其他过程调用

（B）此过程只可以被本工程中的其他过程调用

（C）此过程不可以被任何其他过程调用

（D）此过程只可以被本窗体模块中的其他过程调用

4. 在参数传递过程中，若使参数按值传递，应使用（　　）关键字来定义。

（A）ByVal　　（B）ByRef　　（C）Value　　（D）Public

二、填空题

1. 在窗体上添加一个命令按钮 Command1 和一个文本框 Text1，然后编写如下事件过程：

```
Sub p1(ByVal a As Integer, ByVal b As Integer, c As Integer)
    c = a + b
End Sub
Private Sub Command1_Click()
    Dim x As Integer, y As Integer, z As Integer
    x = 5
    y = 7
    z = 0
    Call p1(x, y, z)
    Text1.Text = Str(z)
End Sub
```

程序运行后，单击命令按钮得到的结果是________。

2. 假定有如下的 Sub 过程：

```
Sub swap(x As Single, y As Single)
    t = x
    x = t / y
    y = t Mod y
End Sub
```

在窗体上添加一个命令按钮，然后编写如下事件过程：

```
Private Sub Command1_Click()
    Dim a As Single
    Dim b As Single
    a = 5: b = 4
    swap a, b
    Print a, b
End Sub
```

程序运行后，单击命令按钮得到的结果是________。

3. 运行下列程序，单击命令按钮后的结果是________。

```
Function fun(a As Integer)
    b = 0
    Static c
    b = b + 1
    c = c + 1
    fun = a + b + c
End Function
Private Sub Command1_Click()
    Dim a As Integer
    a = 2
    For i = 1 To 3
        Sum = Sum + fun(a)
    Next i
    Print Sum
End Sub
```

4. 阅读程序：

```
Sub subp(b() As Integer)
    For i = 1 To 4
        b(i) = 2 * i
    Next i
End Sub
Private Sub Command1_Click()
    Dim a(1 To 4) As Integer
    a(1) = 5: a(2) = 6: a(3) = 7: a(4) = 9
    subp a
    For i = 1 To 4
        Print a(i);
    Next i
End Sub
```

程序运行时，单击命令按钮得到的结果是________。

5. 假定有以下函数过程：

```
Function func(a As Integer, b As Integer) As Integer
    func = a + b
End Function
```

在窗体上添加一个命令按钮，然后编写如下事件过程：

```
Private Sub Command1_Click()
    p = func(10,20)
    Print p;
End Sub
```

程序运行时，单击命令按钮得到的结果是________。

三、简答题

1．函数过程和子过程有什么区别?

2．如何调用函数过程和子过程?

3．参数传递中的传值和传地址有什么区别?

4．根据变量作用域的不同，Visual Basic 6.0 变量分为哪几种类型?

5．过程的嵌套调用和递归调用各是怎样调用的?

四、编程题

1．利用函数过程或者子过程编写计算 $n!+(n+1)!+(n+2)!+\cdots+(n+m)!$ 的程序。

2．编写函数 FUNC，求任意一个数组中的各元素之积。

第10章 文件管理

学习目标

- 理解掌握文件系统控件的使用。
- 了解文件的结构与分类。
- 理解掌握顺序文件的建立、打开、读写和关闭。
- 理解掌握随机文件的读写操作。
- 掌握文件的操作语句和函数。

重点和难点

- 重点：文件系统控件的属性、事件及方法；顺序文件的建立、打开、读写和关闭。
- 难点：利用文件系统进行编程。

课时安排

- 讲授 2 学时，实训 2 学时。

10.1 案例：设计简易文件浏览器

设计一个如图 10-1 所示的简易文件浏览器，可以对计算机中存储的图片文件和文本文件进行显示、编辑和删除。

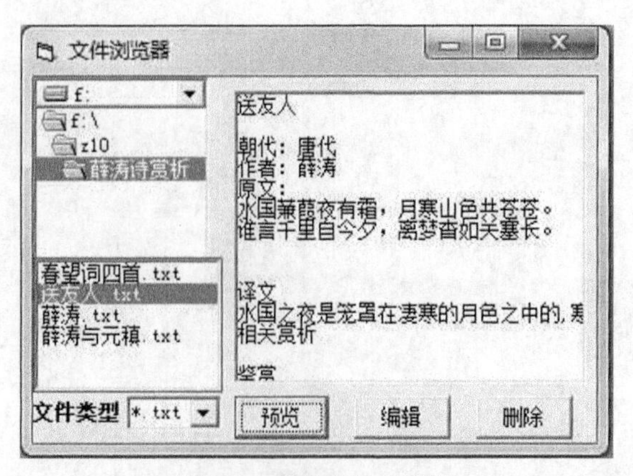

图 10-1　简易文件浏览器

10.1.1　要点分析

调用文件系统控件来实现对文件的选择；因图片框既可显示图片，又可显示文本，所以可考虑作为文件显示的载体；对文本文件以顺序文件的类型用 Open 方法打开 Print 方法显示到图片框，图片可以调用 LoadPicture 载入图片框；对文件的编辑，应通过 Shell 函数调用关联程序进行；对文件的删除，则通过调用文件操作函数来实现。

10.1.2　设计实现

【例 10-1】 设计 1 个简易文件浏览器。

1. 设计界面

启动 VB，新建工程 1，保存工程 1 为工程 10；在默认的 From1 上添加 1 个驱动器列表框，1 个目录列表框，1 个文件列表框，1 个标签，1 个组合框，1 个图片框，3 个按钮；控件的大小和位置参照图 10-1 设置。

2. 设置属性

窗体及其上的控件属性设置为：窗体的 Caption 属性为简易文件浏览窗口；标签的 Caption 属性为文件类型，Autosize 的属性为 True，Font 的属性为粗体；组合框的 Text 属性为空；图片框的 BackColor 属性为&H00FFFFFF&；3 个命令按钮的 Caption 属性分别为"预览""编辑"和"删除"。

3. 编写代码

① 声明窗体层变量。

```
Dim lx As String
Dim LStr As String
```

② 自定义打开文本文件的过程 OpenTxt。

```
Private Sub OpenTxt()
  Dim Str As String
  Open File1.FileName For Input As #1
  Do While Not EOF(1)
     Line Input #1, Str
     LStr = LStr & Str & Chr(13) & Chr(10)
  Loop
  Close #1
End Sub
```

③ 在窗体的载入事件中对组合框 Combo1 进行初始化。

```
Private Sub Form_Load()
  Combo1.AddItem "*.jpg"
  Combo1.AddItem "*.txt"
  Combo1.Text = "*.jpg"
  File1.Pattern = Combo1.Text
End Sub
```

④ 在组合框的单击事件中设置文件列表框所显示的文件类型。

```
Private Sub Combo1_Click()
  File1.Pattern = Combo1.Text
```

```
  lx = Right(Combo1.Text, 3)  '调用 Right 函数截取文件类型并赋值给变量 lx
End Sub
```

⑤“预览”按钮事件代码。

```
Private Sub Command1_Click()
Picture1.Cls                                 '清除图片框中的文本与图形
Picture1.Picture = LoadPicture()             '清除图片框中的图片
LStr = ""                                    '清除公共变量中存储的数据

ChDrive Drive1.Drive                         '用 ChDrive 语句设置驱动器
ChDir Dir1.Path                              '用 ChDir 语句设置目录

'根据文件类型判断是载入图片，还是显示文本
Select Case lx
    Case "jpg"
        Picture1.Picture = LoadPicture(File1.FileName)
    Case "txt"
        OpenTxt
        Picture1.Print LStr
End Select
End Sub
```

⑥“编辑”按钮事件代码。

```
Private Sub Command2_Click()
  '根据文件类型用 Shell 函数启动关联程序对文件进行编辑
  Select Case lx
      Case "jpg"
       Shell "C:\WINDOWS\system32\mspaint.exe " _
            & File1.FileName, vbNormalFocus   '调用画图程序编辑图片
      Case "txt"
       Shell "C:\WINDOWS\system32\notepad.exe " _
           & File1.FileName, vbNormalFocus   '调用记事本程序编辑文本文件
  End Select
End Sub
```

⑦“删除”按钮事件代码。

```
Private Sub Command3_Click()
  Kill File1.FileName  '调用 Kill 语句删除当前文件
  File1.Refresh        '刷新文件列表
  Picture1.Cls         '清除图片框中显示的文本
  Picture1.Picture = LoadPicture() '清除图片框中显示的图片
End Sub
```

⑧ 使驱动器、目录、文件信息显示同步。

```
Private Sub Drive1_Change()
  Dir1.Path = Drive1.Drive
End Sub
Private Sub Dir1_Change()
```

```
  File1.Path = Dir1.Path
  File1.Pattern = Combo1.Text
End Sub
```

⑨ 当单击文件列表框中的文件时，把所选文件的类型赋值给变量 lx。

```
Private Sub File1_Click()
  lx = Right(File1.FileName, 3)
End Sub
```

4. 调式运行

保存窗体（文件名为 Form1）到“z10”文件夹中，并复制案例所需 JPG 图片、文本文件到同一文件夹中，然后运行程序。

默认的初始运行界面如图 10-2 所示。在驱动器下拉列表框中选择“F:”，在 F:\z10\pic 文件夹文件中选择别墅文件夹，在文件列表框中选择“双子”，然后单击“预览”按钮，即可在图片框中看到图片的一部分，如图 10-3 所示。单击“编辑”按钮，可启动“画图”程序编辑该图片文件，如图 10-4 所示。

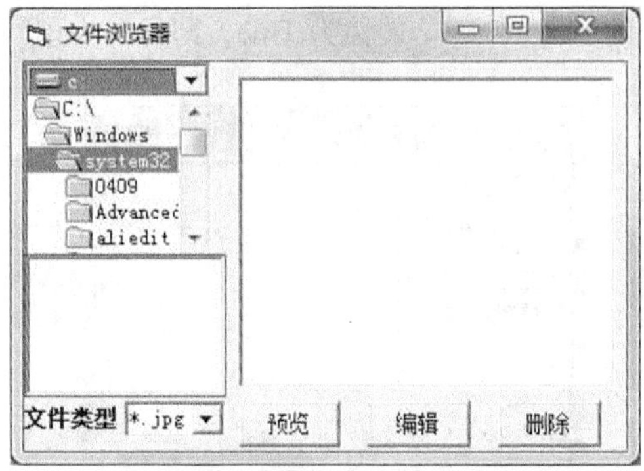

图 10-2　默认的初始运行界面

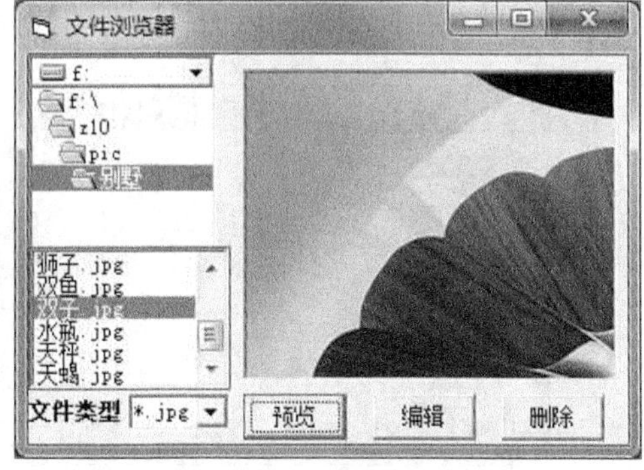

图 10-3　图片编辑窗口 1

图 10-4　图片编辑窗口 2

在文件类型下拉组合框中选择“*.txt”，选择“e:”盘，如图 10-5 所示，在根目录下就有 txt 文件，选择 gm.txt 文件后，单击“预览“按钮即可在图片框中看到部分段落，如图 10-5 左图所示。单击“编辑”按钮，即可在记事本中进行编辑，如图 10-5 右图所示。如果要删除该文件，单击“删除”按钮，删除文件后的界面如图 10-6 所示。

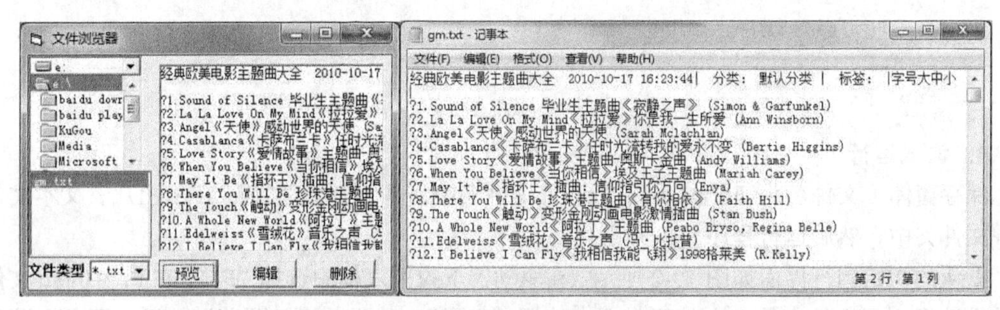

图 10-5　文本预览窗口

如运行时最小化或浏览其他窗口，则出现图 10-7 所示的情况，文本消失了，如再单击“预览”按钮又会显示，这是因为文本是通过 Print 方法直接显示在图片框中的，如自动重画功能未设置，就会出现上述情况，回到设计界面，设置图片框的 AutoRedraw 属性为 True，即可解决该问题。

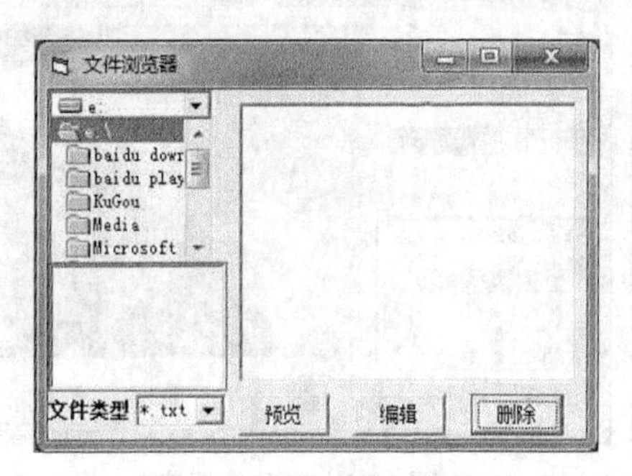

图 10-6　删除文件后的界面

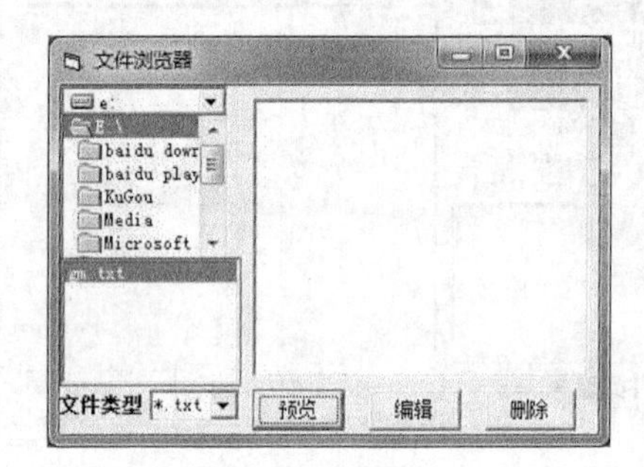

图 10-7　文本消失了的界面

10.2　文件系统控件

为了管理计算机中的文件，Visual Basic 6.0 提供了文件系统控件，包括驱动器列表框（DriveListBox）控件、目录列表框（DirListBox）控件和文件列表框（FileListBox）控件。利用这 3 个控件，可以设计文件管理程序的界面。

驱动器列表框控件用来在运行时显示系统中的所有有效磁盘驱动器列表；目录列表框控件用来在运行时显示当前驱动器下的目录和路径，该控件可以显示分层的目录列表；文件列表框控件用来在运行时将 Path 属性指定的目录中的文件定位并列举出来，用来显示所选择文件类型的文件列表。通过编写代码，可以使文件列表框控件、目录列表框控件和驱动器列表框控件同步。

10.2.1　文件系统控件属性

1. Drive（驱动器）属性

Drive 属性是驱动器列表框控件最重要和常用的属性，运行时返回或设置所选定的驱动器。该属性只能在代码中被引用或设置，不能在属性窗口中设置。

格式：

```
Objectname.Drive[=<字符串表达式>]
```

说明：

Objectname：驱动器列表框的对象名称。

字符串表达式：表示驱动器名称的字符串表达式。

例如：

```
Drive1.Drive="C: "
```

表示在驱动器列表框中选定 C 盘。

2. Path（路径）属性

Path 属性是目录列表框控件和文件列表框控件最常用的属性。对于目录列表框控件，用于返回或设置当前路径；对于文件列表框控件，用于返回和设置文件列表框中显示的文件所在的文件夹的路径。

除了表示根目录，Path 属性的最后一个字符不能是反斜杠。该属性只能在代码中引用，不能在属性窗口中设置。

格式：

```
Objectname.Path[=<字符串表达式>]
```

说明：

Objectname：目录列表框的对象名称。

字符串表达式：表示路径名的字符串表达式。

例如：

```
Drive1.Path ="C:\mydir"
```

表示当前路径是“C:\mydir”。

3. Filename（文件名）属性

Filename 属性用于文件列表框控件，用来返回或设置被选定文件的文件名。Filename 属性不包括路径名。该属性只能在代码中被引用或设置，不能在属性窗口中设计。

格式：

```
list1.AddItem File1.FileName
```

4. Pattern（文件类型）属性

Pattern 属性用于文件列表框控件，用来返回或设置文件列表框所显示的文件类型。该属性默认时表示所有文件，可以在属性窗口或代码中被设计或引用。

格式：

```
Objectname.Pattern[=Value]
```

说明：

Objectname：文件列表框的对象名称。

Value：用来指定文件类型的字符串表达式，可以包含通配符“*”和“？”。

例如：

```
File1.Pattern="*.doc"  '表示文件列表框 File1 所显示的文件类型是所有扩展名为“.doc”的文档文件
File1.Pattern="*.doc; *.txt "
```

要显示多种文件类型，使用“;”作为分隔符。

5. Archive（文档文件）属性

该属性用来限制文件列表框是否只显示文档文件，取值有 True 和 False。当 Archive 属性取值为 True 时，表示文件列表框中只显示文档文件。

6. Hidden（隐藏文件）属性

该属性用来限制文件列表框是否只显示隐藏文件，取值有 True 和 False。当 Hidden 属性取值为 True 时，表示文件列表框中只显示隐藏文件。

7. Normal（正常标准文件）属性

该属性用来限制文件列表框是否只显示正常标准文件，取值有 True 和 False。当 Normal 属性取值为 True 时，表示文件列表框中只显示正常标准文件。

8. ReadOnly（只读文件）属性

该属性用来限制文件列表框是否只显示只读文件，取值有 True 和 False。当 ReadOnly 属性取值为 True 时，表示文件列表框中只显示只读文件。

9. System（系统文件）属性

该属性用来限制文件列表框是否只显示系统文件，取值有 True 和 False。当 System 属性取值为 True 时，表示文件列表框中只显示系统文件。

10. List、ListCount、ListIndex 和 MultiSelect 属性

文件列表框的 List、ListCount、ListIndex 和 MultiSelect 属性与列表框（ListBox）控件的 List、ListCount、ListIndex 和 MultiSelect 属性的含义与使用方法相同。

10.2.2 文件系统控件事件

1. Click 事件

当用鼠标单击目录列表框或文件列表框时，将触发 Click 事件。

2. DblClick 事件

当用鼠标双击文件列表框时，将触发 DblClick 事件。

3. Change（改变）事件

Change 事件是驱动器列表框控件、目录列表框控件的事件。在程序运行时，当选择一个新的驱动器或者在代码中改变 Drive 属性的值时，均会触发驱动器列表框的 Change 事件；当改变当前目录，即目录列表框的 Path 属性发生变化时，也要触发 Change 事件。

4. PathChange（路径改变）事件

PathChange 事件是文件列表框控件的事件。当文件的路径被代码中 FileName 或 Path 属性的

设置所改变时，触发 PathChange 事件。

5. PatternChange（文件类型改变）事件

PatternChange 事件是文件列表框控件的事件。当文件的类型被代码中 FileName 或 Path 属性的设置所改变时，触发 PatternChange 事件。

10.3 文件概述

文件是存储在外部介质上的数据集合，是按名进行存取的。

在程序设计中，文件具有十分重要的作用。

① 文件是使一个程序可以对不同的输入数据进行加工处理、产生相应的输出结果的常用手段。

② 使用文件可以不受内存大小的限制。

③ 使用文件可以方便用户提高上机效率。

10.3.1 文件结构

为了有效地存储数据，数据必须以某种特定的方式存放，这种特定的方式称为文件结构。VB 中的文件由记录组成，以记录为单位处理数据，记录由字段组成，字段由字符组成。

1. 文件

文件（File）由记录构成，一个文件含有一条以上的记录。例如，“学生信息”文件中有 80 个学生的信息，每个学生的信息就是一条记录，80 条记录构成一个文件。

2. 记录

记录（Record）由一组相关的字段值组成。例如，在“学生信息”文件中，每个学生的学号、姓名、性别、所在班级、党员否、地址、电话号码构成一条记录，如表 10-1 所示。在 Visual Basic 6.0 中，以记录为单位处理数据。

3. 字段

字段（Field）也称域，表示一个对象的属性。在一张数据表中，第一行是字段名，下面每一行中的数据项表示相应字段的字段值。例如，在表 10-1 所示的数据表中，“学号”是一个字段名，“090001”就是一个字段值。

表 10-1 数据表

学 号	姓 名	性 别	所在班级	党员否	地 址	电话号码
090001	王佳明	男	09 管理	是	学院路 15 号	2135760
090002	刘畅	男	09 信息	是	学院路 16 号	2118406

4. 字符

字符（Character）是构成文件的最重要的单位。字符可以是数字、字母、特殊符号，也可以是单一字符。Visual Basic 6.0 支持双字节字符，当计算字符串长度时，一个西文字符和一个汉字都作为一个字符计算，每个字符占 2 个字节。例如，字符串“VB6.0 程序设计”的长度为（字符个数）9，而所占的字节数为 18。

10.3.2 文件分类

按照不同的分类标准，文件可分为不同的类型。

1. 根据数据的存取方式和结构分类

① 顺序文件（Sequential File）：顺序文件的结构比较简单，文件的记录按照输入的顺序依次存放。在这种文件中，只知道第一个记录的存放位置，其他记录的位置无从知道。当要查找某个数据时，只能从文件头开始，逐记录地按顺序读取，直至找到要查找的记录为止。

顺序文件的组织比较简单，只要把数据记录一个接一个地写到文件中即可，但维护困难，为了修改文件中的某个记录，必须把整个文件读入内存，修改后再重新写入磁盘。顺序文件不能灵活地存取和增减数据，因而适用于有一定规律且不经常修改的数据。其主要优点是占空间少，容易使用。

② 随机存取文件（Random Access File）：又称直接存取文件，简称随机文件或直接文件。与顺序文件不同，访问随机文件中的数据时，不必考虑各个记录的排列顺序或位置，可以根据需要访问文件中的任一条记录。

在随机文件中，每个记录的长度是固定的，记录中的每个字段的长度也是固定的。此外，随机文件的每个记录都有一个记录号，写入数据时，只要指定记录号，就可以把数据直接存入指定的位置；读取数据时，只要给出记录号，就能直接读取该记录。在随机文件中，可以同时进行读、写操作，因而能快速地查找和修改每个记录，不必为修改某个记录而对整个文件进行读、写操作。

随机文件的优点是数据的存取较为灵活、方便，速度较快，容易修改；主要缺点是占用空间较大，数据组织比较复杂。

2. 根据数据性质分类

① 程序文件（Program File）：存放的是可以由计算机执行的程序，包括源文件和可执行文件。在 Visual Basic 6.0 中，扩展名为.exe、.frm、.Vbg、.Vbp、.bas、.cls 等的文件都是程序文件。

② 数据文件（Data File）：用来存放普通的数据，如学生考试成绩、职工工资、商品库存等。这类数据必须通过程序来存放和管理。

3. 根据数据的编码方式分类

① ASCII 文件：又称为文本文件，以 ASCII 字符保存文件。这种文件可以用文字处理软件（如记事本、Word）建立和修改（必须按纯文本文件保存）。

② 二进制文件（Binary File）：以二进制格式保存的文件，不能用普通的字处理软件进行编辑。二进制文字占用系统空间小。

10.3.3 文件的打开和关闭

在 VB 中，数据文件的操作按下述过程进行。

（1）打开（或建立）文件

一个文件必须先打开或先建立后才能使用，如果一个文件已经存在，则打开该文件；如果不存在，则建立该文件。

打开文件的操作，会为文件在内存中准备一个读写时使用的缓冲区，并声明文件在什么地方，名称是什么，文件怎样处理。

（2）读、写文件

在打开（或建立）的文件上进行所要求的输入/输出操作。

在文件处理中，把内存中的数据传输到相关的外部设备（如磁盘）并作为文件存放的操作叫作写数据；而把数据文件中的数据传输到内存中的操作叫作读数据。一般地，在主存与外设的数据传输中，由主存到外设叫作输出或写，由外设到主存叫作输入或读。

要对磁盘上的数据文件进行写操作，必须先在内存中开辟一个缓冲区。从内存输出到磁盘的数据，先在缓冲区存放，把缓冲区存满后再写到磁盘，以减少磁盘的读写次数，节省操作时间。

从磁盘读写数据时，也需要首先放入缓冲区，再从缓冲区送到内存。

（3）关闭文件

打开的文件使用后，为了防止数据丢失，必须关闭。关闭文件会把文件缓冲区中的数据全部写入磁盘，释放所占用的缓冲区内存。

文件处理一般需要经过上述 3 个步骤。在 Visual Basic 6.0 中，数据文件的操作通过有关的语句和函数来实现。

10.4　文件的基本操作

10.4.1　文件的打开（建立）

1. 格式

对文件进行操作前，必须先打开或建立文件。VB 用 Open 语句打开或建立文件。

格式：

```
Open "文件名" [For 方式] [Access 存取类型][锁定]As[#]文件号[Len = 记录长度]
```

功能：为文件的输入、输出分配缓冲区，并确定缓冲区使用的存取方式。

说明：

① 格式中的 Open、For、Access、As 以及 Len 为关键字。

②“文件名”指的是要打开或建立的包含文件所在路径的文件名。

③ 方式：指定文件的输入/输出方式，有 5 种方式。

Input（输入）：使用 Input 方式打开文件，可以从文件中顺序读出数据，即从外存输入内存。如果文件不存在，就会产生出错信息。

Output（输出）：使用 Output 方式打开文件，可以向文件顺序写入数据，即从内存输出到外存。如果文件不存在，就创建新文件；如果文件存在，写入的数据将覆盖原有的内容。

Append（追加）：使用 Append 方式打开文件，可以在文件末尾追加数据，并且不会覆盖原有内容。如果文件不存在，就创建新文件。

Binary（二进制）：指定以二进制方式打开文件。在这种方式下，可以用 Get 和 Put 语句对文件中任何字、字节位置的信息进行读写。在 Binary 方式中，如果没有 Access 子句，则打开文件类型与 Random 方式相同。“方式”是可选的，如果省略，则为随机存取方式，即 Random。

Random（随机）：指定以随机存取方式打开文件，是默认方式。在 Random 方式中，如果没有 Access 子句，则执行 Open 语句时，有 3 种选择。

- Shared（共享）：默认值，允许其他程序对该文件进行读写操作。
- Lock Read（锁定读）：只读，禁止其他程序写此文件。

• Lock Read Write（锁定读写）：禁止其他程序读写此文件。

④ 存取类型：放在关键字 Access 之后，用来指定访问文件的类型，有 3 种类型。

Read（读）：打开只读文件。

Write（写）：打开只写文件。

Read Write（读写）：打开读写文件。这种类型只对随机文件、二进制文件及用 Aappend 方式打开的文件有效。

⑤ 锁定：该子句只在多用户或多进程环境中使用，用来限制其他用户或其他进程对打开的文件进行读写操作，有 4 钟锁定类型。

Lock Shared（锁定共享）：任何机器上的任何进程都可以多次对该进程进行读写操作。

Lock Read（锁定读）：不允许其他进程读该文件，只在没有其他 Read 存取类型的进程访问该文件时，才允许这种锁定。

Lock Write（锁定写）：不允许其他进程写这个文件，只在没有其他 Write 存取类型的进程访问该文件时，才允许使用这种锁定。

Lock Read Write（锁定读写）：默认类型，不允许其他进程读写这个文件。

⑥ 文件号：是一个整型的表达式，其值在 1 ~ 511 范围内。执行 Open 语句时，打开文件的文件号与一个具体的文件相关联，其他输入/输出语句或函数通过文件号与文件发生联系。

⑦ 记录长度：是一个整型表达式。当选择该参数时，为随机存取文件设置记录的长度。对于用随机访问方式打开的文件，该值是记录长度；对于顺序文件，该值是缓冲字符数。“记录长度”的值不能超过 32767B。对于二进制文件，将忽略 Len 子句。

2. 举例

```
Open "score.dat" For Output As #1
```

表示建立并打开一个新的数据文件，使记录可以写到该文件中。

```
Open "score.dat" For Append As #1
```

表示打开已存在的数据文件，新写入的记录附加到文件的后面，原来的数据仍在文件中，如果给定的文件名不存在，则采用 Append 方式可以建立一个新的文件。

```
Open "score.dat" For Input As #1
```

表示打开已存在的数据文件，以便从文件中读出记录。

以上例子中打开的文件都是按顺序方式输入、输出的。

```
Open "score.dat" For Random As #1
```

表示按随机方式打开或建立一个文件，然后读出或写入定长记录。

10.4.2 文件的关闭

文件的读写操作结束后，应将文件关闭，否则会造成数据的丢失。

格式：

```
Close [#][文件号列表]
```

功能：Close 语句用来结束文件的输入、输出操作。

说明：文件号列表，如#1，#2，#3。如果默认，将关闭 Open 语句打开的所有文件。

例如：

```
Close #1, #2  '关闭#1、#2 号文件
Close         '关闭打开的所有文件
```

10.4.3　文件基本操作语句

文件的基本操作指的是文件复制、重命名、删除等。

1. FileCopy（文件复制）语句

格式：

```
FileCopy 源文件名，目标文件名
```

功能：将源文件复制为目标文件。

说明：文件名可以含有路径，但不能使用通配符（*或？）。该语句不能复制一个已打开的文件，否则将产生出错信息。

例如：

```
FileCopy "e:\temp\stu.dat","d:\stu.dat"
```

2. Name（重命名）语句

格式：

```
Name 原文件名 As 新文件名
```

功能：重新命名一个文件或文件夹。

说明：文件名是一个字符串表达式，可以含有路径，但不能使用通配符；一般情况下，“原文件名”和“新文件名”必须在同一驱动器上；如果“新文件名”指定的路径存在且与“原文件名”指定的路径不同，则 Name 语句将把文件移到新的目录下，并更改文件名；如果“新文件名”与“原文件名”指定的路径不同，但文件名相同，则 Name 语句将把文件移到新的目录下；当“原文件名”不存在，或“新文件名”已存在时，都会发生错误；不能对已打开的文件重新命名，在改名之前必须先关闭该文件。Name 语句不能跨驱动器移动文件。

例如：

```
Name "e:\mydoc.txt" As "e:\yourdoc.txt"            '将文件 mydoc.txt 更名为 yourdoc.txt
Name "e:\mydoc.txt " As "e:\temp\yourdoc.txt"      '将文件 mydoc.txt 移动到 e 盘的 temp 目录
                                                    下，并更名为 yourdoc.txt
```

3. Kill（删除）语句

格式：

```
Kill 文件名
```

功能：从磁盘中删除指定的文件。

说明：文件名可以含有路径，可以使用通配符（*或？）。因为使用 Kill 语句删除文件时不会出现任何提示，故最好加上适当的代码，使得在删除前提示用户确认删除操作。

例如：

```
Private Sub Command1_Click()
  L = MsgBox("确定要删除该文件吗？", VBYesNo, "信息提示")
  If L = VBYes Then Kill "e:\dir\stu.dat"
End Sub
```

10.4.4 常用的文件操作函数

1. EOF（End Of File（文件结束））函数

格式：

```
EOF（文件号）
```

功能：EOF 函数用来测试文件的结束状态，返回一个 Boolean（逻辑）值 True 或 False。

说明：利用 EOF 函数，可以避免在文件输入时出现“输入超出文件尾”的错误。EOF 函数常用来在循环中测试是否已到文件尾，一般结构如下：

```
Do While Not EOF ()
    '文件读写语句
Loop
```

2. LOF（Length Of File（文件长度））函数

格式：

```
LOF（文件号）
```

功能：LOF 函数返回给文件分配的字节数（即文件的长度）。

说明：在 VB 中，文件的基本单位是记录，每个记录的默认长度是 128B。因此，对于建立的数据文件，LOF 函数返回的将是 128 的倍数，不一定是实际的字节数。

例如：

假定某个文件的实际长度是 257（128×2+1）个字节，则用 LOF 函数返回的是 384（128×3）个字节。对于用其他编辑软件或字处理软件建立的文件，LOF 函数返回的将是实际分配的字节数，即文件的长度。

3. FreeFile（空闲文件）函数

格式：

```
变量名= FreeFile
```

功能：用 FreeFile 函数可以得到一个在程序中没有使用的文件号。

说明：当程序中打开的文件较多时，利用这个函数可以把未使用的文件号赋予给一个变量，用这个变量作为文件号，不必知道具体的文件号是多少。

【例 10-2】 实现用 FreeFile 函数获取一个文件号。

① 在窗体的 Click 事件中输入如下代码：

```
Private Sub Form_Click()
    Open "jmcj.dat" For Output As #1 ' 在#1 建立并打开文件 jmcj
    Open "pscj.dat" For Random As #2 ' 在#2 建立并打开文件 pscj
     'Close #1   '关闭#1 文件
     'Close 1, 2 '关闭#1、#2 文件
    FName$ = InputBox("请输入文件名")
    FNum = FreeFile  '将 FreeFile 函数获取的文件号赋予变量 FNum
    Open FName For Output As FNum
    Print FName; "  is opened as file #"; FNum
    Close '关闭所有文件
  End Sub
```

② 运行程序时，先输入 1 个与#1、#2 不同的文件名，如 zcj，文件会在#3 打开；然后返回设计界面，修改代码，去掉'Close #1 语句中的单引号，然后再运行程序；同样，第三次运行前去掉'Close 1, 2 前的单引号。程序的运行结果如图 10-8 所示。

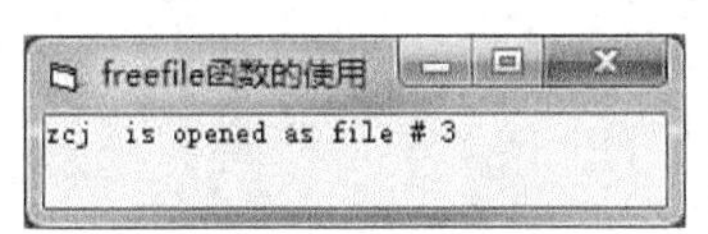

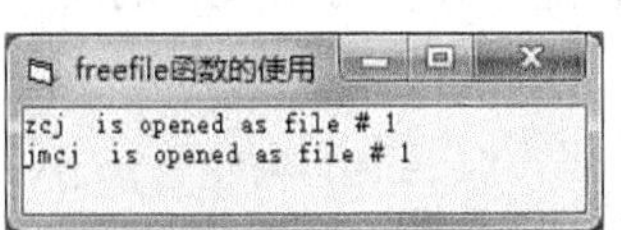

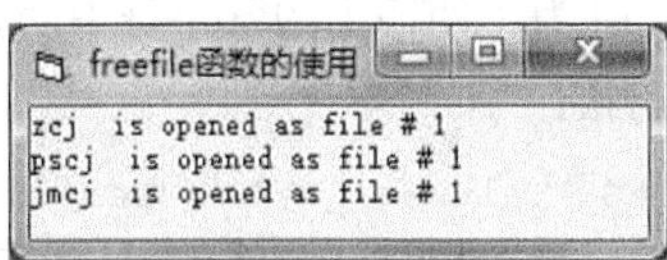

图 10-8　程序的运行结果

4. Loc 函数

格式：

```
Loc（文件号）
```

Loc 函数返回由“文件号”指定的文件当前读写位置，是一个长整数。格式中的“文件号”是在 Open 语句中使用的文件号。

对于随机文件，Loc 函数返回一个记录号，它是对随机文件读或写的最后一个记录的记录号，即当前读写位置的上一个记录；对于顺序文件，Loc 函数返回的是从该文件被打开以来读或写的记录个数，一个记录是一个数据块。

10.5　顺序文件

顺序文件是普通的文本文件。读写文件和存取记录时，都必须按记录顺序逐个进行。一条记录为一行，记录长短不一样，以“换行”字符为分割符号。

10.5.1　顺序文件的写操作

1. Print 语句

格式：

```
Print #文件号,[[Spc(n)|Tab(n)][表达式表][;|,]]
```

功能：把数据写入以文件号打开的文件中。

说明：

① Print 语句与 Print 方法的功能类似。Print 方法所“写”的对象是窗体、打印机或控件，而 Print 语句所“写”的对象是文件。

例如：

```
Print #1 X,Y,Z,
```

把变量 X、Y、Z 的值写到文件号为 1 的文件中，而

```
Print  X,Y,Z
```

则把变量 X、Y、Z 的值“写”到窗体上。

② 格式中的“表达式表”可以省略，在这种情况下，将向文件写入一个空行，如 Print #1。

③ 和 Print 方法一样，Print 语句中各数据项之间可以用分号隔开，也可以用逗号隔开，分别

对应紧凑格式和标准格式。数值数据由于前有符号位，后有空格，因此使用分号不会给以后读取文件造成麻烦。但是，对于字符串数据，特别是变长字符串数据，用分号分隔就有可能引起麻烦，因为输出的字符串之间没有空格。

④ 为了使输出的各字符串明显地分开，可以人为地插入逗号。

例如：

```
X$="Taiyuan ": Y$ ="Beijing ": Z$ = "China"
Print #1,X$;Y$;Z$  '写到磁盘上的信息为“TaiyuanBeijingChina”
```

可以改为

```
Print #1, X$; ","; Y$; ","; Z$  '写到文件中的信息为“Taiyuan, Beijing, China”
```

⑤ 如果字符串本身含有逗号、分号和有意义的前后空格及回车或换行，则须用双引号（ASCII 码值为 34）作为分隔符，把字符串放在双引号中写入磁盘。

例如：

```
S1$= "apple,grape"
S2$= "1234.56"
Print #1, Chr$(34); S1$; Chr$(34); Chr$(34); S2$; Chr$(34)
```

写入文件的数据为

```
"apple,grape""1234.56"
```

⑥ Print 语句的任务只是将数据送到缓冲区，数据由缓冲区写到磁盘文件的操作是由文件系统完成的。执行 Print 语句后，并不是立即把缓冲区中的内容写入磁盘，只有在满足下列条件之一时，才写盘。

- 关闭（Close）文件。
- 缓冲区已满。
- 缓冲区未满，但执行下一个 Print 语句。

【例 10-3】 建立一个同学会通信录文件“txl.dat”，存放每人的姓名、手机、单位、住址、qq 号信息，用 Print 语句向文件中写入数据。

① 编写代码。在窗体的 Load 事件中输入如下代码：

```
Private Sub Form_Load()
 Open App.Path & "\txl.dat" For Output As #1
  cname$ = InputBox$("Enter name:")
  While UCase(cname$) <> "DONE"
      tel$ = InputBox$("Enter Telephone number:")
      work$ = InputBox$("Enter current company:")
      qq$ = InputBox$("Enter QQ number:")
      Print #1, cname$, tel$, work$, qq$
      cname$ = InputBox("Enter name:")
  Wend
  Close #1
End Sub
```

② 运行程序。 根据提示依次输入数据，输入的数据存在文件“txl.dat”中，如图 10-9 所示。若想看到其内容，可用记事本程序打开该文件，如图 10-10 所示。

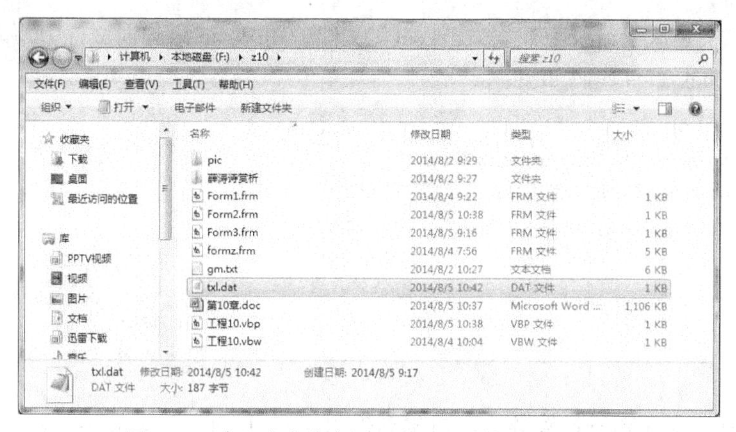

图 10-9　建立在当前应用程序目录下的 txl.dat 文件

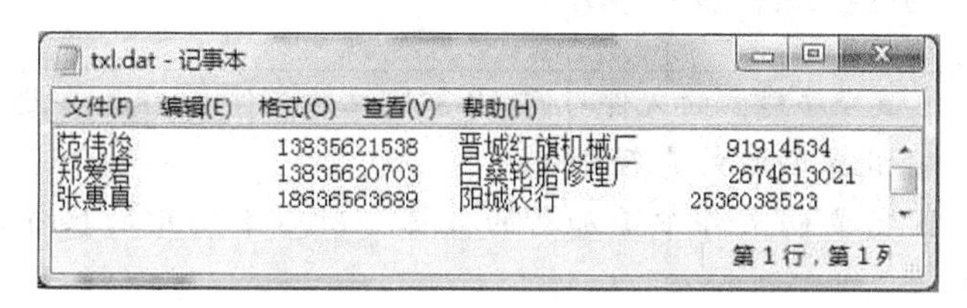

图 10-10　txl.dat 文件中的数据

2. Write 语句

格式：

```
Write #文件号，表达式列表
```

功能：和 Print 语句一样，Write 语句可以把数据写入顺序文件中。

例如：

```
Write #1,A,B,C  '把变量 A、B、C 的值写入文件号为 1 的文件中
```

说明：

① “文件号”和“表达式列表”的含义同前。

② 使用 Write 语句时，文件必须以 Output 或 Append 方式打开。

③ “表达式列表”中的各项以逗号“,”或分号“;”分开。

④ Write 语句与 Print 语句的功能基本相同，主要区别有以下两点：

● 用 Write 语句向文件写数据，数据在磁盘上以紧凑格式存放，自动地在数据项之间插入逗号分隔符，如果是字符串，会给字符串加上双引号，一旦最后一项被写入，就另起一行。

● 用 Write 语句写入的正数前没有空格。

① 当把一个字段存入变量时，存储字段的变量的类型决定了该字段的开头和结尾。

② 当把字段存入字符串变量时，下列符号标识该字符串的结尾。

双引号("): 当字符串以双引号开头时。

逗号(,): 当字符串不以双引号开头时。

回车-换行: 当字段位于记录的结束处时。

③ 当把字段写入一个数值变量，则下列符号标识出字段的结尾：逗号、一个或多个空格、回车-换行。

【例 10-4】 在 F 盘根目录下建立"gzl.dat"文件，用 Write 语句向文件中写入数据。

① 窗体的 Click 事件代码如下：

```
Private Sub Form_Click()
  Open "f:\gzl.dat" For Append As #1
  tno$ = InputBox$("请输入编号：", "数据输入")
  tname$ = InputBox$("请输入姓名：", "数据输入")
  gzl% = InputBox("请输入工作量：", "数据输入")
  Write #1, tno$, tname$, gzl
  Close #1
End Sub
```

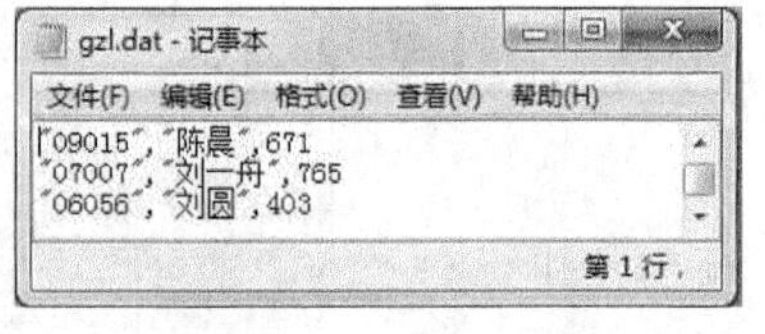

图 10-11 文件 gzl.dat"中的内容

② 运行程序。每单击一次窗体，就可根据提示输入 1 行数据。文件 gzl.dat 中的内容如图 10-11 所示。

① 把该程序建立的文件与例 10-3 建立的文件"txl.dat"进行比较，可以看到文件中每一条记录的格式是不同的。

② 因需要向文件中追加新的数据，所以本例中的操作方式由 Output 改为 Append。

实际上，由于 Append 方式兼有建立文件的功能，因此最好在开始建立文件时就使用 Append 方式。

④ 由 Open 语句建立的顺序文件是 ASCII 文件，可以用字处理程序来查看或修改。顺序文件由记录组成，每个记录是一个单一的文本行，它以回车换行结束序列。每个记录又被分成不同的长度，不同记录中的字段的长度也可以不同。

10.5.2 顺序文件的读操作

顺序文件的读操作由 Input 语句和 Line Input 语句来实现。

1. Input 语句

格式：

```
Input #文件号，变量名列表
```

功能：Input 语句从一个顺序文件中读出数据项，并把这些数据项赋予程序变量。

例如：

```
Input #1,A,B,C
```

从#1 文件中读出 3 个数据项，分别把它们赋予 A、B、C 这 3 个变量。

说明：

① "文件号"的含义同前。"变量名列表"由一个或多个变量组成，这些变量既可以是数值变量，也可以是字符串变量或数组元素，从数据文件中读出的数据赋予这些变量。文件中数据项的类型应与 Input 语句中变量的类型匹配。

② 在用 Input 语句把读出的数据项赋予数值变量时，将忽略前导空格、回车或换行符，把遇到的第一个非空格、非回车或换行符作为数值的开始，遇到空格、回车或换行符，则认为数值结束。对字符串数据，同样忽略开头的空格、回车或换行符。如果需要把开头带有空格的字符串赋

予变量，则必须把字符串放在双引号中。

③ Input 语句与 InputBox 函数类似，但 InputBox 函数要求从键盘上输入数据，而 Input 语句要求从文件中输入数据，而且执行 Input 语句时不显示对话框。

④ Input 语句也可用于随机文件。

【例 10-5】 用记事本建立一个名为“data.txt”的数据文件，在其中输入数据，如图 10-12 所示，数据项之间用空格或回车符分开。编写程序，统计偶数个数和偶数和，并把结果输出到 out.txt 文件中。

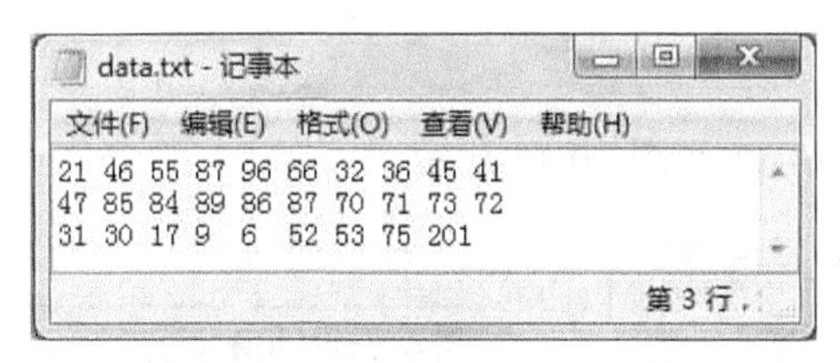

图 10-12　“data.txt”数据文件

① 设计界面并设置属性。在工程中添加窗体，在窗体上添加 2 个标签，2 个命令按钮。设置窗体的 Caption 属性为“Line 语句”，Lablel 的 Name 属性为 lblcount，Caption 属性为空；Label2 的 Name 属性为 lblsum，Caption 属性为空；Command1 的 Name 属性为 cmdsum，Caption 属性为“统计”；Command2 的 Name 属性为 cmdsave，Caption 属性为“保存”。

② 编写代码。

编写统计按钮的代码，从 data 中读出数据，统计后输出到标签。

```
Private Sub cmdsum_Click()
  Dim fn
  Dim i '存放偶数个数
  Dim s '存放偶数和
  Dim t As Integer
  fn = FreeFile
  i = 0
  s = 0
  Open App.Path & "\data.txt" For Input As #fn
  Do Until EOF(fn)
   Input #fn, fn
   If Val(fn) Mod 2 = 0 Then
     i = i + 1
     s = s + Val(fn)
   End If
   fn = FreeFile - 1
  Loop
  lblcount.Caption = i
  lblsum.Caption = s
  Close #fn
End Sub
```

建立 out 文件，并调用 Write 语句写入数据。

```
Private Sub comsave_Click()
```

```
    Dim fn
    Dim i '偶数个数
    Dim s '偶数和
    fn = FreeFile
    i = Val(lblcount.Caption)
    s = Val(lblsum.Caption)
    Open App.Path & "\out.txt" For Output As #fn
     Write #fn, i, s
    Close #fn
End Sub
```

③ 程序运行结果如图 10-13 和图 10-14 所示。

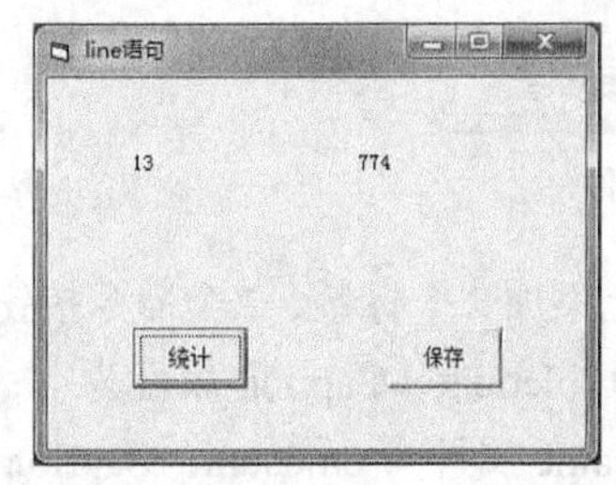

图 10-13　统计运行结果

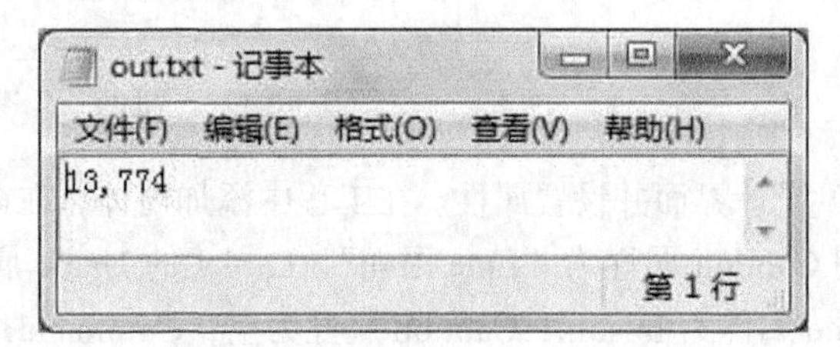

图 10-14　保存运行结果

2. Line Input 语句

格式：

```
Line Input #文件号，字符串变量
```

功能：Line Input 语句从顺序文件中读取一个完整的行，并把它赋值给一个字符串变量。

说明：

①“文件号”的含义同前。

②“字符串变量”是一个字符串简单变量名，也可以是一个字符串数组元素名，用来接收从顺序文件中读出的字符行。

③ 在文件操作中，Line Input 语句与 Input 语句的功能类似，只是 Input 语句读取的是文件的数据项，而 Line Input 语句读取的是文件中的一行。Line Input 语句也可以用于随机文件，该语句还常用来复制文件。

【例 10-6】 用记事本在当前目录下建立文件“zhuxisc.dat”，内容如图 10-15 所示。编写程序，将其内容读到内存中并在文本框中显示出来，然后把该文本框中的内容存入 F:盘的 “sc84bf.dat”文件中。

① 设计界面。在窗体上添加一个文本框 Text1，2 个命令按钮。设置窗体的 Caption 属性为“LineInput 语句”，文本框的 MultiLine 属性为 True，Scrollbar 属性为 2，Text 属性为空；两个命令按钮的 Caption 属性为“显示”和“另存”。

② 编写代码。

“显示”按钮的 Click 事件代码如下：

```
Private Sub Command1_Click()
  Open App.Path & "\zhuxisc.dat" For Input As #1
  Text1.FontSize = 12
```

```
  Text1.FontName = "楷体"
  Do While Not EOF(1)
    Line Input #1, sc$
    q84$ = q84$ + sc$ + Chr$(13) + Chr$(10)
  Loop
  Text1.Text = q84$
  Close #1
End Sub
```

“另存”按钮的 Click 事件代码如下：

```
Private Sub Command2_Click()
 Open "f:\sc84bf.dat" For Output As #1
  Print #1, Text1.Text
  Close #1
  Shell "C:\WINDOWS\system32\notepad.exe " & "f:\sc84bf.dat", 1
End Sub
```

③ 运行程序。单击“显示”按钮，运行结果如图 10-15 所示；单击“另存”按钮，运行结果如图 10-16 所示。

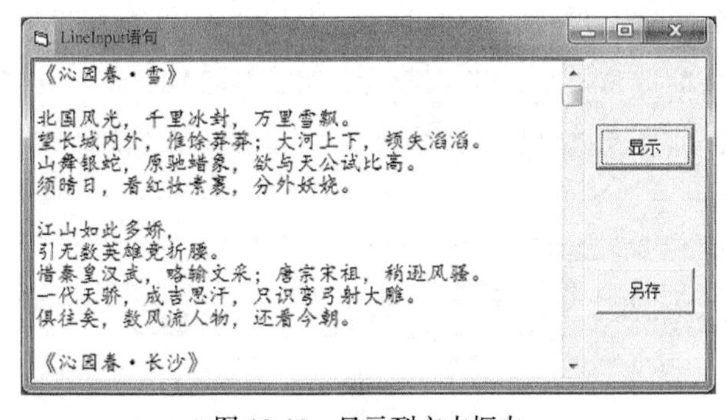

图 10-15　显示到文本框中

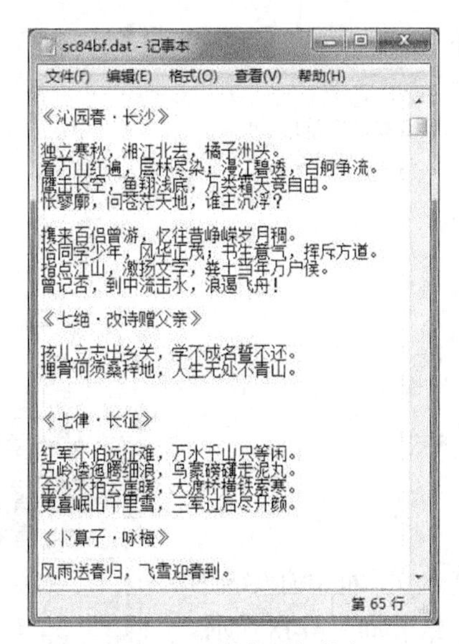

图 10-16　另存到文件中

3. Input$函数

格式：

```
Input$(n,#文件号)
```

功能：Input$函数返回从指定文件中读出的 *n* 个字符的字符串，即它可以从数据文件中读取指定数目的字符。

说明：Input$函数执行二进制输入。它把一个文件作为非格式的字符流来读取，它不把回车-换行看作是一次输入操作的结束标志。因此，当需要用程序从文件中读取单个字符时，或者是用程序读取一个二进制的或非 ASCII 码文件时，使用 Input$函数较合适。

例如：

```
x$=Input$(100,#1)   '从文件号为 1 的文件中读取 100 个字符，并把它赋予变量 x$
```

【例 10-7】 编写程序，用记事本建立一个由英文字符构成的如图 10-17 所示的文件“Gettysburg.dat”，在其中查找指定的信息。

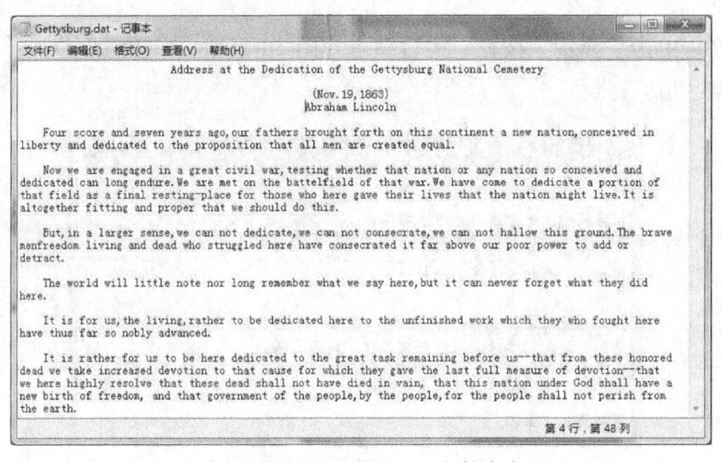

图 10-17　Gettysburg.dat 文件内容

① 在代码窗口中输入如下代码。

```
Private Sub Command1_Click()
str1$ = InputBox$("请输入要查找的字符串：")
  Open App.Path & "\Gettysburg.dat" For Input As #1
  str2$ = Input$(LOF(1), 1)
  Close #1
  Y = InStr(1, str2$, str1$)
  If Y <> 0 Then
    Print "找到字符串"; str1$
  Else
    Print "未找到字符串"; str1$
  End If
End Sub
```

② 运行程序。在输入对话框的文本框中输入字符串“freedom”，单击“确定”按钮，结果如图 10-18 所示。

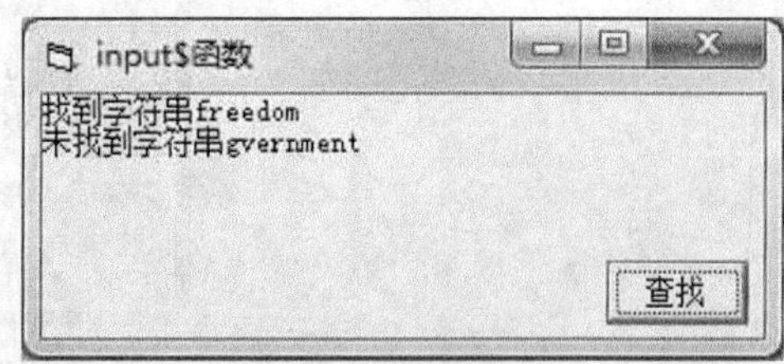

图 10-18　字符查找结果

早期的 VB 采用的是单字节处理方式(通常也称为 ANSI 方式)，也就是说，一个英文字母用一个字节表示，一个汉字算两个字节。当然，这样就可能出现半个汉字的问题。从 VB 4.0 起，VB 采用了一种新的处理方式，即内部采用 Unicode 方式，即无论是英文字母，还是汉字，一律用两个字节表示，但 Unicode 还不够普及，所以 VB 只是在其内部完全使用 Unicode，而在外部仍转换为人们习惯的 ANSI 方式，但在字符串处理上与先前的版本有所不同。

例如：Len("电子&电脑")=5(这里的&号为半角字符)，在以前的版本中，Len("电子&电脑")=9。除了 Len、Left、Right 等字符串函数受此影响外，Input 函数也受此影响。Input 函数的第一个参数是要读入的字符数，它采用的是和 Len 一样的计数方式，即一个英文字母算一个字符，而一个汉字(两个字节)算一个字符。

因为 VB 的 LOF 函数返回的是字节数，而它又不能区分汉字和英文字母，如果测试文件全部是英文，程序可以正确运行；如果文件中有中文汉字和标点，就会提示错误："输出超出文件尾"。

10.6　随机文件

10.6.1　随机文件的特点

随机文件和顺序文件不同，它具有以下特点。

① 随机文件以记录为单位进行操作。

② 随机文件的记录是定长的，只有给出记录号 n，才能通过“(n–1) × 记录长度”计算出该记录与文件首记录的相对地址。因此，用 Open 语句打开文件时，必须指定记录的长度。

③ 每个记录划分为若干个字段，每个字段的长度等于相应变量的长度。

④ 各个变量（数据项）要按一定的格式置入相应的字段。

10.6.2　随机文件的打开与关闭

（1）随机文件的打开

与顺序文件不同，打开一个随机文件后，既可以用于写操作，也可以用于读操作。可以用下列语句打开随机文件。

格式：

```
Open "文件名" For Random As #文件号 [Len=记录长度]
```

说明：“记录长度”等于各字段长度之和，以字符（字节）为单位。如果省略“Len=记录长度”，则记录的默认长度为 128B。

（2）随机文件的关闭

随机文件的关闭与顺序文件的关闭一样，使用 Close 语句。

10.6.3　随机文件的写操作

随机文件与顺序文件的读写操作类似，但通常把需要读写的记录中的各字段放在一个记录类型中，同时指定每个记录的长度。

随机文件的写操作按照以下步骤进行。

① 定义数据类型。随机文件由固定长度的记录组成，各个记录含有若干字段。记录中各个字段可以放在一个记录类型中，记录类型用 Type…End Type 语句定义。Type…End Type 语句通常在标准模块中使用，如果放在窗体模块中，则应加上 Private。

② 打开随机文件。

③ 将内存中的数据写入磁盘。随机文件的写操作通过 Put 语句来实现。

格式：

```
Put #文件号,[记录号],变量
```

功能：Put 语句把“变量”的内容写入由“文件号”指定的磁盘文件中。

说明：

- “变量”是除对象变量和数组变量外的任何变量。
- “记录号”是需要写入数据的记录编号，取值范围为 1 ~ 231−1；如果省略“记录号”，则写到下一个记录的位置，即最近执行 Get 或 Put 语句后由最近的 Seek 语句所指定的位置。省略“记录号”后，逗号不能省略。

例如：

```
Put #2 , , FB
```

④ 因为要存储写入的变量的类型信息，所以由 Len 子句指定的记录长度应大于或等于所要写的数据的长度。如果写入的变量是一个变长字符串，则 Len 子句指定的记录长度至少应比字符串的实际长度多两个字节；如果为变体类型，则应多 4 个字节。

10.6.4 随机文件的读操作

从随机文件中读数据与写数据的操作步骤类似，只需要把第③步中的 Put 语句换成 Get 语句。

格式：

```
Get #文件号,[记录号],变量
```

功能：Get 语句把由“文件号”指定的磁盘文件中的数据读到“变量”中。“记录号”的含义同前。

【例 10-8】 建立一个随机存取的员工工作量文件“emgzl.dat”，然后读取文件中的记录。

员工工作量文件的数据表结构见表 10-2。

表 10-2 员工工作量文件的数据表结构

字 段	长 度	类 型
编号（tNo）	5	字符串
姓名（tName）	10	字符串
部门（Depart）	6	字符串
理论工作量（Tw）	5	单精度数
实训工作量（Pw）	5	单精度数

① 编写代码。

在 VB 中，选择“工程”|“添加模块”命令，在标准模块中定义下面的记录类型：

```
Type RecordType
  tNo As String * 5
  tName As String * 10
  Depart As String * 6
  Tw As Single
  Pw As Single
End Type
```

② 在窗体层定义记录类型变量和其他变量。

```
Dim revar As RecordType
Dim n As Integer
Dim renum As Integer
```

③ 在窗体的 Load 事件中编写代码建立文件，并指定记录长度。

```
Open  app.path & "emgzl.dat" For Random As #1 Len = Len(revar)
```

记录的长度就是记录类型的长度，可以通过 Len 函数求出，即记录长度=Len(记录类型变量)。
④ 编写如下通用过程，执行输入数据及写盘操作。

```
Sub File_Write()
  Do
    revar.tNo = InputBox$("职工编号")
    revar.tName = InputBox$("职工姓名")
    revar.Depart = InputBox$("所在部门")
    revar.Tw = InputBox("理论工作量")
    revar.Pw = InputBox("实训工作量")
    renum = renum + 1
    Put #1, renum, revar
    continue$ = InputBox$("是否继续输入(Y/N)?")
   Loop Until UCase$(continue$) = "N"
End Sub
```

⑤ 随机文件建立后，可以从文件中读取数据。从随机文件中读取数据有两种方法：一种是顺序读取；另一种是通过记录号读取。由于顺序读取不能直接访问任意指定的记录，因而速度较慢。编写如下通用过程，执行顺序读文件操作。

```
Sub File_read1()
  Cls
  FontSize = 10
  Print "记录号"; Space(7); "职工编号"; Space(7); "职工姓名"; Space(6); "所在部门"; Space(6);
"理论工作量"; Space(5); "实训工作量"
  Print
    For i = 1 To renum
    Get #1, i, revar
    Print Loc(1), revar.tNo, revar.tName,
    Print revar.Depart, revar.Tw, revar.Pw
  Next i
End Sub
```

该过程从建立的随机文件 emgzl.dat 中顺序地读出全部记录，并在窗体上显示出来。

随机文件的主要优点之一，就是可以通过记录号直接访问文件中的任一条记录，从而大大提高存取速度。用 Put 语句向文件写记录时，就把记录号赋予了该记录。读取文件时，通过把记录号放在 Get 语句中可以从随机文件取回一个记录。下面是通过记录号读取随机文件 emgzl.dat 中任一记录的通用过程。

```
Sub File_read2()
  Getmorerecords = True
  FontSize = 10
  Do
    Cls
    n = InputBox("请输入要浏览的记录号(输入 0 结束): ")
    If n > 0 And n <= renum Then
      Get #1, n, revar
      FontSize = 10
      Print "记录号"; Space(7); "职工编号"; Space(7); "职工姓名"; Space(6); "所在部门";
Space(6); "理论工作量"; Space(5); "实训工作量"
      Print
      Print Loc(1), revar.tNo, revar.tName,
      Print revar.Depart, revar.Tw, revar.Pw
      MsgBox "单击'确定'按钮继续"
    ElseIf n = 0 Then
      Getmorerecords = False
    Else
      MsgBox "输入的记录号不存在，请重新输入！"
    End If
  Loop While Getmorerecords
End Sub
```

该过程在 Do...Loop 循环中要求输入要查找的记录号，如果输入的记录号在指定范围内，则在窗体上输出相应记录的数据，当输入的记录号为 0 时，结束程序；如果输入的记录号不在指定范围内，则显示相应的信息，并要求重新输入。

⑥ 在窗体中调用上述过程。

```
Private Sub Form_Click()
  renum = LOF(1) / Len(revar)
    Newline = Chr$(13) + Chr$(10)
    msg$ = "1.建立文件"
    msg$ = msg$ + Newline + "2.顺序方式读记录"
    msg$ = msg$ + Newline + "3.通过记录号读文件"
    msg$ = msg$ + Newline + "4.删除记录"
    msg$ = msg$ + Newline + "0.退出程序"
    msg$ = msg$ + Newline + Newline + "    请输入数字选择: "
  Begin:
    resp = InputBox(msg$)
    Select Case resp
      Case 0
        Close #1
```

```
        End
      Case 1
        File_Write
      Case 2
        File_read1
      Case 3
        File_read2
      Case 4
         'Deleterec
    End Select
      GoTo Begin
End Sub
```

⑦ 运行程序。

程序运行后单击窗体，显示一个输入对话框，如图 10-19 所示。

该程序可以执行 4 种操作，即写文件、顺序读文件、通过记录号读文件和删除文件中指定的记录。删除记录的操作将在后面介绍。

在输入对话框中输入“1”，单击“确定”按钮，程序调用“File_Write”过程，执行写操作，按照表 10-3 依次输入数据。每输完一条记录，会出现询问框“是否继续输入（Y/N）？”，输入“Y”继续输入，直到输完最后一条记录后，输入“N”并单击“确定”按钮，退出 File_Write 过程，返回到图 10-19 所示的对话框。

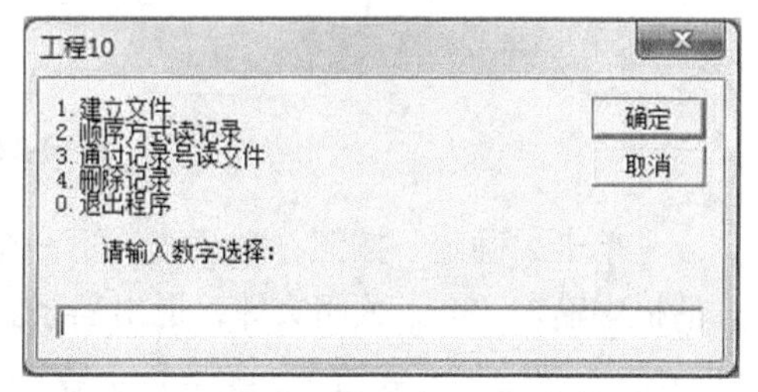

图 10-19　输入对话框

表 10-3　　写入文件的数据表（不包括表头）

职工编号	职工姓名	所属部门	理论工作量	实训工作量
09015	陈诚	管理系	385	252
07007	刘圆	信息系	375	402
06056	刘一州	实验室	102	305
05041	苏少琴	教务处	100	60
08018	杜重远	经贸系	300	150

在输入对话框中输入“2”，单击“确定”按钮，调用 File_Read1 过程，顺序读取文件中的记录，并在窗体上显示出来，如图 10-20 所示。

随机文件的读写操作

记录号	职工编号	职工姓名	所在部门	理论工作量	实训工作量
1	09015	陈诚	管理系	385	252
2	07007	刘圆	信息系	375	402
3	06056	刘一州	实验室	102	305
4	05041	苏少琴	教务处	100	60
5	08018	杜重远	经贸系	300	150

图 10-20　顺序读记录

在输入对话框中输入“3”，单击“确定”按钮，调用 File_Read2 过程，通过记录号读取文件中的记录，如图 10-21 所示。

图 10-21　输入要浏览的记录号

输入记录号“3”后，在窗体上显示记录号为“3”的记录，如图 10-22 所示。

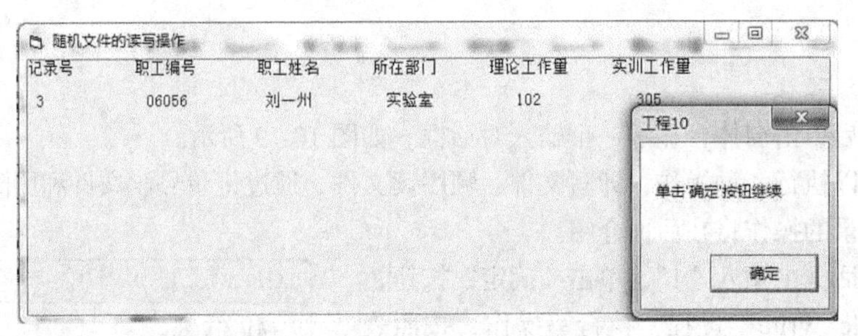

图 10-22　显示记录号为 3 的记录

单击“确定”按钮，继续查找下一个记录。输入“0”结束，返回到输入对话框。在输入对话框中输入“0”，关闭文件，退出程序。

10.6.5　随机文件记录的追加与删除

1．追加记录

在随机文件中追加记录，实际上是在文件的末尾增加记录。例 10-8 中的 File_Write 过程具有建立和追加记录两种功能，因为打开一个已经存在的文件，则写入的新记录将附加到该文件后面。运行例 10-8 的程序，在输入对话框中输入“1”，单击“确定”按钮，然后输入数据，见表 10-4。

表 10-4　追加记录输入的数据

职工编号	职工姓名	所属部门	理论工作量	实训工作量
04025	贾菲菲	外文系	201	120
03006	白梦泽	机电系	456	402

输入结束后，回到输入对话框，输入“2”，单击“确定”按钮，将显示文件中所有的记录。如图 10-23 所示，新增记录已附在原记录的后面。

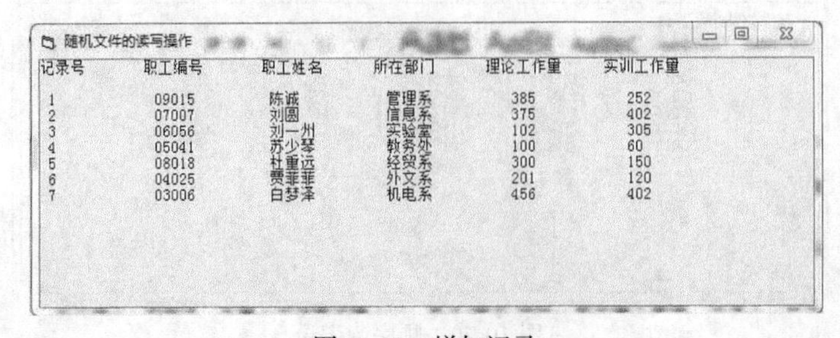

图 10-23　增加记录

2. 删除记录

在随机文件中删除一条记录，并不是真正地删除记录，而是把下一条记录重写到要删除的记录位置上，其后所有的记录依次前移。例如，前面建立的文件共有 7 条记录，假设要删除第 5 条记录，其方法是将第 6 条记录写到第 5 条记录上，第 7 条记录写到第 6 条记录上。文件中仍有 7 条记录，原来的第 5 条记录没有了，最后两条记录相同。也就是说，最后一条记录是多余的。为了解决这个问题，可以把原来的记录条数减 1，由 7 个变为 6 个。这样，当再向文件中增加新的记录时，多余的记录即被覆盖。

根据上面的分析，编写删除记录的通用过程如下：

```
Sub Deleterec(p As Integer)
repeat:
   Get #1, p + 1, revar
   If Loc(1) > renum Then GoTo finish
      Put #1, p, revar
      p = p + 1
      GoTo repeat
finish:
      renum = renum - 1
End Sub
```

上述过程用来删除文件中某条指定的记录，参数 p 是要删除的记录的记录号。该过程是前面过程的一部分，可以在例 10-8 的事件过程中调用，把事件过程中“Case 4”后面的部分改为

```
p = InputBox("输入要删除的记录号")
Deleterec (p)
```

程序运行后，在输入对话框中输入“4”，将显示一个对话框要求输入要删除的记录号，如图 10-24 所示。

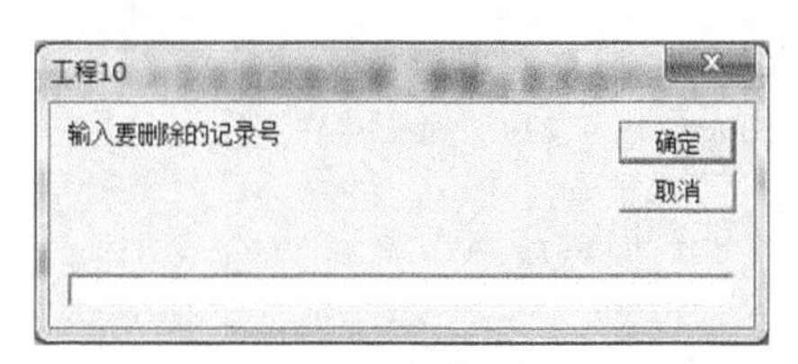

图 10-24　输入要删除的记录号对话框

输入“5”并单击“确定”按钮，第 5 条记录被删除，返回到输入对话框，此时如果输入“2”，单击“确定”按钮，即可看到第 5 条记录已被删除，如图 10-25 所示。

随机文件的读写操作

记录号	职工编号	职工姓名	所在部门	理论工作量	实训工作量
1	09015	陈诚	管理系	385	252
2	07007	刘圆	信息系	375	402
3	06056	刘一州	实验室	102	305
4	05041	苏少琴	教务处	100	60
5	04025	贾菲菲	外文系	201	120
6	03006	白梦泽	机电系	456	402

图 10-25　删除记录后

10.7 二进制文件

二进制文件是所有打开方式中最自由的文件,它只把文件中的数据看作是一堆 0 与 1 的集合,对这些数据如何解释,只看用 Get 语句读取它们时所使用的变量类型。

二进制的使用和随机文件相似,同样是利用 Put 与 Get 来读写数据,它们之间的区别有以下几点:

① Open 语句,在 For 后面的打开模式要用 Binary。

② 不需要指定 Len,因为二进制读、写比随机文件自由。

③ 对于不定长度字符串,保存文件时将不会保存它的长度信息。

④ 由于不记录字符串的长度,所以在 Get 中使用不定长字符串时,读取的字符数将等于该字符串原先的长度。

【例 10-9】 用记事本建立 1 个文本文件,内容为图 10-26 所示的一首宋词,然后编程把这首词按上下阕拆分与合并。

① 设计界面并设置属性。在窗体上添加 3 个标签,3 个文本框,2 个命令按钮。窗体的 Caption 属性为“二进制文件的读写操作”,3 个标签的 Caption 属性分别为:江城子 · 乙卯正月十二日夜记梦—苏轼、上阕、下阕;3 个文本框的 Text 属性为空,MultiLine 属性为 True;修改 Text2 的 Name 属性为 Text1,组成控件数组,并修改默认的 Index 属性为 1、2;两个命令按钮的 Caption 属性为“拆分”和“合并”。

② 编写事件代码。

“拆分”按钮的 Click 事件代码如下:

```
Private Sub Command1_Click()
  Dim arr() As Byte
  Open "f:\z10\江城子·记梦.txt" For Binary As #1
  ReDim arr(1 To Round(LOF(1) / 2))
  Get #1, , arr
  Open "f:\z10\上阕.txt" For Binary As #2
  Put #2, , arr
  Close #2
  ReDim arr(1 To LOF(1) - Round(LOF(1) / 2))
  Get #1, , arr
  Open "f:\z10\下阕.txt" For Binary As #2
  Put #2, , arr
  Text2 = arr
  Close #2
  Close #1
  '上面已完成文件拆分;下面用 Line Input 语句在文本框中显示出来
  Open "f:\z10\上阕.txt" For Input As #1
  Open "f:\z10\下阕.txt" For Input As #2
  For i = 1 To 2
   Do While Not EOF(i)
     Line Input #i, h$
```

```
        q$ = q$ + h$ + Chr$(13) + Chr$(10)
     Loop
    Text1(i).Text = q$
    q = ""
    Close #i
    Next i
End Sub
```

“合并”按钮的 Click 事件代码如下：

```
Private Sub Command2_Click()
    Open "f:\z10\全.txt" For Binary As #1 '合:
    Dim arr() As Byte
    Open "f:\z10\上阕.txt" For Binary As #2
    ReDim arr(1 To LOF(2))
    Get #2, , arr
    Put #1, , arr
    Close #2
    Open "f:\z10\下阕.txt" For Binary As #2
    ReDim arr(1 To LOF(2))
    Get #2, , arr
    Put #1, , arr
    Close #2
    Close #1
    '以上完成合并功能
    Text3.FontSize = 12
    Open "f:\z10\全.txt" For Input As #1
     Do While Not EOF(1)
        Line Input #1, h$
        q$ = q$ + h$ + Chr$(13) + Chr$(10)
     Loop
    Text3.Text = q$
    Close #1
End Sub
```

③ 运行程序，结果如图 10-26 所示。

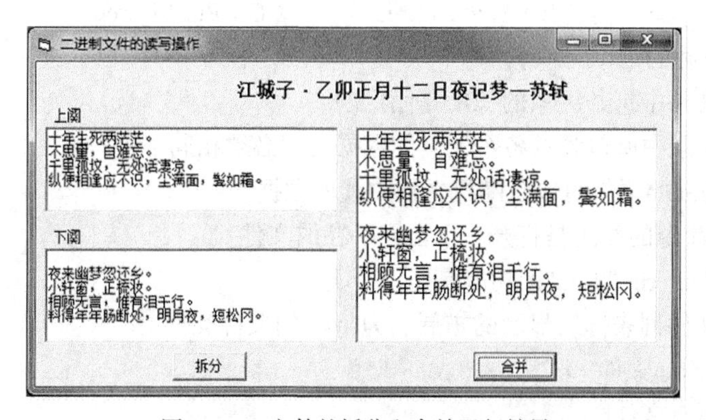

图 10-26　文件的拆分和合并运行结果

综合训练

实训　根据你所在班级的实际情况，为你们班设计一个本学期的“学生成绩管理系统”应用程序。

功能要求：能实现学生成绩的录入、修改、删除和浏览。信息至少要包括学号、姓名、班级、课程、成绩、总分、平均分等。

本章小结

本章主要介绍了以下内容。

① 文件系统控件的使用。

② 了解文件的结构与分类。

③ 文件的操作语句和函数。

④ 顺序文件的建立、打开、读写和关闭。

⑤ 随机文件的读写操作。

习　　题

一、选择题

1. 要读顺序文件“shunxu.dat”，打开文件的正确语句是（　　）。

（A）Open "shunxu.dat" For write As #1　（B）Open "shunxu.dat" For Binary As #1

（C）Open "shunxu.dat" For Input As #1　（D）Open "shunxu.dat" For Random As #1

2. 下列不属于 VB 数据文件的是（　　）。

（A）顺序文件　（B）二进制文件　（C）随机文件　（D）数据库文件

3. 向随机文件中写入数据的正确语句是（　　）。

（A）Get #1, ,rec　（B）Write #1,rec　（C）Put #1, ,rec　（D）Print #1,rec

4. 下列叙述正确的是（　　）。

（A）随机文件中每条记录的长度是固定的

（B）一个记录中所包含的各个元素的数据类型必须相同

（C）使用 Input#语句可以从随机文件中读取数据

（D）Open 命令的作用是打开一个已经存在的文件

5. 语句 File1.Pattern="*.txt"的功能是（　　）。

（A）返回文件列表框所显示的扩展名为".txt"的文件类型

（B）第一个 txt 文件

（C）包含所有文件

（D）磁盘的路径

6．按文件中数据的编码方式，可将文件分为（　　）。

（A）随机文件和顺序文件　　（B）二进制文件和 ASCII 文件

（C）可执行文件和源文件　　（D）数据文件和程序文件

7．建立随机文件时，如果每一条记录由多个不同数据类型的数据项组成，应使用（　　）来定义。

（A）记录类型　　（B）变体类型　　（C）数组　　（D）字符串类型

8．为了把一个记录型变量的内容写入文件中指定的位置，下列语句格式正确的是（　　）。

（A）Get 文件号，记录号，变量名　　（B）Get 文件号，变量名，记录号

（C）Put 文件号，变量名，记录号　　（D）Put 文件号，记录号，变量名

9．在下列函数中，能判断文件是否结束的函数是（　　）。

（A）EOF　　（B）LOF　　（C）LOC　　（D）BOF

10．用 Open 语句打开文件时，如果省略“For 方式”，则打开文件的存取方式是（　　）。

（A）顺序输入方式　　（B）顺序输出方式　　（C）随机存取方式　　（D）二进制方式

二、填空题

1．根据数据的存取方式和结构，文件可分为________和________。根据数据性质，文件可分为________和________。

2．打开文件使用的语句为________。在该语句中，可以设置的输入/输出方式包括________、________、________、________和________5 种。

3．为了管理计算机中的文件，Visual Basic 6.0 提供了文件系统控件，包括________、_____和________。

4．顺序文件通过________语句或________语句把缓冲区中的数据写入磁盘，但只有在满足 3 个条件之一时才写盘，这 3 个条件是________、________和________。

5．在窗体上添加一个驱动器列表框、一个目录列表框和一个文件列表框，其名称分别为 Drive1、Dir1 和 File1，为了使它们同步操作，必须触发________事件和________事件，在这两个事件中执行的语句分别为________和　　　　。

三、编程题

1．编写一个程序，用来处理活期存款的结算事务。程序运行后，先由用户输入一个表示结存的初值，然后进入循环体，询问是接收存款，还是扣除支出。每次处理后，程序都要显示当前的结存，并把它存入一个文件中。要求输出的浮点数保留小数后两位。

2．编写程序，按下列格式输出 2014 年 12 月的月历，并把结果放入一个文件中。

2014 年 12 月份

MON	TUE	WED	THU	FRI	SAT	SUN
1	2	3	4	5	6	7
8	9	10	11	12	13	14
15	16	17	18	19	20	21
22	23	24	25	26	27	28
29	30	31				

3．在 C 盘上建立一个“employee.dat”的顺序文件，当单击“输入”命令按钮时，利用输入对话框向文件中输入员工的编号、姓名和部门；当单击“显示”命令按钮时，可以将员工的编号、姓名和部门信息显示在窗体上。

4．在磁盘上建立一个学生通讯录记事本文件，文件中的每条记录包括学号、姓名、班级、电话号码和家庭住地 5 项内容（数据项之间用逗号分隔）。试编写一个程序，从文件中查找指定的学号，并在文本框中输出其姓名、班级、电话号码和家庭地址。

5．在窗体上添加 6 个标签、2 个文本框、1 个组合框、2 个命令按钮以及 1 个驱动器列表框、1 个目录列表框和 1 个文件列表框。然后按以下要求设计程序。

（1）程序运行后，在"目录:"下面的标签中列出当前路径。组合框设置为下拉式列表框，组合框中有 3 项选择，分别为"所有文件（*.*）""文本文件（*.txt）"和"Word 文档（*.doc）"，文件列表框中列出的文件类型与组合框中显示的文件类型相同。

（2）通过单击驱动器列表框和双击目录列表框进行选择，使文件列表框中显示相应目录中的文件，所显示的文件类型由组合框中的当前项目确定。

（3）单击文件列表框中的一个文件名，该文件名即可在"文件名称:"下面的文本框中显示出来。

（4）单击"读文件"按钮，使"文件名称:"下面文本框中显示的文件（文本文件）内容在右面的文本框中显示出来，此时可以对该文件进行编辑。

（5）单击"保存"按钮，编辑后的文件内容可以保存到由目录列表框指定的路径和由文件列表框指定的文件（该文件显示在"文件名称:"下面的文本框中）。运行界面如图 10-27 所示。

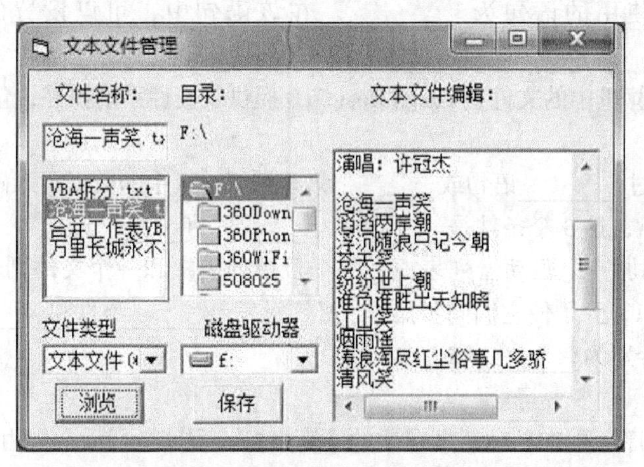

图 10-27　编程题 5 运行界面

第11章 数据控件的应用

学习目标

- 理解数据库的概念。
- 掌握数据控件的常用属性、常用事件、常用方法以及数据库记录的增、删、改操作。
- 掌握 ADO 控件的常用属性、ADO 控件的数据库连接及 ADO 控件上新增绑定控件的使用。
- 掌握记录集对象的属性与方法。
- 了解结构化查询语句（SQL）。
- 了解报表制作的方法。

重点和难点

- 重点：掌握据 Data 控件的使用，掌握 ADO 控件的使用，熟悉记录集对象的属性与方法，学会用 SQL 语句查询数据。
- 难点：记录集对象的属性与方法，SQL 语句。

课时安排

- 讲授 2 学时，实训 2 学时。

11.1 案例：系统登录界面设计

大部分数据库应用系统的用户信息都存储在后台的数据库中，登录时要核对用户输入的信息是否与数据库中存储的信息一致，案例就设计 1 个基于数据库表的系统登录界面。

11.1.1 要点分析

用户登录界面用标签、文本框、命令按钮控件实现；用户的信息应预先存储在用户数据库中，通过 Data 控件建立与数据库的连接，调用 FindFirst 方法查找数据。

11.1.2 设计实现

【例 11-1】 系统登录界面的设计。

1. 建立数据库

为存取文件方便，可在创建数据库前先在硬盘上新建一个文件夹，命名为“第 11 章”，因为本章设计用到多张图片，所以还需在此文件夹下再建立一个 PIC 文件夹，同时把所用图片都复制于其中。

（1）创建数据库 student

启动 VB，单击菜单栏中的“外接程序”|“可视化数据管理器”命令，然后在任务栏中单击 VisData 图标，在打开的 VisData 界面中（图 11-1）选择“文件”|“新建”|“Microsoft Access（M）”|“Version 7.0 MDB（7）”命令，在打开的对话框中输入文件名 student，选择保存位置为先前建立的“第 11 章”文件夹，单击“保存”按钮即可新建数据库文件 student.mdb。

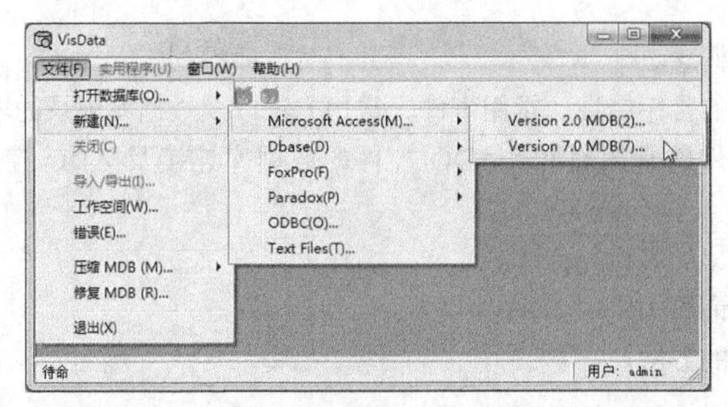

图 11-1 新建数据库命令

此时数据库中不含任何数据表。标准的 VisData 窗口为数据库窗口+SQL 语句窗口，如图 11-2 所示，在数据库窗口中，系统以树状结构显示数据库的属性和结构。

（2）新建表 user

在“数据库窗口”的右键菜单中单击“新建表”命令，如图 11-2 所示；然后在打开的“表结构”对话框中输入表名称 user，再单击“添加字段”按钮，打开如图 11-3 所示的“添加字段”对话框，输入字段的名称、大小，勾选“可变字段”复选框，单击“确定”按钮完成第 1 个字段的添加，继续在该对话框中输入密码字段的信息，字段输入完成后，单击“关闭”按钮返回“表结构”对话框，在字段列表中单击相应字段即可在右侧显示其详细信息，单击“生成表”按钮后即可完成表结构的建立。

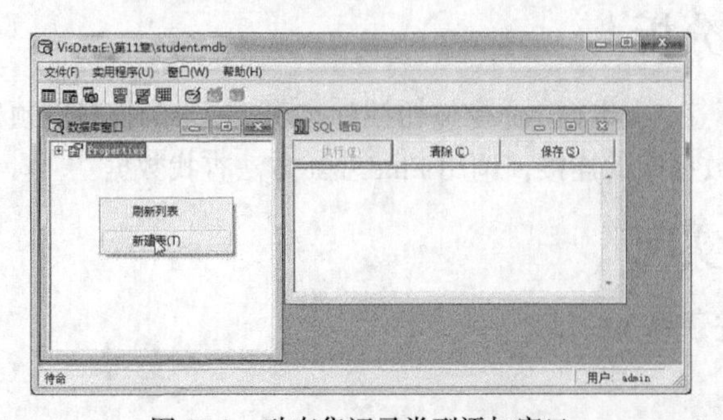

图 11-2 动态集记录类型添加窗口

（3）输入记录

如图 11-4 所示，在 user 表的右键菜单中选择“打开”命令，打开“Dynaset”记录集的浏览窗口对话框，如图 11-5 所示调整窗口大小至显示所有字段。单击“添加”按钮，如图 11-6 所示输入第 1 条记录的数据，然后单击“更新”按钮保存新记录，再次单击“添加”按钮输入下一条记录的信息：李临、780308。输入记录后，即可在记录浏览窗口用滚动条查看已输入的所有记录。

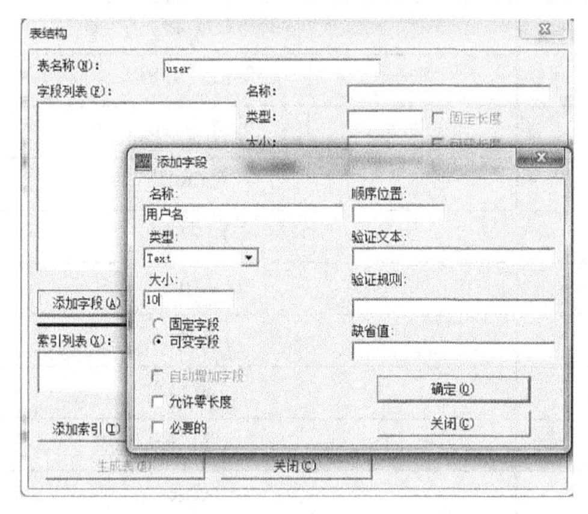

图 11-3　建立 user 表

图 11-4　user 表中的数据

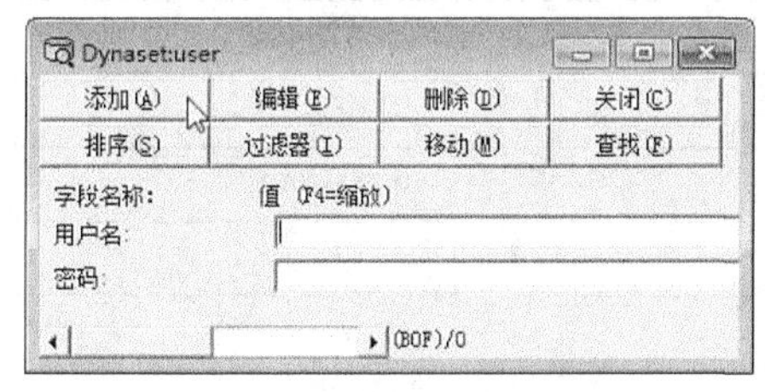

图 11-5　记录浏览窗口

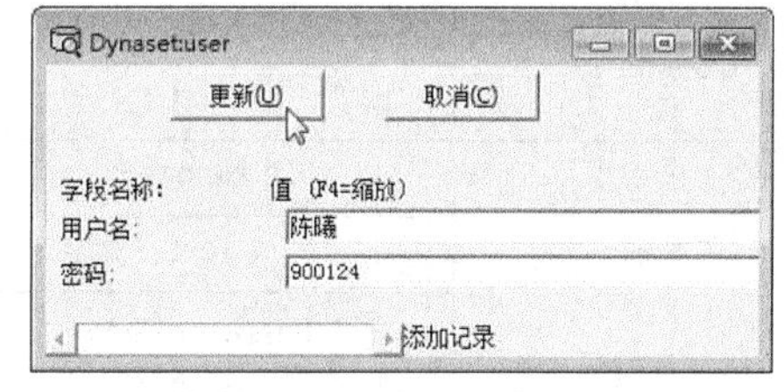

图 11-6　记录添加窗口

user 表建好后，即可关闭 VisData 窗口。

2. 设计登录界面

（1）设计界面

新建工程，在默认窗体 Form1 上添加 2 个标签、2 个文本框、2 个命令按钮、1 个 Data 控件。登录窗口的设计界面（属性设置前）如图 11-7 所示。

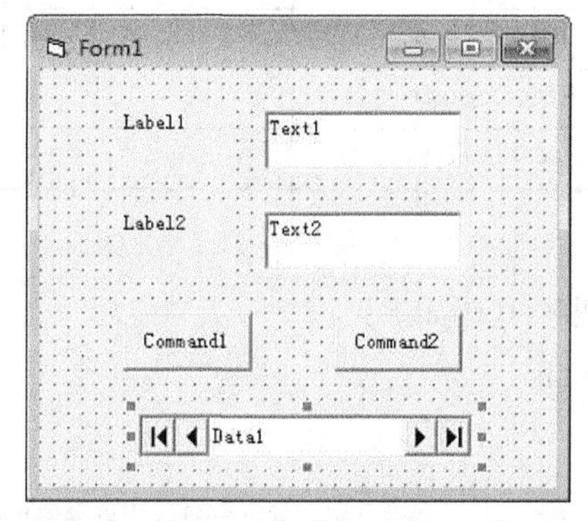

图 11-7　登录窗口的设计界面（属性设置前）

（2）设置属性

窗体及其上的控件属性设置见表 11-1。

表 11-1 窗体及其上的控件属性设置

控 件	属性名	属性值
窗体	Name	frmLogin
	Caption	登录
	BorderStyle	3-FixDialog
	StartUpPosition	2-屏幕中心
标签	Name	Label1
	Caption	用户名
	AutoSize	True
	Font	五号
标签	Name	Label2
	Caption	密 码
	AutoSize	True
	Font	五号
文本框	Name	txtUserName
	Text	空
文本框	Name	txtPassword
	Text	空
	PasswordChar	*
按钮	Name	cmdOK
	Caption	确定
	Default	True
按钮	Name	cmdCancel
	Caption	取消
Data	Name	DataUser
	Visible	False
	DatabaseName	第 11 章\student.mdb
	RecordSource	user
	RecordsetType	1-Dynaset

（3）编写代码

①“确定”按钮的 Click 事件代码如下：

```
Private Sub cmdOK_Click()
  Dim m As String
  Dim p As String
  Static T As Integer                '定义静态变量，用以存储单击该按钮的次数
  m = Trim(txtUserName.Text)         '删除文本框左右的空格并赋值给变量 m
  p = Trim(txtPassword.Text)         '删除文本框左右的空格并赋值给变量 p
```

Rem 调用 Find 方法查找用户输入的用户名与密码，用 NoMatch 属性返回查找情况，如找到，则 NoMatch 属性返回值为 False，如未找到，则返回值为 True(默认)。

```
DataUser.Recordset.FindFirst "用户名 ='" & m & "'" & "And 密码='" & p & "'"
If DataUser.Recordset.NoMatch Then
   MsgBox "用户名或密码不对!", vbOKOnly + vbInformation, "错误提示"
   T = T + 1
   If T >= 3 Then
       End
   End If
    txtUserName = ""
    txtPassword = ""
    txtUserName.SetFocus
    SendKeys "{HOME}+{END}"
Else
  MsgBox "欢迎使用本系统!", vbOKOnly + vbInformation, "正确提示"
  'MDIfrm.Show'等后续主界面设计好后，即可在此调用
  Unload Me
End If
End Sub
```

② “取消”按钮的 Click 事件代码如下：

```
Private Sub cmdCancel_Click()
 End
End Sub
```

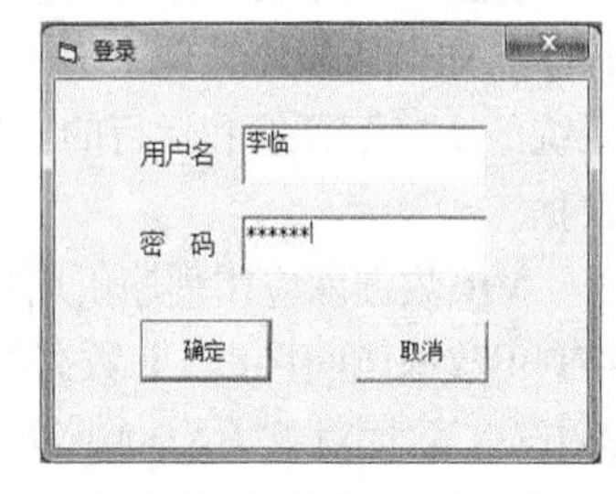

图 11-8　登录窗口运行界面

程序运行结果如图 11-8 所示，最后，保存窗体和工程到文件夹“第 11 章”中，以方便后续的调试和修改。

11.2　数据库概述

数据库技术是计算机应用技术中的一个重要组成部分，对于大量的数据，使用数据库存储管理比通过文件存储管理效率更高。当前，在不同的专业领域都可见到管理信息系统的应用，如企业资源计划（ERP）系统、企业资产管理（EAM）系统、库存管理系统、人力资源管理系统、客户关系管理系统、工资管理系统、项目管理系统等。

Visual Basic 6.0 具有强大的数据库操作功能，提供包含数据管理器（Data Manager）、数据控件(Data Control)、ADO(Active Data Object)等功能强大的工具。Visual Basic 6.0 能够将 Windows 的各种先进性与数据库有机地结合在一起，可以很好地实现数据库的存取界面，开发出实用、便利的数据库应用程序。

11.2.1　数据库的基本概念

1. 数据库

数据库（DataBase，DB），是指存储在计算机内、有组织的、可共享的相关数据的集合。数据库中的数据按一定的数据模型组织、描述和存储，具有较小的冗余度、较高的数据独立性和扩

展性，并可为多用户共享。

数据库中的数据是高度结构化的。数据库中可以存储大量的数据，并且能够方便地进行数据查询。另外，数据库还具有较好的保护数据安全、维护数据一致性的措施，并能方便地实现数据的共享。

2. 数据库管理系统

数据库管理系统（DataBase Management System，DBMS）是在操作系统支持下，为数据库的建立、使用和维护而配置的软件系统，如 Microsoft SQL Server 或 Microsoft Access 等。数据库管理系统是位于用户与操作系统之间的数据管理软件，它在操作系统的基础上，对数据库进行管理和控制，利用数据库系统提供的一系列命令，用户能够方便地建立数据库和操作数据，如建表、向表添加或删除记录等。用户使用的各种数据库命令以及数据应用程序的运行，都要通过数据库管理系统来实现。另外，数据库管理系统还要保证数据的安全性、完整性、多用户对数据的并发使用及发生故障后的系统恢复等任务。

3. 数据库应用程序

数据库应用程序是指用 VB 或 Delphi 等开发工具开发的程序，用来实现某种具体功能的应用程序，如财务软件管理系统、各种信息管理系统等。数据库应用程序是在操作系统和数据库管理系统的支持下开发和运行的。它利用数据库管理系统提供的各种手段访问一个或多个数据库及其数据。

VB 数据库应用程序由用户界面、数据库引擎和数据库 3 大部分组成。用户和数据库引擎的接口（数据访问接口）有数据控件（Data Control）、数据访问对象（DAO）、远程数据对象（RDO）、ActiveX 数据对象（ADO）等几种。

VB 可以通过数据库引擎访问以下 3 类数据库。

- Jet 数据库：由 Jet 引擎直接生成和操作，不仅灵活，而且快速。Microsoft Access 和 VB 使用相同的 Jet 数据库引擎。
- ISAM 数据库：即索引顺序访问方法数据库，有几种不同的形式，如 DBASE、Microsoft FoxPro 和 Paradox。在 VB 中可以生成和操作这些数据库。
- ODBC 数据库：即开放式数据库连接，这些数据库包括遵守 ODBC 标准的客户/服务器数据库，如 Microsoft SQL Server、Sybase、Oracle 等。VB 可以使用任何支持 ODBC 标准的数据库。

4. 数据库系统

数据库系统（DataBase System，DBS）是指由计算机硬件、操作系统、数据库管理系统及其开发工具和在此支持下建立起来的数据库、应用程序以及用户、数据库管理人员组成的一个整体。对于大型数据库系统来说，如 Microsoft SQL Server 数据库的建立、使用和维护工作，需要有专门的人员来完成，这些专门人员称为数据库管理员（DataBase Administrator，DBA）。

5. 关系数据库

关系数据库以关系模型为基础，建立在严格的数学概念的基础上，概念简单、清晰，并且功能强大，易于应用、理解和使用。

关系数据库是根据表、记录和字段之间的关系进行组织和访问，以行和列组织的二维表的形式存储数据，并且通过关系将这些表联系在一起的。

关系数据库分为两类：一类是桌面数据库，如 Access、FoxPro 等；另一类是客户/服务器数据库，如 SQL Server、Oracle 等。一般而言，桌面数据库用于小型的、单机的应用程序，它不需要网络和服务器，实现起来比较方便，但它只提供数据的存取功能。客户/服务器数据库主要适用于大型的、多用户的数据库管理系统。应用程序包括两部分：一部分驻留在客户机上，用于向用户显示信息及实现与用户的交互；另一部分驻留在服务器中，主要用来实现对数据库的操作和对数据的计算处理。

（1）表

关系数据库的表是采用二维表格来存储数据的，是一种按行与列排列的具有相关信息的逻辑组，类似于 Excel 工作表。一个数据库可以包含任意多个数据表。例如，一个学生信息数据库可以包括学生情况表、学生成绩表、课程信息表等，这些表分别用于存储学生学籍信息的数据、学生成绩的数据、所修课程数据等。

（2）字段

数据表中的每一列对应一个字段，表是由它所包含的各种字段定义的，每个字段描述了它所含有数据的意义，数据表的设计实际上就是对字段的设计。创建数据表时，为每个字段分配一个数据类型，定义了它们的数据长度和其他属性。字段可以包括各种字符、数字，甚至图形。如图 11-9 所示，该学生表中包含了 7 个字段，即学号、姓名、性别、出生日期、专业、籍贯、照片，各个字段包含了不同的数据类型。

stuinfo

学号	姓名	性别	出生日期	专业	籍贯	照片
130122007	李毅宏	男	1997/5/27	采矿工程	晋城	长二进制数据
130122125	白文君	男	1995/9/14	采矿工程	南宁	长二进制数据
130823056	陈玉童	女	1996/12/2	电子商务	石家庄	长二进制数据
130823058	刘江飞	男	1996/11/20	电子商务	淄博	长二进制数据
130922001	张林生	男	1996/9/15	计算机应用	大同	长二进制数据
130922004	刘远航	女	1997/7/1	计算机应用	晋城	长二进制数据
130922118	李念	女	1996/8/31	计算机应用	大同	长二进制数据
130926151	朱笑笑	女	1995/1/19	物流管理	济源	

图 11-9　学生基本情况表

（3）记录

数据库表中的每一行被称为一个记录。一般来说，数据库表中的任意两行都不能相同，如图 11-9 所示为一张学生基本情况表，表中每一行是一个记录，它包含了特定学生的基本情况信息，而每个记录则包含了相同类型和数量的字段。

（4）关键字

关键字用来确保表中记录的唯一性，可以是一个字段或多个字段，被用作一个表的索引字段。每个表都应有一个主关键字，主关键字可以是表的一个字段或字段的组合，且对表中的每一行都唯一，它们为快速检索而被索引。例如，在学生表中，学号是表的主关键字，因为学号唯一地标识了学生的唯一性。

（5）索引

索引是数据表中单列或多列数据的排序列表，每个索引指向其相关的数据表的某一行。索引提供了一个指向存储在表中特定列的数据的指针，然后根据所指定的排序顺序排列这些指针。如果对“学号”进行查询，则可以建立“学号”字段的索引，这样能更快地得到信息。

（6）表间关系

一个数据库往往包含多个表，不同类别的数据存放在不同的表中。表间关系把各个表连接起来，将来自不同表的数据组合在一起。表与表之间的关系是通过各个表中的某一个关键字段建立起来的，建立表关系所用的关键字段应具有相同的数据类型。

表与表之间存在 3 种关系：一对一关系、一对多关系和多对多关系。

11.2.2 设计数据库的步骤

（1）数据库需求分析

数据库开发者需要明确希望从数据库中得到什么信息，首先必须和使用数据库的人员进行交流，磋商需要解决的问题，并描述需要数据库生成的报表，收集当前用于记录数据的表格。

（2）确定数据库中需要的表

确定表是数据库设计中最主要的步骤。设计表时，应该掌握对信息进行分类的原则：一是表间不能有重复信息，每条信息只能保存在一个表中，这样只需在一处进行更新，效率高，同时也消除了包含不同信息的重复项的可能性；二是每个表应该包含关于一个主题的信息，这样可以独立于其他主题维护每个主题的信息。

（3）确定表结构

每个表中都包含关于同一个主题的信息，并且表中的每个字段都包含关于该主题的各个组成部分。例如，学生表可以包含学号、姓名、性别、出生日期、专业、籍贯、照片等字段，每个字段结构主要包括字段名、字段类型和字段宽度。

（4）确定索引字段

数据库中的每个表必须包含表中可以唯一确定每个记录的单个字段或多个字段，也就是确定索引字段。

（5）确定表与表之间的关系

建立表间关系，将相关信息组合起来，以便查询使用。

（6）输入表中记录的内容

当表的结构设计完成后，就可以向表中添加记录了。

11.3 可视化数据管理器

VB 支持的不同类型的数据库可以通过相关的数据管理系统来建立，如在 Visual FoxPro、Access 中建立数据库。此外，还可以使用 VB 的“可视化数据管理器”来创建数据库。在 VB 开发环境内，选择“外接程序”|“可视化数据管理器”命令或直接执行 VB 系统目录中的 Visdata.exe 程序，都可以打开“可视化数据管理器”，默认为 Access 数据库。下面在引例的基础上，介绍使用可视化数据管理器“VisData”打开 student.mdb 数据库新建 stuinfo 表的过程。

① 启动 VB，选择“外接程序”|“可视化数据管理器”命令，打开可视化数据管理器“VisData”窗口。

② 打开数据库。在“VisData”窗口，选择“文件”|“打开数据库”|“Microsoft Access”命令，在打开的对话框中选择前面建立并存储文件的“第 11 章”文件夹，如图 11-10 所示，双击 student

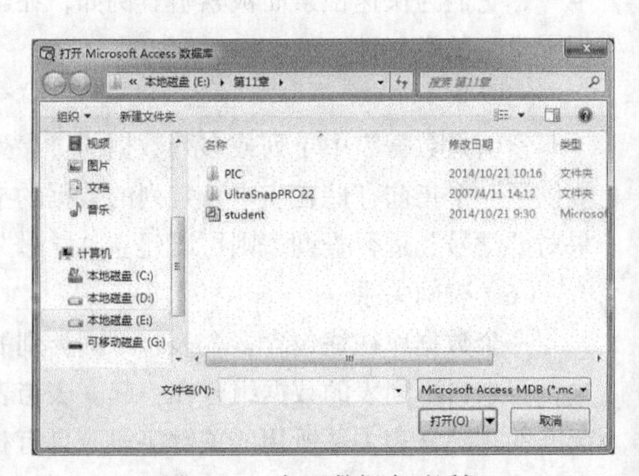

图 11-10 打开数据库对话框

即可。

③ 建立数据表结构。在数据库窗口的空白处单击鼠标右键，在弹出的快捷菜单中选择“新建表”命令，弹出“表结构”对话框。在“表名称”文本框中输入表名“stuinfo”，如图 11-11 所示。

④ 添加字段。在“表结构”对话框中，单击“添加字段”按钮，弹出“添加字段”对话框，如图 11-12 所示。

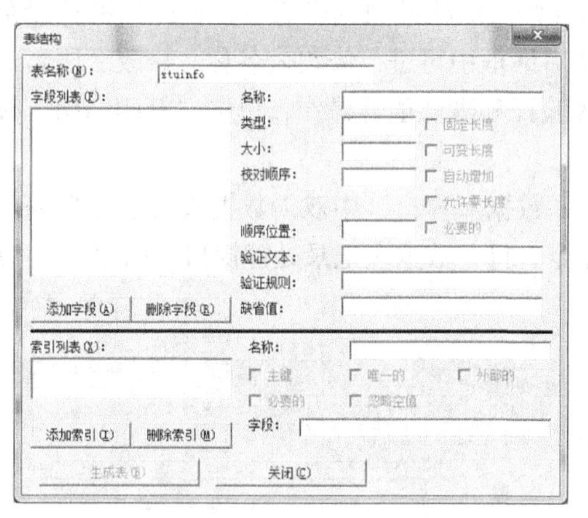

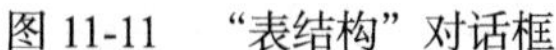
图 11-11　“表结构”对话框

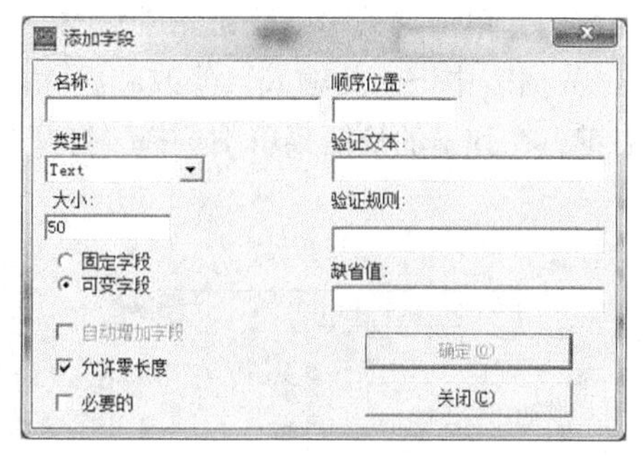

图 11-12　“添加字段”对话框

在“名称”文本框中键入字段名，在“类型”下拉列表中选择字段数据类型，在“大小”文本框中键入字段的最大尺寸（以字节为单位），选择字段是“固定字段”，还是“可变字段”，以控制在程序运行期间字段长度是否可调。通过“顺序位置”文本框控制字段的相对位置，在“验证文本”文本框中输入当字段值无效时应用程序显示的消息文本，在“验证规则”中键入数据的有效范围，“缺省值”文本框用以规定该字段的默认值。“自动增加字段”可设置如处于表末尾，是否自动添加下一个字段；“允许零长度”可设置是否零长度字符串为有效字符串；“必要的”可指定字段是否要求非 Null 值（不含任何有效数据）。一个字段定义完成后，单击“确定”按钮，可进行表中下一个字段的定义。所有字段添加完毕后，可单击“关闭”按钮关闭对话框，返回“表结构”对话框。

stuinfo 表结构见表 11-2。

表 11-2　stuinfo 表结构

字段名称	类　型	大　小
学号	Text	9
姓名	Text	8
性别	Text	2
出生日期	Date/Time	
专业	Text	16
籍贯	Text	8
照片	Binary	

⑤ 添加索引。在“表结构”对话框中，单击“添加索引”按钮，弹出“添加索引到 stuinfo”对话框，如图 11-13 所示，用学号字段作为主索引，索引名 xh。

在“名称”文本框中键入索引名，从“可用字段”列表框中选择建立索引的字段名（可选一个，也可选多个）。选择“主要的”指当前建立的索引是表的主索引，在每个数据表中主索引必须唯一。选择“唯一的”指示该索引项是唯一的，要求所有索引字段的值不重复。选择“忽略空值”指索引查询时将忽略值为 Null 的字段。单击“确定”按钮，返回到“表结构”对话框。

⑥ 生成表。在“表结构”对话框中单击“生成表”按钮，完成表结构的定义。

⑦ 修改表结构。在“数据库”窗口中右击要修改结构的数据表表名，在弹出的快捷菜单中选择“设计”命令打开“表结构”对话框。在该对话框中可进行修改表名称、修改字段名、添加和删除字段、修改索引、添加和删除索引、修改验证和默认值等操作，单击“打印结构”按钮可打印表结构，单击“关闭”按钮完成修改。

⑧ 数据表中记录的输入、修改和删除。在“数据库窗口”中双击数据表或在数据表上单击鼠标右键，在弹出的快捷菜单中选择“打开”命令，打开数据表记录处理窗口，如图 11-14 所示。

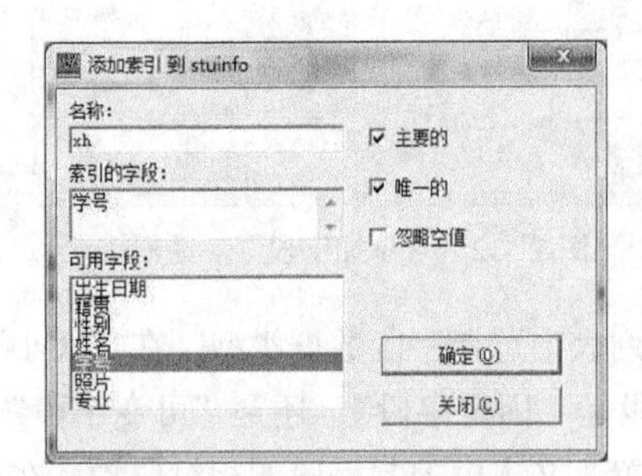

图 11-13　添加索引对话框

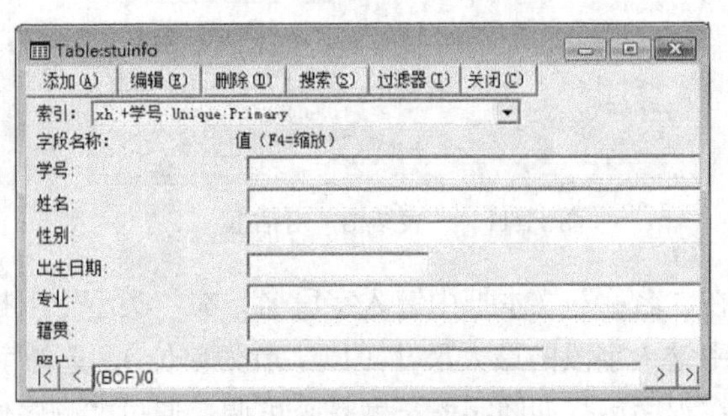

图 11-14　数据表记录处理窗口

如果当前记录集的类型不同，添加窗口的标题也不同，如果要更换记录集的类型，请关闭添加窗口，在工具栏上选择合适的类型，然后再打开。

“数据表记录处理”窗口各按钮的功能描述如下。

“添加”按钮：向表中添加记录。

“编辑”按钮：对选定的记录进行修改。

“删除”按钮：删除窗口中的当前记录。

“搜索”按钮：根据指定条件查找满足条件的记录。

“过滤器”按钮：通过输入指定的表达式对数据库进行过滤操作。

“关闭”按钮：关闭表处理窗口。

单击“添加”按钮，打开记录添加窗口，输入数据后，单击“更新”按钮保存修改，并返回“数据表记录处理”窗口。

注意日期数据的输入，一般顺序为年月日或月日年，分隔符可以是/或-，且年号只能为 2 位，如：07-01-97 或 97/7/1 都可，否则容易出错，如图 11-15 所示。

图 11-15　日期输入错误提示

图 11-16　score、subject 表中的记录

记录输入完毕后，单击“关闭”按钮，返回数据库窗口。

⑨ 依照③～⑧的步骤，建立存储学生成绩信息的 score 表和存储所修课程的 subject 表；两表中的记录如图 11-16 所示，两表的结构见表 11-3 和表 11-4。

表 11-3　score 表结构

字段名称	类　型	大　小
学号	Text	9
课程号	Text	6
成绩	Single	

表 11-4　subject 表结构

字段名称	类　型	大　小
课程号	Text	9
课程名称	Text	20
学时	Integer	
学分	Single	

⑩ 用 Access 打开数据库，可以一次浏览所有记录，图 11-9 和图 11-16 就是在 Microsoft Access 2010 中打开的效果。

11.4　数据控件及使用

11.4.1　Data 控件

Visual Basic 6.0 内嵌的数据控件（Data）是访问数据库的一种方便的工具，它通过 Microsoft JET 数据库引擎接口实现数据访问。它能够利用 3 种 Recordset 对象来访问数据库中的数据，数据控件提供有限的无须编程而能访问现存数据库的功能，允许将 Visual Basic 6.0 的窗体与数据库方便地进行连接。在不用对数据控件编写代码的情况下可以完成的功能有：完成对本地和远程数据库的链接；打开指定的数据库表，或者是基于 SQL 的查询集；将表中的字段传至数据绑定控件，并针对数据绑定控件中的修改更新数据库；关闭数据库。

要利用数据控件返回数据库中记录的集合，应先在窗体上添加数据绑定控件，再通过它的 3 个基本属性 Connect、DatabaseName 和 RecordSource 设置要访问的数据资源。

在“控件工具箱”中双击 Data 控件或单击后在窗体上拖曳出控件的大小，都可以看到 Data 控件的外观，如图 11-17 所示。

1. 数据控件的属性

（1）Connect 属性

Connect 属性指定数据控件连接的数据库类型。VB 可识别的默认数据库类型为 Microsoft Access 的 MDB 文件，另外还支持 XLS、DB、DBF、DDF、WKS 等数据库文件。

（2）DatabaseName 属性

DatabaseName 属性指定数据控件连接的数据库的名称，包括所有的路径名。

（3）RecordSource 属性

RecordSource 属性指定具体可访问的数据表，这些数据构成记录集对象 Recordset。该属性值可以是数据库中的单个表名，或者是一个存储查询，也可以是使用 SQL 查询语言的一个查询字符串。

（4）Exclusive 属性

Exclusive 属性指定数据库的打开方式，控制被打开的数据库是否允许被其他应用程序共享。缺省值 False 表示允许多个程序同时以共享方式打开数据库，即支持用户的并发访问。如果把该属性的值设置为 True，则指定只允许一个应用程序以独占方式打开数据库。

（5）RecordsetType 属性

RecordsetType 属性指定数据控件产生的记录集的类型。该属性可以指定 3 种风格的记录集：Table、Dynaset 和 Snapshot。如果使用 Microsoft Access 的 MDB 数据库，则应选择 Table 类型；如果正在使用其他类型的数据库，则 RecordsetType 属性的记录类型应选择 Dynaset 类型；如果只需要读数据而不更新它，则应选择 SnapShot 类型。

（6）ReadOnly 属性

ReadOnly 属性指定数据控件产生的记录集是否为只读类型。如果该属性为 True，则记录集只读；如果该属性为 Flase，则记录集既可读，也可修改。

注意

设计程序时定义该属性后，该属性就起作用了，但是，如果在程序中通过代码动态修改该属性的值，那么修改后必须执行数据控件的 Refresh 方法，ReadOnly 属性的作用才能发挥出来。

（7）BOFAction 属性

BOFAction 属性指定记录集当前记录指针移动到第一条记录后，再向前移动时数据控件的操作方式。属性的取值及其对应操作见表 11-5。

（8）EOFAction 属性

EOFAction 属性指定记录集当前记录指针移动到最后一条记录后再向后移动时数据控件的操作方式。属性的取值及其对应操作见表 11-5。

表 11-5　BOFAction 与 EOFAction 属性说明

属　性	属性值	操　作
BOFAction	0	重定位到第一条记录
	1	移过记录集开始位，定位到一个无效记录，触发数据控件对第一个记录的无效事件 Validate
EOFAction	0	重定位到最后一条记录
	1	移过记录集结束位，定位到一个无效记录，触发数据控件对最后一个记录的无效事件 Validate
	2	向记录集加入新的空记录集，可以对新记录进行编辑，移动记录指针，新记录写入数据库

（9）Recordset 属性

Recordset 属性指定或返回数据控件对应的 Recordset 对象，该对象中保存了数据控件对数据库查询的结果记录集。

（10）RecordCount 属性

RecordCount 属性返回记录集对象中已经访问过的记录数或记录总数。需要返回记录集中的记录总数时，可执行以下语句：

```
Recordset.MoveLast
Print  Recordset.RecordCount
```

2. 数据控件的事件

（1）Error 事件

当 Data 控件产生执行错误时触发。使用语法如下：

```
Private Sub Data1_Error(DataErr As Integer,Response As Integer)
```

其中，Data1 为 Data 控件名字；DataErr 为返回的错误号；Response 设置执行的动作，为 0 时表示继续执行，为 1 时显示错误信息。

（2）Reposition 事件

当某个记录成为当前记录后触发。只要改变记录集的指针使其从一条记录移到另一条记录，则会产生 Reposition 事件，通常是利用该事件进行以当前记录内容为基础的操作，如进行计算和控制数据控件的 Caption 属性值等。

（3）Validate 事件

在记录改变前或者使用删除、更新或关闭操作前触发。Validate 事件用于检查被数据控件绑定的控件内的数据是否发生变化。

3. 数据控件的方法

（1）Refresh 方法

Refresh 方法用于激活数据控件。在 Data 控件打开或重新打开数据库的内容时，该方法可以更新 Data 控件的数据设置。例如，在多用户环境下，当其他用户同时访问同一数据库和表时，Refresh 方法将使各用户对数据库的操作有效。

（2）UpdateRecord 方法

当在数据绑定控件中修改数据后，数据控件需要移动记录集的指针，才能对刚才修改的数据进行保存。采用 UpdateRecord 方法可以强制数据控件将数据绑定空间中的数据写入到数据库，但不触发 Validate 事件。

（3）UpdateControls 方法

UpdateControls 方法可以将 Data 控件记录集中的当前记录填充到数据绑定控件内。因而，可使用该方法终止用户对绑定控件内数据的修改。

4. 数据绑定控件

数据控件本身不能显示数据库的数据，只能通过设置数据控件的一些属性，链接指定的数据库文件，再借助数据绑定控件显示字段内容并接受更改。

所谓数据绑定控件是指能够与 Data 控件一起使用，从而操作数据库中数据的控件。当一个控件被绑定到数据控件，VB 会把从当前数据库记录取出的字段只应用于该控件，然后这个控件显示数据并接受更改。如果在绑定控件建立、改变数据，当移动到另一条记录时，这些改变会自动写入数据库中。

常用的数据绑定控件有标签、文本框、图片框、图像框、复选框、列表框、组合框等。VB还包括了若干种数据绑定的ActiveX控件，如DataGrid、DataCombo、Chart、DataList 控件等。

（1）数据绑定控件的相关属性

DataSource属性（数据源）：指定（绑定到）Data数据控件。

DataField属性（数据字段）：绑定到特定字段。绑定后只要移动指针，就自动写入修改内容。

（2）在属性窗口设置绑定控件属性

在属性窗口将数据绑定控件的DataSource属性设为Data数据控件（如Data1）。如果是单字段显示控件（如文本框等），还需将控件的DataField属性设置为特定字段。DataGrid控件属于多字段显示控件，没有DataField属性。

（3）用代码设置绑定控件属性

程序运行时，可以动态地设置数据绑定控件的属性。例如：

```
Set Text1.DataSource = Data1
Text1.DataField = "姓名"
Set DataGrid1.DataSource = Data1
```

DataSource是对象类型的属性，必须用Set语句为其赋值。

5. 数据绑定的过程

绑定数据的步骤如下。

① 在同一个窗体上添加数据绑定控件和数据控件。

② 设置数据控件的属性。

③ 设置数据绑定控件的属性，如DataSource、DataField属性。

【例 11-2】 设计一个窗体，用以浏览student.mdb数据库中的stuinfo表的记录，程序运行后的效果如图11-17所示。

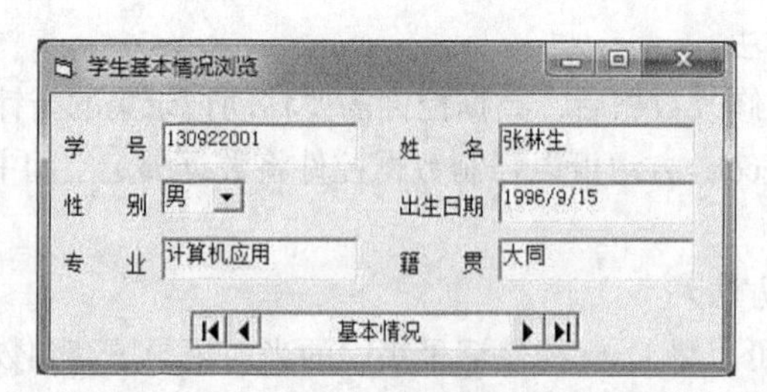

图 11-17 学生基本情况浏览窗口

① 设计界面。

在窗体上添加数据控件Data1、5个文本框、1个组合框和6个标签控件，并调整各控件的位置与大小。

如图11-18所示逐一设置窗体和标签的Caption属性，设置窗体的StartUpPostion属性为1。

② 建立连接和产生记录集。

• 单击选定数据控件Data1，在属性设置对话框中设置Caption属性为“基本情况”，Connect

属性为“Access”，如图 11-18 所示。

● 设置数据控件 Data1 的 DatabaseName 属性，选定已创建好的数据库“student.mdb”。

● 设置数据控件 Data1 的 RecordSource 属性，在列表框中指定数据库“student.mdb”的“stuinfo”表，如图 11-19 所示。

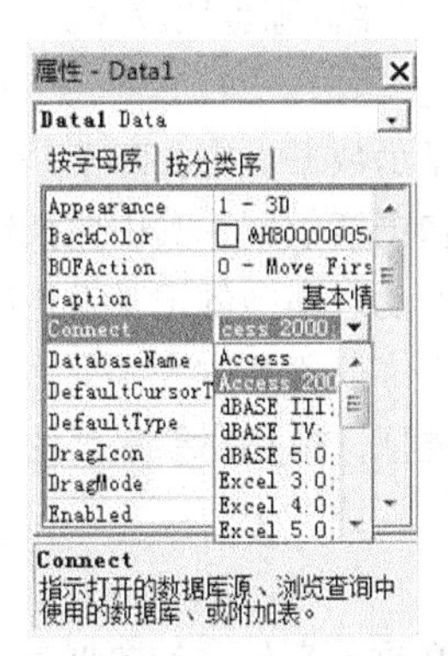

图 11-18　Connect 属性设置

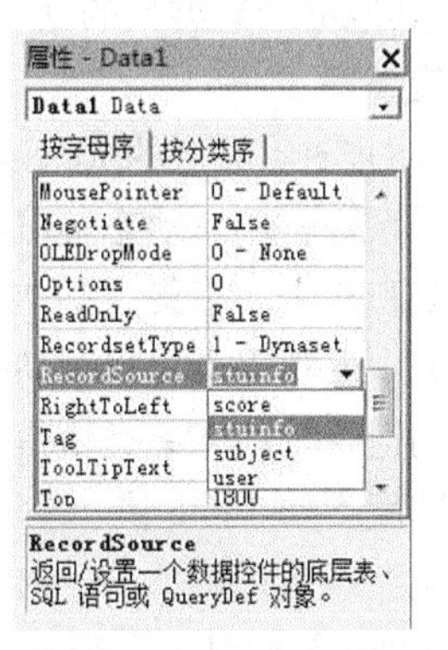

图 11-19　Recordsource 属性设置

③ 数据控件的绑定。

● 选定 Text1 文本框，设置其 DataSource 属性为“Data1”，如图 11-20 所示，设置 DataField 属性为“学号”字段，如图 11-21 所示。

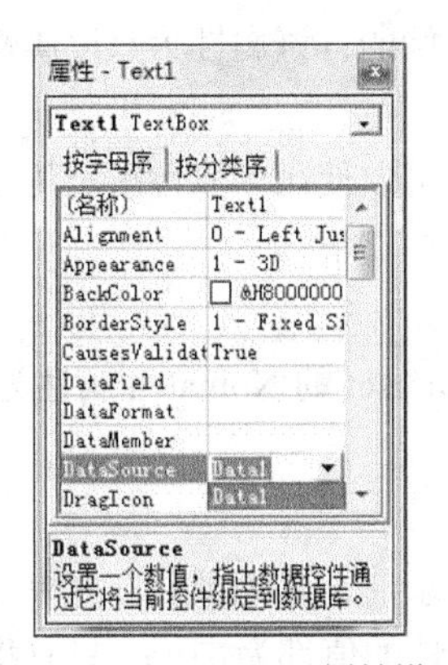

图 11-20　DataSource 属性设置

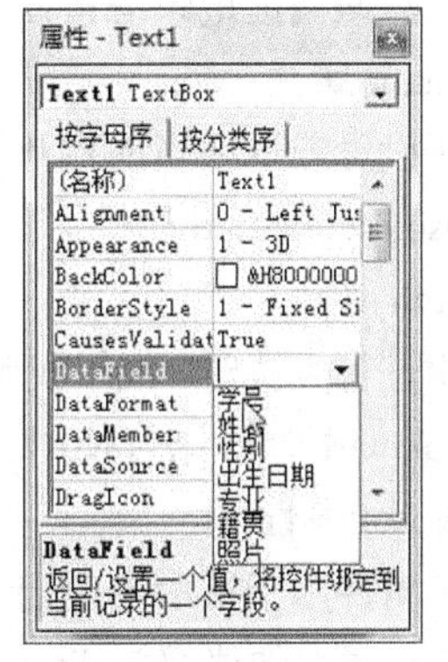

图 11-21　DataField 属性设置

● 按照相同的方式对其他文本框和组合框控件的 DataSource 属性和 DataField 属性进行相应的设置。

④ 运行程序，浏览记录。

在工程属性中设置启动对象为 stuinfo 窗体，运行后单击数据控件 Data1 的 4 个箭头按钮，即可逐条查看记录。

11.4.2　记录集对象的使用

1. 记录集类型

在 VB 中，由于数据库内的表不允许直接访问，而只能通过记录集对象（Recordset）进行记录的操作和浏览，因此，记录集是一种浏览数据库的工具。用户可根据需要，通过使用记录集对象选择数据。记录集对象提供了 24 种方法和 26 种属性，利用它们可以对数据库中的记录进行各种处理。记录集有 3 种类型：表、动态集和快照。

（1）表类型

表（Table）类型的 Recordset 对象是可直接显示数据，但只能打开单个表的记录集，而不能打开连接或者联合查询的表。如果使用基本表创建索引，就可以对表类型的 Recordset 对象进行索引。Table 比其他记录集类型的处理速度快，同时需要的内存资源也比较大。

（2）动态集类型

动态集（DynaSet）类型的 Recordset 对象可以修改和显示数据。它实际上是对一个或者几个表中的记录的一系列引用。动态集可用于从多个表中提取和更新数据，其中包括链接其他数据库中的表。动态集和产生动态集的基本表可以互相更新。如果动态集中的记录发生改变，同样的变化也将在基本表中反映出来。打开动态集时，如果其他用户修改了基本表，那么动态集中也将反映出被修改过的记录。动态集类型是最灵活的 Recordset 类型，也是功能最强的。它的搜索速度与其他操作的速度不如 Table 快。

（3）快照类型

快照（SnapShot）类型的 Recordset 对象是静态的显示数据。它包含的数据是固定的，记录集为只读状态，它反映了在产生快照的一瞬间的数据库的状态。SnapShot 是最缺少灵活性的记录集，但它需要的内存开销最少。

2. 记录集对象的属性

（1）AbsolutePosition 属性

该属性用于返回当前记录的指针值，指针值是从 0 开始的，该属性为只读属性。

（2）Bookmark 属性

该属性用于设置或返回当前指针的标签。在程序中，可以使用该属性重定位记录集的指针，但不能使用 AbsolutePosition 属性。

（3）Nomatch 属性

在记录集中进行查找时，如果找到匹配的记录，则 Recorset 的 Nomatch 属性为假，否则为真。该属性常与 Bookmark 属性结合使用。

（4）Bof 和 Eof 属性

Bof 和 Eof 属性用于指示当前记录指针是否位于首记录前、末记录后。如果记录集中没有记录，则 Bof 与 Eof 属性的值都为 True；如果 Bof 与 Eof 属性的值都为 True，只有将记录指针移动到实际存在的记录上，它们的值才变成 False；当创建或打开只有一条记录的记录集时，第一条记录将为当前记录，Bof 与 Eof 属性的值都为 False；如果 Bof 或 Eof 属性为 False，而且记录集中的唯一记录被删除，那么属性将保持 False，直到试图移动到另一条记录为止，这时的 Bof 与 Eof 属性的值都将变为 True。

（5）RecordCount 属性

该属性用于返回 Recordset 对象中记录的数目，为只读属性。

（6）Source 属性

该属性用于指定 Recordset 对象的数据源：Command 对象变量、SQL 语句、存储过程。

（7）Filter 属性

该属性用于设置 Recordset 对象中的筛选条件。

（8）CursorType 属性

该属性用于指定打开 Recordset 对象时应该使用的游标类型。

（9）ActiveConnection 属性

该属性用于返回 Recordset 对象所属的 Connection 对象。

3. 记录集对象的方法

（1）Move 方法

使用 Move 方法可以代替数据控件对象的 4 个箭头的操作遍历整个记录集中的记录。VB 中提供了 5 种 Move 方法，它们的功能见表 11-6。

表 11-6　　Move 方法及功能表

方　法	功　能
Move[n]	向前或向后移动 *n* 条记录，*n* 为指定的整型数值
MoveFirst	移动到指定 Recordset 对象中的第一条记录，并使该记录成为当前记录
MoveLast	移动到指定 Recordset 对象中的最后一条记录，并使该记录成为当前记录
MoveNext	移动到指定 Recordset 对象中的下一条记录，并使该记录成为当前记录
MovePrevious	移动到指定 Recordset 对象中的上一条记录，并使该记录成为当前记录

（2）Find 方法

使用 Find 方法可以在指定的 Dynaset 或 Snapshot 类型的 Recordset 对象中查找与指定条件相符的一条记录，并使之成为当前记录。如果 Find 方法找到匹配的记录，则记录定位到该记录；如果 Find 方法未找到匹配的记录，则 NoMatch 属性为 True，并且当前记录还保持在方法使用前的那条记录。

VB 中提供了 4 种 Find 方法，它们的功能见表 11-7。

表 11-7　　Find 方法及功能表

方　法	功　能
FindFirst	从记录集中查找满足条件的第一条记录
FindLast	从记录集中查找满足条件的最后一条记录
FindNext	在记录集中从当前记录开始查找满足条件的下一条记录
FindPrevious	在记录集中从当前记录开始查找满足条件的上一条记录

4 种 Find 方法的语法格式相同，即

```
数据集对象名. Find 方法  条件
```

例如，在学生基本情况表中查找籍贯为晋城的第一条记录：

```
Data1.Recordset.FindFirst "籍贯='晋城'"
```

（3）Seek 方法

该方法只用于对表记录集类型的记录集中的记录进行查找。

（4）AddNew 方法

该方法向数据库中增加新的记录。增加记录的操作分为 3 步：调用 AddNew 方法；给各字段赋值，给字段赋值的格式为 Recordset.Fields("字段名")=值；调用 Update 方法，确定所做的添加，将缓冲区数据写入数据库。

（5）Edit 方法

该方法用于编辑当前记录。使用 Edit 方法修改记录集中记录的操作分为 4 步：定位要修改的记录，使之成为当前记录；调用 Edit 方法；给各字段赋值；调用 Update 方法，确认所做的修改。

（6）Update 方法

该方法用于保存对 Recordset 对象的当前记录所做的所有更改。

（7）Delete 方法

该方法用于删除记录集中的当前记录。删除记录的操作分为 3 步：定位被删除的记录，使之成为当前记录；调用 Delete 方法；移动记录指针。

（8）Close 方法

该方法用于关闭记录集，并释放系统资源。

（9）Requery 方法

该方法用于重新执行对象所基于的查询，来更新 Recordset 对象中的数据。

【例 11-3】 浏览和编辑 stuinfo 表中的记录，程序完成后的界面如图 11-22 所示。

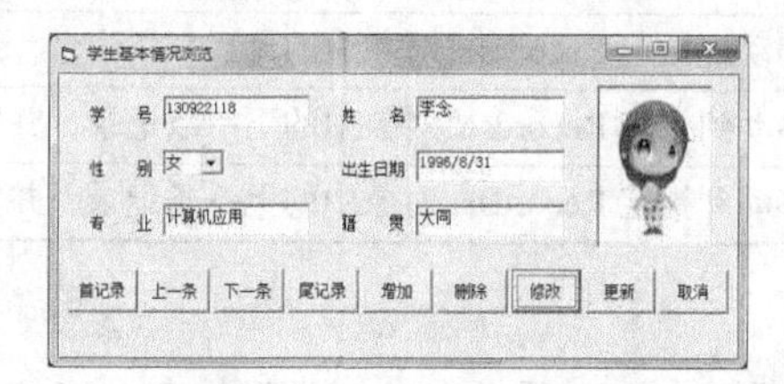

图 11-22 程序完成后的界面

① 设计界面。在例 11-2 的基础上，添加 1 个图像框控件，1 个通用对话框控件，添加两个控件数组，第 1 组的 4 个按钮名为 Command1，第 2 组的 5 个按钮名为 Command2。

② 设置属性。根据图 11-22 设置 9 个按钮的 Caption 属性，设置数据控件 Data1 的 Visible 属性为 False，设置图像框 Image1 的 DataSource 属性为 Data1，DataField 属性为“照片”，BorderStyle 属性为 1，Stretch 属性为 True。

③ 编写代码。

- 浏览记录按钮 Command1 控件数组的 Click 事件代码。

```
Private Sub Command1_Click(Index As Integer)
    Select Case Index
      Case 0
          Data1.Recordset.MoveFirst                    '首记录
      Case 1
          Data1.Recordset.MovePrevious                 '上一条
          If Data1.Recordset.BOF Then Data1.Recordset.MoveFirst
      Case 2
          Data1.Recordset.MoveNext                     '下一条
          If Data1.Recordset.EOF Then Data1.Recordset.MoveLast
      Case 3
          Data1.Recordset.MoveLast                     '尾记录
    End Select
End Sub
```

- 编辑记录按钮 Command2 控件数组的 Click 事件代码。

```
Private Sub Command2_Click(Index As Integer)
 Dim i As Integer
    Select Case Index
```

```
        Case 0
          Data1.Recordset.AddNew                      '调用 AddNew 方法
        Case 1
          i = MsgBox("真的要删除吗？", vbYesNo)        '消息框询问是否真的删除
          If i = 6 Then                               '选中消息框中的 Yes 按钮
            Data1.Recordset.Delete                    '调用 Delete 方法
            Data1.Recordset.MoveNext                  '移动记录指针
            If Data1.Recordset.EOF Then Data1.Recordset.MoveLast
          End If
        Case 2
           Data1.Recordset.Edit
        Case 3
           Data1.Recordset.Update                     '调用 Update 方法
        Case 4
           Data1.Recordset.CancelUpdate               '调用 CancelUpdate 方法
      End Select
    End Sub
```

- 图像框控件的双击事件代码。

```
Private Sub Image1_DblClick()
  Dim pfn As String  '路径及文件名
  Dim fn As String   '纯文件名
  CommonDialog1.DialogTitle = "选择图片文件"
  CommonDialog1.Filter = "位图文件(*.bmp)|*.bmp|JPG (*.jpg)|*.jpg|GIF(*.gif)|*.gif "
  CommonDialog1.FilterIndex = 2
  CommonDialog1.ShowOpen
  pfn = CommonDialog1.FileName
  fn = CommonDialog1.FileTitle
  Image1.Picture = LoadPicture(GetAppPath() & "pic\" & fn)
End Sub
```

- 获取应用程序路径的自定义函数 GetAppPath 代码。

```
Private Function GetAppPath()
  If Right(App.Path, 1) <> "\" Then   '若 App.Path 不为根目录
      GetAppPath = App.Path & "\"
Else
      GetAppPath = App.Path
End If
End Function
```

④ 运行程序。运行效果如图 11-22 所示，单击前 4 个命令按钮浏览记录，编辑状态时，双击图片可更换图片。

使用 Move 方法将记录向前或向后移动时，需要考虑 Recordset 对象的边界，如果超出边界，就会引起错误。因此，可以在程序中使用 BOF 和 EOF 属性来检测记录的首尾边界，如果记录指针位于首边界或尾边界，则用 MoveFirst 或 MoveLast 方法定位到第一条记录或最后一条记录。

11.4.3 ADO 数据控件

目前，Visual Basic 6.0 访问数据库的主流技术是 ADO。ADO 是一种基于对象的数据访问接口。ADO 访问数据是通过 OLE DB 实现的，它是 OLE DB 的数据使用者。所以，必须通过 OLE DB 引擎，才能访问各种数据。VB 提供了 Access/Jet、ODBC、Oracle、SQL Server 等 OLE DB Provider，使 ADO 对象能通过 OLE DB 访问各种数据源。ADO 控件能访问的数据，除了标准的关系数据库（如 Access、FoxPro 等）中的数据外，还包括邮件数据、Web 上的文本或图形、目录服务等。这一切使得 ADO 成为最主要的数据访问接口。

在 VB 中，利用 ADO 访问数据库的主要形式有两种：ADO 数据控件（ADODC）和 ADO 对象编程模型（ADO 代码）。这两种方式可以单独使用，也可以同时使用。

使用 ADO 数据控件的优点是代码少，一个简单的数据库应用程序甚至可以不用编写任何代码。它的缺点是功能简单，不够灵活，不能满足编制较复杂的数据库应用程序的需要。使用 ADO 对象编程模型的优点是具有高度的灵活性，可以编制复杂的数据库应用程序。它的缺点是代码编写量较大，对初学者来说有一定困难。

使用 ADO 数据控件前，必须先选择"工程"|"部件"命令，弹出"部件"对话框，选中"Microsoft ADO Data control6.0(0LE DB)"选项卡，将 ADO 数据控件添加到工具箱。ADO 数据控件与 Visual Basic 6.0 的内部数据控件相似，它允许使用 ADO 数据控件的基本属性快速地创建与数据库的连接。

1. ADO 数据控件的基本属性

ADO 数据控件和数据库链接的主要属性有 ConnectionString、CommandType、RecordSource 等。

（1）ConnectionString 属性

ADO 数据控件没有 DatabaseName 属性，它使用 ConnectionString 属性与数据库建立连接。ConnectionString 属性包含了用于与数据源建立连接的相关信息，带有 4 个参数，见表 11-8。

表 11-8　ADO 数据控件 ConnectionString 属性参数

参　数	描　述
Provide	指定连接提供者的名称
FileName	指定数据源对应的文件名
RemoteProvide	在远程数据服务器打开一个客户端时所用的数据源名称
Remote Server	在远程数据服务器打开一个主机端时所用的数据源名称

（2）RecordSource 属性

RecordSource 属性用于确定具体可访问的数据，这些数据构成记录集对象 Recordset。该属性值可以是数据库中的单个表名、一个存储查询，也可以是使用 SQL 的一个查询字符串。

（3）CommandType 属性

CommandType 属性用于指定 RecordSource 属性的取值类型，即 RecordSource 是一条 SQL 语句、一个表的名称、一个存储过程，还是一个未知类型，配合 RecordSource 使用。ADO 数据控件 CommandType 属性参数见表 11-9。

表 11-9　　ADO 数据控件 CommandType 属性参数

参　数	描　述
AdCmdUnknown	命令文本中的命令类型未知，虽为默认值，但可能导致系统性能降低
AdCmdTable	指示 ADO 应生成 SQL 查询，以便从命令文本命令的表中返回所有行
AdCmdText	将命令文本作为命令或存储过程调用的文本化定义进行计算
AdCmdStoredProc	将命令文本作为存储过程名进行计算

（4）ConnectionTimeout 属性

该属性用于数据连接的超时设置，若在指定时间内连接不成功，就显示超时信息。

（5）MaxRecords 属性

MaxRecords 属性值通过查询返回记录的最大数目，用于对提供者从数据源返回的记录数加以限制，默认值为 0，没有限制。

（6）UserName 属性

UserName 属性用于设置用户的名称，当数据库受密码保护时，需要指定该属性。该属性和 Provider 属性类似，可以在 ConnectionString 中指定。如果同时提供了一个 ConnectionString 属性以及一个 UserName 属性，则 ConnectionString 中的值将覆盖 UserName 属性的值。

（7）Password 属性

在访问一个受保护的数据库时，该属性也是必需的。该属性和 Provider 属性、UserName 属性类似，如果在 ConnectionString 属性中指定了密码，则将覆盖在这个属性中指定的值。

2. ADO 数据控件的事件和方法

（1）WillMove 事件

当 Recordset 对象执行了 Open、MoveNext、Move、MoveLast、MoveFirst、MovePrevious、Bookmark、AddNew、Delete 或 Requery 方法时触发。

（2）MoveComplete 事件

该事件在 WillMove 事件之后触发。

（3）WillChangeField 事件

该事件在对一个或多个 Field 对象的值（Value）属性进行更改之前触发。

（4）FieldChangeComplete 事件

该事件在 WillChangeField 事件之后触发。

（5）WillChangeRecord 事件

当 Recordset 对象执行 Requery、Resync、Close、Open、Filter、Update、Delete、CancelUpdate、UpdateBatch 或 CancelBatch 方法时触发。

（6）Refresh 方法

Refresh 方法用于刷新 ADO 数据控件的连接属性，并能重建记录集对象。当在运行状态改变 ADO 控件的数据源连接后，必须使用 Refresh 方法激活这些变化。

【例 11-4】 利用 ADO 数据控件和 Recordset 对象实现“stuinfo”表记录的浏览、“添加”“删除”“更新”和“取消”功能。程序运行效果如图 11-23 所示。

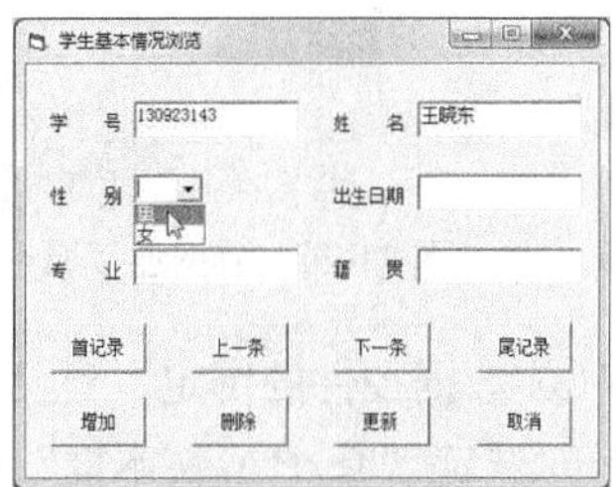

图 11-23　程序运行效果

① 设计界面。

在窗体上添加 ADO 数据控件、5 个文本框、1 个组合框、6 个标签、2 个命令按钮控件数组（按钮数组名称分别为 Command1 和 Command2，每个控件数组包含 4 个命令按钮）。

设置各控件相应的初始化属性，在本程序中设置 ADO 数据控件的 Visible 属性为 False。调整各控件的位置与大小。

② 建立连接和产生记录集。

● 在窗体上选中 ADO 数据控件，单击右键，在弹出的快捷菜单中选择“ADODC 属性”命令，即可打开“属性页”对话框，如图 11-24 所示。

● 在“属性页”对话框的“通用”选项卡中，选择“使用连接字符串”，单击“生成”按钮，弹出“数据链接属性”对话框，在“提供程序”选项卡中选择“Microsoft Jet 4.0 OLE DB Provider”，如图 11-25 所示。

● 单击“下一步”按钮，在出现的“连接”选项卡中单击“...”按钮，选择所需数据库的路径和名称，如图 11-26 所示。单击“测试连接”按钮，当测试成功后单击“确定”按钮，返回“属性页”对话框。

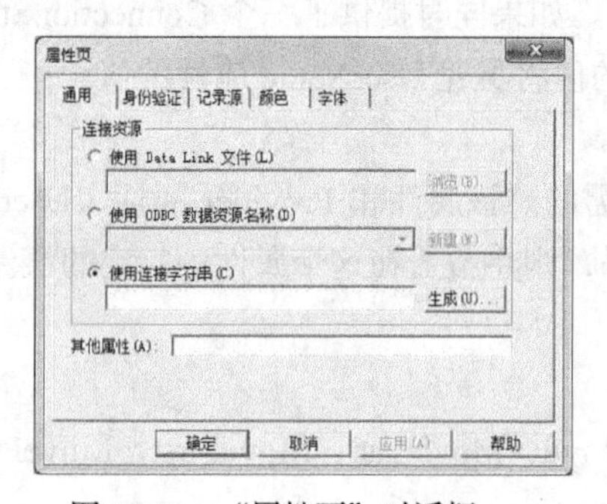

图 11-24 “属性页”对话框

图 11-25 数据连接属性“提供程序”设置

● 在 ADO“属性页”对话框中，选择“记录源”选项卡。选择命令类型为“2-adCmdTable”，在“表或存储过程名称”下拉列表中选择“stuinfo”表，如图 11-27 所示。

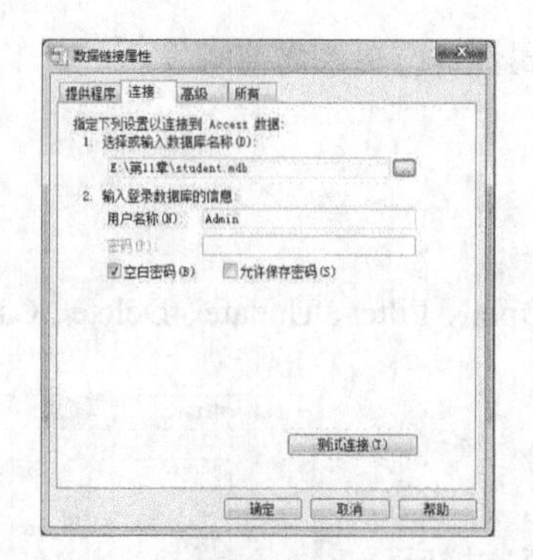

图 11-26 数据连接属性“连接”设置

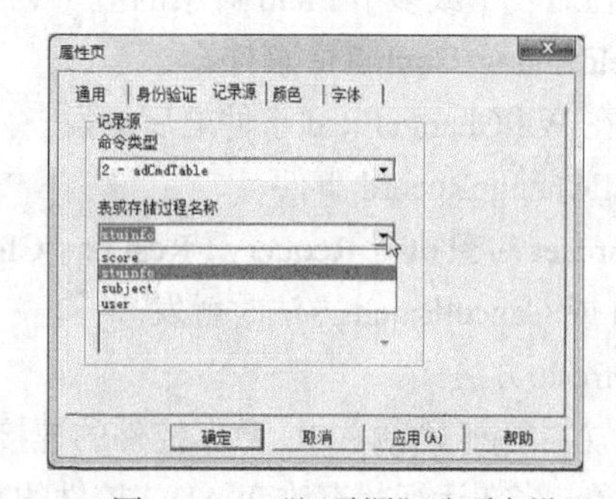

图 11-27 “记录源”选项卡设置

③ 数据控件的绑定。

● 选定“Text1”文本框，在其属性设置对话框中设定 DataSource 属性为“Adodc1”，设置 DataField 属性为“学号”字段。

● 按照相同的方式对其他文本框和组合框、图像框控件的 DataSource 属性和 DataField 属性进行相应的设置。

④ 编写代码。

- 打开代码设计窗口，设定 Command1_Click 事件，程序代码如下：

```
Private Sub Command1_Click(Index As Integer)
  Select Case Index
      Case 0
         Adodc1.Recordset.MoveFirst                              '首记录
      Case 1
         Adodc1.Recordset.MovePrevious                           '上一条
          If Adodc1.Recordset.BOF Then Adodc1.Recordset.MoveFirst
      Case 2
          Data1.Recordset.MoveNext                               '下一条
          If Adodc1.Recordset.EOF Then Adodc1.Recordset.MoveLast
      Case 3
          Adodc1.Recordset.MoveLast                               '尾记录
    End Select
End Sub
```

- 打开代码设计窗口，设定 Command2_Click 事件，程序代码如下：

```
Private Sub Command2_Click(Index As Integer)
    Dim i As Integer
    Select Case Index
     Case 0
        Adodc1.Recordset.AddNew                        '调用 AddNew 方法
     Case 1
        i = MsgBox("真的要删除吗？", vbYesNo)          '消息框询问是否真的删除
        If i = 6 Then                                  '选中消息框中的 Yes 按钮
          Adodc1.Recordset.Delete                      '调用 Delete 方法
          Adodc1.Recordset.MoveNext                    '移动记录指针
          If Adodc1.Recordset.EOF Then Adodc1.Recordset.MoveLast
        End If
   Case 2
         Adodc1.Recordset.Update                       '调用 Update 方法
     Case 3
         Adodc1.Recordset.CancelUpdate                 '调用 CancelUpdate 方法
    End Select
End Sub
```

⑤ 运行程序。

程序运行界面如图 11-23 所示。分别单击“添加”“删除”“更新”和“放弃”按钮，查看记录的改变情况。

11.4.4　高级数据约束控件

1. 常用的高级数据约束控件

在 Visual Basic 6.0 中，任何具有 DataSourec 属性的控件都可以绑定到一个数据控件上作为数据绑定控件，除了 TextBox、ComboBox 等可与数据关联的控件外，Visual Basic 6.0 还提供了一些

ActiveX 数据绑定控件，如 DataList、DataCombo、DataGrid、Microsoft Hierarchical FlexGrid、RichTextBox、Microsoft Chart、DateTimePicker、ImageCombo 和 MonthView。常用 ActiveX 数据绑定控件见表 11-10。

表 11-10　　常用 ActiveX 数据绑定控件

控件名称	部件名称	常用属性
DataGrid	Microsoft DataGrid Control 6.0（OLE DB）	DataSource
DataCombo	Microsoft DataList Controls 6.0（OLE DB）	DataField、DataSource、ListField、RowSource、BoundColumn
DataList		
MsChart	Microsoft Chart Control 6.0（OLE DB）	DataSource
MsFlexGrid	Microsoft MsFlexGrid Control 6.0（SP3）	DataSource

选择“工程”|“部件”命令，弹出“部件”对话框，在“控件”选项卡中可添加如下绑定控件。

（1）DataGrid 控件

DataGrid 控件是一种类似于表格的数据绑定控件，可以通过行和列来显示 Recordset 对象的记录和字段，用于浏览和编辑完整的数据库表和查询。当把该控件的 DataSource 属性设置为一个 ADO 数据控件后，网格会被自动填充，网格的列标题显示记录集内对应的字段名。

（2）DataList 与 DataCombo 控件

DataList 控件、DataCombo 控件与列表框（ListBox）和组合框（ComboBox）相似，不同的是这两个控件不再是用 AddItem 方法来填充列表项，而是由这两个控件所绑定的数据字段自动填充，而且还可以有选择地将一个选定的字段传递给第 2 个数据控件。

DataList 控件和 DataCombo 控件的常用属性有 DataSource、DataField、RowSource、ListField、BoundColumn、BoundText 等。

表 11-10 中前 4 个数据约束控件需用 ADODC 作数据源，而 MsFlexGrid 控件要用 DATA 作数据源。

2. 数据窗体向导

数据窗体向导是为数据控件提供的将一组控件绑定到某个数据源的简单方法，包括用户界面和所需要的程序代码。使用数据窗体向导的步骤如例 11-5 所示。

【例 11-5】 用数据窗体向导建立 1 个如图 11-28 所示的一对多窗体。

① 添加数据窗体向导。数据窗体向导是作为外接程序存在的，执行“外接程序”|“外接程序管理器”命令，可打开“外接程序管理器”对话框，在该对话框中选择“VB6 数据窗体向导”，选中“加载/卸载”复选框，如要多次使用，可勾选“在启动中加载”复选框，并单击“确定”按钮，如图 11-29 所示。这样，“数据窗体向导”就会添加到“外接程序”菜单，如图 11-30 所示。

图 11-28　一对多窗体

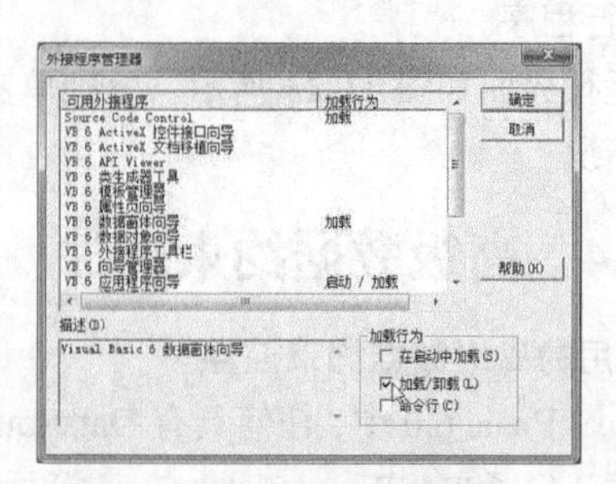

图 11-29　外接程序管理器

② 单击工具栏上的添加工程按钮，新建 1 个工程，修改工程的 Name 属性为 sjctxd。

③ 执行“外接程序”|“数据窗体向导”命令，打开“数据窗体向导”窗口，并直接单击“下一步”按钮。

④ 如图 11-31 所示，选择数据库类型为 Access，并单击“下一步”按钮。

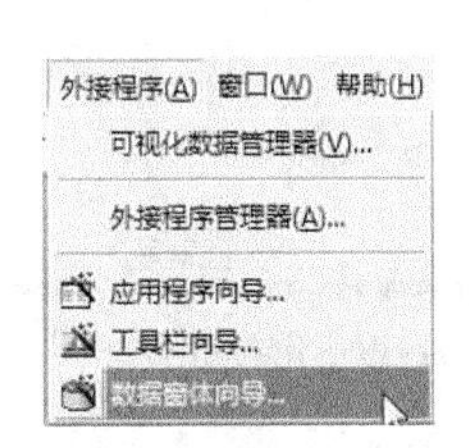

图 11-30 外接程序菜单

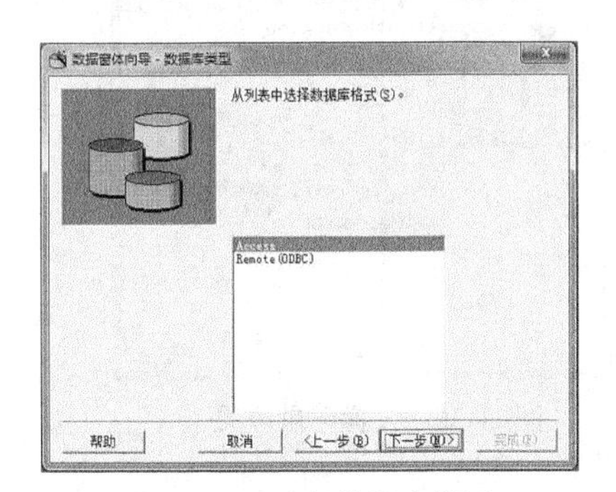

图 11-31 选择数据库类型

⑤ 单击“浏览”按钮，选择所需数据库，如图 11-32 所示。

⑥ 单击“下一步”按钮，设置窗体名称为“StuScore”，选择窗体布局为“主表/细表”，选择控件类型为“ADO 代码”，如图 11-33 所示。

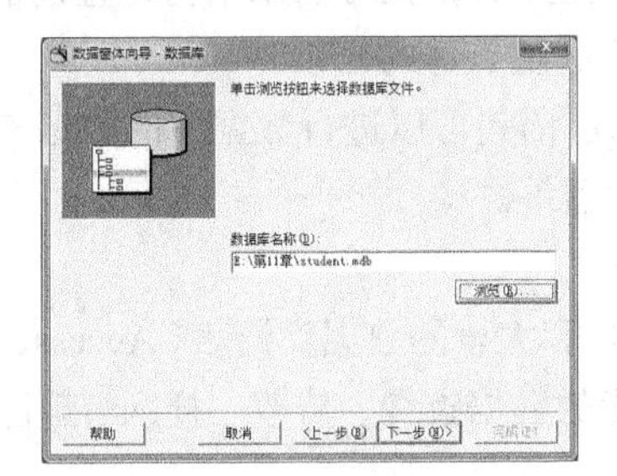
图 11-32 选择数据库

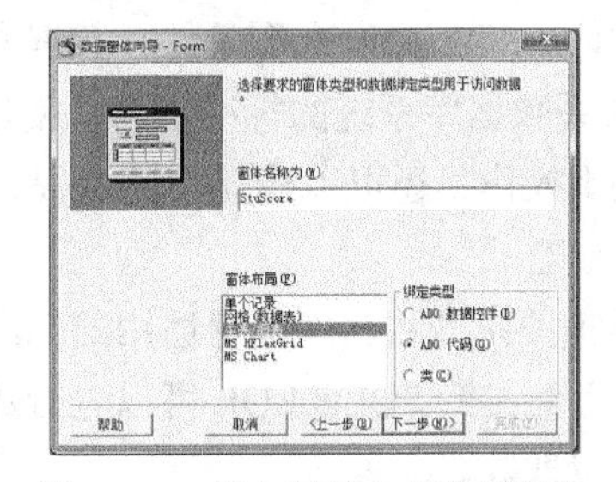
图 11-33 用向导建立的数据窗体

⑦ 单击“下一步”按钮，设置主表的记录源，如图 11-34 所示。

⑧ 单击“下一步”按钮，设置子表的记录源，如图 11-35 所示。

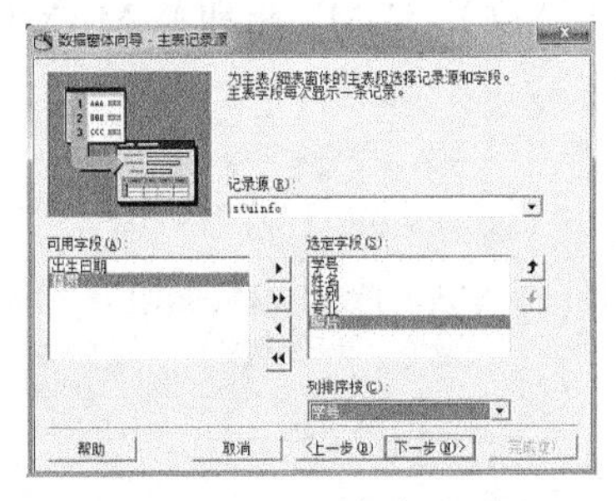
图 11-34 设置主表记录源

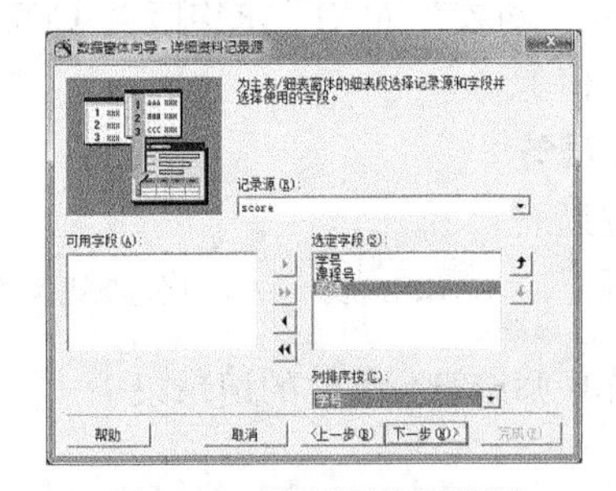
图 11-35 设置子表记录源

⑨ 单击“下一步”按钮，设置记录源关系，即两表之间的公共字段，如图 11-36 所示。

⑩ 单击“下一步”按钮，选择浏览记录需要的控件，如图 11-37 所示，然后单击“完成”按钮，即可看到用向导设计的窗体。

最后，要运行该窗体，需先移去当前工程中的 Form1 窗体，并设置启动对象为 StuScore 窗体，运行查看效果，因该数据表中含有图片，所以需调整窗体的布局，拉大图片框并拖至右上角，删除图片标签，修改后的运行效果如图 11-28 所示。

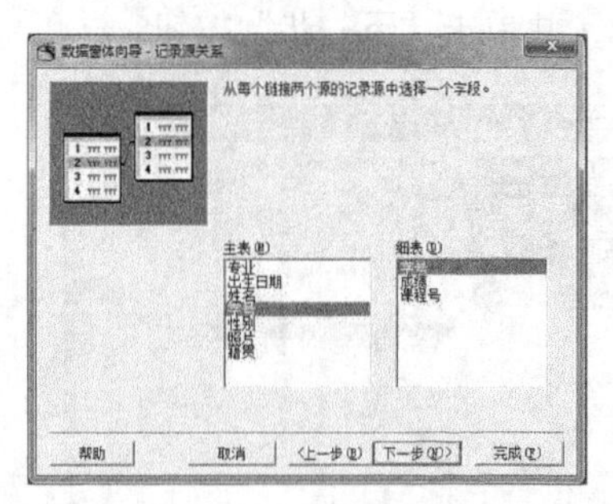

图 11-36　设置记录源关系

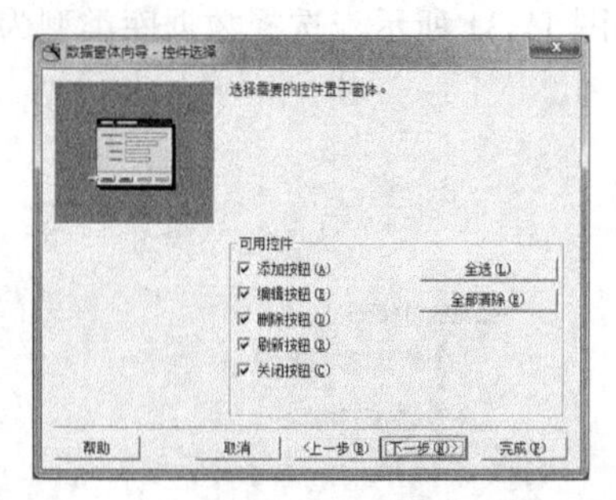

图 11-37　选择控件

11.5 结构化查询语言

对于 VB 中的关系型数据库，一旦数据存入数据库后，就可以用结构化查询语言（SQL）同数据库进行对话。SQL 提供查询条件，数据库反馈满足条件的记录。

SQL 是关系数据库系统的标准语言，使用 SQL 语句可以进行数据库的数据查询、修改、插入、删除等基本操作，还可以建立存储过程、触发器等。

1. SQL 基础

SQL 是目前关系型数据库普遍适用的标准。VB 和大量的数据库语言（Access、Oracle、FoxPro 和 SQL Server）都支持 SQL。SQL 可以进行数据库的数据查询、修改、插入、删除，还可以建立存储过程、触发器等。

SQL 的基础是 SQL 语句。常用的 SQL 语句有建立数据表（Create Table）、数据查询（Select）、添加记录（Insert）、删除记录（Delete）和数据更新（Update）。

常用的 SQL 运算符有逻辑运算符（And、Or 和 Not）、关系运算符（>、>=、<、<=、=、<>）、指定运算值范围（Between）和模式匹配（Like）。

常用的 SQL 函数有 AVG（求均值）、COUNT（计数）、SUM（求和）、MAX（求最大值）和 MIN（求最小值）。

2. SQL 语句

（1）建立新表

```
语法：Create Table <表名>([字段名]数据类型(长度), [字段名]数据类型(长度), …)
```

（2）从库中筛选符合条件的记录集

语法：

```
Select <字段名表>
From <表名>
Where <查询条件>
Group by <分组字段> Having <分组条件>
Order by <排序字段>
```

Select <字段名表>：列出所要查询的字段名，多个字段时，每两个字段之间用“,”分隔。如果查询表中的所有字段可使用“*”代替，如果有字段要更名或新生成 1 统计结果，可用 AS 新名实现。

From <表名>：列出所查询的表，多个表时，每两个表之间用“,”分隔。

Where <查询条件>：逻辑表达式或关系表达式。如为多表间的查询，<条件>和<字段名>列表中出现的字段应用表名加以区别，方法为：表名.字段名。

Group by<分组字段> Having <分组条件>用于分组和分组的过滤，Having 子句用来排除不想分组的行，其使用与 Where 子句类似。

Order by <排序字段>用来指定查询结果的排列顺序，默认为升序，Desc 代表降序。

举例：`Select * From Bookitems Where 书名 Like "多媒体*" Order By 书号 Desc`

此外，还有用于存储查询结果的 into 子句、显示指定条数记录的 top 子句等。

（3）向数据表添加新记录

语法：`Insert Into 数据表(字段名 1, 字段名 2, …) Value(值 1, 值 2, …)`

举例：`Insert Into 职员表格 Select * From 训练人员表格 Where 雇用天数>60`

（4）删除符合条件的记录

语法：`Delete From 数据表名 Where 条件`

举例：`Delete * From Books Where 数量>400`

（5）批量修改符合条件的记录

语法：`Update 数据表 Set 子句 Where 子句`

举例：`Update Books Set 数量=500 Where 数量>400`

【例 11-6】设计一个程序，根据输入的专业名称，在 MsFlexGrid 控件中显示该专业所有学生的信息，然后统计各专业的人数并显示在 MsFlexGrid 控件中，程序运行效果如图 11-38 所示。

① 设计界面。

在窗体上添加 Data1 控件、MsFlexGrid 控件、2 个 Command 控件，大小和位置如图 11-38 所示。

② 设置属性。

设置窗体的 Name 属性为 MsFlexFrm，Caption 属性为“专业查询与统计”；设置 Data1 控件的 Visible 属性为 False，DataBaseName 属性为“student.mdb”，RecordSource 属性为“stuinfo”；设置 MsFlexGrid 控件的“DataSource”属性为“Data1”； 设置 2 个 Command 控件的 Caption 属性为“查询”和“统计”。

③ 编写代码。

在窗体的初始化事件中，指定 Data1.RecordSource 为 "stuinfo"表。

```
Private Sub Form_Initialize()
  Data1.RecordSource = "stuinfo"
End Sub
```

在查询按钮的 Click 事件代码中，调用 InputBox 函数输入专业名称，并编写 SQL 语句完成查询和显示。

```
Private Sub Command1_Click()
  Dim zy As String
  zy = InputBox("请输入专业名称", "查询")
  Data1.RecordSource = "select * from stuinfo where 专业='" & zy & "'"
  Data1.Refresh
  If Data1.Recordset.EOF Then
     MsgBox "无此专业或专业名称不正确！", , "提示"
```

```
      Data1.RecordSource = "stuinfo"
      Data1.Refresh
    End If
  End Sub
```

在统计按钮的 Click 事件代码中，编写 SQL 语句完成统计和显示。

```
  Private Sub Command2_Click()
    Data1.RecordSource = "select 专业,count(*) as 人数 from stuinfo group by 专业"
    Data1.Refresh
  End Sub
```

④ 运行程序。

保存窗体，运行程序，专业查询过程如图 11-38 所示，专业查询结果如图 11-39 所示，专业人数统计结果如图 11-40 所示。

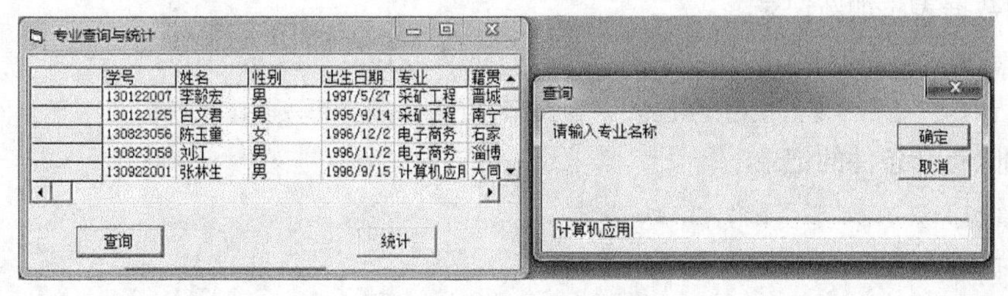

图 11-38　专业查询过程

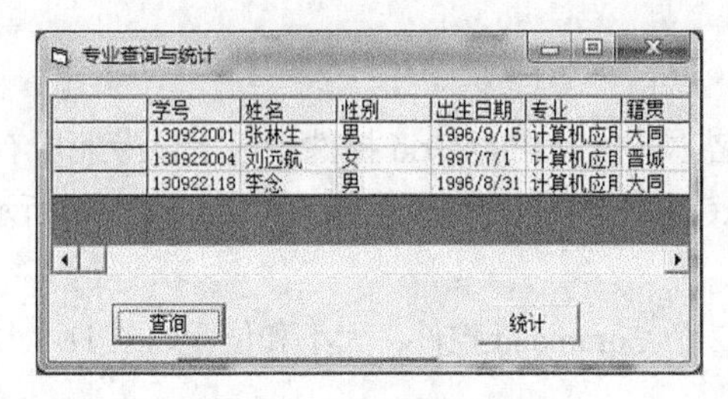

图 11-39　专业查询结果

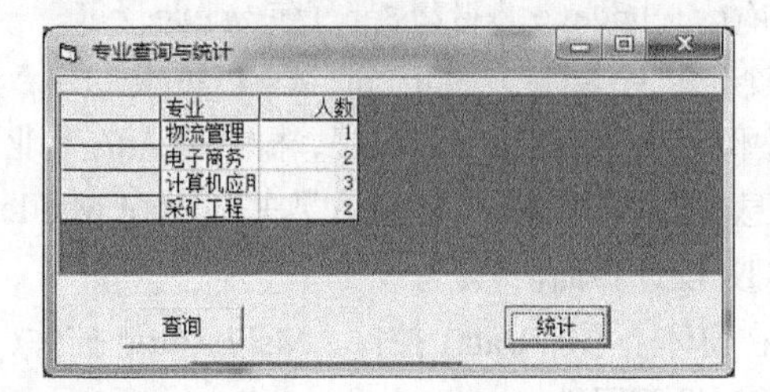

图 11-40　专业人数统计结果

【例 11-7】设计一个程序，可按学号、姓名查询成绩，统计并显示不及格学生的信息，显示平均成绩在前 3 名的同学的信息，程序运行效果如图 11-41 所示。

① 设计界面。

在窗体上添加 1 个 ADO 控件、1 个 DataGrid、6 个 Command 控件，设置窗体的 Caption 属性为“成绩查询与统计”，如图 11-41 所示设置 5 个命令按钮的 Caption 属性，设置第 6 个命令按钮、ADO 控件的 Visible 属性均为 False。

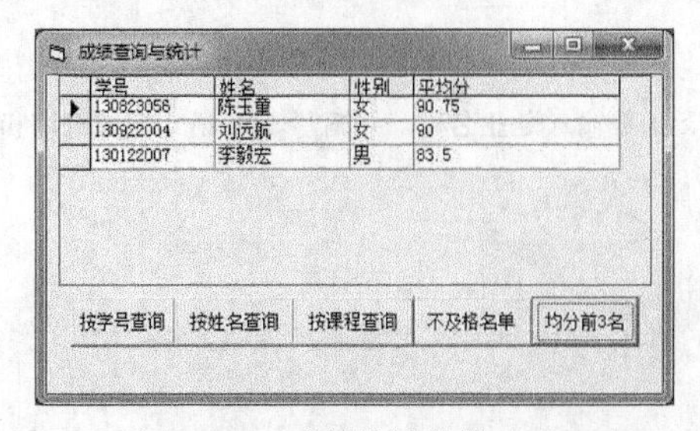

图 11-41　成绩统计结果

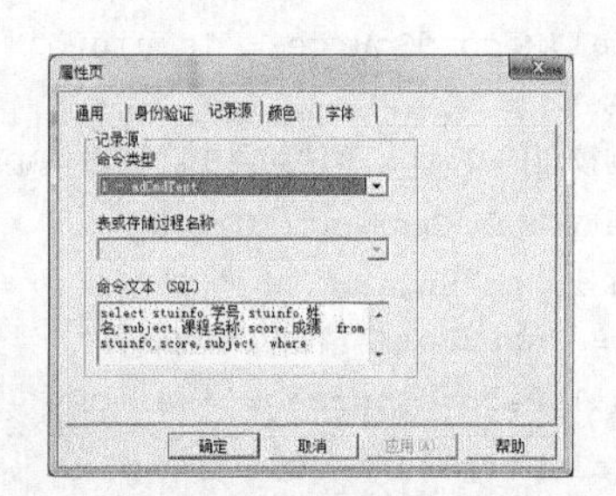

图 11-42　设置记录源类型

② 建立连接和产生记录集。

设定 ADO 数据控件的 ConnectionString 属性，指定“使用连接字符串”及数据库的路径和名称，然后选择“属性页”对话框中的“记录源”选项卡，如图 11-42 所示，设置记录源的命令类型为“1-adCmdText”，SQL 文本为：select stuinfo.学号,stuinfo.姓名,subject.课程名称,score.成绩 from stuinfo,score,subject where stuinfo.学号=score.学号 and score.课程号=subject.课程号

③ DataGrid 控件的绑定。

设置该控件的 DataSource 属性值为“Adodc1”。

④ 编写代码。

- 在窗体通用层定义字符串常量 sql。

```
Const sql = "select stuinfo.学号,stuinfo.姓名,subject.课程名称,score.成绩 from stuinfo,score,subject where stuinfo.学号=score.学号 and score.课程号=subject.课程号"
```

- 按学号查询按钮代码。

```
Private Sub Command1_Click()
  xh = InputBox$("请输入学号：", "查询")
  Adodc1.RecordSource = sql & " and stuinfo.学号='" & xh & "'"
  Adodc1.Refresh
End Sub
```

- 按姓名查询按钮代码。

```
Private Sub Command2_Click()
  xm = InputBox$("请输入姓名：", "查询")
  Adodc1.RecordSource = sql & " and stuinfo.姓名='" & xm & "'"
  Adodc1.Refresh
End Sub
```

- 按课程名查询按钮代码。

```
Private Sub Command3_Click()
  kcm = InputBox$("请输入课程名：", "查询")
  Adodc1.RecordSource = sql & " and subject.课程名='" & kcm & "'" & "order by score.成绩 desc"
Adodc1.Refresh
End Sub
```

- 显示不及格信息按钮的代码。

```
Private Sub Command4_Click()
  Adodc1.RecordSource = sql & " and score.成绩<60"
  Adodc1.Refresh
End Sub
```

- 显示平均分在前三名的学生信息代码。

```
Private Sub Command5_Click()
  Command6_Click '调用 Command6_Click 的事件代码先生成显示平均分的临时表 temp
  Adodc1.RecordSource = "select stuinfo.学号,stuinfo.姓名,stuinfo.性别,temp.平均分 from stuinfo,temp where stuinfo.学号=temp.学号"
  Adodc1.Refresh
```

```
End Sub
```

- 生成平均成绩代码，该按钮运行时不显示，由 Command5 直接调用。

```
Private Sub Command6_Click()
  Dim db As Database, cx As String
  Set db = OpenDatabase("e:\第 11 章\student.mdb")
  cx = "select top 3 score.学号,avg(score.成绩) as 平均分 into temp from score  group by
score.学号 order by avg(score.成绩) desc ;"
  db.Execute "drop table temp"
  db.Execute cx
  db.Close
End Sub
```

说明

对于已存在的数据库，不仅可以用数据控件打开，也可以在代码中用 OpenDatabase 函数打开，其语法格式如下：

```
Dim  对象变量 AS Database
set 对象变量= OpenDatabase(数据库名)
```

根据 SQL 指令的组合，用 SQL 进行查询操作可能返回记录集，也可能不返回记录集。VB 提供了 Execute 和 ExecuteSQL 方法，用来执行不返回记录集的查询操作。其中，Execute 方法能返回 SQL 语句作用的行数，其语法格式如下：

Database 对象. Execute sql 语句

---

⑤ 运行程序。

运行调试程序，界面如图 11-41 所示，单击各按钮，在表格中浏览查询结果。

11.6 报表制作

在 Visual Basic 6.0 中，可以利用数据报表设计器来制作报表。通过选择“工程”|“添加 Data Report”命令，可以向工程中添加一个“数据报表设计器”。使用“数据报表设计器”处理的数据需要利用“数据环境设计器”创建与数据库的连接，然后产生 Command 对象连接数据库内的表。

“数据报表设计器”由 DataReport 对象、Section 对象和 DataReport 控件组成。

1. DataReport 对象

DataReport 对象与 Visual Basic 6.0 窗体类似，同时，它还具有一个可视的设计器和一个代码模块，可以使用设计器创建报表的布局，也可以向设计器的代码模块添加代码。

DataReport 由“报表标头”“页标头”“细节”“页注脚”和“报表注脚”组成，如图 11-43 所示。

报表标头：每份报表只有一个，可以用标签建立报表名。

页标头：每页有一个，即每页的表头，如字段名。

细节：需要输出的具体数据，一行一条记录。

页注脚：每页有一个，如页码。

报表注脚：每份报表只有一个，可以用标签建立对本报表的注释和说明。

2. Section 对象

“数据报表设计器”的每一个部分由 Sections 集合中的一个 Section 对象表示，对应于一个窗

格。设计时，可以单击窗格，以选择页的标头，也可以在窗格中放置和定位控件，还可以使用对象及其属性在报表生成前重新对其进行动态配置。

3. DataReport 控件

DataReport 控件包含可在“数据报表设计器”上工作的特殊控件，如 TextBox 控件（RptTextBox）、Label 控件（RptLabel）、Image 控件（RptImage）、Line 控件（RptLine）、Shape 控件（RptShape）、Function 控件（RptFunction）等，如图 11-44 所示。

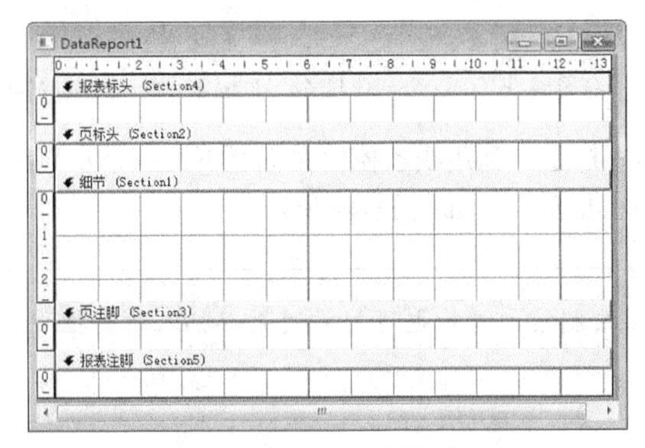

图 11-43　DataReport 的组成

图 11-44　DataReport 控件

4. 制作报表的步骤

下面以学生基本信息报表的设计过程，说明制作报表的基本步骤。

【例 11-8】 制作 1 个显示学生基本信息的报表。

① 在例 11-2 的窗体上添加一个命令按钮，设置该命令按钮的 Caption 属性为“打印”。

② 选择“工程”|“添加 Data Enviroment”命令，弹出如图 11-45 所示的数据环境设计器窗口。右键单击 Connection1，执行“属性”快捷菜单命令，将调出“数据链接属性”对话框，在该对话框中选择提供的程序为“Microsoft Jet 4.0 OLE DB Provider”，单击“下一步”按钮，在“连接”选项卡中指定数据库的路径及名称。

③ 再次右键单击 Connection1，如图 11-46 所示，选择“添加命令”，创建 Command1 对象，右键单击 Command1，在其属性对话框中设置该对象连接的数据源为需要打印的数据表，如图 11-47 所示。

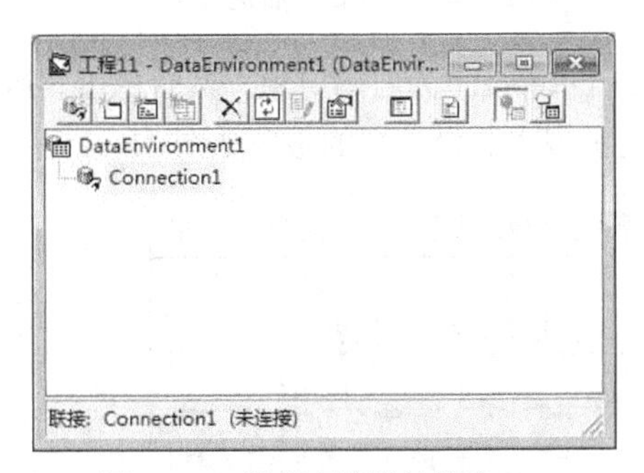

图 11-45　数据环境设计器窗口

图 11-46　添加命令

④ 选择“工程”|“添加 Data Report”命令，在属性窗口中设置 DataSource 为数据环境“DataEnvironment1”对象，DataMember 为“Command1”对象，指定“数据报表设计器”DataReport1 的数据来源，如图 11-48 所示。

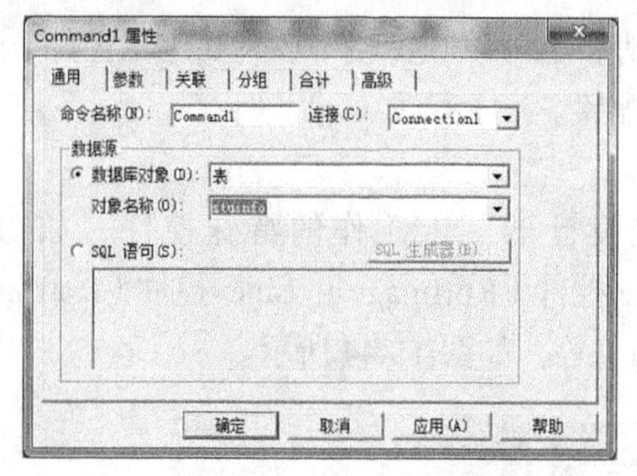

图 11-47　设置“Command1”对象属性

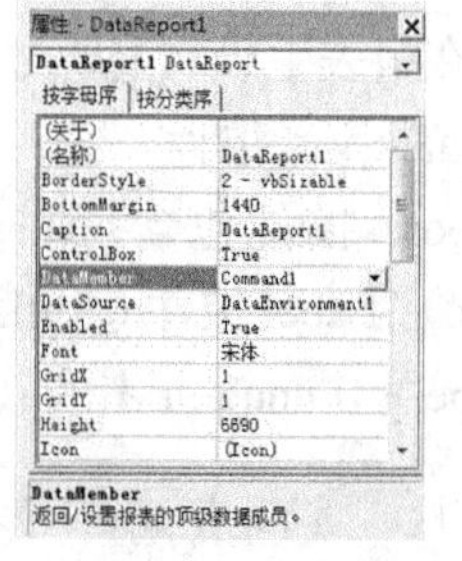

图 11-48　DataSource 与 DataMember 属性设置

⑤ 利用标签控件在报表标头区插入标题，利用线条控件在标题下画一个水平线，插入一个图像控件，设置其 Picture 属性和 SizeMode 属性，如图 11-49 所示。

除了利用数据报表工具栏绘制控件外，也可用右键菜单插入所需控件，如图 11-50 所示。

⑥ 单击数据环境设计器中 Command1 左侧的＋号，使其显示所有字段，然后将字段逐一拖到数据报表设计器的细节区，再把细节带区中的各标签控件移到页标头带区，调整各控件的字体属性、大小和位置。

⑦ 在页注脚中插入两个标签控件，设置其属性为“第”和“页”，然后再插入 1 个“当前页”控件。

图 11-49　设置图像控件属性

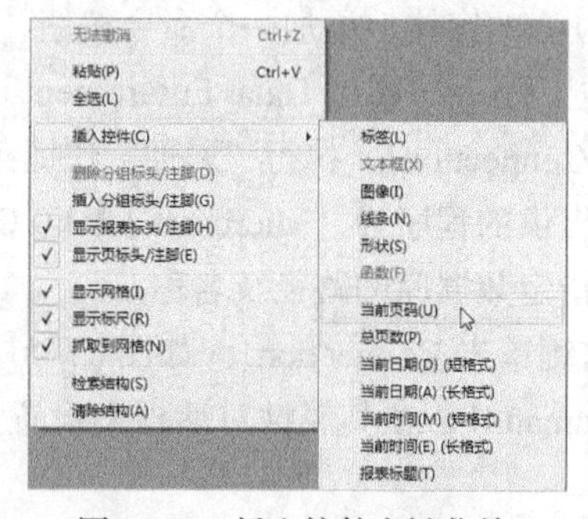

图 11-50　插入控件右键菜单

⑧ 预览报表，可以直接在工程属性中设置 DataReport1 为启动对象，然后单击“运行”按钮预览；也可利用 DataReport1 对象的 Show 方法显示报表。设计好的报表如图 11-51 所示。

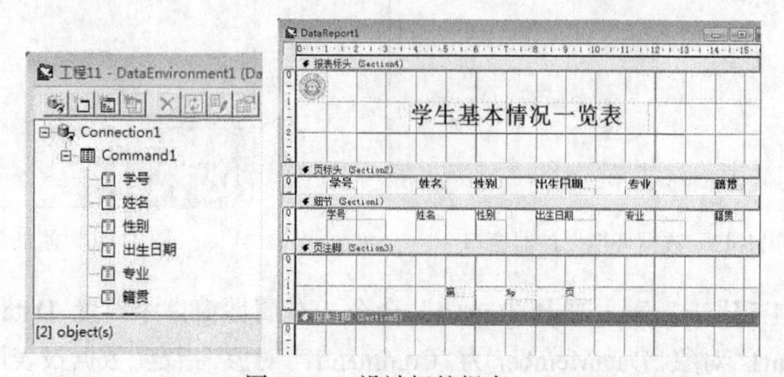

图 11-51　设计好的报表

在例 11-2 窗体的打印按钮 Click 事件中添加代码：DataReport1.Show。运行后单击按钮即可看到报表的预览效果，如图 11-52 所示。

⑨ 单击预览窗口中的“打印”按钮可以打印报表，单击“导出”按钮可以导出报表。

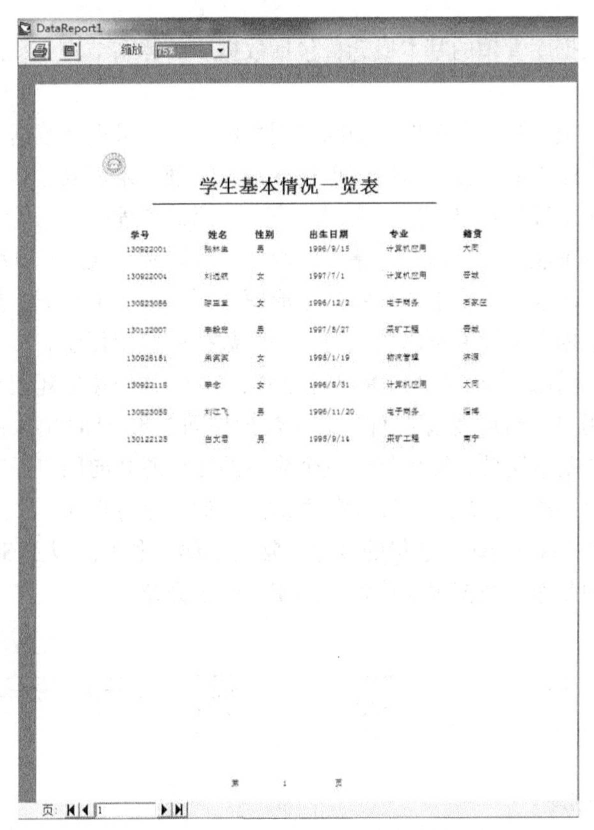

图 11-52　DataReport1 预览效果

综合训练

设计一个“员工信息管理系统”应用程序。

功能要求：系统具有登录界面，实现合法用户的登录，登录成功后进入主界面；系统可实现对用户的增加、删除、更新的功能；可实现对员工信息的浏览、查询、增加、更新、删除、查询等管理功能；系统可实现对员工信息按部门打印的功能；可在主界面用菜单调用用户管理界面和员工信息管理界面。

提示步骤：

① 建立数据库 employee，创建 user、empinfo 表。

② 建立 4 个窗体，1 个登录界面；1 个 MDI 窗体作主界面，在主界面上创建 1 个菜单；1 个用户管理界面；1 个员工信息管理界面。

③ 建立 1 个按部门分组的报表。

本章小结

本章首先介绍了数据库管理的基本概念，包括数据库的体系结构、数据库管理的概念、数据库应用程序的组成等。

要使用数据库，必须编写一个数据库访问应用程序。利用可视化数据管理器，可以对各种数据库进行操作。有关数据库的操作，可以用可视化数据管理器来完成。

数据控件具有快速处理各种格式数据库的能力，可以减少程序代码的编写工作，提高开发效率。由于数据控件本身不能直接显示记录集中的数据，所以必须通过与其绑定的控件来实现。可与数据控件绑定的控件对象有文本框、标签、图形框、列表框、组合框、复选框、网格、组合框等。使用数据控件和数据绑定控件可以快速建立一个数据库应用程序。

ADO 数据控件使用数据访问对象 ADO 连接到数据库，并快速创建记录集，然后将数据通过数据绑定控件提供给用户。ADO 数据控件封装了数据访问对象 ADO 的大部分功能，具有图形化的外观，只要设置几个基本属性，即可创建一个简单的数据源并向用户提供数据。只要设计几个对象，即可进行连接数据源、获取数据以及数据访问后的保存等操作。

本章还重点介绍了 Recordset 记录集的概念、常用的属性和方法以及 SQL 的语法和应用等。

本章最后对报表的制作、数据报表设计器的使用做了介绍。

习　题

1．什么是关系数据库？

2．关系数据库设计数据库的步骤是什么？

3．简述使用 Data 数据控件访问数据库的步骤。

4．常用的数据绑定控件有哪些？如何实现数据绑定？

5．什么是记录集对象？记录集对象的常用属性有哪些？

6．利用 ADO 数据控件实现数据库的访问，需要设置的 ADO 数据控件属性有哪些？

7．Visual Basic 6.0 中提供的高级数据约束控件有哪些？如何进行添加？

8．如何实现对数据库的增加、删除、修改、查询等功能？

9．简答 SQL 中常用的 Select 语句的基本格式和用法。

10．简答制作报表的一般步骤。

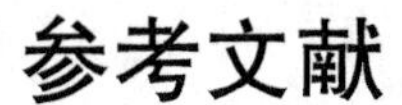

参考文献

[1] 龚沛曾，杨志强，陆慰民. Visual Basic 程序设计教程 [M]. 3 版. 北京：高等教育出版社，2007.

[2] 沈祥玖. VB 程序设计 [M]. 2 版. 北京：高等教育出版社，2009.

[3] 周晓宏. Visual Basic 程序设计实用教程 [M]. 北京：高等教育出版社，2007.

[4] 罗朝盛. Visual Basic 6.0 程序设计教程 [M]. 3 版. 北京：人民邮电出版社，2006.

[5] 李雁翎. Visual Basic 程序设计教程 [M]. 北京：人民邮电出版社，2009.

[6] 吴昌平. Visual Basic 程序设计 [M]. 北京：人民邮电出版社，2009.